■ 高等学校网络空间安全专业规划教材

网络安全与管理

（第2版）

陈红松　编著

清华大学出版社
北　京

内 容 简 介

本书系统介绍网络信息安全与管理技术，包括网络安全与管理的基本概念、产生背景、特点及设计原则等。本书从系统工程的角度介绍网络安全管理的体系结构与规范，并从网络攻击和网络防御两个不同的视角，逐层次讲授网络安全攻防关键技术理论与方法。全书共分14章，具体内容为网络安全与管理概述与规划、网络安全与管理的体系规范、网络攻击与安全评估、网络安全的密码学基础、身份认证与网络安全、防火墙技术、虚拟专用网技术、入侵检测技术、面向内容的网络信息安全、电子商务安全、无线网络安全技术、网络安全渗透测试技术与平台、网络管理原理与技术、网络安全竞技演练技术等。

本书既可作为高等院校信息安全、计算机等相关专业的本科生和研究生相关课程的教材，也可作为网络安全攻防竞技演练的指导用书，还可作为网络安全管理工程技术人员的参考用书。

图书在版编目(CIP)数据

网络安全与管理/陈红松编著. —2版. —北京：清华大学出版社，2020.1（2022.1重印）
高等学校网络空间安全专业规划教材
ISBN 978-7-302-54356-5

Ⅰ. ①网… Ⅱ. ①陈… Ⅲ. ①计算机网络－网络安全－高等学校－教材 Ⅳ. ①TP393.08

中国版本图书馆CIP数据核字(2019)第263160号

责任编辑：龙启铭
封面设计：傅瑞学
责任校对：胡伟民
责任印制：沈 露

出版发行：清华大学出版社
网　　址：http://www.tup.com.cn，http://www.wqbook.com
地　　址：北京清华大学学研大厦A座　　**邮　　编：**100084
社 总 机：010-62770175　　**邮　　购：**010-83470235
投稿与读者服务：010-62776969，c-service@tup.tsinghua.edu.cn
质量反馈：010-62772015，zhiliang@tup.tsinghua.edu.cn
课件下载：http://www.tup.com.cn，010-83470236
印 装 者：三河市龙大印装有限公司
经　　销：全国新华书店
开　　本：185mm×260mm　　**印　　张：**24　　**字　　数：**600千字
版　　次：2010年10月第1版　2020年1月第2版　　**印　　次：**2022年1月第2次印刷
定　　价：59.00元

产品编号：079971-01

前言

随着计算机和网络通信技术广泛应用于社会生产、生活的各个领域，网络正在改变人类的工作、生活与思维方式。网络的普适性、开放性、互连性、共享程度的提高，大大提高了社会的运转效率，特别是在政府部门、军事部门、金融机构、电力系统、国家关键信息基础设施等方面大量使用及应用各类网络协议，来自外部黑客的大规模网络攻击以及内部各种安全漏洞和潜在威胁使网络安全管理问题日益突出，全球性网络攻击事件的出现，使网络空间安全面对前所未有的机遇和挑战。

本书首先从整体上介绍网络安全与管理的基本概念、产生背景、特点及设计原则，从系统工程的角度介绍网络安全管理的体系结构与规范，分析构建网络安全管理体系的必要性及科学性，同时注重各安全技术之间的相互作用与有机联系。从网络攻击和网络防御两个不同的视角，逐层次讲授网络安全攻防关键技术理论与方法。本书紧密结合国内外网络信息安全领域的发展动态，反映学科前沿研究成果，注重一定的实践性和创新性，兼顾网络攻击和防御知识技术体系的科学性、完备性、关联性和实践性，有机融合了学科国内外先进技术理论研究成果和本人的教学科研实践成果，兼顾知识体系与实验技能的完整性与系统性。书中很多内容来自编者的科研工程项目及课堂教学实践。

本书共分 14 章，第 1 章介绍网络安全与管理的基本概念、产生背景、特点及设计原则；第 2 章介绍网络安全与管理的体系规范与标准；第 3 章讲授网络攻击的概念，计算机及网络的漏洞分类，网络风险的识别与安全评估方法，给出了网络安全风险评估工具；第 4 章讲授网络安全的密码学基础，分析比较了典型的国家密码算法及应用；第 5 章讲授网络安全所涉及的身份认证技术与相关协议，包括人机验证及授权管理技术；第 6 章讲授防火墙的概念与原理、指标与选型、发展趋势等，采用 Iptables 设计了分级的网络防火墙规则配置实验；第 7 章介绍虚拟专用网的关键技术及发展趋势，其中包括基于不同协议的 VPN 技术，采用 OpenVPN 搭建虚拟专用网实验平台；第 8 章介绍入侵检测与防护系统的关键技术以及蜜罐与蜜网技术，采用 Snort 设计面向不同安全场景的入侵检测规则；第 9 章介绍面向内容的网络安全监控技术，并给出论坛类网站内容安全监控模型，讲授基于 Hadoop/Spark 大数据平台的网络舆情分析技术；第 10 章讲授电子商务中的安全机制以及安全电子商务协议；第 11 章讲授无线网络安全技术，包括移动 Ad Hoc 网络及无线传感器网络的安全机制;第12章讲授网络安全渗透测试关键技术,归纳了包括Kali在内的8个网络安全操作系统,以及包括Metasploit在内的8个网络安全渗透测试工具;第13章讲授网络管理原理及技术,包括SNMP/OSI网络管理框架以及新型网络管理模型;第14章讲授网络安全竞技演练技术,包括网络攻防大赛考查知识点分析,CTF网络安全竞技演练平台的归纳总结。

本书具有网络安全技术理论与实践并重的特点,注重科学理论与实验教学的有机结合,既可作为高等院校信息安全、计算机等相关专业的本科生和研究生相关课程的教材,也可作为网络安全管理工程技术人员的参考书。

本书由北京科技大学计算机系陈红松教授主持策划和统稿编写工作。本书的出版获得北京科技大学研究生教育发展基金项目资助,得到国家重点研发计划课题资助(编号2018YFB0803403),国家社科基金资助(编号18BGJ071),北京科技大学教材建设经费资助(编号JC2015YB011),作者在此致以深切感谢。

由于网络安全与管理技术发展更新较快,作者水平有限,书中的不足之处在所难免,殷切希望广大读者批评指正并提出宝贵建议和意见,以便进一步完善。

编　者

2020年1月

目录

第1章　网络安全与管理概述与规划　/1

第2章　网络安全与管理的体系规范　/22

第 6 章 防火墙技术 /130

第7章 虚拟专用网技术 /160

第 9 章 面向内容的网络信息安全 /236

第 13 章 网络管理原理与技术 /335

第 14 章 网络安全竞技演练技术 /356

第 1 章

网络安全与管理概述与规划

本章要点：

☑ 网络安全与管理的基本概念及意义

☑ 网络安全问题的产生背景

☑ 网络安全与管理的特点

☑ 网络安全与管理的设计原则

☑ 网络安全管理规划设计与实施案例

1.1 网络安全与管理概述

网络是信息社会的基础，已经广泛深入到社会、经济、政治、文化、军事、生活等各个领域，成为人们生活中不可缺少的一部分。但由于因特网的开放性等因素，它也带来了很多安全问题，如机密信息被窃听和篡改、网络黑客攻击、计算机蠕虫病毒等，由此带来的损失和影响是巨大的。本书从网络安全与管理的角度系统阐述了相关技术及特点，并给出了一些实施案例。

1.1.1 网络安全与管理的基本概念

随着计算机和通信技术的发展，社会信息化程度的逐步提高，网络已成为全球信息基础设施的主要组成部分，成为现代人工作生活中必不可少的一部分，人们对网络的依赖程度也逐步加深，一旦网络由于种种原因发生故障，陷于瘫痪，人们的生活也必然会受到极大的影响。网络技术如同一把双刃剑，在带给我们便利的同时，所引发的安全隐患问题也很值得我们去关注。广义来说，凡是涉及网络上信息的保密性、完整性、可用性、真实性和可控性的相关技术和理论都是网络安全所要研究的领域。网络安全是一门涉及计算机科学、网络技术、通信技术、密码技术、信息安全技术、应用数学、数论、信息论等多种学科的综合性学科，它涉及安全体系结构、安全协议、密码理论、信息内容分析、安全监控、应急处理等。网络安全涉及的内容既有技术方面的问题，也有管理方面的问题，两方面相互补充，缺一不可。如何更有效地保护重要的信息数据、提高计算机网络系统的安全性已经成为所有网络应用必须考虑和解决的问题之一。

有效的网络管理不仅局限于技术上的问题，同时也是涉及管理和法律法规的问题。网络监管系统的基础设备要采用先进的硬件设备，包括防毁、防电磁信息辐射泄漏、抗电磁干扰、数据灾备及电源保护等设备。网络安全技术随着现代技术的进步不断发展,如果没有合理有效的网络管理,就难以有健康发展的网络环境。从管理上来说,目前成立专门的监管部门,分区域分专业进行监督和管理。网络监管还必须从法律法规上进行强化,制定规范的法律法规,并达成行业和相关人员的自律。网络技术的进步给了人们以更大的信息支配能力,互联网打破了传统的区域性,使个人的网络行为对社会发生的影响空前增大,也要求人们更严格地控制自己的行为。要建立一个洁净的互联网环境,不仅需要技术、法律和管理上的不断完备,还需要网络中的每个参与者自律和自重,用个人的网络道德和内在价值标准来约束自己的行为,从而自觉维护网络社会的和谐发展。

1.1.2 网络安全与管理的定义

本节给出了网络安全与管理的定义,以及网络管理的功能。

1. 网络安全的定义

国际标准化组织(International Organization for Standardization,ISO)对计算机系统安全的定义是:为数据处理系统建立和采用的技术和管理的安全保护,保护计算机硬件、软件和数据不因偶然和恶意的原因遭到破坏、更改和泄露。由此,可以将计算机网络的安全理解为:通过采用各种技术和管理措施,使网络系统正常运行,从而确保网络数据的可用性、完整性和保密性。所以,建立网络安全保护措施的目的是确保经过网络传输和交换的数据不会发生增加、修改、丢失和泄露等。网络安全就是网络上的信息安全,是指网络系统的硬件、软件及其系统中的数据受到保护,不受偶然的或者恶意的原因而遭到破坏、更改、泄露,系统连续可靠正常地运行,网络服务不中断。

从广义上说,网络安全包括网络硬件资源和信息资源的安全性,而硬件资源包括通信线路、通信设备(交换机、路由器等)、主机等,要实现信息快速、安全地交换,一个可靠的物理网络是必不可少的。信息资源包括维持网络服务运行的系统软件和应用软件,以及在网络中存储和传输的用户信息数据等。信息资源的保密性、完整性、可用性和真实性等是网络安全研究的重要课题。

网络安全包括一切解决或缓解计算机网络技术应用过程中存在的安全威胁的技术手段或管理手段,也包括这些安全威胁本身及相关的活动。网络安全的具体含义会随着重视"角度"的变化而变化。例如,从用户(个人、企业等)的角度来说,他们希望涉及个人隐私或商业利益的信息在网络上传输时受到机密性、完整性和真实性的保护,避免其他人或对手利用窃听、冒充、篡改、抵赖等手段侵犯用户的利益和隐私。从网络运行和管理者的角度来说,他们希望对本地网络信息的访问、读、写等操作受到保护和控制,避免出现"陷门"、病毒、非法存取、拒绝服务和网络资源非法占用和非法控制等威胁,制止和防御网络黑客的攻击。网络安全性就是保护网络程序、数据或者设备,使其免受非授权访问,它的保护内容包括信息和资源、客户和用户以及私有性。

在不同的环境和应用中,网络安全的解释也不完全相同:

(1) 运行系统安全,即保证信息处理和传输系统的安全,多数是指操作系统安全。

(2) 网络上系统信息的安全,包括口令鉴别、用户存取权限控制、安全审计、计算机病毒防治和数据加密等。

（3）网络上信息传播的安全，即信息传播后的安全。

（4）网络上信息内容的安全是信息安全在法律、政治、社会道德层面上的要求。

（5）网络上信息本身的安全，即我们讨论的狭义的“网络安全”。它侧重于保护网络信息的保密性、真实性和完整性。

（6）物理安全，即网络中各种物理设备的安全，主要是指防盗、防火、防静电、防雷击以及防电磁泄漏。

对安全保密部门来说，他们希望对非法的、有害的或涉及国家机密的信息进行过滤和防堵，避免机要信息泄露，避免对社会产生危害，对国家造成巨大损失。从社会教育和意识形态角度来讲，网络上不健康的内容，会对社会的稳定和人类的发展造成阻碍，必须对其进行控制。因此，网络信息安全是一个系统工程必须综合采取各种措施才能奏效。

在网络连接能力、信息流通能力提高的同时，基于网络连接的安全问题也日益突出，整体的网络安全主要表现在以下几个方面：网络的物理安全、网络拓扑结构安全、网络系统安全、应用系统安全和网络管理的安全等。威胁一旦出现，常常措手不及，造成极大的损失。因此计算机安全问题，应该做到提前防范。

2. 网络管理的定义

网络管理就是指监督、组织和控制网络通信服务，以及信息处理所必须的各种活动的总称。其目标是确保计算机网络的持续正常运行，并在计算机网络运行出现异常时能及时响应和排除故障。一般来说，网络管理就是通过某种方式对网络进行管理，使网络能正常高效地运行。其目的很明确，就是使网络中的资源得到更加有效的利用。它应维护网络的正常运行，当网络出现故障时能及时报告和处理，并协调、保持网络系统的高效运行。

网络管理技术是伴随着计算机、网络和通信技术的发展而发展的，两者相辅相成。从网络管理范畴来分类，可分为对网“路”的管理，即针对交换机、路由器等主干网络进行管理；对接入设备的管理，即对内部计算机、服务器、交换机等进行管理；对行为的管理，即针对用户的使用进行管理；对资产的管理，即统计 IT(Information Technology)软硬件的信息等。

国际标准化组织(ISO)在 ISO/IEC7498-4 中定义并描述了开放系统互连(Open System Interconnection，OSI)管理的术语和概念，提出了一个 OSI 管理的结构并描述了 OSI 管理应有的行为。它认为，开放系统互连管理是指这样一些功能，它们控制、协调、监视 OSI 环境下的一些资源，这些资源保证 OSI 环境下的通信。通常对一个网络管理系统需要定义以下内容。

（1）系统的功能：即一个网络管理系统应具有哪些功能。

（2）网络资源的表示：网络管理很大一部分是对网络中资源的管理。网络中的资源就是指网络中的硬件、软件以及所提供的服务等。而一个网络管理系统必须在系统中将它们表示出来，才能对其进行管理。

（3）网络管理信息的表示：网络管理系统对网络的管理主要靠系统中网络管理信息的传递来实现。网络管理信息应如何表示？怎样传递？传送的协议是什么？这都是一个网络管理系统必须考虑的问题。

（4）系统的结构：即网络管理系统的结构是怎样的。

3. 网络管理的功能

国际标准化组织定义网络管理有五大功能：网络故障管理、网络配置管理、网络性能管理、网络计费管理、网络安全管理。根据对网络管理软件产品功能的不同，又可细分为五类，即网络故障管理软件、网络配置管理软件、网络性能管理软件、网络服务安全管理软件、网络计费管理软件。

（1）网络故障管理。计算机网络服务发生意外中断是常见的，这种意外中断在某些重要的时候可能会对社会或生产带来很大的影响。但是，与单计算机系统不同的是，在大型计算机网络中，当发生失效故障时，往往不能轻易、具体地确定故障所在的准确位置，而需要相关技术上的支持。因此，需要有一个故障管理系统，科学地管理网络发生的所有故障，并记录每个故障的产生及相关信息，最后确定并排除那些故障，保证网络能提供连续可靠的服务。

（2）网络配置管理。一个实际中使用的计算机网络是由多个厂家提供的产品和设备相互连接而成的，因此各设备需要相互了解和适应与其发生关系的其他设备的参数、状态等信息，否则就不能有效甚至正常工作。尤其是网络系统常常是动态变化的，如网络系统本身要随着用户的增减、设备的维修或更新来调整网络的配置。因此，需要有足够的技术手段来支持这种调整或改变，使网络能更有效地工作。

（3）网络性能管理。由于网络资源的有限性，因此，最理想的是在使用最少的网络资源和具有最小通信费用的前提下，网络提供持续、可靠的通信能力，并使网络资源的使用达到最优化的程度。

（4）网络计费管理。当计算机网络系统中的信息资源是在有偿使用的情况下，需要能够记录和统计哪些用户利用哪条通信线路传输了多少信息，以及做的是什么工作等。在非商业化的网络上，仍然需要统计各条线路工作的繁忙情况和不同资源的利用情况，以供决策参考。

（5）网络安全管理。计算机网络系统的特点决定了网络本身安全的固有脆弱性，因此要确保网络资源不被非法使用，确保网络管理系统本身不被未经授权者访问，以及网络管理信息的机密性和完整性。

1.1.3 网络安全与管理的基本属性

对整个网络信息系统的保护是为了网络信息的安全，即信息的存储安全和信息的传输安全等，阻止安全威胁，确保网络系统的信息安全。从网络信息系统的安全属性角度来说，就是对网络信息资源的保密性（Confidentiality）、完整性（Integrity）和可用性（Availability）等安全属性的保护（简称为CIA三要素）。从技术角度来说，网络信息安全与管理的目标主要表现在系统的可靠性、可用性、保密性、完整性、可控性等安全属性方面。

1. 可靠性

可靠性是网络信息系统能够在规定条件下和规定的时间内完成规定的功能的特性。可靠性是系统安全的最基本要求之一，是所有网络信息系统的建设和运行目标。网络信息系统的可靠性测度主要有三种：抗毁性、生存性和有效性。

(1) 抗毁性是指系统在人为破坏下的可靠性。例如,部分线路或节点失效后,系统是否仍然能够提供一定程度的服务。增强抗毁性可以有效地避免因各种灾害(战争、地震等)造成的大面积瘫痪事件。

(2) 生存性是在随机破坏下系统的可靠性。生存性主要反映随机性破坏和网络拓扑结构对系统可靠性的影响。这里,随机性破坏是指系统部件因为自然老化等造成的自然失效。

(3) 有效性是一种基于业务性能的可靠性。有效性主要反映在网络信息系统的部件失效情况下,满足业务性能要求的程度。例如,网络部件失效虽然没有引起连接性故障,但是却造成质量指标下降、平均延时增加、线路阻塞等现象。

可靠性主要表现在硬件可靠性、软件可靠性、人员可靠性、环境可靠性等方面。硬件可靠性最为直观和常见。软件可靠性是指在规定的时间内,程序成功运行的概率。人员可靠性是指人员成功地完成工作或任务的概率。环境可靠性是指在规定的环境内,保证网络成功运行的概率。这里的环境主要是指自然环境和电磁环境。

2. 可用性

可用性就是要保障网络资源无论在何时,无论经过何种处理,只要需要即可使用,而不因系统故障或误操作等使资源丢失或妨碍对资源的使用,使得严格时间要求的服务不能得到及时的响应。可用性是网络信息可被授权实体访问并按需求使用的特性,即网络信息服务在需要时,允许授权用户或实体使用的特性,或者是网络部分受损或需要降级使用时,仍能为授权用户提供有效服务的特性。可用性是网络信息系统面向用户的安全性能。网络信息系统最基本的功能是向用户提供服务,而用户的需求是随机的、多方面的,有时还有时间要求。可用性一般用系统正常使用时间和整个工作时间之比来度量。

可用性还应该满足身份识别与确认、访问控制、业务流控制、路由选择控制、审计跟踪等要求。

3. 保密性

保密性指网络中的数据必须按照数据拥有者的要求保证一定的秘密性,不会被未授权的第三方非法获知。具有敏感性的秘密信息,只有得到拥有者的许可,其他人才能够获得该信息,网络系统必须能够防止信息的非授权访问或泄露,即防止信息泄露给非授权个人或实体,信息只为授权用户使用的特性。保密性是在可靠性和可用性基础之上,保障网络信息安全的重要手段。

4. 完整性

完整性指网络中的信息安全、精确与有效,不因人为的因素而改变信息原有的内容、形式与流向,即不能被未授权的第三方修改。它包含数据完整性的内涵,即保证数据不被非法地改动和销毁,同样还包含系统完整性的内涵,即保证系统以无害的方式按照预定的功能运行,不受故意的或者意外的非法操作所破坏。完整性是网络信息未经授权不能进行改变的特性,即网络信息在存储或传输过程中保持不被偶然或蓄意地删除、修改、伪造、乱序、重放、插入等破坏和丢失的特性。完整性是一种面向信息的安全性,它要求保持信息的原样,即信息的正确生成,以及正确存储和传输。

完整性与保密性不同,保密性要求信息不被泄露给未授权的人,而完整性则要求信息不会受到各种原因的破坏。影响网络信息完整性的主要因素有设备故障、误码(传输、处理和存储过程中产生的误码,定时的稳定度和精度降低造成的误码,各种干扰源造成的误码等)、人为攻击、计算机病毒等。

5. 可控性

可控性是对网络信息的传播及内容具有控制能力的特性。概括地说,网络信息安全与保密的核心,是通过计算机、网络、密码技术和安全技术,保护在公用网络信息系统中传输、交换和存储的消息的保密性、完整性、真实性、可靠性、可用性、不可抵赖性等。

后来,美国计算机安全专家又在CIA安全三要素的基础上提出了一种新的安全框架,包括保密性、完整性、可用性、真实性(Authenticity)、实用性(Utility)、占有性(Possession),即在原来的基础上增加了真实性、实用性、占有性,认为这样才能解释各种网络安全问题。

网络信息的真实性是指信息的可信度,主要是指信息的完整性、准确性和对信息所有者或发送者的身份的确认,它也是一个信息安全性的基本要素。网络信息的实用性是指信息加密密钥不可丢失(不是泄密),丢失了密钥的信息也就丢失了信息的实用性。网络信息的占有性是指存储信息的主机、磁盘等信息载体被盗用,导致对信息占用权的丧失。保护信息占有性的方法有使用版权、专利、商业秘密、提供物理和逻辑的访问限制方法,以及维护和检查有关盗窃文件的审计记录、使用标签等。

1.2 网络安全与管理问题的产生背景

网络安全已经成为人类共同面临的挑战,互联网向社会控管能力的挑战并已成为信息时代政治、经济、军事、文化斗争的新领域。本节介绍了网络安全的国际性问题、产生根源、发展趋势、特点及必要性。

1.2.1 网络安全问题是国际性问题

由于网络建立伊始只考虑方便性、开放性,并没有总体安全构想。因此,开放性的网络,导致网络的技术是全开放的,任何一个人、团体都可能接入,因而网络所面临的破坏和攻击可能是多方面的。有一句非常经典的话:“Internet的美妙之处在于你和每个人都能互相连接,Internet的可怕之处在于每个人都能和你互相连接。”网络安全成为信息时代人类共同面临的挑战,美国前任总统克林顿在签发《保护信息系统国家计划》的总统咨文中陈述道:“在不到一代人的时间里,信息革命以及计算机进入了社会的每一领域,这一现象改变了国家的经济运行和安全运作乃至人们的日常生活方式。然而,网络应用的大量普及也带有它自身的风险。所有计算机驱动的系统都很容易受到侵犯和破坏。对重要的经济部门或政府机构的计算机进行任何有计划的攻击都可能产生灾难性的后果,这种危险是客观存在的。过去敌对力量和恐怖主义分子毫无例外地使用炸弹和子弹,现在他们可以把手提电脑变成有效武器,造成非常巨大的危害。如果人们想要继续享受信息时代的种种好处,继续使国家安全和经济繁荣得到保障,就必须保护计算机控制系统,使它们免受攻击。”

在各领域的计算机犯罪和网络侵权方面，无论是数量、手段，还是性质、规模，已经到了惊人的地步。据有关方面统计，近年美国每年由于网络安全问题而遭受的经济损失超过 170 亿美元，德国、英国也均在数十亿美元以上，法国为 100 亿法郎，日本、新加坡问题也很严重。在国际刑法界列举的现代社会新型犯罪排行榜上，计算机犯罪已名列榜首。据调查，2001 年我国约 73%的计算机用户曾感染病毒，2003 年上半年升至 83%，其中，感染 3 次以上的用户高达 59%。而且病毒的破坏性较大，被病毒破坏全部数据的占 14%，破坏部分数据的占 57%。电脑黑客活动已形成重要威胁。网络信息系统具有致命的脆弱性、易受攻击性和开放性。从国内情况来看，目前我国 95%与互联网相连的网络管理中心都遭受过境内外黑客的攻击或侵入，其中银行、金融和证券机构是黑客攻击的重点。信息基础设施面临网络安全的挑战。面对信息安全的严峻形势，我国的网络安全系统在预测、反应、防范和恢复能力方面存在许多薄弱环节。据英国《简氏战略报告》和其他网络组织对各国信息防护能力的评估，我国被列入防护能力最低的国家之一，不仅大大低于美国、俄罗斯和以色列等信息安全强国，而且排在印度、韩国之后。近年来，国内与网络有关的各类违法行为以每年 30%的速度递增。据某市信息安全管理部门统计，2003 年第 1 季度，该市共遭受近 37 万次黑客攻击、2.1 万次以上病毒入侵和 57 次信息系统瘫痪。从国家计算机网络应急技术处理协调中心 CNCERT/CC（National Computer Network Emergency Response Technical Team/Coordination Center of China）接收和自主监测的网络安全事件情况看，2005 年到 2008 年，事件总数呈逐年上升趋势。垃圾邮件、网络仿冒、网页篡改、网页恶意代码（俗称“网页挂马”）等事件是网络信息系统及互联网用户面临的最常见的网络安全事件，而由此造成的后果和影响也较为严重，如遭遇网络欺骗或讹诈、感染恶意代码、泄露重要信息等。2008 年，垃圾邮件事件、拒绝服务攻击事件以及病毒、蠕虫和木马事件尤为突出，发生次数与 2007 年相比均呈现较大幅度的增长趋势。2008 年 7 月公布的 Windows 域名系统 DNS（Domain Name System）可允许欺骗漏洞（MS08-037）是互联网关键基础设施之一的域名解析服务系统近年来出现的罕见的“0day”漏洞，该漏洞极易引发域名劫持等网络安全事件。2008 年我国网络安全服务市场规模已经超过 80 亿元人民币，这也从侧面凸显出社会各界为对抗黑色地下产业而不得不付出的巨大投入。

根据 2018 年 3 月 CNCERT 互联网安全威胁报告，以 CNCERT 监测数据和通报成员单位报送数据作为主要依据，对我国互联网面临的各类安全威胁进行总体态势分析，并对重要预警信息和典型安全事件进行探讨。2018 年 3 月，互联网网络安全状况整体评价为良，主要数据如下：境内感染网络病毒的终端数为 75 万余个；境内被篡改网站数量为 2559 个，其中被篡改政府网站数量为 57 个；境内被植入后门的网站数量为 2858 个，其中政府网站有 73 个；针对境内网站的仿冒页面数量为 3791 个；国家信息安全漏洞共享平台（CNVD）收集整理信息系统安全漏洞 1902 个，其中，高危漏洞 598 个，可被利用来实施远程攻击的漏洞有 1631 个。

当今时代，社会信息化迅速发展，一个安全、稳定、繁荣的网络空间，对一国乃至世界和平与发展越来越具有重大意义。网络空间被视为继陆、海、空、天之后的“第五空间”，网络空间安全和互联网治理已成为国际社会空前关注的一个重要全球性议题。传统的网络边界越来越模糊,非传统网络安全威胁有增无减,分布式拒绝服务、高级持续威胁等新型网络攻击愈演愈烈。网络信息基础设施屡受全球性高危漏洞侵扰,重要信息基础设施和重要信息系统安全面临严峻威胁。网络攻击正逐步向各类联网终端渗透。除此之外,网络诈骗、网络黑客、网络恐怖主义、网络谣言等问题日益猖獗,干扰和破坏着各国正常的生产和生活,甚至威胁着国家政权的稳定。网络空间是人类共同的活动空间,网络空间前途命运应由世界各国共同掌握,各国应该加强沟通、扩大共识、深化合作,共同构建网络空间命运共同体。

2017 年 3 月 1 日,我国外交部和国家互联网信息办公室共同发布《网络空间国际合作战略》,指出维护网络空间和平与安全是国际社会的共同责任。该战略用四项原则、六大目标、九大行动计划,向世界清晰描绘了中国面向全球网络空间的宏伟蓝图。其中,四项基本原则为和平、主权、共治、互惠;六大战略目标为:维护主权与安全、构建国际规则体系、促进互联网公平治理、保护公民合法权益、促进数字经济合作、打造网上文化交流平台;九大行动计划为倡导和促进网络空间和平与稳定、推动构建以规则为基础的网络空间秩序、不断拓展网络空间伙伴关系、积极推进全球互联网治理体系改革、深化打击网络恐怖主义和网络犯罪国际合作、倡导对隐私权等公民权益的保护、推动数字经济发展和数字红利普惠共享、加强全球信息基础设施建设和保护、促进网络文化交流。这是继 2015 年习近平主席首次提出“构建网络空间命运共同体”主张以来,我国政府最新发布的又一网络问题重大战略文件。

1.2.2 网络安全问题的根源

网络安全问题的根源大体上有物理安全问题、方案设计的缺陷、系统的安全漏洞、人的因素等几个方面。

1. 物理安全问题

除了物理设备本身的问题外,物理安全问题还包括设备的位置安全、限制物理访问、物理环境安全和地域因素等。物理设备的位置极为重要。所有基础网络设施都应该放置在严格限制来访人员的地方,以降低出现未经授权访问的可能性。如果可能,要把关键的物理设备存放在一个物理上安全的地方,并注意冗余备份。如果物理设备摆放不当,受到攻击者对物理设备的故意破坏,那么其他安全措施都没有用。同时,还要注意严格限制对接线柜和关键网络基础设施所在地的物理访问。除非经过授权或因工作需要而必须访问之外,否则将禁止对这些区域的访问。物理设备也面临着环境方面的威胁,这些威胁包括温度、湿度、灰尘、供电系统对系统运行可靠性的影响,由于电磁辐射造成信息泄露,自然灾害(如地震、闪电、风暴等)对系统的破坏等。

2. 方案设计的缺陷

有一类安全问题根源在于方案设计时的缺陷。由于实际中,网络的结构往往比较复杂,会包含星型、总线型和环型等各种拓扑结构,结构的复杂无疑给网络系统管理、拓扑设计带来很多问题。为了实现异构网络间信息的通信,往往要牺牲一些安全机制的设置和实现,从而提出更高的网络开放性的要求。开放性与安全性正是一对相生相克的矛盾。

3. 系统的安全漏洞

随着软件系统规模的不断增大，系统中的安全漏洞或“后门”也不可避免地存在，比如我们常用的操作系统，无论是 Windows 还是 UNIX 几乎都存在或多或少的安全漏洞，众多的各类服务器（最典型的如微软公司的 IIS 服务器）、浏览器、数据库、一些桌面软件等都被发现过存在安全隐患。可以说任何一个软件系统都可能会因为程序员的一个疏忽、设计中的一个缺陷等原因而存在漏洞，这也是网络安全问题的主要根源之一。目前，安全漏洞主要包括：操作系统类安全漏洞、网络系统类安全漏洞、应用系统类安全漏洞、网络管理上的漏洞。目前，美国 75%～85%的网站都抵挡不住黑客的攻击，约有 75%的企业网上信息失窃，其中 25%的企业损失在 25 万美元以上。此外，管理的缺陷还可能出现在系统内部人员泄露机密或外部人员通过非法手段截获而导致机密信息的泄露，从而为一些不法分子制造了可乘之机。

4. 人的因素

人的因素包括人为的无意失误、人为的恶意攻击等。网络建设单位、管理人员和技术人员缺乏安全防范意识，没有采取主动的安全措施加以防范，没有建立完善的管理体系，从而导致安全体系和安全控制措施不能充分有效地发挥效能。网络安全管理人员和技术人员缺乏必要的专业安全知识，不能安全地配置和管理网络，不能及时发现已经存在的和随时可能出现的安全问题，对突发的网络安全事件不能做出积极、有序和有效的反应。

1.2.3　网络安全威胁的发展趋势

网络安全威胁是指计算机和网络系统所面临的、来自已经发生的安全事件或潜在安全事件的负面影响，这两种情况通常又分别称为现实威胁和潜在威胁。随着互联网规模的进一步扩大和用户数的激增，网络安全攻击和威胁的形式将更加严峻。以下是网络攻击和安全威胁的一些新趋势。

1. 攻击的不对称性

互联网上的安全是相互依赖的。每个互联网系统遭受攻击的可能性取决于连接到全球互联网上其他系统的安全状态。由于攻击技术的进步，一个攻击者可以比较容易地利用分布式系统对一个受害者发动破坏性的攻击。分布式攻击等技术的广泛应用，使得攻击的不对称性将继续增加。

2. 攻击行为的智能化

随着技术的进步，越来越多的攻击技术已被封装成一些免费的工具，网络攻击的自动化程度和攻击速度越来越高。当然，攻击技术自身的提高也会使攻击行为智能化。

3. 对安全设备的渗透性强

安全设备本身是用来提高网络系统的安全性能，而安全设备的设计从理论上来说仍具有网络系统设计自身类似的方面，例如软件部分存在缺陷，硬件设备可能存在物理缺陷，以及安全设备管理本身存在隐患等。能够渗透安全设备的攻击也成为网络攻击的一种趋势。

4. 病毒与网络攻击融合

病毒行为和网络攻击行为的融合正成为当前恶意攻击的主要途径，它们的有效结合可以实现更好的攻击效果,病毒和网络攻击之间的界限越来越难明确分清。

5. 对基础设施将形成越来越大的威胁

针对网络基础设施攻击是大面积影响互联网关键组成部分的攻击。由于用户越来越多地依赖互联网完成日常业务,由此针对网络基础设施攻击引起人们越来越大的担心。基础设施面临分布式拒绝服务攻击、蠕虫病毒、对互联网域名系统(DNS)的攻击和对路由器攻击或利用路由器的攻击。

6. 攻击行为政治化

随着电子政务的建设和其他高安全需求的部门的网络系统普及,网络攻击行为在很多时候已不仅仅是简单的恶意行为,有针对性地危害国家安全部门正成为网络攻击的新特点。

1.2.4 我国网络安全与管理现状

本节介绍了我国网络安全与管理的现状,目前存在的一些问题。

1. 我国网络安全现状

受国家主管部门委托,中国互联网络信息中心 CNNIC(China Internet Network Information Center)从 1998 年起每半年公布一次统计报告。2009 年 1 月 13 日,中国互联网络信息中心 CNNIC 在京发布了《第 23 次中国互联网络发展状况统计报告》。报告显示,截至 2017 年 12 月,我国网民规模达 7.72 亿,全年共计新增网民 4074 万人。互联网普及率为 55.8%,较 2016 年底提升 2.6 个百分点。截至 2017 年 12 月,我国手机网民规模达 7.53 亿,较 2016 年底增加 5734 万人。网民中使用手机上网人群的占比由 2016 年的 95.1%提升至 97.5%。截至 2017 年 12 月,我国农村网民占比为 27.0%,规模为 2.09 亿,较2016 年底增加 793 万人,增幅为 4.0%。截至 2017 年 12 月,我国网民使用手机上网的比例达 97.5%,较 2016 年底提升了 2.4 个百分点,使用率再创新高;使用台式计算机、笔记本电脑及平板电脑上网的比例分别为 53.0%、35.8%和 27.1%,较 2016 年底均有所下降;网民使用电视上网的比例达 28.2%,较 2016 年底提升了 3.2 个百分点。

伴随着互联网的普及,我国网络信息安全面临的严峻形势也日益突出,主要表现为:

(1) 基础信息产业薄弱,核心技术严重依赖国外,缺乏自主知识产权产品。硬件方面,计算机制造业有很大的进步,但其中许多核心部件都是原始设备制造商的,我国对其的研发、生产能力很弱,完全处于受制于人的地位。软件方面,面临市场垄断和价格歧视的威胁。美国微软公司几乎垄断了我国计算机软件的基础和核心市场。离开了微软公司的操作系统,国产的大多数软件都失去了操作平台。国外计算机硬件、软件中可能隐藏着"特洛伊木马",一旦发生重大情况,那些隐藏在计算机芯片和操作软件中的"特洛伊木马"就有可能在某种秘密指令下激活,造成计算机网络、电信系统瘫痪。

(2) 出于利益驱动或者好奇心,黑客们利用网络进行犯罪活动,我国网络信息犯罪有快速发展蔓延的趋势。从国家计算机病毒应急处理中心日常监测结果看来,计算机系统遭受病毒感染和破坏的情况相当严重,计算机病毒呈现出异常活跃的态势。网络信息系统具有致命的脆弱性、易受攻击性和开放性,从国内情况来看,目前我国大部分网络管理中心都遭受过境内外黑客的攻击或侵入,其中银行、金融和证券机构是黑客攻击的重点。

(3) 网络政治颠覆活动频繁。近年来,国内外反动势力利用互联网组党结社,进行针对我国党和政府的非法组织和串联活动,猖獗频繁,屡禁不止。尤其是一些非法组织有计划地通过网络渠道,宣传异教邪说,妄图扰乱人心,扰乱社会秩序。

(4) 我国信息安全人才培养还远远不能满足需要。我国信息安全建设起步比较晚,信息安全人才培养也比较晚。随着信息化进程的加快和计算机的广泛应用,信息安全问题日益突出。同时,新兴的电子商务、电子政务和电子金融的发展,也对信息安全专门人才的需求加大,对培养人才提出了更高要求。目前我国信息安全人才培养体系虽已初步形成,但还远远不能满足对信息安全人才的需求。

(5) 网络信息安全产业发展面临一些挑战。在学习借鉴国外技术的基础上,国内一些部门也开发研制了一些防火墙、安全路由器、安全网关、黑客入侵检测、系统脆弱性扫描软件等。但我国信息安全产业仍然存在安全应用需求不明,产业技术推动性太强,应用针对性不够等问题。技术产品跟从美国的商业趋势,国内安全需求得不到很好满足。

2. 我国信息安全管理现状

网络安全技术包括防火墙技术、虚拟专用网技术、入侵检测技术、漏洞扫描技术、防病毒技术、安全隔离网闸、安全网关技术等,为了积极应对出现的网络安全问题,需要综合运用多种策略,包括网络安全技术,网络安全法规和安全管理,我国网络信息安全管理的现状表现为:

(1) 初步建成了国家信息安全组织保障体系。国务院信息办专门成立了网络与信息安全领导小组,成员有工业和信息化部、公安部、国家保密局、国家密码管理委员会、国家安全部等强力部门,各省、市、自治州也设立了相应的管理机构。2003 年 7 月,国务院信息化领导小组第三次会议上专题讨论并通过了《关于加强信息安全保障工作的意见》,同年 9 月,中央办公厅、国务院办公厅转发了《国家信息化领导小组关于加强信息安全保障工作的意见》(2003[27]号文件)。27 号文件第一次把信息安全提到了促进经济发展、维护社会稳定、保障国家安全、加强精神文明建设的高度。2003 年 7 月成立了国家计算机网络应急技术处理协调中心(简称 CNCERT/CC),专门负责收集、汇总、核实、发布权威性的应急处理信息、为国家重要部门提供应急处理服务、协调全国的 CERT 组织共同处理大规模网络安全事件、对全国范围内计算机应急处理有关的数据进行统计、根据当前情况提出相应的对策、与其他国家和地区的 CERT 进行交流。2001 年 5 月成立了中国信息安全产品测评认证中心(简称 CNITSEC),代表国家开展信息安全测评认证工作的职能机构,依据国家有关产品质量认证和信息安全管理的法律法规管理和运行国家信息安全测评认证体系。2014 年 2 月 27 日,中央网络安全和信息化领导小组成立。该领导小组将着眼国家安全和长远发展,统筹协调涉及经济、政治、文化、社会及军事等各个领域的网络安全和信息化重大问题,研究制定网络安全和信息化发展战略、宏观规划和重大政策,推动国家网络安全和信息化法治建设,不断增强安全保障能力。

(2) 制定和引进了一批重要的信息安全管理标准。为了更好地推进我国信息安全管理工作,公安部主持制定、国家质量技术监督局发布的中华人民共和国国家标准 GB17895-1999《计算机信息系统安全保护等级划分准则》,并引进了国际上著名的《ISO 17799:2000:信息安全管理实施准则》《BS 7799-2:2002:信息安全管理体系实施规范》

《ISO/IEC 15408：1999(GB/T 18336：2001)-信息技术安全性评估准则》《SSE-CMM：系统安全工程能力成熟度模型》等信息安全管理标准。信息安全标准化委会设置了10个工作组，其中信息安全管理工作组负责对信息安全的行政、技术、人员等管理提出规范要求及指导，包括信息安全管理指南、信息安全管理实施规范、人员培训教育及录用要求、信息安全社会化服务管理规范、信息安全保险业务规范框架和安全策略要求与指南。

(3) 制定了一系列必须的信息安全管理的法律法规。从20世纪90年代初起，为配合信息安全管理的需要，国家、相关部门、行业和地方政府相继制定了《中华人民共和国计算机信息网络国际联网管理暂行规定》《商用密码管理条例》《互联网信息服务管理办法》《计算机信息网络国际联网安全保护管理办法》《计算机病毒防治管理办法》《互联网电子公告服务管理规定》《软件产品管理办法》《电信网间互联管理暂行规定》《电子签名法》《网络安全法》等有关信息安全管理的法律法规文件。

(4) 信息安全风险评估工作已经得到重视和开展。风险评估是信息安全管理的核心工作之一。2003年7月，国信办信息安全风险评估课题组就启动了信息安全风险评估相关标准的编制工作，国家铁路系统和北京移动通信公司作为先行者已完成了的信息安全风险评估试点工作，国家其他关键行业或系统（如电力、电信、银行等）也将陆续开展这方面的工作。

3. 我国信息安全管理存在的问题

我国信息安全管理目前存在的一些问题包括：

(1) 信息安全管理缺乏一个国家层面上的整体策略。实际管理力度不够，政策的执行和监督力度不够。部分规定过分强调部门的自身特点，而忽略了在国际政治经济的大环境下体现中国的特色。

(2) 具有我国特点的、动态的和涵盖组织机构、文件、控制措施、操作过程和程序以及相关资源等要素的信息安全管理体系还未建立起来。

(3) 具有我国特点的信息安全风险评估标准体系还有待完善，信息安全的需求难以确定，要保护的对象和边界难以确定，缺乏系统、全面的信息安全风险评估和评价体系以及全面、完善的信息安全保障体系。

(4) 技术创新不够，信息安全管理产品水平和质量不高，尤其是以集中配置、集中管理、状态报告和策略互动为主要任务的安全管理平台产品的研究与开发还很落后。

(5) 我国自己制定的信息安全管理标准太少，大多沿用国际标准。在标准的实施过程中，缺乏必要的国家监督管理机制和法律保护，致使有标准企业或用户可以不执行，而执行过程中出现的问题得不到及时、妥善解决。

1.2.5 网络安全管理的必要性

网络环境的复杂性、多变性，以及信息系统的脆弱性，决定了网络安全威胁的客观存在。我国日益开放并融入世界，加强安全监管和建立保护屏障不可或缺。近年来，随着国际政治形势的发展，以及经济全球化过程的加快，人们越来越清楚，信息时代所引发的信息安全问题不仅涉及国家的经济安全、金融安全，同时也涉及国家的国防安全、政治安全和文化安全。因此，可以说，在信息化社会里，没有信息安全的保障，国家就没有安全的屏

障，信息安全的重要性怎么强调也不过分。

1.3 网络安全与管理的特点及设计原则

本节介绍网络安全与管理的特点、网络安全管理的设计原则以及信息安全管理的原则。

1.3.1 网络安全与管理的特点

随着网络技术的更新与发展，网络安全和管理问题呈现出层出不穷的态势。纵观网络安全和管理的历史和现状，其表现形式虽然各不相同，但大致具有如下5个特点。

（1）网络安全问题的必然性：归根结底，导致网络安全威胁的三个方面——信息系统的复杂性、信息系统的开放性和人的因素。三者之中，哪个因素都是不可完全避免的，网络安全威胁和问题必然会长期存在。

（2）网络安全与管理的相对性：保证网络安全服务的质量总是需要付出一定的资源和资金代价的。如果因为安全付出的代价高于被保护系统自身的价值，则这样的安全保护是不恰当的。这意味着，没有绝对的安全服务保证，因此网络安全总是相对的。

（3）网络安全与管理的动态性：网络安全威胁会随着技术的发展、周边应用场景的变化等因素而发生变化.新的安全威胁总会不断出现。所以，网络安全建设是一个动态的过程，不能指望一项技术、一款产品或一个方案就能一劳永逸地解决组织的安全问题，网络安全是一个动态、持续的过程。

（4）网络安全与管理的广泛性：网络安全已渗透到生活中的每一个领域，网络安全保护的对象可分为四个层面：国家安全、商业安全、个人安全以及网络自身安全。

（5）网络安全与管理的黑盒性：网络安全是一种以“防患于未然”为主的安全保护，这就注定了网络安全产品的功能有些模糊，不像其他应用系统那样明确公开。例如，一种入侵检测系统到底能够检测出哪些攻击，一般用户是没法知道的。因此，对于网络安全产品的鉴定，中间机构的介入就非常关键。例如，我国公安部网络安全检测中心、国际上的各种认证机构如国际计算机安全协会（International Computer Security Association，ICSA）等中介机构的介入，对于安全产品的定位和评价都很有帮助。

1.3.2 网络安全管理的设计原则

进行计算机网络安全管理的规划设计时，应遵循以下原则。

1. 安全、风险、代价平衡分析的原则

指的是保护成本与被保护信息的价值必须平衡，如果保护成本高于被保护信息的价值，这种保护策略就是失败的，是不可取的。

2. 综合性、整体性原则

指的是运用系统工程的观点、方法来分析网络的安全问题，并制定具体措施。因此，网络安全系统应该包括安全防护机制、安全检测机制和安全恢复机制。要求在发生网络攻击事件的情况下，必须尽可能地快速恢复网络信息服务，减少损失。

3. 统筹规划，分步实施原则

由于政策规定、服务需求的不明朗，环境、条件、时间的变化，攻击手段的进步，安全防护不可能一步到位，可在一个比较全面的安全规划下，根据网络的实际需要，先建立基本的安全体系，保证基本的、必须的安全性。随着今后随着网络规模的扩大及应用的增加，网络应用和复杂程度的变化，网络脆弱性也会不断增加，调整或增强安全防护力度，保证整个网络最根本的安全需求。

4. 标准化与一致性原则

网络安全管理系统是一个庞大的系统工程，其安全体系的设计必须遵循一系列的标准，这样才能确保各个分系统的一致性，使整个系统安全地互联互通、信息共享。网络安全问题应与整个网络的工作周期（或生命周期）同时存在，制定的安全体系结构必须与网络的安全需求相一致。

5. 易操作性原则

要求安全系统容易被掌握和使用，这样在操作安全性和维护成本上都有了保证。

6. 适应性、灵活性原则

安全措施必须具有动态的自适应性，能随着网络性能及安全需求的变化而变化。实际上这一条是比较难做到的，任何网络安全措施都不可能保证网络100%的可靠，所以网络的自适应性安全措施是目前网络安全研究的重要原则之一。

7. 等级性原则

安全的信息系统必然是包括不同的级别，例如对信息保密程度分级（如绝密、机密、秘密、普通等），对用户操作权限分级（如面向个人及面向群组），对网络安全程度分级（如安全子网和安全区域），对系统实现结构的分级（如应用层、传输层、网络层）等。通过对不同级别的分级，可以提供全面可靠的安全算法和安全体制，从而满足网络中不同层次的实际需要。

8. 技术与管理相结合原则

安全体系是一个复杂的系统工程，涉及人、技术、操作等要素，单靠技术或单靠管理都不可能实现。因此，必须将各种安全技术与运行管理机制、人员思想教育与技术培训、安全规章制度建设相结合。

1.3.3 信息安全管理原则

信息处理系统的安全管理主要基于三个原则。

1. 多人负责原则

每一项与安全有关的活动，都必须有两人或多人在场。这些人应是系统主管领导指派的，他们忠诚可靠，能胜任此项工作；他们应该签署工作情况记录以证明安全工作已得到保障。

以下各项是与安全有关的活动。

（1）访问控制使用证件的发放与回收。

（2）信息处理系统使用的媒介发放与回收。

（3）处理保密信息。

(4) 硬件和软件的维护。

(5) 系统软件的设计、实现和修改。

(6) 重要程序和数据的删除和销毁等。

2. 任期有限原则

一般地讲,任何人最好不要长期担任与安全有关的职务,以免使他认为这个职务是专有的或永久性的。为遵循任期有限原则,工作人员应不定期地循环任职,强制实行休假制度,并规定对工作人员进行轮流培训,以使任期有限制度切实可行。

3. 职责分离原则

在信息处理系统工作的人员不要打听、了解或参与职责以外的任何与安全有关的事情,除非系统主管领导批准。出于对安全的考虑,下面每组内的两项信息处理工作应当分开。

(1) 计算机操作与计算机编程。

(2) 机密资料的接收和传送。

(3) 安全管理和系统管理。

(4) 应用程序和系统程序的编制。

(5) 访问证件的管理与其他工作。

(6) 计算机操作与信息处理系统使用媒介的保管等。

1.4 网络安全管理设计规划与实施案例

网络安全问题应与整个网络的工作周期(或生命周期)同时存在,制定的安全体系结构必须与网络的安全需求相一致。本节给出网络安全管理系统的规划设计步骤及实施案例。

1.4.1 网络安全系统的规划设计步骤

针对网络安全的特性,采用"统一规划、分步实施"的原则,先对网络做一个比较全面的安全体系规划,然后,根据网络的实际应用状况,先建立一个基础的安全防护体系,保证基本的、应有的安全性,随着今后应用的种类和复杂程度的增加,再在原来基础防护体系之上,建立增强的安全防护体系;这样,既可以提高基础网络的安全性,又可以保证应用系统的安全性。具体来讲,网络安全系统可以采用以下设计实施步骤:

1. 明确网络安全需求,进行风险分析

网络安全需求必须根据用户具体的网络系统和环境,分析和检测系统可能存在的安全威胁、风险和薄弱环节,评估这些危害可能产生的后果及损失,并以此确定哪些信息资产需要保护,以保证安全保护对象的正确性,保障用户网络信息资产及业务的可用性、可控性、可管理性、数据机密性等。这个阶段可以得出网络安全需求的基本规范,在此也可以利用形式化方法设计出系统的抽象安全模型。

2. 确定合理的安全目标和安全策略,明确准备付出的安全代价

网络安全策略是指一个网络中关于安全问题采取的对策以保证网络的安全运行,一个特定的环境中，为保证提供一定级别的安全保护所必须遵循的规则。网络安全策略是保障机构网络安全的指导性文件，包括总体安全策略和具体安全技术及管理实施规则。安全策略的设计者除了考虑安全因素以外，还将考虑到系统效率、安全成本，以及用户使用的方便性，在它们之间进行权衡与折中。

3. 选择并确定可行的网络安全措施方案

根据安全策略和规范确定网络采用哪些安全措施才能满足安全需求。针对网络、操作系统、数据库、用户账号、信息共享授权等安全保护提出具体的措施选择可行的方案。具体实施中往往是多种手段和方案的综合与比较，除定量分析外，还要做必要的试验，最终产生一个综合的方案。包括防范计算机病毒、网络入侵和攻击破坏等危害网络安全事项或者行为的技术措施。另外，根据目前的实际情况，安全措施还应该包括网络系统的管理维护和应急措施等。

4. 安全方案的工程实施与运行测试

设计并定制各种安全措施所需的产品，包括论证实施方案是否与网络安全策略相符，有针对性地为用户推荐适用的网络安全产品。对网络安全软硬件系统进行综合测试，并对软件硬件问题进行报告和跟踪，及时发现问题并找到合理解决方案。

5. 网络安全优化改进

针对所选用的安全策略和系统运行实践对安全措施进行评估，根据实际运行结果发现系统性能的瓶颈，在此基础上提出进一步改进、完善网络安全措施的方案，并进行相应的优化与改进，减少实现代价，提高系统效率。

6. 依据相关法律法规制定配套的网络安全管理规章制度

依据国家相关法律法规建立健全网络安全保护及信息保密管理制度，建立专门的网络信息安全领导小组和实施部门，落实责任制，明确责任人和职责，细化工作措施和流程，建立严格的文档制度，建立完善管理制度和实施办法，通过网络安全预警及预防制度，减少或提前制止可能的网络攻击犯罪行为，确保网络和提供信息服务的安全。

由于网络安全动态性的特点，网络安全的规划设计也在动态变化过程之中，网络安全目标也表现为一个不断改进的、螺旋上升的动态过程。人们需要在一定的网络安全原则指导下，合理地组织各种网络安全防范措施，不断优化融合，形成网络安全管理模型与体系，从而达到动态的网络安全目标。

1.4.2 银行系统网络安全设计与实施案例

随着网络的快速发展，各金融企业之间的竞争也日益激烈，主要是通过提高金融机构的运作效率，为客户提供方便快捷和丰富多彩的服务，增强金融企业的发展能力和影响力来实现的。为了适应这种发展趋势，银行在改进服务手段、增加服务功能、完善业务品种、提高服务效率等方面做了大量的工作，以提高自身的竞争力，争取更大的经济效益。而实现这一目标必须通过实现金融电子化，利用高科技手段推动金融业的发展和进步，网络的建设为银行业的发展提供了有力的保障，并且势必为银行业的发展带来巨大的经济效益。目前银行主要应用有储蓄、对公、信用卡、储蓄卡、IC卡、国际业务、电子汇兑、电子邮件、电子公文、网上银行、网上交易系统、新的综合对公业务、国际业务信贷系统等。随着应用的不断增加，网络安全风险也会不断暴露出来。由于银行属于商业系统，都有一些各自的商业机密信息，如果这些涉密信息在网上传输过程中泄密，其造成的损失将是不可估量的。

1. 银行网络安全风险分析

(1) 来自互联网风险。网上银行、电子商务、网上交易系统都是通过 Internet 等公网并且都与银行产生关联，银行系统网络如果与 Internet 等公网直接或间接互联，那么由于互联网自身的广泛性、自由性等特点，像银行这样的金融系统自然会被恶意的入侵者列入其攻击目标的首选。

(2) 来自外单位风险。银行系统为了竞争，已不仅仅是局限在本系统纵向网上做文章，而是逐步向横向发展，主要表现在银行不断增加中间业务，增加服务功能。例如代收电话费、水电费、代收保险费、证券转账等业务，因此，要与电信局、水电局、保险公司、证券交易所等单位网络互联。由于银行与这些单位之间不可能是完全任信关系，因此，它们之间的互联，也使得银行网络系统存在着来自外单位的安全威胁。

(3) 来自不信任域风险。大部分银行系统都发展到全国联网。一个系统分布在全国各地，范围之广，而且各级银行也都是独立核算单位，因此，对每一个区域银行来说，其他区域银行都可以说是不信任的。

(4) 来自内部网风险。据调查统计，已发生的网络安全事件中，70%的攻击是来自内部。因此内部网的安全风险更严重。内部员工对自身企业网络结构、应用比较熟悉，自己攻击或泄露重要信息内外勾结，都将可能成为导致系统受攻击的最致命安全威胁。

(5) 管理安全风险。企业员工的安全意识薄弱，企业的安全管理体制不健全也是网络存在安全风险的重要因素之一，健全的安全管理体制是一个企业网络安全得以保障及维系的关键因素。

2. 银行网络安全需求分析

通过以上对银行网络系统应用与安全风险分析，我们提出防范网络安全危险的安全需求：

(1) 采用相关的访问控制产品及控制技术来防范来自不安全网络或不信任域的非法访问或非授权访问。

(2) 采用加密设备应用加密、认证技术防范信息在网络传输过程中被非法窃取，而造成信息的泄露，并通过认证技术保证数据的完整性、真实性、可靠性。

(3) 采用安全检测技术来实时检查进出网络的数据流，动态防范各种来自内外网络的恶意攻击。

(4) 采用网络安全评估系统定期或不定期对网络系统或操作系统进行安全性扫描，评估网络系统及操作系统的安全等级，并分析提出补救措施。

(5) 采用防病毒产品及技术实时监测进入网络或主机的数据，防范病毒对网络或主机的侵害。

(6) 采用网络备份与恢复系统，实现数据库的安全存储及灾难复。

(7) 构建 CA 认证中心，来保证加密密钥的安全分发及安全管理。

（8）应用安全平台的开发，针对银行特殊的应用进行特定的应用开发。

（9）必须制定完善安全管理制度，通过培训等手段来增强员工的安全防范技术及防范意识。

3. 安全目标

该系统的网络安全目标包括：保护网络系统的可有性、保护网络资源的合法使用性、防范入侵者的恶意攻击与破坏、保护信息通过网上传输的机密性、完整性及不可抵赖性、防范病毒的侵害、实现网络的安全管理。

4. 网络安全解决方案

（1）物理安全。保证计算机信息系统中各种设备的物理安全是保障整个网络系统安全的前提。物理安全是保护计算机网络设备、设施以及其他媒体免遭地震、水灾、火灾等环境事故以及人为操作失误或错误及各种计算机犯罪行为导致的破坏过程。

- 环境安全。对系统所在网络环境合理选择的安全保护，如防水灾、火灾、地震等自然灾害。
- 设备安全。加强设备的安全保护，防止发生设备被盗、被毁。
- 媒介安全。加强场地基础设施的建设，防止信息通过辐射、线路截获而造成泄露。

（2）系统安全，包括：

- 操作系统安全。目前大多数操作系统都存在一些安全漏洞、后门，而这些因素往往又是被入侵者攻击所利用。因此，对操作系统必须进行安全配置、打上最新的补丁，还要利用相应的扫描软件对其进行安全性扫描评估、检测其存在的安全漏洞，分析系统的安全性，提出补救措施。管理人员应用时必须加强身份认证机制及认证强度。
- 应用系统安全。应用系统一般都是针对某些应用而开发的，但由于它的通用性，其所提供的服务并非都是每个具体用户所必需的，因此，对应用系统的安全性，也应该进行安全配置，尽量做到只开放必须使用的服务，而关闭不经常用的协议及协议端口号。还有就是对应用系统的使用要加强用户登录身份认证，确保用户使用的合法性，严格限制登录者的操作权限，将其完成的操作限制在最小的范围内，并充分利用应用系统本身的日志功能，对用户所访问的信息做记录，为事后审查提供依据。

（3）网络安全，包括：

- 网络结构安全。网络结构布局的合理与否，也影响着网络的安全性。对银行系统业务网、办公网、与外单位互联的接口网络之间必须按各自的应用范围、安全保密程度进行合理分布，以免局部安全性较低的网络系统造成的威胁，传播到整个网络系统。
- 加强访问控制。如果银行系统有上 Internet 等公网的需求，则从安全性考虑，银行业务系统网络必须与 Internet 公网物理隔离。解决方法可以是两个网络之间完全断开或者通过物理安全隔离卡来实现。

  网络结构合理分布后，在内部局域网内可以通过交换机划分 VLAN 功能来实现不同部门、不同级别用户之间简单的访问控制。

内部局域网与外单位网络、内部局域网与不信任域网络之间可以通过配备防火墙来实现内、外部网或不同信任域之间的隔离与访问控制。

根据企业具体应用，也可以配备应用层的访问控制软件系统，针对局域网具体的应用进行更细致的访问控制。

对于远程拨号用户的安全性访问，可以利用防火墙的一次性口令认证机制，对远程拨号用户进行身份认证，实远程用户的安全访问。

- 安全检测。由于防火墙等安全控制系统都属于静态防护安全体系，但对于一些允许通过防火墙的访问而导致的攻击行为、内部网的攻击行业，防火墙是无能为力的。因此，还必须配备入侵检测系统，该系统可以安装在局域网络的共享网络设备上，它的功能是实时分析进出网络数据流，对网络违规事件跟踪、实时报警、阻断连接并做日志。它既可以对付内部人员的攻击，也可以对付来自外部网的攻击行为。
- 网络安全评估。黑客攻击成功的案例中，大多数都是利用网络或系统存在的安全漏洞，实现攻击的。网络安全性扫描分析系统通过实践性的方法扫描分析网络系统，检查报告系统存在的弱点和漏洞，建议补救措施和安全策略，根据扫描结果配置或修改网络系统，达到增强网络安全性的目的。操作系统安全扫描系统是从操作系统的角度，以管理员的身份对独立的系统主机的安全性进行评估分析，找出用户系统配置、用户配置的安全弱点，建议补救措施。

(4) 应用安全，包括：

- 安全认证。银行系统在解决网络安全问题肯定要配备加密系统，由于要加密就涉及密钥，则密钥的产生、颁发与管理就存在安全性。密钥的发放一般都是通过发放证书来实现。那么，证书的发送方与接收方如何确认对方证书的真实性，因此，就引入了通过第三方来发放证书，即构建一个权威认证机构(CA 认证中心)。商业银行可以联合各专业银行一同构建一个银行系统的 CA 系统。实现本系统内证书的发放与业务的安全交易。随着网络经济的发展，可以升级为和其他系统 CA 的交叉认证。
- 病毒防护。病毒的防护必须通过防病毒系统来实现，银行系统中业务网络操作系统一般都采用 UNIX 操作系统，而办公网络都为 Windows 系统，因此，防范病毒的入侵，就应该根据具体的系统类型，配置相应的、最新的防病毒系统。从单机到网络实现全网的病毒安全防护体系，病毒无论从外部网还是从内部网中的某台主机进入网络系统，通过防病毒软件的实时检测功能，将会把病毒扼杀在发起处，防止病毒的扩散。

(5) 信息安全，包括：

- 加密传输。要保护数据在传输过程中不被泄露，保证用户数据的机密性，必须对数据进行加密。加密后，数据在传输过程中便是以密文传输，即使被入侵者截获，由于是密文形式，也读不懂。数据加密的方法有从链路层加密、网络层加密及应用层加密。链路层加密机主要根据企业采用链路协议(Frame Relay、X.25、DDN、PSTN)，采用相应类型的加密机；网络层加密由于是在网层上，因此它对链路层是透明的,与链路是何种协议无关;应用层加密主要适用于具体的加密需求,针对具体的应用进行开发。不同企业可以根据自身网络特点及应用需求选择合适的加密方法。对于银行系统,由于系统庞大,采用电信网络链路协议有 Frame Relay、X.25、DDN、PSTN 等多种链路,如果采用链路加密,必须采用多种类型的加密机,这样对一个系统来说,就会给产品维护、升级等带来一定的困难;对于应用层加密,在网上银行应用比较广泛,网上银行针对公网用户,其数据在公网上传输不可能使用链路层或网络层加密设备,只能通过应用层加密来实现,应用层加密可以采用 SET 协议或者 SSL 协议,通过 B/S 结构完成网上交易的加密及解密。因此,对银行普通业务系统,建议采用网络层加密设备,来保护数据在网络上传输的安全性。而对网上银行、网上交易等业务系统可以采用应用层加密机制来加密,以保护数据在网上传输的机密性。

- 信息鉴别。保护数据的完整性、真实性、可靠性也是网络系统安全防护的一个重要方面。数据在传输过程中存在着被非法窃取、篡改的安全威胁,为此,为了保证数据的完整性,就必须采用信息鉴别技术。虚拟专用网(Virtual Private Network,VPN)设备便能实现这样的功能,其实现过程是:原始数据包到达 VPN 设备时首先对数据进行加密,并用 HASH 函数对数据进行 HASH 运算,产生的信息摘要与加密后的数据一同发出去,数据包到达目的方的 VPN 加密设备后,先用加密密钥对数据包进行解密,然后用 HASH 函数对解密后的数据进行 HASH 运算,也产生信息摘要,把这个信息摘要与收到的信息摘要进行对比,由于进行 HASH 运算后产生的信息摘要可以被认为具有唯一性,所以,如果这两个信息摘要完全相同,则说明解密的数据是完整的原始数据,否则说明数据在传输过程中已经被修改过,失去的完整性。数据源身份认证也是信息鉴别的一种手段,它可以确认信息的来源的可靠性。数据源身份认证的实现是通过数字签名技术。数字签名基本原理是发送方利用自己的私钥对信息进行加密(签名)后发送给对方,对方收到信息后用发送方的公钥进行解密,如果顺利解密成明文则说明信息来源是可信的,否则信息来源是不可靠的。同时采用数字签名技术达到防抵赖目的。

  对于银行系统,由于其行业的特殊性,在网上传输信息都是重要信息。因此,结合传输加密技术,可以选择 VPN 设备,实现保护数据的机密性、完整性、真实性、可靠性。
- 信息存储:对银行系统主要是数据库的安全,由于各地银行系统都是采用客户/服务器模式,数据都集中存在一个大型数据库系统中,因此数据库的安全尤其重要。保护数据库最安全、最有效的方法就是采用备份与恢复系统。备份系统可以保存相当完整的数据库信息,在运行数据库主机发生意外事故时,通过恢复系统把备份的数据库系统在最短时间内恢复正常工作状态,保证银行业务系统提供服务的及时性、连续性。

(6) 应用开发:银行系统由于职能的特殊性,可能会存在其特殊的应用,而要保护其应用的安全性,并不是市场上的那些通用产品都能满足的,必须通过详细了解和分析,进行有针对性的开发，量体裁衣，才能切实让用户用得放心。

（7）管理安全：网络安全实现并不完全取决于技术手段，管理安全是网络安全真正得以维系的重要保证。管理安全包括银行系统安全制度的制定、国家法律法规的宣传以及提高企业人员的整体网络安全意识。

（8）安全服务：网络安全是动态的、整体的，并不是简单的安全产品集成就解决问题。随着时间推移，新的安全风险又将随着产生。因此，一个完整的安全解决方案还必须包括长期的、与项目相关的信息安全服务。这些安全服务包括全方位的安全咨询、培训，静态的网络安全风险评估，以及特别事件应急响应。

小　　结

本章介绍了网络安全与管理的基本概念与基本属性，分析了网络安全问题的产生根源及基本防范措施，介绍了我国网络安全与管理的发展现状，阐述了网络安全与管理的必要性、特点及设计原则，最后给出了网络安全的设计步骤及实施案例。

习　　题

1. 网络安全与管理的定义是什么？
2. 网络安全与管理的基本属性有哪些？
3. 网络安全与管理有哪些特点？
4. 网络安全与管理系统有哪些设计步骤？
5. 网络安全问题为何是国际性问题？

第 2 章 网络安全与管理的体系规范

本章要点：

☑ 网络安全防范体系

☑ 开放系统互联安全体系结构

☑ Internet 网络安全体系结构

☑ 信息保障技术框架

☑ ISO/IEC18028-2 网络安全框架

☑ BS7799 信息安全管理体系规范

☑ 网络安全等级保护规范与基本要求

计算机网络是一个分层模型，无论是 ISO 的七层模型，还是 TCP/IP 网络的四层模型，都是将网络按照功能分成一系列的层次，每一层完成特定的功能。相邻层中的较高层直接使用较低层提供的服务来实现本层的功能，同时又向它的上一层提供服务。这种分层结构使得网络设计与具体应用、基础媒介以及互联技术无关，而且具有很大的灵活性，每一层的功能简单，易于实现和维护。从计算机网络的层次特性上来说，网络安全实际上涵盖了网络的所有层次，仅仅在网络的某一层次实施安全防护显然是不安全的。从技术上来讲，网络安全由安全的软件系统、防火墙、网络监控、信息审计、通信加密、灾难恢复、安全扫描等多个安全组件来保证。每个安全组件只能完成其中部分的功能，缺少任何一个安全组件都不能构成完整的网络安全系统。从管理上来讲，包括对网络设备的管理和相关人员的管理，为了积极应对出现的网络安全问题，需要综合运用多种策略，包括网络安全技术、网络安全法律和安全管理，建立一个具有动态纵深防御功能和安全管理规范的安全体系，从而有效防范来自网络内部和外部的攻击和安全风险，才能最大限度地保障网络的安全运行。

网络安全是一个系统工程，是一个整体的概念。要实现网络的真正安全，必须保证网络设备、各个组件及相关人员的整体安全性。为了能够有效地防范及应对网络攻击，提高网络信息系统的安全性，降低安全风险，需要充分了解用户的安全需求，选择安全产品，制定安全策略和规章，建立一整套网络安全防护体系。

2.1 网络安全防范体系

一个全方位、整体的网络安全防范体系也是分层次的，不同层次反映了不同的安全需求，根据网络的应用现状和网络结构，一个网络的整体由网络硬件、网络操作系统和应用程序构成。要实现网络的整体安全，还需要考虑数据的安全性问题。此外，无论是网络本身还是操作系统和应用程序，最终都是由人来操作和使用的，因此一个重要的安全问题就是用户的安全性。可以将网络安全防范体系的层次划分为物理层安全、操作系统层安全、网络层安全、应用层安全和安全管理。

1. 物理环境的安全性

物理层安全包括通信线路的安全、物理设备的安全、机房的安全等。物理层的安全主要体现在通信线路的可靠性(线路备份、网管软件、传输介质)、软硬件设备安全性(替换设备、拆卸设备、增加设备)、设备的备份、防灾害能力、防干扰能力、设备的运行环境(温度、湿度、烟尘)、不间断电源保障等。

2. 操作系统的安全性

操作系统的安全问题来自网络内使用的操作系统的安全，如 Windows NT、Windows 2000 等，主要表现在三方面：一是操作系统本身的缺陷带来的不安全因素，主要包括身份认证、访问控制、系统漏洞等；二是对操作系统的安全配置问题；三是恶意代码对操作系统的威胁。为了使安全级别的标准化，美国国防部技术标准将操作系统的安全等级由低到高分成了 D、C1、C2、B1、B2、B3、A1 四类七个级别。这些标准发表在一系列的标准文献图书中，因为每种书的封面颜色不同，人们通常称之为“彩虹系列”。其中最重要的是桔皮书，它定义了上述一系列标准。1983 年美国国家计算机安全中心发布的桔皮书，即《可信计算机系统评估标准》(Trusted Computer System Evaluation Criteria，TCSEC)，规定了安全计算机系统的基本准则和评估标准。

3. 网络层的安全性

网络层安全问题主要体现在网络方面的安全性，包括网络层身份认证、网络资源的访问控制、数据传输的保密与完整性、远程接入的安全、域名系统的安全、路由系统的安全、入侵检测的手段、网络设施防病毒等。

4. 应用层的安全性

应用层安全问题主要由提供服务所采用的应用软件和数据的安全性产生，包括 Web 服务、电子邮件系统、DNS 等。此外，还包括使用系统中资源和数据的用户是否是真正被授权的用户。

5. 安全管理的安全性

安全管理包括安全技术和设备的管理、安全管理制度、部门与人员的组织规则等。管理的制度化极大程度地影响着整个网络的安全，严格的安全管理制度、明确的部门安全职责划分、合理的人员角色配置都可以在很大程度上降低其他层次的安全漏洞。

2.2 开放系统互联安全体系结构

国际标准化组织于 1989 年对 OSI(Open System Interconnection)开放互联环境的安全性进行了深入的研究，在此基础上提出了 OSI 安全体系，作为研究设计计算机网络系统以及评估和改进现有系统的理论依据。开放系统互连安全体系结构(ISO7498-2)是基于 OSI 参考模型的七层协议之上的信息安全体系结构。它定义了 5 类安全服务、8 种特定的安全机制、5 种普遍性安全机制，确定了安全服务与安全机制的关系以及在 OSI 七层模型中的位置，它还确定了 OSI 安全体系的安全管理。为对付现实中的种种情况，OSI 定义了 11 种威胁，如伪装、服务拒绝、消息篡改、特洛伊木马、陷阱、非法连接和非授权访问等。

5 类安全服务是鉴别、访问控制、数据机密性、数据完整性以及抗否认性。8 种特定的安全机制是加密、数字签名、访问控制、数据完整性、鉴别交换、通信业务填充、路由选择以及公证。5 种普遍性安全机制是可信功能度、安全标记、事件检测、安全审计跟踪以及安全恢复。安全服务和安全机制并不是一一对应的。有的一种服务需多种机制来提供，而有的机制可用于多种服务。各项安全服务在 OSI 七层中都有适当的配置位置。OSI 安全体系的安全管理涉及与 OSI 有关的安全管理以及 OSI 管理的安全两个方面。OSI 安全管理包括系统安全管理（OSI 环境安全）、OSI 安全服务的管理与安全机制的管理。OSI 管理的安全包括所有 OSI 管理功能的安全以及 OSI 管理信息的通信安全。

2.2.1 安全服务

在对威胁进行分析的基础上，规定了如下 5 种标准的安全服务。

1. 鉴别

用于识别对象的身份和对身份的证实。OSI 环境可提供对等实体认证和信源认证等安全服务。对等实体认证是用来验证在某一关联的实体中，对等实体的声明是一致的，它可以确认对等实体没有假冒身份；而信源认证是用于验证所收到的数据来源与所声称的来源是否一致，它不提供防止数据中途被修改的功能。

2. 访问控制

提供对越权使用资源的防御措施。访问控制可分为自主访问控制、强制型访问控制两类（现在又出现了一种新的类型——基于角色的访问控制）。

3. 数据机密性

它是针对信息泄露而采取的防御措施，可分为连接机密性、无连接机密性、选择字段机密性和业务流机密性。它的基础是数据加密机制的选择。

4. 数据完整性

在一次连接上，连接开始时使用对某实体的鉴别服务，并在连接的存活期使用数据完整性服务就能联合起来为在此连接上传送的所有数据单元的来源提供确证，为这些数据单元的完整性提供确证，例如使用顺序号，可为数据单元的重放握供检测。防止非法篡改信息，如修改、复制、插入和删除等。它有 5 种形式：可恢复连接完整性、无恢复连接完整性、选择字段连接完整性、无连接完整性和选择字段无连接完整性。

5. 抗否认性

针对对方抵赖的防范措施，用来证实发生过的操作，它可分为对发送防抵赖、对递交防抵赖和进行公证。OSI 安全体系结构最重要的贡献是它总结了各项安全服务在 OSI 七层中的适当配置位置，参见表 2-1。它说明了参考模型中的各个层次应提供哪些安全服务。

表 2-1　安全服务与层之间的关系

安全服务	协议层						
	1	2	3	4	5	6	7
对等实体鉴别			Y	Y			Y
数据原发鉴别			Y	Y			Y
访问控制服务			Y	Y			Y
连接机密性	Y	Y	Y	Y		Y	Y
无连接机密性		Y	Y	Y		Y	Y
选择字段机密性							Y
通信业务流机密性	Y					Y	Y
带恢复的连接完整性							Y
不带修复的连接完整性			Y	Y			Y
选择字段连接完整性							Y
无连接完整性			Y	Y			Y
选择字段无连接完整性			Y	Y			Y
有数据原发证明的抗抵赖							Y
有交付证明的抗抵赖							Y

注：① Y 表示该服务应该在相应的层中提供，空格表示不提供。
② 必须说明的是：对于第 7 层而言，应用程序本身必须提供这些安全服务。

为了决定安全服务对层的分配以及伴随而来的安全机制在这些层上的配置，用到了下列安全分层及服务配置原则：

(1) 实现一种服务的不同方法越少越好。

(2) 在多个层上提供安全来建立安全系统是可取的。

(3) 为安全所需的附加功能不应该过多地重复 OSI 的现有功能。

(4) 避免破坏层的独立性。

(5) 可信功能度的总量应尽量少。

(6) 只要一个实体依赖于由位于较低层的实体提供的安全机制，那么任何中间层应该按不违反安全的方式运作。

(7) 只要可能，应以作为自容纳模块起作用的方法来定义一个层的附加安全功能。

2.2.2　特定的安全机制

一个安全策略和安全服务可以单个使用，也可以组合起来使用，在上述提到的安全服务中可以借助以下安全机制来实现：

1. 加密

借助各种加密算法对存放的数据和流通中的信息进行加密。加密既能为数据提供机密性，又能为通信业务流信息提供机密性，并且是其他安全机制中的一部分或对安全机制起补充作用。加密算法可以是可逆的，也可以是不可逆的。

2. 数字签名

数字签名是附加在数据单元上的一些数据，或是对数据单元所做的密码变换，这种数据或变换允许数据单元的接收者确认数据单元来源和数据单元的完整性，并保护数据，防止被人（例如接收方）伪造。采用公钥体制，使用私钥进行数字签名，使用公钥对签名信息进行证实。签名机制的本质特征为该签名只有使用签名者的私有信息才能产生出来。

3. 访问控制

为了决定和实施一个实体的访问权，访问控制机制可以使用该实体已鉴别的身份，或使用有关该实体的信息，或使用该实体的权利。

4. 数据完整性

数据完整性有两个方面：单个数据单元或字段的完整性和数据单元流或字段流的完整性。一般来说，用来提供这两种类型完整性服务的机制是不相同的。判断信息在传输过程中是否被篡改过，与加密机制有关。

5. 鉴别交换

用来实现同级之间的认证。可用于鉴别交换的一些技术是：

(1) 使用鉴别信息（例如口令，由发送实体提供而由接收实体验证）。

(2) 密码技术。

(3) 使用该实体的特征或占有物。

6. 通信业务填充

通过填充冗余的业务流量来防止攻击者对流量进行分析，填充过的流量需通过加密进行保护。

7. 路由控制

防止不利的信息通过路由，目前典型的应用为网络层防火墙。带有某些安全标记的数据可能被安全策略禁止通过某些子网络、中继站或链路。

8. 公证

有关在两个或多个实体之间通信的数据的性质，如它的完整性、原发、时间和目的地等能够借助公证机制得到确保。这种保证是由第三方公证人提供的。公证人为通信实体所信任，并掌握必要信息以一种可证实方式提供所需的保证。

2.2.3 普遍性安全机制

普遍性安全机制不是为任何特定的服务而特设的，因此在任一特定的层上，对它们都不做明确的说明。某些普遍性安全机制可认为属于安全管理方面。普遍性安全机制可分为以下几种。

1. 可信功能度

可信功能度可以扩充其他安全机制的范围，或建立这些安全机制的有效性；可以保证对硬件与软件寄托信任的手段已超出本标准的范围，而且在任何情况下，这些手段随已察觉到的威胁的级别和被保护信息的价值而改变。

2. 安全标记

安全标记是与某一资源(可以是数据单元)密切相关联的标记,为该资源命名或指定安全属性(这种标记或约束可以是明显的,也可以是隐含的)。包含数据项的资源可能具有与这些数据相关联的安全标记,例如指明数据敏感性级别的标记。

3. 事件检测

与安全有关的事件检测包括对安全明显事件的检测,也可以包括对"正常"事件的检测,例如,一次成功的访问(或注册)。与安全有关的事件的检测可由 OSI 内部含有安全机制的实体来做。

4. 安全审计跟踪

安全审计就是对系统的记录与行为进行独立的评估考查,目的是测试系统的控制是否恰当,保证与既定策略和操作的协调一致,有助于做出损害评估,以及对在控制、策略与规程中指明的改变做出评价。

5. 安全恢复

安全恢复处理来自诸如事件处置与管理功能等机制的请求,并把恢复动作当作是应用一组规则的结果。

ISO7498-2 标准说明了实现哪些安全服务可以采用哪种机制,参见表 2-2。该表只是说明性的,而不是确定性的。

表 2-2 OSI 安全服务与安全机制的关系

服务	机制							
	加密	数字签名	访问控制	数据完整性	鉴别交换	通信业务填充	路由控制	公证
对等实体鉴别	Y	Y			Y			
数据原发鉴别	Y	Y						
访问控制服务			Y					
连接机密性	Y						Y	
无连接机密性	Y						Y	
选择字段机密性	Y							
通信业务流机密性	Y					Y	Y	
带恢复的连接完整性	Y			Y				
不带恢复的连接完整性	Y			Y				
选择字段连接完整性	Y			Y				
无连接完整性	Y	Y		Y				
选择字段无连接完整性	Y	Y		Y				
有数据原发证明的抗抵赖		Y		Y				Y
有交付证明的抗抵赖		Y		Y				Y

说明:Y 表示机制适合提供该种服务,空格表示机制不适合提供该种服务。

2.2.4 安全管理

OSI 安全管理涉及与 OSI 有关的安全管理以及 OSI 管理的安全两个方面。

1. OSI 安全管理的分类

有三类 OSI 安全管理活动：系统安全管理、安全服务管理、安全机制管理。此外，还必须考虑到 OSI 管理本身的安全。系统安全管理涉及总的 OSI 环境安全方面的管理。下列各项为属于这一类安全管理的典型活动：

(1) 总体安全策略的管理，包括一致性的修改与维护。

(2) 与别的 OSI 管理功能的相互作用。

(3) 与安全服务管理和安全机制管理的交互作用。

(4) 事件处理管理，包括远程报告那些违反系统安全的明显企图，以及对用来触发事件报告的阈值的修改。

(5) 安全审计管理，包括选择将被记录和被远程搜集的事件，授予或取消对所选事件进行审计跟踪日志记录的能力，审计记录的远程搜集，准备安全审计报告。

(6) 安全恢复管理，包括维护那些用来对实际的或可疑的安全事故做出反应的规则，远程报告对系统安全的明显违规，安全管理者的交互作用。

2. 安全服务管理

安全服务管理涉及特定安全服务的管理。下列各项为在管理一种特定安全服务时可能执行的典型活动：

(1) 为该种服务决定与指派目标安全保护。

(2) 指定与维护选择规则(存在可选情况时)，用以选取为提供所需的安全服务而使用的特定的安全机制。

(3) 对那些需要事先取得管理同意的可用安全机制进行协商(本地的与远程的)。

(4) 通过适当的安全机制管理功能调用特定的安全机制，例如，用来提供行政管理强加的安全服务。

(5) 与别的安全服务管理功能和安全机制管理功能的交互作用。

3. 安全机制管理

安全机制管理涉及的是特定安全机制的管理。下列各项为典型的安全机制管理功能：

(1) 密钥管理。

(2) 加密管理。

(3) 数字签名管理。

(4) 访问控制管理。

(5) 数据完整性管理。

(6) 鉴别管理。

(7) 通信业务填充管理。

(8) 路由选择控制管理。

(9) 公证管理。

4. OSI 管理的安全

所有 OSI 管理功能的安全以及 OSI 管理信息的通信安全是 OSI 安全的重要部分。这一类安全管理将借助对上面所列的 OSI 安全服务与机制作适当的选取以确保 OSI 管理协议与信息获得足够的保护。

2.3　Internet 网络安全体系结构

Internet 安全体系结构是基于 TCP/IP 层模型之上的网络安全体系结构，Internet 层次体系结构决定了网络安全体系结构的层次模型，TCP/IP 协议刚开始出现时，协议设计者对网络安全方面考虑较少。基于 TCP/IP 协议的 Internet 网络安全协议体系在数据链路层以上可分为三个层次，即应用层、传输和网络层的安全，如图 2-1 所示。

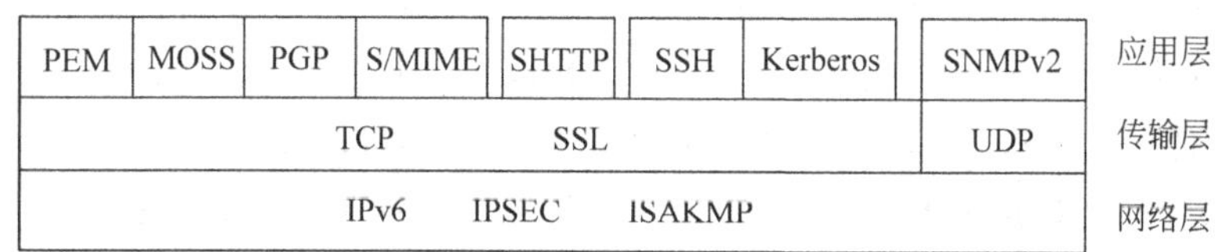

图 2-1　基于 TCP/IP 协议的 Internet 网络安全协议体系

2.3.1　IPSec 安全协议

1. 协议简介

IPSec(IP Security)是一种由互联网工程任务组 IETF(Internet Engineering Task Force)设计的端到端的确保 IP 层通信安全的机制，其协议体系如图 2-2 所示。

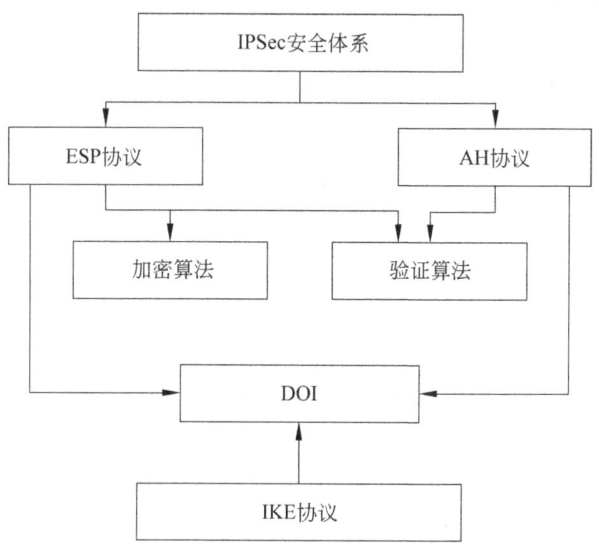

图 2-2　IPSec 安全协议体系

IPSec不是一个单独的协议，而是一组协议。IPSec协议的定义文件包括了12个RFC（Request For Comments）文件和几十个Internet草案，已经成为工业标准的网络安全协议。IPSec是随着IPv6的制定而产生的，鉴于IPv4的应用仍然很广泛，所以后来在IPSec的制定中也增加了对IPv4的支持。IPSec在IPv6中是必须支持的，而在IPv4中是可选的。它通过在IP协议中增加两个基于密码的安全机制——认证头协议AH（Authentication Header）和封装安全有效负载协议ESP（Encapsulating Security Payload），来支持IP数据项的认证、完整性和机密性，通过Internet密钥交换协议IKE（Internet key exchange）协议来协商密码算法和密钥。

IPSec可在主机或网关上实现，使系统能选择所需要的安全机制、决定使用的算法和密钥以及使用的方式，在IP层提供所要求的安全服务。IPSec提供的安全功能包括访问控制、无连接完整性、数据源认证、抗重放攻击和机密性。由于这些安全服务是在IP层提供的，所以可为任何高层协议，如TCP（Transmission Control Protocol）、UDP（User Datagram Protocol）、ICMP（Internet Control Message Protocol）、BGP（Border Gateway Protocol）等使用。IPSec定义了两种安全机制ESP和AH，并以IP扩展头的方式增加到IP包中，以支持IP数据项的安全性。用于对IP数据包或上层协议数据包实施数据机密性和完整性保护。ESP和AH提供的安全能力不同，处理开销也不同。AH只提供了数据完整性认证机制，处理开销小；ESP同时提供了数据完整性认证和数据加密传输机制，处理开销大。AH和ESP协议可以分别单独使用，也可以联合使用。

2. 通信模式

IPSec具有两种通信模式：传输模式和隧道模式。这两种模式的区别是其所保护的内容不相同：一个是IP包，另一个是IP载荷，如图2-3所示。

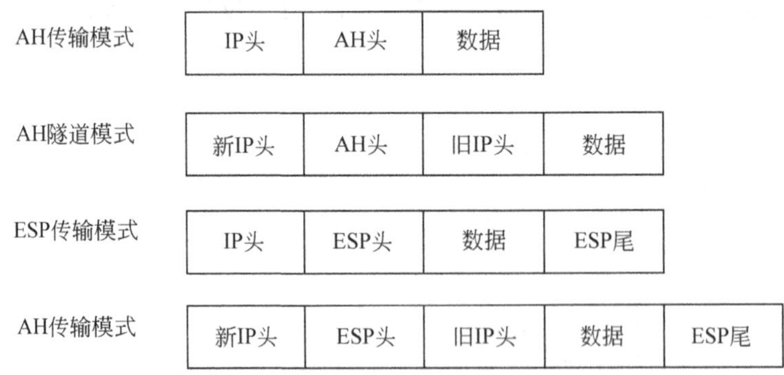

图2-3 IPSec的两种通信模式

传输模式（Transport Mode）只对上层协议数据和选择的IP头字段提供认证保护，且仅适用于主机实现。在传输模式中，AH和ESP保护的是传输头。在这种模式中，AH和ESP会拦截从传输层到网络层的数据包，并根据具体的配置提供安全保护。隧道模式（Tunnel Mode）对整个IP数据项提供认证保护，既可用于主体也可用于安全网关，并且当AH在安全网关上实现时，必须采用隧道模式。此外，当数据包最终目的地不是安全终点时，或者在使用了BITS和BITW实施方案的情况下，通常需要在隧道模式下使用

IPSec。假如安全性需由一个设备来提供，而该设备并非数据包的始发点；或者数据包需要保密传输到与实际目的地不同的另一个目的地，使需要采用隧道模式。

3. 实现模式

IPSec 主要的实现模式有以下两种：栈内封装(Bump-in-the-stack，BITS)，这种方式主要在主机上使用；在线封装(Bump-in-the-wire，BITW)，这种方式可以在主机、路由器或防火墙等设备上使用。在 BITS 模式中 IPSec 作为协议栈的一个组成部分存在，而在 BITW 模式中 IPSec 功能由外部的功能处理器完成(可能是单独的设备)，当集成在一个设备上实现时，这两种模式在形式上差别不大，如图 2-4 所示。

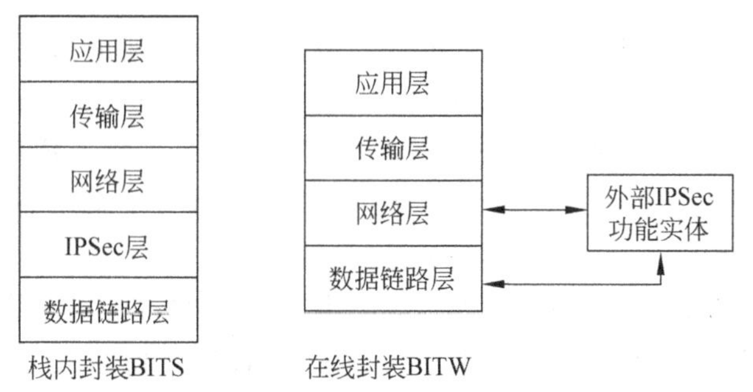

图 2-4　IPSec 的两种实现模式

通过 IP 安全协议和密钥管理协议构建起 IP 层安全体系框架，能保护所有基于 IP 的服务或应用。当这些安全机制正确实现时，它不会对用户、主机和其他未采用这些安全机制的 Internet 部件有负面影响。由于这些安全机制是独立于算法的，所以在选择和改变算法时不会影响其他部分的实现，对用户和上层应用程序是透明的。

4. 协议组成

IPSec 由 IPSec 安全协议(AH/ESP)和密钥管理协议(IKE)组成。其安全结构包括 4 个基本部分：安全协议、安全联盟、安全策略、密钥管理。

(1) 安全协议如表 2-3 所示，详见 http://www.faqs.org/rfcs/rfc-sidx25.html。

表 2-3　定义 IPSec 协议簇的各 RFC

RFC	内　容
2401	IPSec 体系结构
2402	AH(Authentication Header)协议
2403	HMAC-MD5-96 在 AH 和 ESP 中的应用
2404	HMAC-SHA-I-96 在 AH 和 ESP 中的应用
2405	DES-CBC 在 ESP 中的应用
2406	ESP(Encapsulating Security Payload)协议
2407	IPSec DOI
2408	ISAKMP 协议

续表

RFC	内　　容
2409	IKE(Internet Key Exchange)协议
2410	NULL 加密算法及在 IPSec 中的应用
2411	IPSec 文档路线图
2412	OAKLEY 协议

(2) 安全联盟与安全策略。IPSec 的重要组成部分就是安全联盟(Security Association,SA)和安全策略(Security Policy,SP)。安全联盟通过三元组来标识:安全参数索引(Security Parameter Index,SPI)、IP 目的地址和安全协议标识(AH 或 ESP)。安全联盟 SA 的实体集中存放所有需要记录的协商细节。理论上这里的 IP 目的地址可以是单播地址、广播地址和组播地址。双向的通信需要两个安全联盟,收发方向各一个。安全联盟的集束方式有两种:一是传输邻接;二是隧道嵌套。

安全策略指示对 IP 数据包提供何种保护,并以何种方式实施保护。IPSec 通过安全策略 SP 为用户提供了一种描述安全需求的方法,允许用户使用安全策略来定义所保护的对象、安全措施以及密码算法等。IPSec 实体对于进入或外出的每一份数据包,都可能有三种处理:丢弃、绕过或应用 IPSec。

在安全模型中有两个名义上的数据库:安全策略数据库(Security Policy Database,SPD)和安全联盟数据库(Security Association Database,SAD)。前者定义设备处理出入 IP 流量的策略,后者保存每个活跃的安全联盟的相关参数。安全策略由安全策略数据库 SPD 来维护和管理。

(3) 密钥管理。IPSec 的密钥管理包括密钥的确定和分配,有手工和自动两种方式。手工密钥管理是系统管理员手工配置每个系统与其他系统进行通信时使用的密钥,适用于规模小、机器分布相对固定的环境。自动密钥管理系统可按需自动建立 SA 的密钥,特别适用于规模大、结构多变的分布式系统的密钥使用。自动密钥管理灵活方便,但配置复杂,且需要软件协议支持,规模小的系统没必要采用。IPSec 默认的自动密钥管理协议是 Internet 密钥交换协议 IKE。IKE 规定了自动验证 IPSec 对等实体、协商安全服务和产生共享密钥的标准。IKE 需要协商的属性包括:加密算法、HASH 算法、认证方法、Diffie-Hellman 组的相关信息等。出于互通性考虑,IKE 必须支持以下属性的协商:DES、MD5 和 SHA、预共享密钥的认证。

IKE 的实现分为两个阶段。

阶段 1:ISAKMP 实体对建立安全被认证的通信通道。阶段 1 的实施分为主模式和野蛮模式两种,这两种模式也只能在阶段 1 使用,它们都建立 ISAKMP SA,通过 Diffie-Hellman 交换产生密钥生成材料阶段使用的密钥。

阶段 2:协商关于业务支持的 SA。阶段 2 使用快速模式,快速模式也同样只能在阶段 2 使用。新组模式不属于阶段 1 和阶段 2,它紧接着第 1 阶段,用于创建一个新组保留给将来的协商使用。新组模式只能在阶段 1 之后,阶段 2 之前使用。

5. 安全应用

IPSec 几乎能与任何类型的 IP 协议设备协同工作，通过与远程主机、防火墙、安全网关、路由器的结合，可以构造出各种网络安全解决方案；IPSec 能使企业在他们已有的 IP 网络上建造一个安全的基础设施。目前 IPSec 最主要的应用是构建安全虚拟专用网 VPN。

2.3.2 SSL 安全协议

1. 协议简介

传输层安全性主要是解决两个主机进程之间的数据交换安全问题，包括建立连接时的用户身份合法性、数据交换过程中的数据机密性、数据完整性以及不可否认性等方面内容。由于目前的传输层协议主要是 TCP，因此本节主要介绍基于 TCP 的安全协议：安全套接层(Secure socket Layer，SSL)协议。SSL 是由 Netscape 公司开发的一种网络安全协议，主要为基于 TCP/IP 的网络应用程序提供身份验证、数据完整性和数据机密性等安全服务。SSL 已得到了业界的广泛认可，被广泛应用于网络安全产品中，成为事实上的工业标准。目前已有 SSL v2.0 和 SSL v3.0 版本。随后 Netscape 公司将 SSL 协议交给 IETF 进行标准化，在经过了少许改进后，形成了 IETF TLS 规范。

2. 协议的安全目标

SSL 协议的基本目标是在两个通信实体之间建立安全的通信连接，为基于客户机服务器模式的网络应用提供安全保护。SSL 协议提供了如下 3 种安全特性。

(1) 数据机密性：采用对称加密算法等来加密数据，密钥是在双方握手时指定的。

(2) 数据完整性：采用消息鉴别码(MAC)来验证数据的完整性。

(3) 身份合法性：采用非对称密码算法和数字证书来验证同层实体之间的身份合法性。

3. 协议分层

SSL 协议是一个分层协议，由两层组成：SSL 握手协议和 SSL 记录协议。SSL 的主要目的是为网络环境中两个通信应用进程（客户端与服务器）之间提供一个安全通道。该协议共分上下两层。下层是 SSL 记录协议 (SSL Record Protocol)，它的作用是对上层传来的数据加密后传输。上层是 SSL 握手协议 (SSL Handshake Protocol)，它的主要作用是实现客户端和服务器之间互相验证身份和 Client 和 Server 之间协商安全参数。SSL 协议与应用层和传输层的关系如图 2-5 所示。

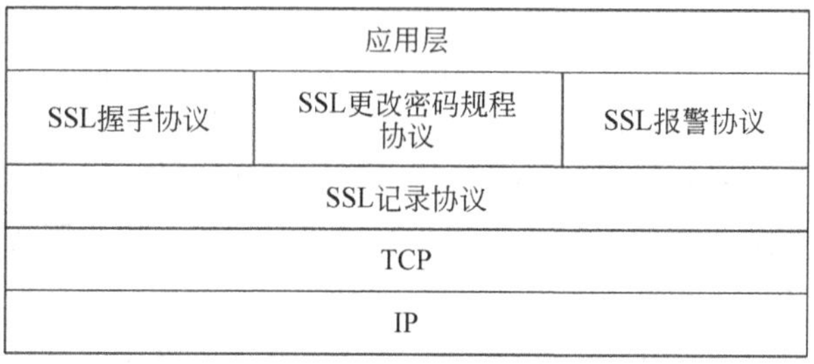

<table>
<tr><td colspan="3">应用层</td></tr>
<tr><td>SSL握手协议</td><td>SSL更改密码规程协议</td><td>SSL报警协议</td></tr>
<tr><td colspan="3">SSL记录协议</td></tr>
<tr><td colspan="3">TCP</td></tr>
<tr><td colspan="3">IP</td></tr>
</table>

图 2-5 SSL 与 TCP/IP 的关系

SSL协议独立于应用层协议，因此可以保证一个建立在SSL协议之上的应用协议能透明地传输数据。SSL握手协议建立在记录协议之上，此外还有警告协议，更改密码说明协议和应用数据协议等子协议。其中，最主要的两个SSL子协议是记录协议和握手协议。SSL握手协议用于数据交换前的双方（客户机和服务器）身份认证以及密码算法和密钥的协商，它独立于应用层协议。SSL记录协议用于在数据交换过程中的数据加密和数据认证，它建立在可靠的传输协议（如TCP）之上。SSL发出消息将数据分为可管理的块、压缩、使用MAC和加密并发出加密的结果。接收消息需要解密、验证、解压和重组，再把结果发往更高一层的客户。

4. SSL记录协议

SSL记录协议（SSL Record Protocol）的作用是使用当前的状态对上层传来的数据进行保护，具体实现压缩/解压缩、加密/解密，计算机MAC等与安全有关的操作。记录层协议规定了发送和接收数据的打包形式，该协议提供了通信，身份认证等功能，它是一个面向连接的可靠传输协议。在SSL中，数据被封装在记录中，一个记录由两部分组成，记录和非零长度的数据。SSL的握手协议和报文要求必须放在一个SSL记录层协议的记录中，而应用层报文允许占用多个SSL记录来传递。SSL的记录头可以是两个或三个字节长的编码。SSL记录头包含的信息有记录头的长度、记录数据的长度、记录数据中是否有填充数据。其中填充数据是在使用块加密算法时，填充实际数据，使其长度恰好是块的整数倍，以便利传输和加/解密。SSL记录的数据部分含有三个分量：

(1) MAC数据：用于数据完整性检查。

(2) ACTUAL数据：是被传送的应用数据。

(3) PADDING数据：是当采用分组码时即需要的填充数据。

建立在SSL记录协议之上的协议还有：

(1) 更改密码说明协议：此协议由一条消息组成，可由客户端或服务器发送，通知接收方后面的记录将被新协商的密码说明和密钥保护，接收方得此消息后，立即指示记录层把即将读状态变成当前读状态，发送方发送此消息后，应立即指示记录层把即将写状态变成当前写状态。

(2) 警告协议：警告消息传达消息的严重性并描述警告。一个致命的警告将立即终止连接。与其他消息一样。警告消息在当前状态下被加密和压缩。警告消息有以下几种：关闭通知消息、意外消息、错误记录MAC消息、解压失败消息、握手失败消息、无证书消息、错误证书消息、不支持的证书消息、证书撤回消息、证收过期消息、证书未知和参数非法消息等。

(3) SSL握手协议：SSL握手协议被用来在客户端与服务器真正传输应用层数据之前建立安全机制。当客户端与服务器第一次通信时，双方通过握手协议，在版本号、密钥交换算法、数据加密算法和散列算法上达成一致，然后互相验证对方身份，最后使用协商好的密钥交换算法产生一个只有双方知道的秘密信息，客户端与服务器各自根据这个秘密信息产生数据加密算法和散列算法的参数。SSL握手协议包括：

- 算法协商：首次通信时，双方通过握手协议协商密钥加密算法。数据加密算法和文摘算法。

- 身份验证：在密钥协商完成后，客户端与服务器端通过证书互相验证对方的身份。
- 确定密钥：最后使用协商好的密钥交换算法产生一个只有双方知道的秘密信息，客户端和服务器各自根据这个秘密信息确定数据加密算法的参数(一般是密钥)。

5. SSL 协议的过程描述

SSL 协议具体握手过程描述如下：

(1) 客户端发送客户问候信息给服务器端，服务器回答服务器问候消息。这个过程建立的安全参数包括协议版本、会话标识、加密算法、压缩方法。另外，还交换 2 个随机数：Client Hello. Random 和 Server Hello. random 用以生成计算机“会话主密钥”。

(2) 问候消息发送完后，服务器会发送它的证书和密钥交换信息，如果服务器端被认证，它就会请求客户端的证书，在验证以后，服务器就发送 Hello-done 消息以示达成了握手协议，即双方握手接通。

(3) 服务器请求客户端证书时，客户端要返回证书或返回没有证书的指示，这种情况用于单向认证，即客户端没有安装证书。然后客户端发送密钥交换消息。

(4) 服务器服务器此时要回答“握手完成”消息(Finished)，以示完整的握手消息交换，已经全部完成。

(5) 握手协议完成后，客户端即可与服务器端传输应用加密数据，应用数据加密一般是用第(2)步密钥协商时确定的对称加/解密密钥。如 DES、3DE 等，目前商用加密强度为 128 位。非对称密钥一般为 RAS，商用强度 1024 位，用于证书的验证。

其完整的握手协议消息交换过程如图 2-6 所示。

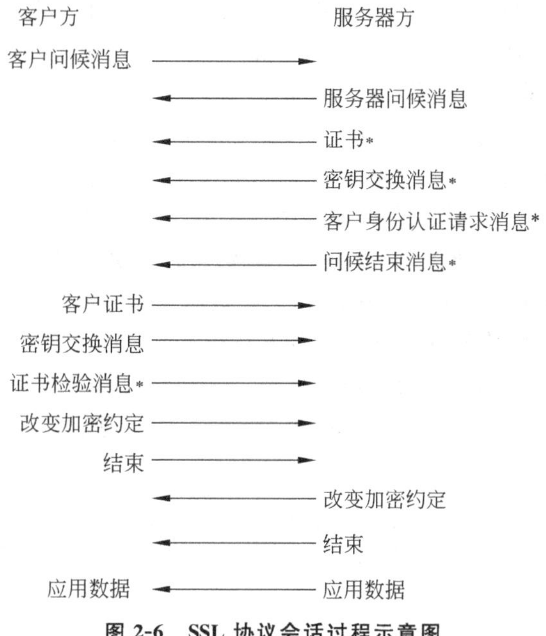

图 2-6 SSL 协议会话过程示意图

其中要说明的是带 * 号的命令是可选的，或依据状态而发的消息，而改换加密算法协议(Change Cipher Spec)并不在实际的握手协议之中，它在第(3)步与第(4)步之间，用于客户端与服务器协商新的加密数据包时而改变原先的加密算法。由此可见，SSL 协议是端对端的通信安全协议，使用 SSL 协议通信的双方通过协商层来约定协议版本、加密算法，进行身份验证，生成共享密钥等。

2.4 信息保障技术框架

信息保障技术框架(Information Assurance Technical Framework，IATF)是 1999 年 8 月 31 日美国国家安全局制定的，为保护美国政府和工业界的信息与信息技术设施编写的一个全面描述信息安全保障体系的框架。IATF 从整体、过程的角度看待信息安全问题，其代表理论为“深度防护战略”(Defense-in-Depth)。2002 年 9 月出版了最新的 IATF3.1 版本，扩展了“纵深防御”，强调了信息保障战略，并补充了语音网络安全方面的内容。IATF 强调人、技术、操作这三个核心原则，关注四个信息安全保障领域：保护网络和基础设施、保护边界、保护计算环境、支撑基础设施。IATF 创造性的地方在于，它首次提出了信息保障依赖于人、技术和操作来共同实现组织职能/业务运作的思想，对技术/信息基础设施的管理也离不开这三个要素。IATF 认为，稳健的信息保障状态意味着信息保障的策略、过程、技术和机制在整个组织的信息基础设施的所有层面上都能得以实施。IATF 是由美国国家安全局组织专家编写的一个全面描述信息安全保障体系的框架，它提出了信息保障时代信息基础设施的全套安全需求。

IATF 规划的信息保障体系包含如下三个要素：

(1) 人(People)：人是信息体系的主体，是信息系统的拥有者、管理者和使用者，是信息保障体系的核心，是第一位的要素，同时也是最脆弱的。正是基于这样的认识，安全管理在安全保障体系中就愈显重要，可以说，信息安全保障体系，实质上就是一个安全管理的体系，其中包括意识培训、组织管理、技术管理和操作管理等多个方面。

(2) 技术(Technology)：技术是实现信息保障的重要手段，信息保障体系所应具备的各项安全服务就是通过技术机制来实现的。当然，这里所说的技术，已经不单是以防护为主的静态技术体系，而是防护、检测、响应、恢复并重的动态的技术体系。

(3) 操作(Operation)：或者称为运行，它构成了安全保障的主动防御体系，如果说技术的构成是被动的，那操作和流程就是将各方面技术紧密结合在一起的主动的过程，其中包括风险评估、安全监控、安全审计、跟踪报警、入侵检测、响应恢复等内容。

人借助技术的支持，实施一系列的操作过程，最终实现信息保障目标，这就是 IATF 最核心的理念之一，如表 2-4 所示。

表 2-4 深度防护战略的三要素

人	技　术	操　作
培训 意识培养 物理安全 人事安全 系统安全管理	深度保卫技术框架领域 安全标准 IT/IA 采购 风险评估 认证和鉴定	评估 监视 入侵检测 报警 响应 恢复

在明确了信息保障的三项要素之后，IATF定义了实现信息保障目标的工程过程和信息系统各个方面的安全需求。在此基础上，对信息基础设施就可以做到多层防护，这样的防护就称为“深度防护战略”。

在关于实现信息保障目标的过程和方法上，IATF论述了系统工程、系统采购、风险管理、认证和鉴定以及生命周期支持等过程，对这些与信息系统安全工程(Information system security engineering，ISSE)活动相关的方法学做了说明。为了明确需求，IATF定义了四个主要的技术焦点领域：保卫网络和基础设施、保卫边界、保卫计算环境和为基础设施提供支持，这四个领域构成了完整的信息保障体系所涉及的范围。在每个领域范围内，IATF都描述了其特有的安全需求和相应的可供选择的技术措施。无论是对信息保障体系的获得者，还是对具体的实施者或者最终的测评者，这些都有很好的指导价值。图2-7为IATF的框架模型。

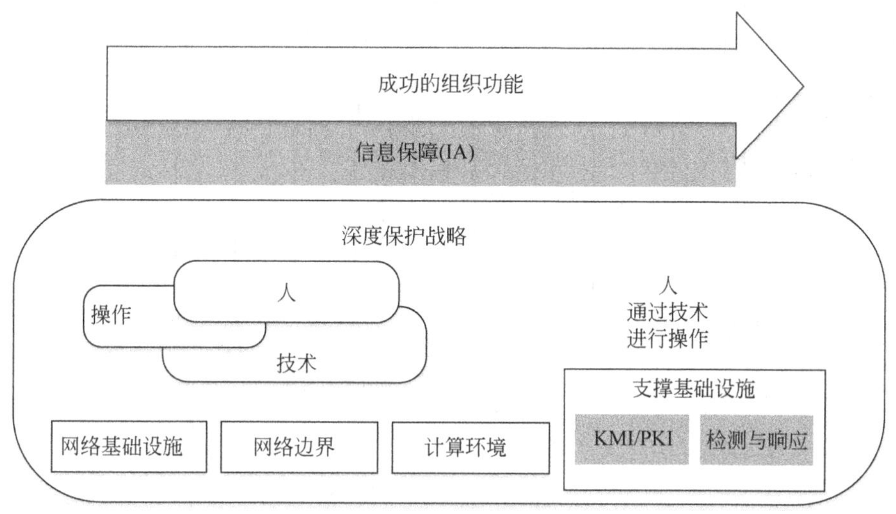

图2-7　IATF的框架模型

除了纵深防御这个核心思想之外，IATF还提出了其他一些信息安全原则，这些原则对指导我们建立信息安全保障体系都具有非常重大的意义。

(1) 保护多个位置。包括保护网络和基础设施、区域边界、计算环境等，这一原则提醒我们，仅仅在信息系统的重要敏感位置设置一些保护装置是不够的，任意一个系统漏洞都有可能导致严重的攻击和破坏后果，所以在信息系统的各个方位布置全面的防御机制，这样才能将风险减至最低。

(2) 分层防御。如果说上一个原则是横向防御，那么这一原则就是纵向防御，这也是纵深防御思想的一个具体体现。分层防御就是在攻击者和目标之间部署多层防御机制，每一个这样的机制必须对攻击者形成一道屏障。而且每一个这样的机制还应包括保护和检测措施，以使攻击者不得不面对被检测到的风险，迫使攻击者由于高昂的攻击代价而放弃攻击行为。

(3) 安全强健性。不同的信息对于组织有不同的价值，该信息丢失或破坏所产生的后果对组织也有不同的影响。所以对信息系统内每一个信息安全组件设置的安全强健性（即强度和保障），取决于被保护信息的价值以及所遭受的威胁程度。在设计信息安全保障体系时，必须要考虑到信息价值和安全管理成本的平衡。

2.5 ISO/IEC18028-2 网络安全框架

ISO/IEC18028-2 定义了一个严谨而且适应广泛的网络安全框架，其框架如图 2-8 所示。

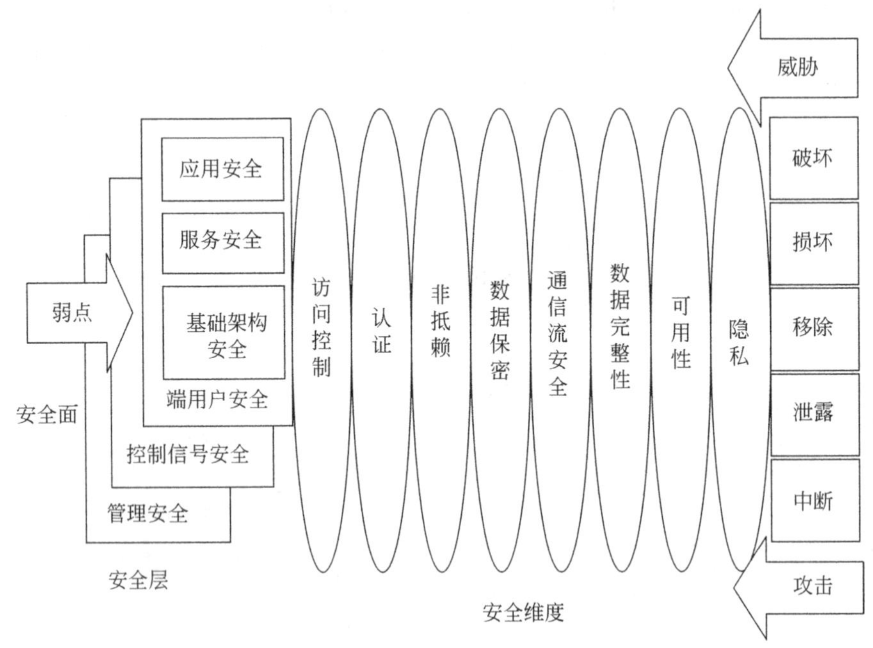

图 2-8 ISO/IEC18028-2 安全框架

在这个架构中，通过 8 个安全维度，定义了一个多层的网络安全视图。框架中把一个网络中所能够采取的安全措施分成三个层次：

(1) 基础架构安全层，由处于网络或系统底层的硬件和软件平台组成，用于提供通信网络、服务、应用以及数据传输的连接。

(2) 服务安全层，由客户所使用的网络安全服务组成，如认证、授权以及 VPN 等。

(3) 应用安全层，提供用户访问的基于网络的应用，如 FTP、E-mail、浏览器等。

在 ISO18028-2 中，把人们在网络上的行为划分成三类，用三个安全平面代表：管理安全平面、控制信号安全平面、端用户安全平面。每一个平面都会存在安全问题，同一个安全威胁类型也有可能存在于两个或者三个安全平面。ISO18028-2 定义的 8 个安全维度包含了每一层或者平面针对威胁和攻击所可以采用的技术：

(1) 访问控制(Access Control)，提供对网络资源的授权访问。

(2) 认证(Authentication)，确认参与通信的各个实体。

(3) 非抵赖(Non-repudiation),维持审计跟踪信息,保证最初的数据或者事件或行为的发起不能被否认。

(4) 数据保密(Data Confidentiality),保护数据避免未授权的泄露。

(5) 通信流安全(Communication Flow Security),确保信息在授权的端点之间流动而没有被改变方向或截获。

(6) 数据完整性(Data Integrity),维护数据的正确性或精确性,避免未授权的变动、删除、产生和复制。

(7) 可用性(Availability),确保对网络装置、存储信息、信息流、服务和应用的访问不被拒绝。

(8) 隐私(Privacy),保护可能由于对网络行为的监视而被获取的信息。

2.6 BS7799信息安全管理体系规范

BS7799是英国标准协会(British Standards Institute,BSI)于1995年2月制定的信息安全管理标准,分两个部分,其第一部分于2000年被ISO组织采纳,正式成为ISO/IEC 17799标准。该标准2005年经过最新改版,发展成为ISO/IEC 17799:2005标准。BS7799标准的第二部分经过长时间讨论修订,于2005年成为正式的ISO标准,即ISO/IEC 27001:2005。ISO17799:2005标准(即BS7799第一部分),是信息安全管理实施细则(Code of Practice for Information Security Management),其中包含11个主题,定义了133个安全控制。ISO17799:2005中的11个主题分别是:

- 安全策略(Security policy)。
- 信息安全组织(Organization of information security)。
- 资产管理(Asset management)。
- 人力资源安全 (Human resource security)。
- 物理和环境安全(Physical and environmental security)。
- 通信和操作管理(Communication and operation management)。
- 访问控制(Access control)。
- 信息系统获取、开发和维护(Information systems acquisition, development and maintenance)。
- 信息安全事件管理(Information security incident management)。
- 业务连续性管理(Business continuity management)。
- 符合性(Compliance)。

第二部分,是建立信息安全管理体系(ISMS)的一套规范(Specification for Information Security Management Systems),其中详细说明了建立、实施和维护信息安全管理系统的要求,指出实施机构应该遵循的风险评估标准。当然,如果要得到BSI最终的认证(对依据BS7799-2建立的ISMS进行认证),还有一系列相应的注册认证过程。BS7799标准要求基于PDCA(Plan,Do,Check,Act)管理模型来建立和维护信息安全管理体系(ISMS)。ISO/IEC 27001:2005标准以Edward Deming博士提出的"计划-实施-

核查-采取行动”循环周期作为制定蓝图,以实现持续改善的目标。为了实现 ISMS,组织应该在计划(Plan)阶段通过风险评估来了解安全需求,然后根据需求设计解决方案;在实施(Do)阶段将解决方案付诸实现;解决方案是否有效应该在检查(Check)阶段予以监视和审查;一旦发现问题,需要在措施(Act)阶段予以解决,以便改进 ISMS。通过这样的过程周期,组织就能将确切的信息安全需求和期望转化为可管理的信息安全体系。此部分提出了应该如何了建立信息安全管理体系的步骤,如图 2-9 所示。

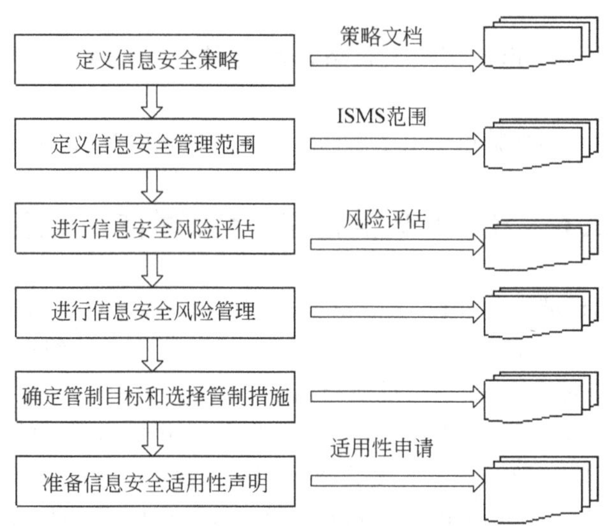

图 2-9 建立信息安全管理体系的步骤

1. 定义信息安全策略

信息安全策略是组织信息安全的最高方针,需要根据组织内各个部门的实际情况,分别制订不同的信息安全策略。信息安全策略应该简单明了、通俗易懂,并形成书面文件,发给组织内的所有成员。同时要对所有相关员工进行信息安全策略的培训,对信息安全负有特殊责任的人员要进行特殊的培训,以使信息安全方针真正植根于组织内所有员工并落实到实际工作中。

2. 定义信息安全管理范围

ISMS 的范围确定需要重点进行信息安全管理的领域,组织需要根据自己的实际情况,在整个组织范围内、个别部门或领域构架 ISMS。在本阶段,应将组织划分成不同的信息安全控制领域,以易于组织对有不同需求的领域进行适当的信息安全管理。

3. 进行信息安全风险评估

信息安全风险评估的复杂程度将取决于风险的复杂程度和受保护资产的敏感程度,所采用的评估措施应该与组织对信息资产风险的保护需求相一致。风险评估主要对 ISMS 范围内的信息资产进行鉴定和估价,然后对信息资产面对的各种威胁和脆弱性进行评估,同时对已存在的或规划的安全管制措施进行鉴定。风险评估主要依赖于商业信息和系统的性质、使用信息的商业目的、所采用的系统环境等因素,组织在进行信息资产风险评估时,需要将直接后果和潜在后果一并考虑。

4. 进行信息安全风险管理

根据风险评估的结果进行相应的风险管理。信息安全风险管理主要包括以下几种措施：

(1) 降低风险：在考虑转嫁风险前，应首先考虑采取措施降低风险。

(2) 避免风险：有些风险很容易避免，例如通过采用不同的技术、更改操作流程、采用简单的技术措施等。

(3) 转嫁风险：通常只有当风险不能被降低或避免且被第三方(被转嫁方)接受时才被采用。一般用于那些低概率、但一旦风险发生时会对组织产生重大影响的风险。

(4) 接受风险：用于那些在采取了降低风险和避免风险措施后，出于实际和经济方面的原因，只要组织进行运营，就必然存在并必须接受的风险。

5. 确定管制目标和选择管制措施

管制目标的确定和管制措施的选择原则是费用不超过风险所造成的损失。由于信息安全是一个动态的系统工程，组织应实时对选择的管制目标和管制措施加以校验和调整，以适应变化了的情况，使组织的信息资产得到有效、经济、合理的保护。

6. 准备信息安全适用性声明

信息安全适用性声明记录了组织内相关的风险管制目标和针对每种风险所采取的各种控制措施。信息安全适用性声明的准备，一方面是为了向组织内的员工声明对信息安全面对的风险的态度，在更大程度上则是为了向外界表明组织的态度和作为，以表明组织已经全面、系统地审视了组织的信息安全系统，并将所有有必要管制的风险控制在能够接受的范围内。

总之，信息安全工作的目的就是在法律、法规、政策的支持与指导下，通过采用合适的安全技术与安全管理措施，提供安全需求的保证，而 BS 7799 信息安全认证标准正是总和了这些要求。给出了为实现信息安全认证所需的各项措施的详细指导，具有很强的可操作性和指导性。组织可以根据自身特点，在 ISO/IEC 17799 指导下，实现信息安全的要求。

2.7　网络安全等级保护规范

2.7.1　网络安全等级保护条例

2018 年 6 月 27 日，我国公安部发布《网络安全等级保护条例(征求意见稿)》(以下简称《保护条例》)。作为《网络安全法》的重要配套法规，《保护条例》对网络安全等级保护的适用范围、各监管部门的职责、网络运营者的安全保护义务以及网络安全等级保护建设提出了更加具体、操作性也更强的要求，为开展等级保护工作提供了重要的法律支撑。《保护条例》的适用范围扩大。所有网络运营者都要进行对相关网络开展等保工作。

《保护条例》确立了各部门统筹协作、分工负责的监管机制，所涉及的监管部门包括中央网络安全和信息化领导机构、国家网信部门、国务院公安部门、国家保密行政管理部门、国家密码管理部门、国务院其他相关部门以及县级以上地方人民政府有关部门等。

国家各行业主管或监管部门的监管权力和职责具体如表 2-5 所示。

表 2-5　国家网络安全监管各部门职责

序号	具体部门单位	工 作 职 责
1	中央网络安全和信息化领导机构	统一领导网络安全等级保护工作
2	国家网信部门	统筹协调网络安全等级保护工作
3	国务院公安部门	主管网络安全等级保护工作，负责网络安全等级保护工作的监督管理，依法组织开展网络安全保卫
4	国家保密行政管理部门	主管涉密网络分级保护工作，负责网络安全等级保护工作中有关保密工作的监督管理
5	国家密码管理部门	负责网络安全等级保护工作中有关密码管理工作的监督管理
6	国务院其他有关部门	在各自职责范围内开展网络安全等级保护相关工作
7	县级以上地方人民政府	依照本条例和有关法律法规规定，开展网络安全等级保护工作

2.7.2　网络安全等级保护基本要求

2014 年全国安标委秘书处下达对《信息安全技术 信息系统等级保护基本要求》(GB/T 22239—2008)进行修订的任务，修订工作由公安部第三研究所(公安部信息安全等保护评估中心)主要承担。2015 年 4 月第一次专家评审会、2015 年 12 月第二次专家评审会、2016 年 7 月第三次专家评审会、2016 年 9 月再次修订形成标准征求意见稿。先后征求了网信办、工信部、保密局、公安部、国家密码管理局、国家认监委、信息安全测评中心的意见，共收到 44 条意见，采纳 36 条。2017 年 8 月，根据网信办和公安部的意见将 5 个分册进行整合形成一册送审稿，后收到 10 条修改意见并全部采纳。2017 年 8 月，公安部评估中心根据网信办和安标委的意见将等级保护在编的 5 个基本要求分册标准进行了合并形成《网络安全等级保护基本要求》一个标准。2019 年 5 月 13 日下午，国家市场监督管理总局召开新闻发布会，期待已久的“网络安全等级保护”(简称为“等保”)2.0 正式发布。根据最新的消息，等保 2.0 将在 2019 年 12 月 1 日正式实施。

网络安全等级保护的基本框架包含技术要求和和管理要求，两个核心维度。等保 2.0 将等保工作的技术要求和管理要求细分为了更加具体的八大类：物理和环境安全、网络和通信安全、设备和计算安全、应用和数据安全；安全策略和管理制度、安全管理机构和人、安全建设管理、安全运维管理。而等保 2.0 在以上基本要求之外，提出了云安全、移动互联网安全、物联网安全、工业控制系统安全、大数据安全等网络空间扩展要求，且每个部分都有详细的安全标准。网络安全等级保护已经进入 2.0 时代，等级保护制度已被打造成新时期国家网络安全的基本国策和基本制度。应急处置、灾难恢复、通报预警、安全监测、综合考核等重点措施全部纳入等保制度并实施，对重要基础设施重要系统以及“云、物、移、大、工”纳入等保监管，将互联网企业纳入等级保护管理。

基本要求的内容由一个基本要求变更为安全通用要求和安全扩展要求(含云计算、移

动互联、物联网、工业控制)。在 GB/T 22239 网络安全等级保护基本要求合并了如下 5 部分:

(1) 安全通用要求(公安部信息安全等级保护评估中心)。

(2) 云计算安全扩展要求(公安部信息安全等级保护评估中心)。

(3) 移动互联安全扩展要求(北京鼎普科技股份有限公司)。

(4) 物联网安全扩展要求(公安部第一研究所)。

(5) 工业控制系统安全扩展要求(浙江大学)。

控制措施分类结构由原来的 10 个分类调整为 8 分,分别为技术部分(物理和环境安全、网络和通信安全、设备和计算安全、应用和数据安全类)、管理部分(安全策略和管理制度、安全管理机构和人员、安全建设管量、安全运维管理)。

新标准在控制点要求项目并没有明显的增加,通过合并整合后反而减少了。各级的要求项明细如表 2-6 所示。

表 2-6 新标准安全要求类控制点对比

安全要求类	层面	一级	二级	三级	四级
技术要求	物理和环境安全	7	10	10	10
	网络和通信安全	4	6	8	8
	设备和计算安全	4	6	6	6
	应用和数据安全	5	9	10	10
管理要求	安全策略和管理制度	1	4	4	4
	安全管理机构和人员	7	9	9	9
	安全建设管理	7	10	10	10
	安全运维管理	8	14	14	14
新标准控制点	/	43	68	71	71
旧标准控制点	/	48	66	73	77
新标准要求项	/	59	145	231	241
旧标准要求项	/	85	175	290	318

小 结

本章从系统工程的角度介绍了网络安全管理的体系结构,包括了开发系统互联的安全体系结构、信息保障技术框架以及 BS7799 等信息安全管理体系规范,安全体系结构由许多静态的安全控制措施和动态的安全分析过程组成,把组织和部门的所有安全措施和过程通过管理的手段融合为一个有机的整体。本章还概述了**网络安全等级保护条例**、**网络安全等级保护基本要求**。只有将技术和管理有机结合起来,从控制整个网络安全建设、运行和维护的全过程角度入手,才能提高网络的整体安全水平。

习　　题

1. OSI开放互联环境包括哪些安全服务和安全机制？以及它们之间的关系是怎样的？

2. 简述基于TCP/IP协议的Internet网络安全协议体系。

3. IATF规划的信息保障体系包含哪三个要素？

4. BS7799信息安全管理体系规范包含哪两部分？分别包含哪些主题和内容？

5. 信息系统安全等级保护与网络安全等级保护的区别及联系？

第3章 网络攻击与安全评估

本章要点：

☑ 网络攻击的概念及分类

☑ 计算机及网络的漏洞分析

☑ 网络脆弱性的评估技术

☑ 网络风险的识别与评估方法

☑ 网络风险管理

3.1 网络攻击的概念及分类

随着网络规模飞速扩大、网络结构和协议日趋复杂、网络应用领域和用户群体不断扩大，出于各种目的的网络安全事件呈迅速增长的趋势，而且网络攻击的技术和手段也逐步多样化，造成的损失也越来越大。本节给出网络攻击的基本概念，以及网络攻击的分类方法。

3.1.1 网络攻击的基本概念

网络攻击是指网络用户未经授权的访问尝试或者使用尝试，其攻击目标主要是破坏网络信息的保密性、网络信息的完整性、网络服务的可用性、网络信息的非否认性（抗抵赖）和网络运行的可控性。目前的网络攻击事件动机多是为了个人利益或表现自己，或者是针对某个事件进行报复性攻击；其攻击工具是个人编程实现或者是网上现成工具的利用，这些工具功能单一，只能是单独使用，缺乏与其他攻击工具的配合、协同能力；攻击的目标也是不确定的：一般是一些知名网站，高级黑客以安全级别较高的军队或政府的信息系统为目标；对网络攻击的研究多是从个人兴趣出发研究一些攻击的技术和技巧，国家级的对网络攻击的研究也有，但多是从攻击技术、攻击手段或战术、战法方面进行的，真正从网络攻击的整体体系进行理论和相关技术研究的还未见公开。网络攻击如果上升为国家行为，网络攻击的目标则是敌对方的包括军事在内的信息系统，或其他民用信息系统，攻击的目的包括获取军事情报，瘫痪敌方指挥控制系统，干扰敌方的经济、金融秩序，对敌方展开心理攻势，进行舆论宣传等。

网络攻击的一般流程为隐藏攻击位置，收集目标系统信息，根据收集到的目标系统的信息，通过脆弱性分析，挖掘出其存在的脆弱性，利用这种脆弱性获取目标系统的一定的权限，即文件的读权限，写权限，执行命令、代码的权限等；如有必要和可能将提升并获取目标系统的根权限。获取目标系统的权限后，根据攻击的目的进行相应的操作（如读、写、删除），安装攻击软件，攻击扩展，最后留下后门、清除攻击痕迹；在获得目标系统的一定权限后，如无法进一步提升权限，攻击者可能在控制一定数量主机和网络资源后实施拒绝服务攻击。

在实际的网络攻击中，攻击者还可能在收集到目标主机的信息后，搭建与目标相近的攻击环境和场景，进行模拟攻击，以发现在攻击中可能遇到的情况，从而在攻击实施时提高攻击的效率和成功率。

3.1.2 网络攻击的分类

网络安全研究的一个关键问题是对网络攻击的认识，对网络攻击进行分类是网络安全研究的一个重要方面。通过对网络攻击和漏洞分析，我们可以清楚地了解每一类攻击的特性，找出攻击与漏洞之间的内在关系，从而更好地进行防御并维护网络的安全。网络攻击分类的主要依据有计算机系统中的安全漏洞、攻击的效果、攻击的技术手段、攻击的检测、攻击所造成的后果等。

1. 矩阵分类法

Perry 和 Mallich 对经验术语分类法进行了一定的改进，提出了一种基于脆弱性和可能的攻击者的二维结构的分类方法，这就可以将攻击用一个简单的二维矩阵描述，矩阵项有可能的攻击者包括操作员、程序员、数据录入员、内部用户、外部用户、和入侵者；可能造成的影响有物理破坏、信息破坏、数据干扰、窃取服务、浏览信息和窃取信息，如表 3-1 所示。

表 3-1 基于脆弱性和可能的攻击者的网络攻击分类

可能的攻击者 造成的影响	操作员	程序员	数据录入员	内部用户	外部用户	入侵者
物理破坏	电源短路					
信息破坏	删除磁盘	恶意软件			恶意软件	拨号
数据干扰		恶意软件	伪造数据入口			
窃取服务		窃取用户账号		未授权操作	拨号	
浏览信息	窃取介质			未授权访问	拨号	
窃取信息				未授权操作访问	拨号	

2. 基于攻击手段的分类

网络攻击手段可以从理论和技术两个层面来区分，一是理论攻击，二是技术攻击。所谓理论攻击，就是密码学意义上的攻击，只专注于攻击概念或攻击过程与算法，而不考虑具体的技术实现；技术攻击与特定的网络协议、操作系统及应用程序相关，存在明显可操作的攻击步骤，攻击者可借用一定的分析手段和攻击工具来达到特定的攻击目的。一般而言，理论攻击是技术攻击的理论基础，几乎每种技术攻击都可以最终归结为某类理论攻击。例如对路由器路由表、DNS(Domain Name Server)服务器域名表的窜改就属于密码学上的完整性侵犯，TCP序列号猜测攻击可归入密码学上的假冒攻击；但理论攻击却未必能成为现实可行的技术攻击。例如差分密码分析已是一种较为成熟的对迭代分组密码的理论攻击方法，然而要将其变为技术攻击手段，切实破译某一特定密文，仍存在需要获取大量明文选择及大量专家干预的困难，即存在数据复杂性和处理复杂性。同样，密码学意义上的理论攻击所涵盖的对某些加密算法的攻击、对签名算法的攻击、对密钥交换和认证协议的攻击也未必能举出确实有效的实现方法。因此，到目前为止，对网络攻击的分类主要着眼于技术层次，因为在这一层面上，攻击与特定的网络系统相关，存在明确可操作的步骤和可预期的结果。

3. 基于攻击过程的分类

这种分类法不是试图列举所有的计算机安全漏洞和所有可能的攻击方法，而是想提供一个宽泛的、兼容的框架。分类是面向过程的而不是某单一属性的分类类别。Stallings表述了一个简单的安全威胁分类过程模型，确切地说这个模型不是基于攻击过程意义上的过程而是指对通信过程实施攻击的方式。Stallings定义了以下四种网络攻击类型：中断(Interruption)、窃听(Interception)、篡改(Modification)、伪造(Fabrication)，其示意图如图3-1所示。

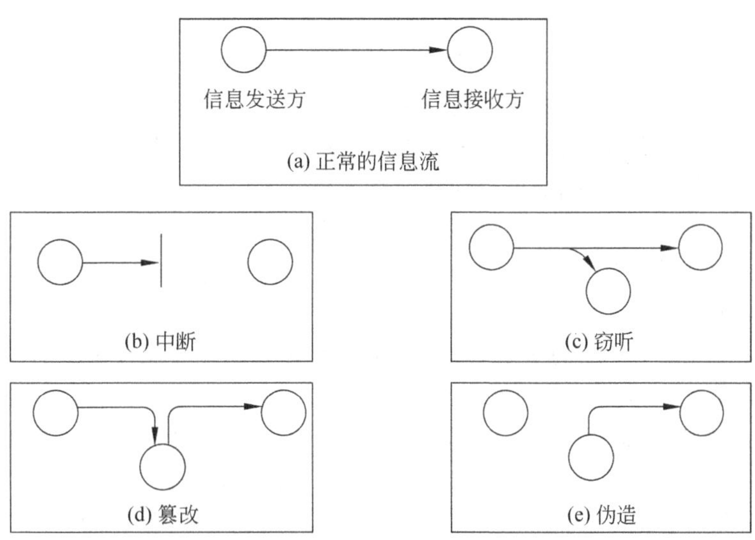

图3-1 基于过程的攻击分类

4. 基于攻击目的的分类

对网络攻击也可以按攻击的目的分为拒绝服务、信息利用、信息收集和假消息攻击等几种。本书分别对其进行概要介绍并提供了相应的防御方法。

(1) 拒绝服务攻击：拒绝服务攻击企图通过使目标服务计算机崩溃或把它压垮来阻止目标提供服务，服务拒绝攻击是最容易实施的攻击行为，常见工具包括LOIC、XOIC、HULK和DDOSIM-Layer等。主要方式包括：

① 死亡之ping。

概览：由于在早期的阶段，路由器对包的最大尺寸都有限制，许多操作系统对TCP/

IP 栈的实现在 ICMP 包上都是规定 64KB,并且在对包的标题头进行读取之后,要根据该标题头里包含的信息来为有效载荷生成缓冲区,当产生畸形的,声称自己的尺寸超过 ICMP 上限的包(也就是加载的尺寸超过 64 KB 上限)时,就会出现内存分配错误,导致 TCP/IP 堆栈崩溃,致使接受方当机。

防御:现在所有的标准 TCP/IP 实现都已实现对付超大尺寸的包,并且大多数防火墙能够自动过滤这些攻击,包括从 Windows 98 之后的 Windows NT(Service Pack 3 之后),Linux、Solaris 和 Mac OS 都具有抵抗一般死亡之 ping 攻击的能力。此外,对防火墙进行配置,阻断 ICMP 以及任何未知协议,都讲防止此类攻击。

② 泪滴。

概览:泪滴攻击(tear drop)利用那些在 TCP/IP 栈实现中信任 IP 碎片的包的标题头所包含的信息来实现攻击。IP 分段含有指示该分段所包含的是原包的哪一段的信息,某些 TCP/IP(包括 Service Pack 4 以前的 NT)在收到含有重叠偏移的伪造分段时将崩溃。

防御:服务器应用最新的服务包,或者在设置防火墙时对分段进行重组,而不是转发它们。

③ UDP 洪水。

概览:各种各样的假冒攻击利用简单的 TCP/IP 服务,如 Chargen 和 Echo 来传送毫无用处的占满带宽的数据。通过伪造与某一主机的 Chargen 服务之间的一次 UDP 连接,回复地址指向开着 Echo 服务的一台主机,这样就生成在两台主机之间的足够多的无用数据流,如果足够多的数据流就会导致带宽的服务攻击。

防御:关掉不必要的 TCP/IP 服务,或者对防火墙进行配置阻断来自 Internet 的对这些服务的 UDP 请求。

④ SYN 洪水。

概览:一些 TCP/IP 栈的实现只能等待从有限数量的计算机发来的 ACK 消息,因为它们只有有限的内存缓冲区用于创建连接,如果这一缓冲区充满了虚假连接的初始信息,该服务器就会对接下来的连接停止响应,直到缓冲区里的连接企图超时。在一些创建连接不受限制的实现中,SYN 洪水(SYN flood)具有类似的影响。

防御:在防火墙上过滤来自同一主机的后续连接。未来的 SYN 洪水令人担忧,由于 SYN 洪水并不寻求响应,所以无法从一个简单高容量的传输中鉴别出来。

⑤ Land 攻击。

概览:在 Land 攻击中,一个特别打造的 SYN 包它的原地址和目标地址都被设置成某一个服务器地址,此举将导致接收服务器向它自己的地址发送 SYN-ACK 消息,结果这个地址又发回 ACK 消息并创建一个空连接,每一个这样的连接都将保留直到超时。对 Land 攻击反应不同,许多 UNIX 实现将崩溃,而 NT 变得极其缓慢(大约持续 5 分钟)。

防御:打最新的补丁,或者在防火墙进行配置,将那些在外部接口上入站的含有内部源地址滤掉(包括 10 域、127 域、192.168 域、172.16 到 172.31 域)。

⑥ Smurf 攻击。

概览:一个简单的 Smurf 攻击通过使用将回复地址设置成受害网络的广播地址的

ICMP 应答请求(ping)数据包来淹没受害主机的方式进行，最终导致该网络的所有主机都对此 ICMP 应答请求做出答复，导致网络阻塞，比死亡之 ping 洪水的流量高出一或两个数量级。更加复杂的 Smurf 将源地址改为第三方的受害者，最终导致第三方雪崩。

防御：为了防止黑客利用你的网络攻击他人，关闭外部路由器或防火墙的广播地址特性。为防止被攻击，在防火墙上设置规则，丢弃掉 ICMP 包。

⑦ Fraggle 攻击。

概览：Fraggle 攻击对 Smurf 攻击做了简单的修改，使用的是 UDP 应答消息而非 ICMP。

防御：在防火墙上过滤掉 UDP 应答消息。

⑧ 电子邮件炸弹。

概览：电子邮件炸弹是最古老的匿名攻击之一，通过设置一台机器不断大量地向同一地址发送电子邮件，攻击者能够耗尽接收者网络的带宽。

防御：对邮件地址进行配置，自动删除来自同一主机的过量或重复的消息。

⑨ 畸形消息攻击。

概览：各类操作系统上的许多服务都存在此类问题，由于这些服务在处理信息之前没有进行适当正确的错误校验，在收到畸形的信息可能会崩溃。

防御：打最新的服务补丁。

(2) 分布式拒绝服务攻击。

概览：分布式拒绝服务(Distributed Denial of Service，DDoS)攻击指借助于客户/服务器技术，将多个计算机联合起来作为攻击平台，分布式运行 TFN(Tribe Flood Network)等工具，对一个或多个目标发动 DDoS 攻击，从而成倍地提高拒绝服务攻击的威力。攻击者利用客户/服务器技术和代理通信技术，主控程序能在几秒钟内激活成百上千次代理程序的运行。

防御：采取合适的安全域划分，配置防火墙、入侵检测和防范系统，减缓攻击。采用分布式组网、负载均衡、提升网络系统容量等可靠性措施，增强网络信息系统总体服务能力。DDoS deflate 是一款免费的用来防御和减轻 DDoS 攻击的脚本，它通过 netstat 监测跟踪创建大量网络连接的 IP 地址，在检测到某个结点超过预设限制时，该程序会通过应用层防火墙或网络防火墙 IPtables 禁止或阻挡这些攻击者的 IP。

(3) 控制利用型攻击。

利用型攻击是一类试图直接对你的机器进行控制利用的攻击，最常见的有如下三种。

① 口令猜测及利用。

概览：一旦黑客识别了一台主机而且发现了基于 NetBIOS、Telnet 或 NFS 服务的可利用的用户账号，成功的口令猜测能实施对机器的控制利用。

防御：要选用难以猜测的口令，例如词和标点符号的组合；定期更改口令。确保像 NFS、NetBIOS 和 Telnet 这样的服务不暴露在公共范围。

② 特洛伊木马远程控制。

概览：特洛伊木马是一种或是直接由一个黑客，或是通过一个不令人起疑的用户秘密安装到目标系统的程序。一旦安装成功并取得管理员权限，安装此程序的人就可以直接远程控制目标系统。最有效的一种称为后门程序,恶意程序包括 NetBus、BackOrifice 和 BO2k,用于控制系统的良性程序如 netcat、VNC、pcAnywhere。理想的后门程序透明运行。

防御:避免下载可疑程序并拒绝执行,运用网络扫描软件定期监视内部主机上的监听 TCP 服务。

③ 缓冲区溢出提升权限。

概览:由于在很多的计算机和网络服务程序中,疏忽大意的程序员使用 strcpy()、strcat()类似的不进行有效位检查的函数,最终可能导致恶意用户编写一小段利用程序来进一步打开安全豁口,然后将该代码缀在缓冲区有效载荷末尾,这样当发生缓冲区溢出时,返回指针指向恶意代码,这样系统的控制权就会被夺取。

防御:利用 SafeLib、Tripwire 这样的程序保护系统,或者浏览最新的安全公告不断更新操作系统。

(4) 信息收集型攻击。

信息收集型攻击并不对目标本身造成危害,如其名所示,这类攻击被用来为进一步入侵提供有用的信息。这种攻击主要包括扫描技术、体系结构探测、利用信息服务。

扫描技术包括如下几种。

① 地址扫描和端口扫描。

概览:运用 ping 这样的程序探测目标地址,对此做出响应的表示地址存在。运用 Nmap 或者 X-scan 这样的程序探测开放的目标端口。

防御:在防火墙上过滤掉 ICMP 应答消息。许多防火墙能检测到是否被扫描,并自动阻断扫描数据包。

② 反响映射。

概览:黑客向主机发送虚假消息,然后根据返回“host unreachable”这一消息特征判断出哪些主机是存在的。目前由于正常的扫描活动容易被防火墙侦测到,黑客转而使用不会触发防火墙规则的常见消息类型,这些类型包括 RESET 消息、SYN-ACK 消息、DNS 响应包。

防御:NAT 和非路由代理服务器能够自动抵御此类攻击,也可以在防火墙上过滤“host unreachable”ICMP 应答。

③ 慢速扫描。

概览:由于一般扫描侦测器的实现是通过监视某个时间帧里一台特定主机发起的连接的数目(例如每秒 10 次)来决定是否在被扫描,这样黑客可以通过使用扫描速度慢一些的扫描软件进行扫描。

防御:通过引诱服务来对慢速扫描进行侦测。

④ 体系结构探测。

概览:黑客使用具有已知响应类型的数据库的自动工具,对来自目标主机的、对坏数据包传送所做出的响应进行检查。由于每种操作系统都有其独特的响应方法(例如 NT 和 Solaris 的 TCP/IP 堆栈具体实现有所不同),通过将此独特的响应与数据库中的已知响应进行对比,黑客经常能够确定出目标主机所运行的操作系统。

防御：去掉或修改各种标志，包括操作系统和各种应用服务的，阻断用于识别的端口扰乱对方的攻击计划。

⑤ 利用 DNS 域名转换信息服务。

概览：DNS 协议不对转换或信息性的更新进行身份认证，这使得该协议被人以一些不同的方式加以利用。如果你维护着一台公共的 DNS 服务器，黑客只需实施一次域名转换操作就能得到所要主机的名称以及内部 IP 地址。

防御：在防火墙处过滤掉域转换请求。

⑥ 利用 Finger 服务信息。

概览：黑客使用 Finger 命令来探测一台 Finger 服务器以获取关于该系统的用户的信息。

防御：关闭 Finger 服务并记录尝试连接该服务的对方 IP 地址，或在防火墙上进行过滤。

⑦ 利用 LDAP 服务信息。

概览：黑客使用 LDAP 协议窥探网络内部的系统及其用户的信息。

防御：对于探测内部网的 LDAP 进行阻断并记录，如果在公共机器上提供 LDAP 服务，那么应把 LDAP 服务器放入 DMZ。

(5) 伪造虚假消息攻击。

用于攻击目标配置不正确的消息，主要包括 DNS 高速缓存污染、伪造电子邮件。

① DNS 高速缓存污染。

概览：由于 DNS 服务器与其他名称服务器交换信息的时候并不进行身份验证，这就使得黑客可以将不正确的信息加进来并把用户引向黑客自己的主机。

防御：在防火墙上过滤入站的 DNS 更新，外部 DNS 服务器不应能更改你的内部服务器对内部机器的认识。

② 伪造电子邮件。

概览：由于 SMTP 并不对邮件发送者的身份进行鉴定，因此黑客可以对你的内部客户伪造电子邮件，声称是来自某个客户认识并相信的人，并附带上可安装的特洛伊木马程序，或者是一个引向恶意网站的连接。

防御：使用 PGP 等安全工具并安装电子邮件证书。

5. 基于多维属性的分类法

Edward 将基于过程的分类法的内涵扩展为更广的攻击过程或攻击操作序列，如图 3-2 所示。

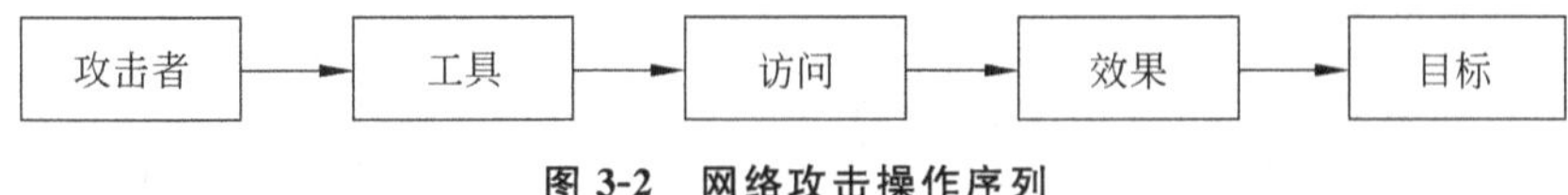

图 3-2　网络攻击操作序列

该分类法是基于多重攻击属性的，按照攻击者类型、使用的工具、攻击所利用的漏洞、被访问的信息、入侵后造成的后果、攻击的目标等属性对网络攻击进行分类构成，如图 3-3 所示，他的分类方法成为多维分类法的经典。他的这篇论文成为美国计算机应急响应小组(Computer Emergency Response Team，CERT)的重要安全文档。此外基于多维属性的分类法还有Christ和林肯实验室的分类法。

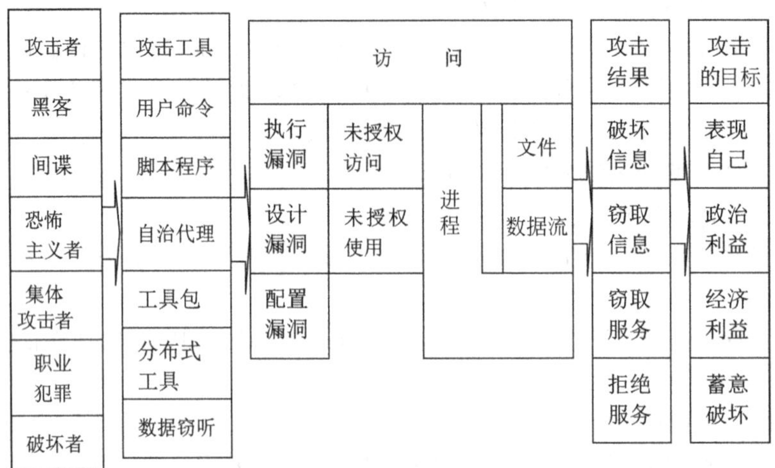

图 3-3　Edward的多维角度分类法

6. 基于动态攻击演变图的多阶段分类法

Swiler和Phillips等人在1998年提出的基于图的攻击建模方法，他们用网络的状态变量集合来表示攻击图的结点，用黑客的动作来表示攻击图的边，并给出了以攻击目标为中心回溯攻击图生成算法及最小攻击代价分析结果，该方法的运行时间对网络的规模具有指数特征。Ammann提出的基于图搜索的方法，假设网络攻击具有单调性，即黑客在攻击过程中不会放弃已经获得的权限。这种假设在大多数的网络攻击场景中都适用，同时大大降低了算法的复杂度。

基于攻击图思想，可将攻击图技术和动态网络演化结合，提出一种动态攻击演变图模型。该模型借鉴演变图思想将攻击图拓展为随时间域和空间域同时变化的演变攻击图，然后借助子图相似度构建攻击演化阶段模式，分析阶段模式内暂态变化的同时结合时序数据分析阶段模式间的连接变化。入侵路径获取前提是通过手动或自动生成方法生成形式化的攻击图，在多阶段长时间攻击过程中攻击图不可能是一成不变的静态图，在脆弱性变化或权限传递的过程中一定同时受到空间和时间因素的影响，如图3-4所示。

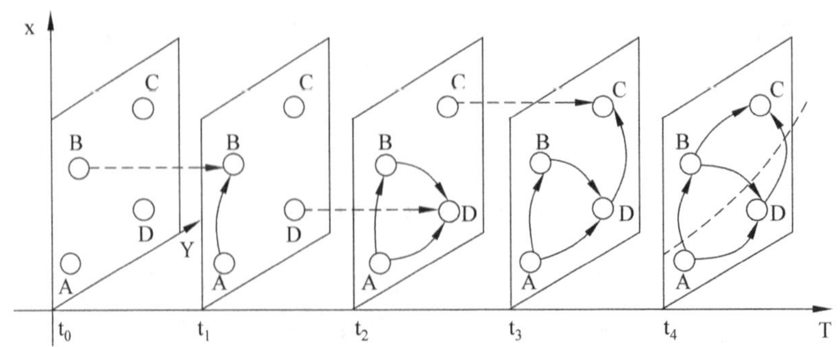

图 3-4　从攻击节点A到目标节点C的不同时刻多阶段演变过程

由图 3-4 可知，攻击者 A 在 t_0 时刻不具备任何连接，在 t_1 时刻获取了 B 的 user 权限，在 t_2 时刻其通过 B 的弱密码安全漏洞或者 D 的缓冲区溢出漏洞获得了 D 的 root 访问权限，进而在 t_3 时刻获得了 C 的访问权限，整个过程的叠加图如 t_4 时刻所示。在复杂系统的不同快照时刻分析每个时刻网络的进化情况是动态网络的优势和研究重点，研究证明，将社交网络、生物网络、网络蠕虫传播结构等复杂系统建模成动态网络，是一种合理有效的攻击表示和分类方式。

7. VERDICT 分类法

Lough 提出了一种基于攻击特征的攻击分类方法——VERDICT（Validation Exposure Randomness Deallocation Improper Conditions Taxonomy）。其分类方法将攻击分为 4 类：

(1) 不恰当的验证：在未授权访问信息或系统中的不充分或不正确的验证，包括物理安全方面。

(2) 不恰当的暴露：系统或信息被不正确的泄露，可能被攻击者直接或间接地开发为弱点。

(3) 不恰当的随机性：不充分的随机性或不正确利用随机性导致的攻击。如密码学中随机性的不正确使用。

(4) 不恰当的删除：信息使用后被不正确的删除，易遭受的攻击。

它是用来发现网络系统存在的不安全因素，从而对网络系统的安全状况进行安全评估以及进行协议设计的，但对于描述攻击则不适用。VERDICT 攻击分类方法缺乏对蠕虫、木马、病毒等恶意代码的分类。

8. 基于复杂网络的攻击分类法

复杂网络抗毁性指的是网络受到攻击时，网络拓扑结构的可靠性，不涉及网络节点和边的可靠性，衡量的是破坏一个系统的难度。复杂网络的攻击方式可分为两种：随机性攻击（random attack）和选择性攻击（selective attack）。随机性攻击就是以某种概率随机破坏网络的节点（边），而选择性攻击是按一定的策略破坏网络的节点（边），一般按照节点的重要性依次进行攻击。选择性攻击的研究最早始于 Albert 等人，主要关注拓扑结构对复杂网络抗毁性的影响。Holme 等人对复杂网络攻击方式做了比较全面的研究，他们将攻击方式分为节点攻击和边攻击，每种攻击方式又包括如下 4 种不同的策略：

(1) ID(initial degree)攻击方式。根据初始网络节点（边）的度大小顺序来移除节点（边）。

(2) IB(initial betweenness)攻击方式。根据初始网络节点（边）的介数大小顺序来移除节点（边）。

(3) RD(recalculated degree)攻击方式。根据当前网络节点（边）的度大小顺序来移除节点（边）。

(4) RB(recalculated betweenness)攻击方式。根据当前网络节点（边）的介数大小顺序来移除节点（边）。

通过实验发现，WS 小世界网络在以上 4 种攻击方式下的抗毁性差异不大。

9. MIT林肯实验室的攻击分类方法

MIT林肯实验室的研究者们提出了一种基于特权提升的多维度攻击分类方法，该分类方法把攻击分为4类：User-to-root(U2R)、Remote-to-local(R2L)、Denial-of-Service(DoS)和Surveilance/probe。这是面向攻击的分类方法，得到了大多数研究者认可。从用户到根权限的特权提升就是攻击效果的一个例子。在攻击过程中，攻击者通常扮演着一定的用户角色并拥有相应的用户权限集。从一般的访问者到普通用户，再到系统管理员，攻击者角色的变化，反映出攻击对目标系统的攻击影响，可以从拥有的资源量的变化，即权限的变化来进行攻击分类。

10. 面向防御的多维度攻击分类方法

大多数攻击具有多阶段的时空特性，一个攻击一般由不同的阶段构成，每个阶段又具有不同的特点。攻击可以用多个属性描述，单一属性无法描述攻击整个过程中各个阶段的特点。现有很多攻击分类研究工作都是从攻击的不同属性和维度进行攻击分类，忽略了描述攻击分类的目的就是为了主动防御和响应攻击这一事实，对攻击危害和防御措施缺乏一致的衡量准则。

根据主动防御的需求，将防御也纳入到攻击属性描述中，全面考虑了攻击成本和损失，对攻击属性进行了提取和分析。在相关攻击分类研究工作的基础上，我们用攻击源头、攻击方式、攻击对象、漏洞利用、攻击自动化程度、攻击目的、攻击成本、攻击损失、防御措施等9个攻击属性维度来描述攻击。按照不同的防御措施方法，防御可以分为基于主机的防御和基于网络的防御，也可以分为主动防御和被动防御。表3-2以Code Red和Wu-ftpd攻击为例说明该分类方法的两个攻击实例。

表3-2 面向防御的多维攻击分类实例

攻击维度	攻击源头	攻击方式	攻击对象	漏洞利用	攻击自动化程度	攻击目的	攻击成本	攻击损失	防御措施
Code Red	本地网络或外部网	构造输入脚本Stack缓冲区溢出	Windows IIS web server，版本4,5,6.0b	配置漏洞CVE-2001-0500	半自动化	拒绝服务	中	高	安装补丁或关闭IIS服务
Wu-ftpd	本地网络或外部网	Stack缓冲区溢出或Mapping_chdir缓冲区溢出	Unix系统WU-FTPD程序	配置漏洞CVE-1999-0878	半自动化	获取root权限	低	高	安装补丁或关闭ftp服务

11. 基于检测的攻击分类

Kumar提出了以检测为目的的攻击分类法，将攻击在系统审计记录中表现出来的特征作为分类的依据。分析这些特征进行，并寻找特征之间的结构化相互关系，从而构造攻击的分类结构。根据网络协议特征分析，可以将攻击行为分为三大类：网络层数据检测到的攻击、传输层数据检测到的攻击和应用层数据检测到的攻击。

3.2 计算机及网络的漏洞分析

网络系统中弱点和漏洞的存在是网络攻击成功的必要条件之一。由于网络系统规模越来越大，系统复杂性逐渐上升，系统内部存在弱点、漏洞几乎不可避免，而且越来越多，据我国国家计算机网络应急技术处理协调中心（National Computer network Emergency Response technical Team/Coordination Center of China，CNCERT/CC）统计报告表明，从2000年到现在，弱点发现呈迅猛增长的趋势。这些可利用的弱点包括应用服务软件中存在的漏洞、网络用户漏洞、通信协议中存在的漏洞、网络业务系统漏洞、程序安全缺陷、操作系统中的漏洞、网络安全产品的弱点、客户软件的弱点及其他非技术性的弱点等。

3.2.1 漏洞的基本概念及分类

本节给出了漏洞的基本概念及分类标准。

1. 漏洞的基本概念

漏洞是在硬件、软件、协议的具体实现或系统安全策略上存在的缺陷，它使得攻击者在未被授权的情况下访问或者攻击某个系统成为可能。

计算机漏洞一般包括硬件和软件的漏洞，其中：

(1) 硬件漏洞：线路安排过密或晶体管放错了位置等情况都有可能造成硬件漏洞。

(2) 软件漏洞：大部分的漏洞都属于软件漏洞，这不仅仅因为软件的种类繁多与数量庞大，更主要的是因为漏洞“需要被发现”这一属性——人们日常使用中直接接触的就是软件产品，软件的使用者更多，导致其中的漏洞被发现的概率更大。

漏洞的属性包括：

(1) 普遍存在性：任何复杂系统都或多或少、或明显或暗藏地存在漏洞。

(2) 不可根除性：不能根除某个复杂系统中所有的漏洞而使之成为一个完美的系统。

(3) 需要发现性：漏洞需要在人们使用某系统的时候才能被发现出来。

(4) 可以修复性：人们可以通过各种形式的补丁来修复某一特定的漏洞。

2. 漏洞的分类

随着计算机软硬件系统的日益扩大，系统的复杂性也越来越高，这导致没有人能完全细致地了解整个系统。漏洞的具体成因可能有许多种：工程师设计时考虑不周、程序员编码时不够严谨、企业为了追求效益而故意从简等。但究其根本，我们也许能得到一个更高层面的回答：这个世界上没有完美的事物。漏洞的分类如表3-3所示。

表3-3 漏洞的分类

分类方法	分类内容	
产生原因	有意	恶意
		非恶意
	无意	

续表

分类方法	分类内容	
存在位置	硬件	
	软件	应用软件漏洞
		系统漏洞
		服务端漏洞
攻击原理	拒绝服务	
	缓冲区溢出	
	后门	
	内核错误	
	欺骗	
	提升权限	
	其他攻击方式	

3.2.2 网络漏洞

计算机网络的飞速发展与普及应用,在带给了人们方便的同时,也带来了许多不可避免的网络漏洞。关于网络漏洞,目前还没有一个准确统一的定义。不过还是存在一个较为通俗的网络漏洞的描述性定义:存在于计算机网络系统中的、可能对系统中的组成和数据造成损害的一切因素。

3.2.3 漏洞分级

不同的机构都有各自不同的评级体系和评级标准。国际上承认的一些标准有:微软标准、Oracle 标准、法国安全组织的 FrSIRT 标准、美国计算机紧急响应小组标准(United States Computer Emergency Readiness Team,US-CERT)、国家计算机漏洞库(National Vulnerability Database, NVD)、中国"国家漏洞库"(China's National Vulnerability Database)等。接下来简要介绍其中 4 种。

1. 微软标准(Microsoft Vulnerability Severity Rating Standards)

(1) 危急,无须用户激活的网络蠕虫传播的漏洞。

(2) 高,漏洞的利用会危及用户数据的机密性、完整性和有效性。

(3) 中,开发利用该漏洞比较困难,漏洞的利用受限于默认配置、验证等因素。

(4) 低,漏洞的利用非常困难,或者漏洞的影响非常小。

2. Oracle 标准(Vulnerability Security Ratings of Oracle)

(1) 高,利用该漏洞基本不需要攻击者掌握专业知识。须立刻对受影响的产品应用补丁。

(2) 中,利用该漏洞需要攻击者掌握一些专业知识。对受影响产品应用补丁的顺序在高级别之后。

(3) 低，利用该漏洞需要攻击者具备相当的专业知识。对受影响产品应用补丁的顺序在中级别之后。

3. FrSIRT 标准(FrSIRT Vulnerability Severity Ratings Standard)

(1) 严重，可远程利用的漏洞，可导致系统崩溃(不需要用户交互)。

(2) 高，可远程利用的漏洞，可导致系统崩溃(需要用户交互)。

(3) 中，可被远程和本地利用，可导致拒绝服务和权限提升的漏洞。

(4) 低，只可本地利用，不能危机系统安全。

4. 美国计算机安全紧急响应小组标准(US-CERT)

US-CERT 用测量值来评价一条漏洞的严重程度，测量值是一个 0～180 的数值。

3.2.4 漏洞的发现

一种方法是当攻击者利用了这些漏洞攻击你的服务器后你就自然知道了；第二种方法就是主动去发现漏洞：使用漏洞扫描工具来对服务器进行扫描，从而发现漏洞。不论你在系统安全性上投入多少财力，攻击者仍然可以发现一些可利用的特征和配置缺陷。发现一个已知的漏洞，远比发现一个未知漏洞要容易得多，这就意味着，多数攻击者所利用的都是常见的漏洞，这些漏洞，均有书面资料记载。

3.2.5 物联网软件服务漏洞分类

嵌入式物联网设备在安全机制和服务的实现方面还面临许多问题，鉴于此，OWASP 物联网项目针对智能设备最常见 IoT 漏洞进行了详细的分类，即如下的 OWASP TOP10 物联网漏洞。

1. 不安全的 Web 接口

一般情况下，攻击者首先会在智能设备的 Web 接口中寻找 XSS、CSRF 和 SQLi 漏洞。此外，这些接口中还经常出现“默认用户名和密码”和“缺乏账户锁定机制”之类的漏洞。

2. 认证/授权漏洞

通常情况下，如果存在这种类型的漏洞，则意味着攻击者可以通过用户的弱密码、密码恢复机制的缺陷以及双因子身份验证机制的缺失来控制智能设备。

3. 不安全的网络服务

这里主要的问题是“开放了不必要的端口”“通过 UPnP 向互联网暴露端口”以及“易受 DoS 攻击的网络服务”。另外，未禁用的 Telnet 也可能被用作攻击向量。

4. 缺乏传输加密/完整性验证

这里的问题主要集中在敏感信息以明文形式传递，SSL/TLS 不可用或配置不当，或使用专有加密协议方面。含有这类漏洞的设备容易受到 MiTM 中间人攻击。

5. 隐私问题

OWASP 将该漏洞定义为“收集的个人信息过多”“收集的信息没有得到适当的保护”，以及“最终用户无权决定允许收集哪类数据”。攻击者可以读取设备的敏感信息，或使其成为僵尸网络的一部分。

6. 不安全的云接口

这种类型的漏洞意味着，只要攻击者能够访问Internet，就可以获取私人数据。一方面，用于保护存储在云中的私人数据的加密算法的加密强度通常很弱；另一方面，即使加密算法具有足够的加密强度，仍然可能存在缺乏双因子身份验证，或者允许用户使用弱密码等安全漏洞。部分攻击者可以获得对设备的完全控制权。

7. 不安全移动设备接口

主要问题是“弱密码”“缺乏双因子认证”和“无账户锁定机制”。这种类型的漏洞常见于通过智能手机管理的物联网设备。该漏洞使得攻击者可以像用户那样使用该应用程序。

8. 安全可配置性不足

这个漏洞的本质在于，由于用户无法管理或应用安全机制，导致安全机制无法对设备充分发挥作用。有时，用户根本不知道这些机制的存在。

9. 不安全的软件/固件

攻击者能够安装或更新物联网设备任意固件（无论是官方还是自定义的固件），因为系统没有进行相应的完整性或真实性检查。此外，攻击者还可以通过无线通信完全接管设备。

例如，攻击者可以更新固件并完全接管设备，使设备变成僵尸网络的一部分。

10. 脆弱的物理安全

攻击者可以拆开智能设备，找到该设备的微控制器MCU、外部存储器等。此外，通过JTAG调试器或其他连接器（UART、I2C、SPI），攻击者还可以对固件或外部存储器进行相应的读写操作。攻击者可以在设备中植入后门，获得root权限并将设备变为僵尸网络的一部分。

美国国家标准与技术研究院发布了一份关于国际物联网国际网络安全标准化（IoT）状态的白皮书NISTIR 8200，其中列出了用以提高软件安全的软件保障标准以及相关指南。

3.3 网络脆弱性的评估技术

3.3.1 网络脆弱性的概念

脆弱性是指一个系统的可被非预期利用的方面，例如系统中存在的各种漏洞，可能的威胁就可以利用漏洞给系统造成损失。系统遭受损失，最根本的原因在于本身存在脆弱性。脆弱性是信息系统存在风险的内在原因。网络脆弱性（Network Vulnerability），指网络协议、网络软件、网络服务、主机操作系统及各种主机应用软件在设计及实现上存在种种安全隐患和安全缺陷。如果将所有的脆弱性表示为集合V，包含的元素可表示为：V＝{硬件缺陷，系统软件漏洞，应用软件漏洞，协议漏洞，管理漏洞，……}。

3.3.2　网络脆弱性的评估

由于信息系统的重要性、计算机网络的开放性、信息系统组成部分的脆弱性和用户的有意、无意不当操作或恶意的破坏企图，使信息系统面临许多风险，这是信息安全问题产生的根本原因。本节介绍网络脆弱性的基本概念及评估方法。

1. 网络脆弱性评估的基本概念

基于成本和效益的考虑，以及对信息技术不断发展的现实认识，解决信息安全问题的思路不是倾尽人力、物力、财力，将风险彻底降为零，达到绝对的安全，而是以把风险降低到信息系统可以接受的水平，从而使信息系统的安全性得到提高为目标的。为了达到该目标，必须知道信息系统面临哪些风险，其分布情况和强度有多大，这是信息系统风险评估工作的重要意义。

目前，在计算机网络脆弱性评估领域所要研究的问题很多，包括脆弱性因素提取、量化指标建立、评估方法确定、评估标准过程、数学模型建立、关键结点分析、关键路径分析、漏洞依赖关系、主机信任关系、评估辅助决策等各个方面。更为重要的是如何将上述各方面问题有机地结合起来，形成计算机网络主机脆弱性评估规范流程及系统框架。

归纳起来，针对计算机网络脆弱性评估的研究主要包括：评估的目标、评估的标准、评估的规范流程、评估技术及评估模型、评估辅助决策。若更加具体地对每个方面进行研究，可能存在以下研究难点：

(1) 网络评估中脆弱性影响因素的提取，这不仅包括主机脆弱性因素，还包括网络脆弱性因素。

(2) 网络评估中量化评估指标的建立，依据不同算法从网络脆弱性因素中提取量化指标。

(3) 确定网络评估模式，建立网络评估框架。

(4) 对目标网络拓扑结构进行分析。

(5) 对目标网络主机的依赖关系进行分析。

(6) 通过对目标网络的评估，找出目标网络的脆弱结点及关键结点。

(7) 对目标网络进行路径分析。

(8) 充分考虑目标网络中的各种影响因素，建立合理的数学模型。

(9) 通过网络评估，形成评估辅助决策。

(10) 目前未知的其他难点。

实践表明，系统与网络的安全性取决于网络中最薄弱的环节。检测网络系统中的薄弱环节，最大限度地保证网络系统的安全，其中最为有效的方法就是定期对网络系统进行安全性分析，及时发现并改正系统和网络存在的脆弱性，并分析出现这些安全问题的原因，以及在整体上进行何种程度的改进。因此，作为这一切前提的网络脆弱性评估显得尤为重要。

而漏洞之间的关联性、网络主机之间的依赖性、网络服务的动态性及网络连接的复杂性决定了网络脆弱性评估是一项非常复杂的工作。

网络脆弱性分析架构如图 3-5 所示。网络脆弱性分析架构由几个方面构成，包括代理(包含有监控器)、脆弱性分析机和主动防御机等,以及通信接口,也就是如图所示的事件交互层、脆弱性分析和重配置层。由代理控制的、监控特定的度量的子实体称为监控器。代理是中间体,只要度量发生显著改变,代理将产生事件,利用计算脆弱性系数 vc(vulnerability coefficient)的网络脆弱性分析算法,脆弱性分析机将从代理获取的事件做相关统计。根据在网络不同结构中得到的脆弱性系数,主动防御机通过脆弱性分析和重配置层依次在代理中设定策略。网络资源的动态重新配置使得攻击影响最小。其中,脆弱性度量是表示网络攻击事件中系统行为的特有的参数。脆弱性度量可以分为两类,也就是节点层次分析的度量以及流层次分析度量。

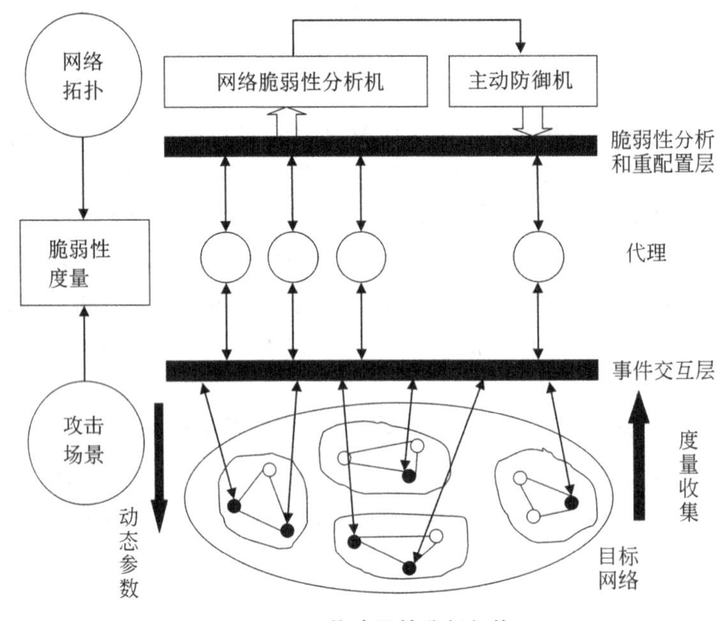

图 3-5 网络脆弱性分析架构

节点的度量包括 CPU 时间、现有的服务数量、缓冲的使用、文件系统的大小等。流的度量有已用带宽、连接的数量、各种协议(IP、ICMP、TCP 和 UDP)通信流速率、丢包率、连接利用率、服务队列长度等。被监控和检验的这些脆弱性度量量化了网络攻击的影响。

2. 网络脆弱性评估方法分类

以下介绍几种网络脆弱性的评估分析方法。

(1) 可生存性分析方法。生存性的中心思想是即使在入侵成功后,且系统的重要部分遭到损害或摧毁时,系统依然能够完成任务,并能及时修复被损坏的服务能力。图 3-6 为可存性网络分析方法模型。

图 3-6 描述分析方法的四个步骤:首先评估当前或待开发系统的目标任务和需求,得出步骤一中架构的定义形式和性能。在步骤二中,基于任务目标和系统失效的分析结果,确定基本的服务和设施,这些服务和设施的使用特征被映射到架构上,它们的执行是为了确定基本组件的构成,而这些组件对传输必要的服务和维持必要的设施必须有效。

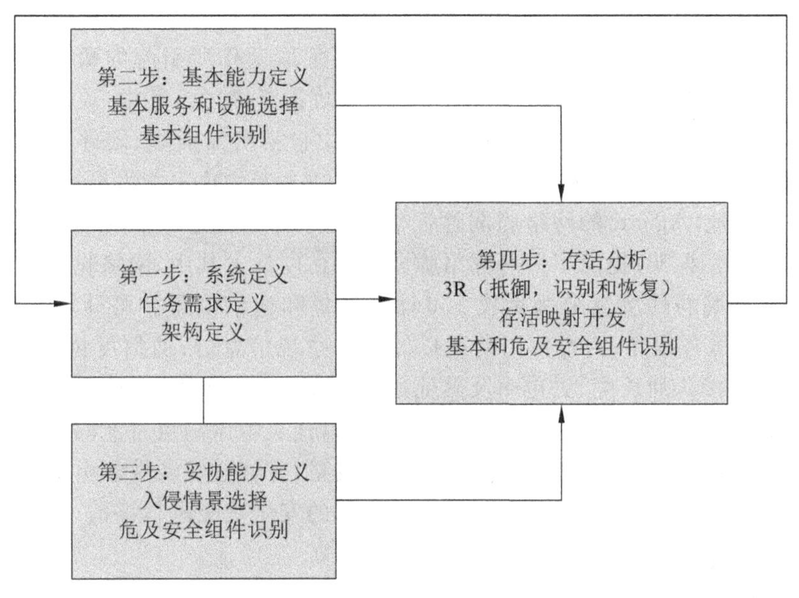

图 3-6 可生存性分析方法模型

在步骤三中，基于系统环境、风险及入侵可能性的评估，选择入侵情景。这些入侵情景同样被映射到架构中，其执行是为了确认相应妥协组件的组成，或入侵可能损害的组件。在步骤四中，将软场景(softspot)组件作为基本组件和妥协组件，基于步骤二和步骤三的结果，分析软场景组件及其支持抵御(Resistance)、识别(Recongnition)和恢复(Recovery)等主要存活性能的架构，此"3R"的分析概述为存活映射。采用矩阵表示映射，由每个入侵情景及其对应软场景、目前和推荐的3R架构策略组成。存活映射提供最初架构和系统需求反馈，结果通常形成成本-效益分析和存活改善的迭代过程。虽然本方法是为大规模分布式网络系统设计，但对其他的架构(例基于主机和实时系统)同样适用。

(2) 基于连通性的网络脆弱性评估。若网络越容易断开(连通性越弱)，则网络越脆弱，脆弱性越高；若网络连通性越强，则该网络脆弱性越低。如果不从网络连通性这个角度来考虑，而是从网络安全和网络攻击的角度来评估网络脆弱性，假设网络中存在的连接路径都不会断开，则连通性越强，存在攻击的路径越多，网络攻击成功的可能性越大，网络脆弱性越高；相反，网络的连通性越弱，攻击可选择路径越少，攻击成功率越低，网络脆弱性就越低。在评估网络脆弱性时，应该考虑网络的物理连接、网络系统漏洞以及网络入侵路径等多种因素。

(3) 基于入侵路径的网络脆弱性评估。大多数网络入侵事件的发生是一个层次入侵的过程，真正的目标主机可能是难以直接攻破的，但与它相关的其他机器可能存在安全脆弱性，这往往是由于配置不当或存在不同程度的信任关系所造成，入侵者可以从薄弱环节入手，基于层次入侵的思想逐步提高自己的权限，最终达到控制目标机器的目的。该方法考虑网络的拓扑结构以及主机间的依赖关系，提出相关的算法对网络脆弱性进行一定的评估。其关键是对各种网络脆弱性因素的全面掌握与对评估算法准确性的严格要求。

(4) 基于图的网络脆弱性评估。该方法提出了一个"攻击图"的概念，它可以用来发现最可能成功的攻击路径,也可以用来模拟仿真各种攻击行为。攻击图中的结点包含信息有机器名、用户权限、用户能力等;边代表攻击者采取动作所引起的状态改变。产生攻击图需要3种类型的输入:攻击模板、网络配置及攻击者描述。其中,攻击模板描述了已知攻击的一般步骤,包括攻击所需条件;网络配置中包括机器类型、硬件类型、操作系统、用户描述、机器描述、网络描述等;攻击者描述包含攻击者的攻击能力描述。

(5) 基于代理(Agent)的网络脆弱性评估。该方法主要完成了两个任务:提出了一个网络脆弱性评估框架;提出了一些网络脆弱性评估度量。其中,网络脆弱性评估度量将网络中各结点的脆弱性度量分为两类:可计算度量和通信度量。可计算度量是指系统CPU状态、开发服务程序、内存使用情况以及文件系统信息等;通信度量是指带宽、连接数、网络协议、连接队列长度、丢包率及其他通信信息度量。利用脆弱性索引函数将相关的脆弱性度量结合在一起,形成脆弱性量化指标,以此表示该结点目前的连接状况。当实施网络攻击时,各个结点上的代理收集其脆弱性度量,并通过脆弱性索引函数计算脆弱性量化指标,系统通过对各个指标的分析此来对主机的安全状况进行评估。

3.3.3 评估网络脆弱性的准则

在评估时应遵循如下一些准则。

1. 标准性准则

评估方案的设计和具体实施都依据国内和国外的相关标准进行。

2. 可控性准则

评估过程和所使用的工具都具有可控性。评估所采用的工具都经过多次评估项目考验,或者是根据具体要求和组织的具体网络特点定制的,具有很好的可控性。

3. 整体性准则

评估从实际需求出发,而不是局限于网络、主机等单个的安全层面。整个服务涉及安全管理和业务运营以保障整体性和全面性。

4. 最小影响准则

评估工作应具备充分计划,不对或尽可能少地对现有网络的运行和正常工作产生影响。

3.4 信息系统安全风险的概念与评估

3.4.1 风险的基本概念

风险是指人们对未来行为的决策及客观条件的不确定性而导致的实际结果与预期结果之间偏离的程度。客观环境和条件的不确定性是风险的重要成因,风险的大小取决于实际结果与预测结果偏离的程度。风险因素、风险事故和损失是风险的三要素,风险的存在具有客观性和普遍性,风险的发生具有偶然性和必然性,风险还具有变动性。

3.4.2 信息系统安全风险的概念

信息系统的安全风险,是指由于系统存在的脆弱性,人为或自然的威胁导致安全事件

发生所造成的影响。

网络风险是指在互联网日益成为日常生活重要手段的过程中，因技术、管理及法律等方面的不确定性而造成的损失的不确定性。网络风险主要表现为以下几个方面：网络故障风险、媒体法律风险、安全性风险。其中安全性风险主要包括网络自身漏洞风险、网络攻击风险、安全管理风险等。

评估风险的两个关键因素包括威胁发生的可能性和威胁发生可能造成的影响。评估者根据威胁评估、弱点评估和现有的安全措施评估三者相结合，通过经验分析或定性分析的方法得出前者，后者一般从威胁对资产的影响的分析中得到。

威胁对资产的影响一般可以从其损害的资产的完整性、保密性、可用性等方面考虑；

(1) 完整性的损害，指对数据或系统造成了非授权改变，包括被窃取或其他有形损失。

(2) 保密性的损害，指被保护的资产遭到了未授权的泄露。

(3) 可用性的损害，指对授权的合法用户来说，资产部分或全部不可用。

通过以上三个方面的分析，将威胁对资产的影响映射到该威胁事件的发生对信息系统所在组织结构造成的社会影响，可以用客户信任度、经济损失等方面进行描述。明确威胁发生的可能性及其影响之后，可以通过风险分析矩阵来对风险的严重程度定级。

3.4.3　信息安全风险评估

信息安全风险评估，则是指依据国家有关信息安全技术标准，对信息系统及由其处理、传输和存储的信息的保密性、完整性和可用性等安全属性进行科学评价的过程，它要评估信息系统的脆弱性、信息系统面临的攻击威胁以及脆弱性被威胁源利用后所产生的实际负面影响，并根据安全事件发生的可能性和负面影响的程度来识别信息系统的安全风险。从而，尽可能地减少弱点，避免攻击，识别风险，保护信息系统的资产免受攻击侵害。

风险是与安全事件紧密相关的。识别风险就是分析潜在的安全事件对具体的信息系统是否存在发生的可能性，是否需要考虑和应对。构成风险的要素有4个：资产、威胁、弱点和安全措施。在识别了这4个要素之后，可以开始评估组织机构的风险。缺少其中一个关键因素，将无法形成风险。识别风险可以减少风险评估的工作量。风险是由威胁(威胁源和行为)、脆弱性和客体(资源)构成的。而威胁源是随机分布在各处的。威胁源必须利用脆弱性才能形成风险。存在风险就必定有脆弱性。在实际的风险分析中，以脆弱性作为风险分布分析的基础，结合威胁源的情况，就可以得到信息系统风险的分布状况。风险识别的核心工作是识别威胁源和脆弱性。对风险的描述可以借助场景叙述的方式来进行。所谓场景，就是威胁事件可能发生的情况。对威胁场景进行描述的同时，对风险进行评估，并确定风险的等级。

1. 威胁源的识别

威胁源包括黑客、内部误操作人员、内部恶意攻击人员、外部恶意攻击人员、商业间谍、国家(军事)间谍人员等。对信息系统威胁源的识别方法可以有信息系统分析、技术工具检测等。信息系统的分析指根据信息系统的特点，分析其可能引起哪些威胁源的关注和面临哪些威胁源的威胁。入侵检测工具是专门用于检测信息系统是否受到攻击的工具。入侵检测的记录将反映出信息系统曾经遭受的网络攻击及攻击企图,并能记录攻击及攻击企图来自何处。操作系统及应用软件日志或专门的审计工具能记录下本地或通过网络所做的操作,可用于分析威胁源。

2. 脆弱性的识别

脆弱性识别是风险分析的核心内容。减少脆弱性能大大减轻信息安全的工作量。因此,脆弱性的发现技术和工具是信息安全研究的重点。目前,已经有很多对已知脆弱性(漏洞)检测发现与未知漏洞进行发掘的方法、技术手段和工具。

(1) 漏洞扫描,对已知的漏洞进行扫描检测。漏洞扫描分为基于网络的漏洞扫描、基于主机的漏洞扫描、分布式漏洞扫描和数据库漏洞扫描。在国内,部分信息安全公司已经从比较单一的系统漏洞检测向应用软件缺陷扫描的方向扩展。

(2) Fuzz测试(黑盒测试),通过构造可能导致程序出现问题的输入数据和其他各种尝试方式进行自动测试。

(3) 源码审计(白盒测试),一系列的工具都能协助发现程序中的安全缺陷,例如最新版本的C语言编译器。信息系统中的很多应用程序是针对专门的业务定制的,没有通用的漏洞检测工具,因此也需要进行源码审计。

(4) 交互式反汇编(Interactive Disassembler,IDA)(灰盒测试),与上面的源码审计非常类似,用于有软件但没有源码的情形。IDA是一个非常强大的反汇编平台,能基于汇编码进行安全审计。

(5) 动态跟踪分析,记录程序在不同条件下执行的全部和安全问题相关的操作(如文件操作),然后分析这些操作序列是否存在问题。

(6) 补丁比较,提供商的软件出了问题通常都会在补丁中解决,通过对比补丁前后文件的源码(或反汇编码)就能了解到漏洞的具体细节。

以上手段中都需要通过人工参与分析来找到全面的流程覆盖路径。通过分析整个进程的运行来获得脆弱性信息,分析手法多种多样,有分析设计文档、分析源码、分析反汇编代码、动态调试程序等。

另外,入侵检测工具也能提供脆弱性的一些线索。

信息系统的脆弱性,除了以上的检测技术,还有针对特定技术和应用的脆弱性检测,特别是安全技术的脆弱性检测,如密码安全性、防火墙的安全性检测等。

密码协议分析,如SSL协议分析工具,由于是专用软件,因此市面上几乎没有合适的产品。作为安全研究人员实验用的工具有SSL Dump、SSL Sniffer等。其他一些协议分析仪或协议分析软件也部分集成了SSL协议解析模块。

异常检测是对信息系统功能的不正确设计、实现、配置和使用等异常情况的检测。

除了技术方面的脆弱性检测外,还有物理、硬件和管理方面的脆弱性检测。技术不是万能的,尤其在有人参与的信息系统中,人的行为可能导致技术的失效和误用。因此,管理在信息安全中也是极其重要的部分。而管理是否恰当和完善,是否得到有效实施,都需要通过管理的脆弱性检测得到识别。

3. 渗透测试

脆弱性检测可以发现信息系统存在的脆弱性。而对脆弱性检测结果进行验证，在风险评估中分析风险，评估风险的强度和对网络信息系统进行安全测评，就需要渗透测试技术。渗透测试技术是近几年兴起的一种安全性测试技术，通过在实际网络环境中利用各种测试软件和脚本，在堆栈溢出、脚本注入、口令破解、木马植入等方面，对目标信息系统发起模拟攻击，以验证是否可以危害目标信息系统的安全性。渗透测试与面临的威胁、存在的脆弱性相结合，可以进一步研究和获知攻击者利用脆弱性实施攻击的路径和实施的成本要求和能力要求，以及攻击路径中的(信息系统的)薄弱环节，从而对该脆弱性相关的风险进行切实的评估，并在安全建设中对风险采取相应的对抗措施。目前，黑客们的手法已从蠕虫等大规模攻击改为对特定组织实行针对性、多管齐下的攻击。渗透测试显得尤为重要。执行得力的渗透测试能够查出组织防御网络当中最关键的漏洞。需要注意的是，在做渗透测试时，要有严格的测试规则，按照安全规定进行，只允许在目标主机上放置测试标识，不能植入木马或引入病毒。

目前，由于我国信息风险的安全评估才刚刚起步，因此我国现在所做的评估工作主要以定性评估为主，而定量分析尚处于研究阶段。无论何种方法，共同的目标都是找出组织机构的信息系统所面临的风险及其影响，以及目前安全水平与组织机构安全需求之间的差距。

4. 定量分析方法

定量分析方法的思想是，对构成风险的各个要素和潜在损失的水平赋给数值或货币的金额，当度量风险的所有要素(资产价值、威胁可能性、弱点利用程度、安全措施的效率和成本等)都被赋值，风险评估的整个过程和结果就可以进行量化。

常用的定量评估方法如下。

(1) 层次分析法。层次分析法是根据所要分析的问题的性质和达到的总体目标，将问题分解为不同的组成要素，并按照因素间的相互关联、影响以及隶属关系将因素按不同的层次聚集组合，形成一个层次的分析结构模型，并最终把统计分析归结为最低层相对于最高层的相对重要性权值的确定或相对优次序的排序问题。

(2) 模糊综合评判法。模糊综合评判法是根据模糊数学中的模糊变换原理和最大隶属度则，考虑与被评事物相关的各个因素，从而所做出的综合评价。

(3) BP神经网络。BP神经网络是通过对所要解决的问题的知识存储以及对样本的学习训练，不断改变网络的连接权值以及连接结构，从而使网络的输出接近期望的输出的方法。这种方法的本质是对神经网络中的可变权值的动态调整。

(4) 灰色系统预测模型。灰色系统将一切随机变量看作在一定范围内的灰色量，将随机过程当作是在一定范围内变化的与时间有关的灰色过程。对灰色量的处理不是从统计规律的角度通过大样本量进行研究，而是用数据处理的方法将杂乱无章的原始数据整理成规律性较强的数列再做研究。

5. 定性分析方法

定性分析方法是目前采用最为广泛的一种方法，它需要凭借评估分析者的经验、知识和直觉，结合标准和惯例，为风险评估要素的大小或高低程度定性分级，带有很强的主观性。常用的评估方法如下。

(1) 安全检查表法。安全检查表是根据标准、规范和规定等制定出检查内容,再由具有丰富经验的专家或现场技术员按照表格核对现场情况,从而发现潜在危险隐患的一种有用且简便可行的方法。

(2) 专家评价法。专家评价法是一种吸收具有丰富现场经验的专家参与,根据事物的过去、现在以及未来的发展趋势,进行积极的创造性思维活动,对事物的未来进行分析、预测的方法。它包括两种形式:一种是专家审议法,根据一定的规则,组织相关专家进行积极的创造性活动,对具体问题通过具体讨论,集思广益;另二种是专家质疑法,即由专家对提出的设想或方案进行质疑。

(3) 事故树分析法。事故树分析法是一种演绎分析方法,它揭示事故基本原因事件间的相互逻辑关系。事故树分析的基本目的是辨识能引起系统风险的元素风险(包括设备风险和人为失误)。

(4) 事件树分析法。事件树分析是一种从原因到结果的自上而下的分析方法。从一个初因事件开始,交替考虑成功与失败的可能性,直到找到最终的结果为止。事件树分析是研究按时间顺序发展的事件和定理比较设计方案的方法,适用于分析有保护系统或对特定事件有紧急响应的系统。

(5) 潜在问题分析法。潜在问题是为了得到系统和操作者的总体安全形象而进行的安全分析方法。它利用引导词,由一组有丰富安全分析知识和现场经验的人员通过思考来进行的。

(6) 因果分析法。因果分析是对系统的装置、设备等在设计、操作时综合应用事故树分析法和事件树分析法辨识事故可能的结果及其原因的一种方法,它的目的是辨识和分析潜在事故后果与事故基本原因。

(7) 作业安全分析法。作业安全分析通过对作业的方法、作业环境和作业设备的系统检验来确定影响操作安全的潜在风险。

6. 信息资产风险计算模型

信息资产风险计算模型如图3-7所示。

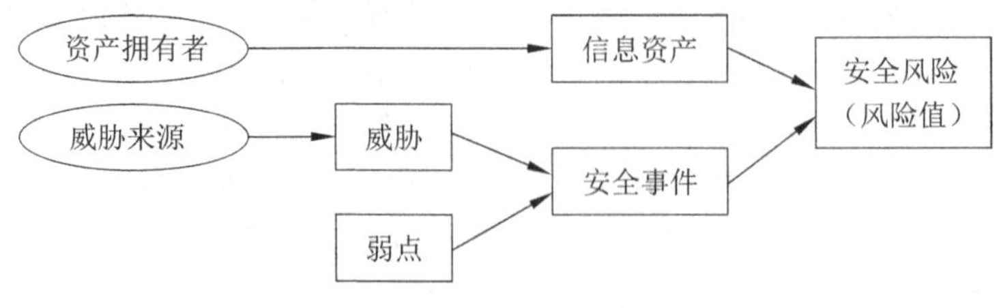

图3-7 风险计算模型

风险计算模型包含信息资产、弱点/脆弱性、威胁等关键要素。每个要素有各自的属性,信息资产的属性是资产价值,弱点的属性是弱点被威胁利用后对资产带来的影响的严重程度,威胁的属性是威胁发生的可能性。风险计算的过程如下。

(1) 对信息资产进行识别,并对资产赋值。

(2) 对威胁进行分析,并对威胁发生的可能性赋值。

(3) 识别信息资产的脆弱性，并对弱点的严重程度赋值。

(4) 根据威胁和脆弱性计算安全事件发生的可能性。

(5) 结合信息资产的重要性和在此资产上发生安全事件的可能性，计算信息资产的风险值。

3.4.4　风险评估指标体系的设计原则

在设计信息系统风险评估指标体系时，需要遵循以下原则。

1. 目的性原则

设计的评估指标要适用于信息系统风险评估，包含风险的各种影响因素，动态地反映信息系统风险的持续发展状况。指标体系要紧紧围绕这一目标来设计。

2. 科学性原则

指标的设计及体系的拟定、指标的取舍、公式的推导等都要有科学的依据和符合逻辑的推导。只有坚持科学性的原则，得到的信息和指标才具有可靠性、客观性、可信性。

3. 简约原则

为保证指标体系的评价和预测具有较高的准确率，应将具有重复含义的指标排除在指标的基本框架之外。

4. 综合性原则

指标体系的设计不仅要能反映信息系统现时的风险状态，也能用于以后的风险评估，能反映出其持续发展的状况规律，还能用于所有信息系统的风险评估，反映出信息系统共有的风险特点和规律。结合静态与动态、局部与全部进行综合分析，才能更为客观和全面。

5. 可操作性原则

从可行性来看，指标体系不应太繁太细，不应过于庞杂和冗长，否则将会违背指标设计的初衷和指标的示范意义。

6. 直观性原则

指标体系的设计要能直观地显示信息系统的风险状况，有效地协助信息安全部门进行安全建设和整改。

3.5　网络与信息安全的风险管理

3.5.1　网络风险管理

网络风险管理是管理过程整体的一部分，它是一个不断改进的反复过程。主要的过程如下。

(1) 建立环境：建立在过程的其余部分将出现的战略、组织和风险管理的环境。

(2) 鉴定风险：鉴定会出现什么事、为什么出现以及何时出现，作为进一步分析的基础。

(3) 分析风险：确定现有的控制，并根据在这些控制的环境中的后果和可能性对风险进行分析。

(4) 评价风险：将估计的风险程度与预先建立的准则进行比较。

(5) 处理风险：认可并监控低优先级的风险。

(6) 监控和评审：对风险管理体系运行情况及可能影响其运行的变化进行监控和评审。

网络风险管理的主要过程如图 3-8 所示。

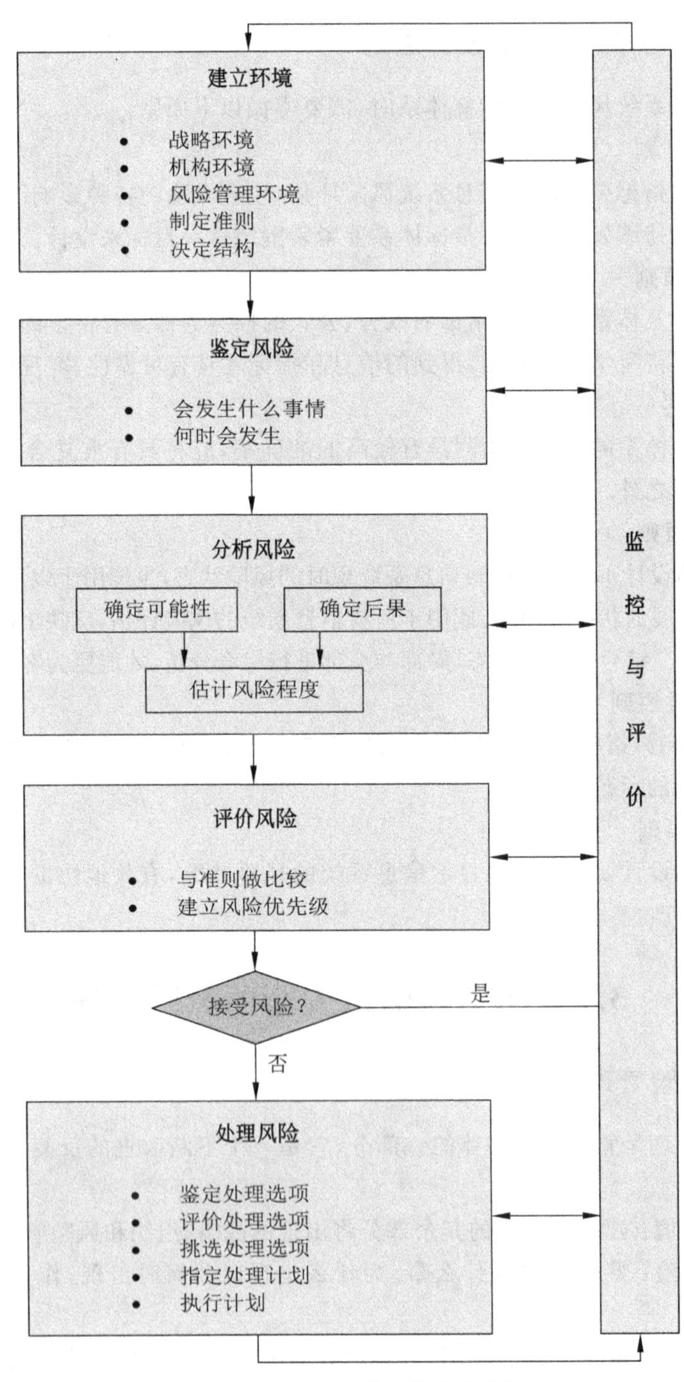

图 3-8　网络风险管理的主要过程

3.5.2　信息安全风险管理

信息安全风险管理分为 6 个过程：对象确立、风险分析、风险控制、审核批准监控与审查，以及沟通与咨询，其中对象确立、风险分析、风险控制和审核批准是信息安全风险管理的 4 个基本过程，监控与审查以及沟通与咨询则贯穿于这 4 个过程中，如图 3-9 所示。

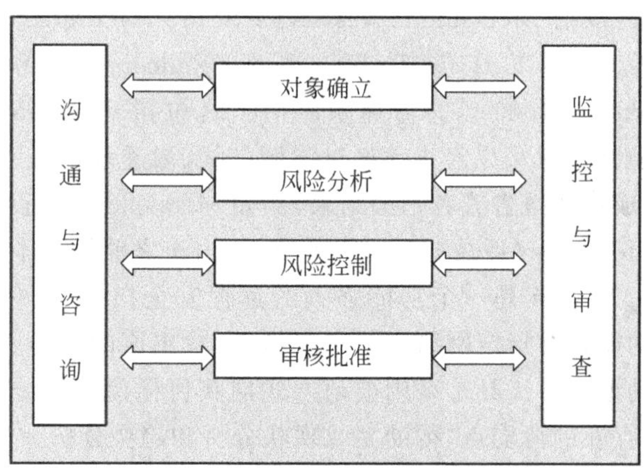

图 3-9　信息安全风险管理过程

（1）对象确立：对象确立是信息安全风险管理的第一步，根据保护系统的业务目标和特性，确定风险管理的范围和对象，确定对象的特性和安全要求，确定机构使命、业务、组织机构、管理制度和技术平台，以及国家、地区或行业的相关政策、法律法规和标准。

（2）风险分析：风险分析是信息安全风险管理的第二步，对确立的风险管理对象所面临的风险进行识别、解析和评价。

（3）风险控制：风险控制是信息安全风险管理的第三步，依据风险分析结果，选择和实施合适的安全措施，主要有风险规避、风险转移和风险降低三种方式。

（4）审核批准：审核批准是信息安全风险管理的第四步。审核是通过审查、测试、评审等手段，检验风险评估和风险控制的结果是否满足信息系统的安全要求；批准是指机构的决策层依据审核的结果做出决策。

（5）监控与审查：监控与审查的过程贯穿于信息安全风险管理的对象确立、风险分析、风险控制和审核批准中，并分别输出相应的监控与审查记录，包括监控和审查的范围、对象、时间、过程、结果和措施。

（6）沟通与咨询：沟通与咨询是为信息风险管理过程中的相关人员提供沟通和咨询。沟通是为直接参与人员提供交流途径，保持他们之间的协调一致，共同实现安全目标；咨询是为所有人员提供学习途径，以提高风险防范意识，了解风险防范知识和技能，配合实现安全目标。

信息安全风险评估是信息安全保障体系建立过程中的重要的评价方法和决策机制。没有准确及时的风险评估，将使得各个机构无法对其信息安全的状况做出准确的判断。

3.6 网络安全风险评估工具

网络安全测评工具有多种分类方法，根据应用的目标和工作方式分为主动型测评工具、被动型测评工具、管理型测评工具。

主动型测评工具包括 Metasploit、Nessus、X-Scan、AppDeteetive、ISS DBScanner、Fortify 等。被动型测评工具包括 Wireshark、Radcom、Sniffer Pro、Wildpackets Etherpeek NX、FlukeDSP4000 等。管理型评估工具包括 CRAMM、COBRA、ASSET、MBSA 等。主动型测评工具可以经主动通过漏洞扫描、渗透攻击等手段对信息系统发动探测和渗透，最终生成渗透报告或者扫描结果，例如 Metasploit 是近年来主动型测评工具中最流行的一种。Metasploit 后被购买并商业化，但由于之前的版本支持模块扩展，所以用户可以自行扩展。Nessus 是一个功能强大的远程安全扫描器，它不仅免费而且更新快。安全扫描器的功能是对指定网络进行安全检查，找出该网络是否存在有导致对手攻击的安全漏洞。被动型测评工具是采用被动方式捕获目标信息系统数据，收集评估所需的数据和资料，发现存在的薄弱点，帮助完成现状分析和趋势分析。微软基线安全分析器(Microsoft Baseline Security Analyzer，MBSA)工具允许用户扫描一台或多台基于 Windows 的计算机，以发现常见的安全方面的配置错误，并检查操作系统和已安装的其他组件(如 Internet Information Services(IIS)和 SQL Server)，以发现安全方面的配置错误，并及时通过推荐的安全更新进行修补。

被动型测评工具中较为出名的是 Wireshark。管理型测评工具是对整个测评过程的管理，是专家知识的具体体现。英国中央计算机与电信局开发了测评工具 CRAMM，遵循 BS 7799 规范、基于定性和定量相结合，是采用过程式算法的一种风险评估工具，主要包括依靠资产进行建模、识别、评估威胁和脆弱点，评估风险等级、明晰安全需求和基于风险评估结果进行安全改进等。英国 C&A System Security 公司推出了测评工具 COBRA，依据 ISO 17799 基于定性和定量的风险评估，但采用的是专家系统的一种辅助评估方法。它由一系列风险分析、咨询和安全评价工具组成，提供完整的风险分析服务，并且能够兼容传统的多种信息安全风险评估方法。MSAT 是微软的一个风险测评工具，通过填写的详细问卷以及相关信息，处理问卷反馈，评估组织在诸如基础结构、应用程序、操作和人员等领域中的安全实践，然后提出相应的安全风险管理措施和意见。CORA(Cost-of-Risk Analysis)是由国际安全技术公司(International Security Technology，Inc. http：//www. ist-usa. com/)开发的一种风险管理决策支持系统，它采用典型的定量分析方法，可以方便地采集、组织、分析并存储风险数据，为组织的风险管理决策支持提供准确的依据。ASSET(Automated Security Self-Evaluation Tool)是美国国家标准技术协会(National Institute of Standard and Technology，NIST)发布的一个可用来进行安全风险自我评估的自动化工具，它采用典型的基于知识的分析方法，利用问卷方式来评估系统安全现状与 NIST SP 800-26 指南之间的差距。NIST Special Publication 800-26，即信息技术系统安全自我评估指南(Security Self-Assessment Guide for Information Technology Systems)，为组织进行系统风险评估提供了众多控制目标和建议技术。ASSET 是一个

免费工具,可以在 NIST 的网站下载：http：//icat.nist.gov。CC 评估工具由 NIAP 发布,由两部分组成：CC PKB 和 CC ToolBox。CC PKB 是进行 CC 评估的支持数据库,基于 Access 构建。使用 Access VBA 开发了所有库表的管理程序,在管理主窗体中可以完成所有表的记录修改、增加、删除,管理主窗体以基本表为主,并体现了所有库表之间的主要连接关系,通过连接关系可以对其他非基本表的记录进行增删改。CC ToolBox 是进行 CC 评估的主要工具,主要采用页面调查形式,用户通过依次填充每个页面的调查项来完成评估,最后生成关于评估所进行的详细调查结果和最终评估报告。CC 评估系统依据 CC 标准进行评估,评估被测达到 CC 标准的程度,评估主要包括 PP 评估、TOE 评估等。使用 RiskWatch 风险分析工具,用户可以根据实际需求定制风险分析和脆弱性评估过程,而其他风险评估工具都没有提供此项功能。RiskWatch 通过两个特性：定量和定性风险分析,以及预制风险分析模板,为用户提供这种定制功能。

小　　结

本章分析了网络攻击的技术手段和分类方法,这对提高主动防御能力、加强网络安全建设、防止与打击网络犯罪有很好的借鉴作用和重要意义。深刻理解网络攻击技术是为了更好地安全防范。网络安全防范不仅要从正面去进行防御,更要从反面入手,从攻击者的角度,利用黑客攻击的方法进行检测,提出有针对性的防御措施,设计更坚固的安全保障系统。

信息安全风险评估是对信息系统及由其处理、传输和存储的信息的保密性、完整性和可用性等安全属性进行科学评价的过程,识别信息系统的安全风险可以尽可能地减少弱点,避免攻击,保护信息系统的资产免受攻击损害。

最后,分类介绍了网络安全风险评估工具及其适用范围。

习　　题

1. 网络攻击有哪些分类方法?
2. 网络脆弱性的评估准则是什么?
3. 网络风险的评估方法有哪些?
4. 简述信息安全风险管理过程。

第4章 网络安全的密码学基础

本章要点：

- ☑ 密码学概述
- ☑ 密码系统设计与分析
- ☑ 对称密码体制
- ☑ 公钥密码体制
- ☑ Hash 函数
- ☑ 数字签名
- ☑ 密码学与安全协议
- ☑ 密码学在网络安全中的应用

4.1 密码学概述

网络安全是一门涉及计算机、网络、通信、信息安全、数学等多学科的综合性交叉学科。密码技术是网络安全的核心技术之一，通过密码技术可以实现网络信息的保密性、完整性、认证性及追踪性等，网络安全需要密码学和安全协议的支持，因此要实现网络安全必须掌握密码学的基础理论。

4.1.1 密码学起源及发展阶段

密码学的起源要追溯到几千年前，当时用于军事和外交通信。相传最早使用技术加密通信内容的是古希腊人。现代密码学已经不仅仅用于军事、政治和外交，还被广泛应用到各类交互的信息中。密码学的发展大致可分为三个阶段：

第一个阶段是从古代到 1949 年，可称为古典密码学阶段。这个阶段是密码学诞生的前夜时期。这一时期的密码技术可以说是一种艺术。这个时期的密码专家常常凭直觉、猜测和信念来进行密码设计和分析，而不是凭推理和证明。这个阶段出现了一些密码算法和加密设备，典型的古典密码算法包括恺撒(Caeser)密码和维吉利亚(Vigenere)密码。这个时期的主要特点是数据的安全基于算法的保密。

第二个阶段是从 1949 年到 1975 年。这个阶段密码学成为了一门科学。1949 年，香农(Shannon)在《贝尔系统技术杂志》上发表的论文《保密系统的通信理论》，为私钥密码系统奠定了理论基础，从此密码学成为了一门科学。这个时期的主要特点是数据的安全基于密钥而不是算法的保密。这段时期密码学理论的研究进展不大，公开的密码学文献很少。

第三个阶段是从1976年至今。1976年，Diffie和Hellman发表的《密码学的新方向》一文建立了公钥密码系统，产生了密码学上的一次革命。他们首次证明了在发送端和接收端无密钥传输的保密通信是可能的。这个阶段出现了一些重大成果，如1977年Rivest、Shamir和Adleman提出了RSA公钥密码算法，1977年DES(Data Encryption Standard，DES)正式成为数据加密标准，2001年Rijndael替代加密算法，成为高级加密标准(Advanced Encryption Standard，AES)。

随着社会信息化的不断深化，对安全的需求不断扩展，密码学的研究内容也得到不断丰富，不仅从保密扩展到包括数字签名、消息认证和身份认证等各种认证，而且从20世纪80年代起上升到密码协议层次，即试图通过精心设计的使用保密和认证等基本密码工具的协议来解决各种复杂的安全问题。

4.1.2　密码学的基本概念

1. 密码学简介

密码学(cryptology)是研究信息系统安全保密的科学。密码学主要包括两个分支：密码编码学(cryptography)和密码分析学(cryptanalysis)。密码编码学的目的是设计各种密码体制用以保障各种安全，而密码分析学主要是从攻击者的角度来说，其分析的目的是试图攻破各种密码体制、研究加密信息的破译或信息的伪造。

密码系统主要包括以下几个基本要素：明文(plaintext或clear text)、密文(ciphertext)加密算法、解密算法和密钥。明文是被隐藏的原始消息。密文是经过加密处理后得到的隐藏消息。由明文变为密文的过程称为加密，其逆过程，即由密文还原为明文的过程称为解密。对明文进行加密时采用的一组规则就是加密算法。对密文进行解密时采用的一组规则是解密算法，它是加密算法的逆过程。密码算法是用于加密和解密的数学函数。加密算法和解密算法一般都是公开的。加密密钥和解密密钥可以相同，也可以不同。密钥是密码系统的关键，它的安全性决定了密码系统的安全性。密码系统加密和解密过程如图4-1所示。

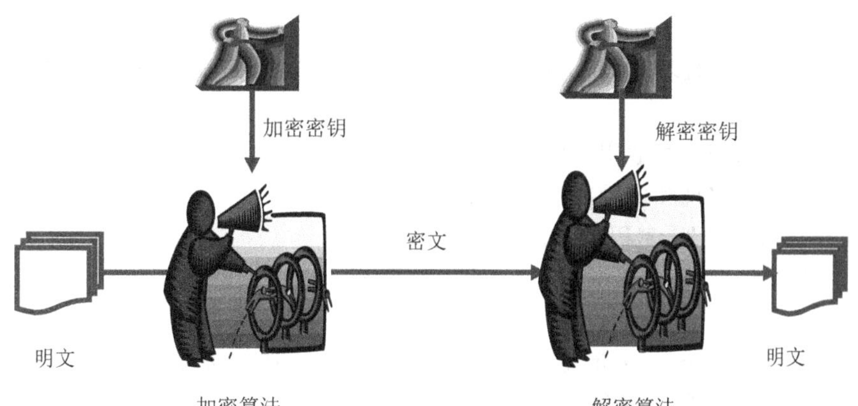

图4-1　密码系统加密和解密过程

对明文进行加密的人称为加密员或密码员。传送消息的预定对象是接收者。在信息传输和处理系统中的非授权者，通过搭线窃听、电磁窃听等来窃取机密信息，他们是截收者。截收者试图通过分析从截获的密文来推断出原来的明文或密钥，这称为密码分析。从事密码分析的人称为密码分析员或密码分析者。

2. 密码系统的模型及特性

一个密码系统可以用五元组(P,C,K,E,D)表示，这里P是明文消息空间，C是密文消息空间，K是密钥消息空间，E是加密算法，D是解密算法，并且E是P与K到C的一个映射：$P\times K\to C$；D是C与K到P的一个映射：$C\times K\to P$。对于任何明文$m\in P$和加密密钥k_1，加密变换$E_{k_1}: P\to C$将明文m变为密文c：$c=E_{k_1}(m)$。解密变换$D_{k_2}: C\to P$将密文c变为明文m：$m=D_{k_2}(c)$。对任何加密密钥k_1，都有一个相应的解密密k_2，满足$D_{k_2}(E_{k_1}(m))=m$。密码系统模型如图4-2所示。

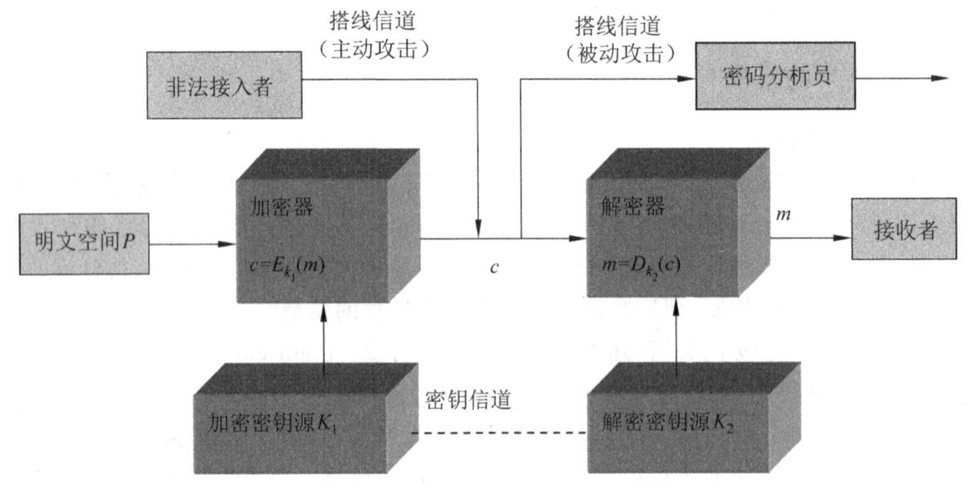

图4-2　密码系统模型

为保护信息的机密性，保密系统应当满足如下条件：

(1) 系统即使达不到理论上是不可破的，即密码分析者得出正确的明文或密钥的概率是0，也应当为实际上不可破的。就是说，从截获的密文或某些已知明文-密文对，要决定密钥或任意明文在计算上是不可行的。

(2) 系统的保密性不依赖于对加密体制或算法的保密，而依赖于密钥。这是著名的Kerckhoff原则。

(3) 加密和解密算法适用于所有密钥空间中的元素。

(4) 系统便于实现和使用。

除了提供机密性外，密码学通常还有其他的作用：

(1) 鉴别或认证(authentication)：消息的接收者应该能够确认消息的来源；入侵者不可能伪装成他人。

(2) 完整性(integrity)：消息的接收者应该能够验证在传送过程中消息没有被修改；入侵者不可能用假消息代替合法消息。

(3) 抗抵赖(nonrepudiation)：发送者事后不可能虚假地否认他发送的消息。

防止消息被窜改、删除、重放和伪造等主动攻击的一种有效方法，是使发送的消息具有被验证的能力，使接收者或第三者能够识别和确认消息的真伪。实现这种功能的密码系统称为认证系统(authentication system)。安全的认证系统应满足如下基本条件：

(1) 接收者能够检验和验证消息的合法性和真实性。

(2) 消息的发送者对所发送的消息不能抵赖。

(3) 除了合法消息发送者外，其他人不能伪造合法的消息。而且在已知合法密文 c 和相应明文 m 下，要确定加密密钥或系统地伪造合法密文在计算上是不可行的。

(4) 当通信双方(或多方)发生争执时，可由称为仲裁者的第三方解决争执。

3. 密码体制的分类

按不同的划分标准，密码体制可以划分为不同的种类。按密钥的特点，密码体制可以分为对称密码体制(symmetric cryptosystem)和非对称密码体制(asymmetric cryptosystem)。对称密码体制又称为单钥(one-key)或私钥(private key)或传统(classical)密码体制，就是加密密钥和解密密钥是相同的或彼此之间能够相互推出。在大多数对称密码体制中，加密密钥和解密密钥是相同的。对称密码体制可按加密方式分为序列密码(stream cipher)和分组密码(block cipher)。序列密码又称为流密码，就是将明文信息一次加密一个比特或多个比特形成密码字符串。分组密码是一次对明文组进行加密。非对称密码体制又称为双钥(two-key)或公钥(public key)密码体制，就是密码系统的加密密钥和解密密钥不同，而且从一个难于推出另一个。加密密钥是对外公开的，即所有的人都可知，称为公开密钥，解密密钥称为私有(或私人)密钥，只有特定的用户方能拥有。

4.2　密码系统的设计与分析

本节主要介绍密码系统的设计原则，以及密码分析的基本概念与方法。

4.2.1　密码系统的设计原则

1. 基本原则

密码系统的设计是利用数学来构造密码，它必须遵循如下一些基本原则。

(1) 简单实用原则：在已知密钥的情况下，容易通过加密算法和解密算法计算密文和明文；但是在未知密钥的情况下，无法从加密算法或者解密算法推导出明文或者密文。

(2) 抗攻击性原则：在现有的计算环境下，能够抵抗各种密码分析，例如，已知密文，如果不知道密钥，则无法从其中推出密钥和明文。

(3) 算法公开化原则：一个设计良好的密码体制，它的加密算法和解密算法均可公开，不可公开的是私有密钥。

2. 香农的观点

关于密码设计，香农在一篇论文里面提出了一些基本观点：

(1) 组合密码系统的观点。为了易于实现，实际应用中常常将较简单且容易实现的密码系统进行组合,形成较复杂、密钥量较大的密码系统。香农提出了两种可能的组合方法。第一种是概率加权和方法,即以一定的概率随机地从多个子密码系统中选择一个用于加密当前的明文。第二种是乘积方法。举例说明:设有两个子密码系统 S_1、S_2,先用 S_1 对明文进行加密,然后再用 S_2 对所得结果进行加密。其中 S_1 的密文空间需作为 S_2 的"明文"空间。此时的乘积密码可表示为 $S=S_1S_2$。同样,也可定义任何有限个子密码系统的乘积。

(2) 挫败统计分析的观点。用统计分析可以破译多种密码系统。为挫败统计分析,香农提出了两种方法。第一种是在加密之前将语言的一些多余度去掉。例如,在计算机系统中,在加密之前,可以利用 Huffman 编码除去多余度来压缩一个文件。第二种是利用扩散(diffusion)和混淆(confusion)这两种加密技术来扩散或混淆多余度。

4.2.2 密码分析的概念与方法

1. 密码分析的基本概念

密码分析是在不知道密钥的情况下恢复出明文或密钥。密码分析也可以发现密码体制的弱点,最终得到密钥或明文。密码分析除了依靠数学、工程背景、语言学等知识外,还要靠经验、统计、测试、直觉判断等,有时还靠点运气。在密码学中,假设窃听者可以截获发送者和接收者之间的通信。对密码进行分析的尝试称为攻击。除此之外,近年来又提出了各种物理攻击的方法,即是从实际密码产品的物理特性入手而不是从数学原理上进行攻击。

荷兰人 A. Kerckhoffs 最早在 19 世纪提出密码分析的一个基本假设,这个假设就是秘密必须全寓于密钥中,称为 Kerckhoffs 假设。也就是,Kerckhoffs 假设密码分析者已有密码算法及其实现的全部详细信息。在实际的密码分析中密码分析者并不总是有这些信息的,若是这样,就更难破译密码系统。因此,密码系统的设计和分析都是在 Kerckhoffs 假设下进行的。

2. 密码分析与攻击类型

根据密码分析者破译时具有的条件,通常攻击类型可分为如下 4 种:唯密文攻击(ciphertext-only attack)、已知明文攻击(known plaintext attack)、选择明文攻击(chosen plaintext attack)和选择密文攻击(chosen ciphertext attack)。

(1) 唯密文攻击:密码分析者有一些密文,这些密文都是用同一密钥加密得到。密码分析者要恢复出明文或密钥。

已知:$C_1=E_K(P_1), C_2=E_K(P_2), \cdots, C_n=E_K(P_n)$,

推出:$P_1, P_2, \cdots, P_n$;K 或者从 $C_{n+1}=E_K(P_{n+1})$ 推出 P_{n+1}。

(2) 已知明文攻击:密码分析者可得到一些消息的密文和明文。密码分析者要推出密钥或用同一密钥加密所得的任意密文对应的明文。

已知:$C_1=E_K(P_1), P_1, C_2=E_K(P_2), P_2, \cdots, C_n=E_K(P_n), P_n$,

推出:K,或从 $C_{n+1}=E_K(P_{n+1})$ 推出 P_{n+1}。

(3) 选择明文攻击:密码分析者可得到所需的任意明文对应的密文。这些密文与待解密文是用同一密钥加密得到。密码分析者要推出密钥或用同一密钥加密所得的任意密文对应的明文。

已知：$C_1=E_K(P_1),P_1,C_2=E_K(P_2),P_2,\cdots,C_n=E_K(P_n),P_n$，

其中 $P_1,P_2,\cdots,P_n$ 可由密码分析者任意选择。

推出：K，或从 $C_{n+1}=E_K(P_{n+1})$ 推出 P_{n+1}。

(4) 选择密文攻击：密码分析者能得到所需的任意密文所对应的明文。这些密文与待解密文的解密密钥是相同的。密码分析者要推出密钥或待解密文对应的明文。

已知：$C_1,P_1=D_K(C_1),C_2,P_2=D_K(C_2),\cdots,C_n,P_n=D_K(C_n)$，

其中 $C_1,C_2,\cdots,C_n$ 可由密码分析者任意选择。

推出：K 或从 $P_{n+1}=D_K(C_{n+1})$ 推出 P_{n+1}。

在以上4种攻击类型中，唯密文攻击最弱，选择密文攻击最强，攻击强度按顺序递增。选择密文攻击主要用于公钥密码体制，有时也可用于对称密码体制。选择明文攻击和选择密文攻击一起有时称为选择文本攻击。除这4种攻击类型外，还有：

(5) 自适应选择明文攻击(adaptive-chosen-plaintext attack)：这是选择明文攻击的特殊情况。密码分析者不仅能选择明文，而且也能基于以前加密的结果修正这个选择。

(6) 选择密钥攻击(chosen-key attack)：这种攻击并不是说密码分析者能够选择密钥，它只是意味着密码分析者具有不同密钥之间的关系的有关知识。

3. 攻击密码系统的方法

攻击密码系统的方法有穷举破译法(exhaustive attack method)和分析法。穷举法也称为完全试凑法(complete trial-and-error method)、蛮力法或强力法(brute force method)。穷举法是对截收的密报依次用各种可能的密钥试译，直到得到有意义的明文为止；或在不变密钥下，对所有可能的明文加密直到得到与截获密报一致为止。分析法可分为确定性分析法和统计分析法这两类。确定性分析法是利用一个或几个已知量(如已知密文或明文-密文对)用数学关系式表示出所求未知量(如密钥等)。统计分析法是利用明文的已知统计规律进行破译。密码破译者对截收的密文进行统计分析，总结出其中的统计规律，并与明文的统计规律进行对比，从中提取出明文和密文之间的对应或变换信息。

已有的密码分析技术有很多，如代数攻击、差分攻击、线性攻击、相关攻击等。如何对差分密码分析和线性密码分析进行改进，降低它们的复杂度仍是现在理论研究的热点。目前已推出了很多改进方法，例如，高阶差分密码分析、截段差分密码分析(truncated differential cryptanalysis)、不可能差分密码分析、多重线性密码分析、非线性密码分析、划分密码分析和差分-线性密码分析，再如针对密钥编排算法的相关密钥攻击、基于Lagrange插值公式的插值攻击及基于密码器件的能量分析(power analysis)，另外还有错误攻击、时间攻击、Square攻击和Davies攻击等。

Lars Knudsen把破译算法分为不同的类别，按照其安全性的顺序为：

(1) 完全破译(total break)：密码分析者推出密钥K，因此 $P=D_K(C)$)。

(2) 全盘推导(global deduction)：密码分析者找到一个代替算法，在不知道密钥K的情况下，等价于 $P=D_K(C)$。

(3) 实例(或局部)推导(instance(or local)deduction)：密码分析者从截获的密文中

找出明文。

(4) 信息推导(information deduction):密码分析者获得一些有关密钥或明文的信息。这些信息可能是密钥的几个比特、有关明文格式的信息等。

4. 密码系统的安全性判断

衡量一个密码系统的安全性通常有两种方法:无条件安全性和实际安全性。无条件安全性也称为理论安全性。如果密码分析者具有无限计算资源(如时间、设备、资金等)也无法破译密码,那么这个密码体制是无条件安全的。香农指出,仅当密钥至少和明文一样长时达到无条件安全。除一次一密外,其他所有的密码算法都不是无条件安全的。

实际安全性分为计算安全性和可证明安全性。如果在原理上可破译一个密码系统,但用所有可用资源也不可能完成所要求的计算量,就称该密码系统是计算安全的。如果能证明破译密码体制的困难性等价于解某已知数学难题,就称该密码体制是可证明安全的。由于无条件安全的密码体制需要密钥至少和明文一样长,这是很不切实际的。因此密码学考虑的是达到实际安全的密码算法。说一个密码系统是实际上安全的,指利用已有最好方法破译该密码系统所需努力超过了敌手的破译能力或破译该系统的难度等价于解某已知数学难题。

4.3 对称密码体制

4.3.1 对称密码体制的基本概念

对称密码体制又称私钥或单钥或传统密码体制。该体制中,通常加密密钥和解密密钥一样,目前仍然是使用最为广泛的加密类型。自1997年美国颁布数据加密标准(DES)密码算法作为美国数据加密标准以来,对称密码体制得到了迅速发展,在世界各国得到了广泛应用。私钥密码体制的模型如图4-3所示。

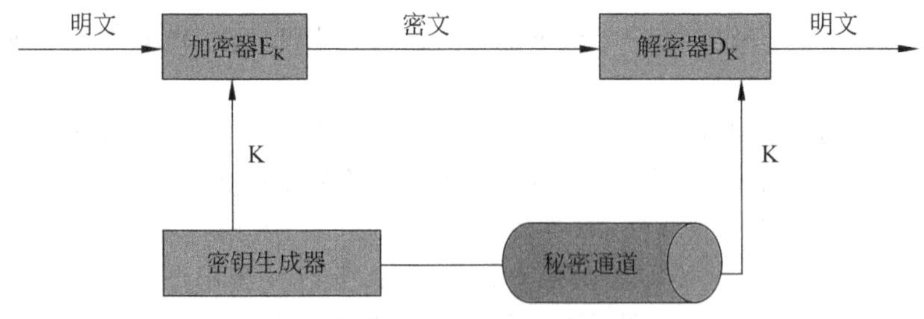

图4-3 私钥密码体制模型

私钥秘密体制的安全使用需要满足以下两个要求:

(1) 加密算法必须是足够强的。即使敌手拥有一定数量的密文和产生每个密文的明文,也不能破译密文或发现密钥。

(2) 发送者和接收者必须在某种安全形式下获得密钥并且必须保证密钥安全。如果有人发现该密钥,而且知道相应算法,那么就能解读使用该密钥加密的任何通信。

私钥密码体制首要的安全问题就是密钥的安全。如果密钥是由发送者产生的,那么它要通过某种秘密通道发送给接收者。另一种方法是由第三方产生密钥后安全地分发给发送者和接收者。私钥密码体制是从传统的置换和代换密码发展而来的。传统对称密码(计算机出现前)使用代换和置换技术。好的密码算法是结合这两种技术,每次进行多次运算。传统对称密码由基于字符的密码算法构成。后来的对称密码原理没变,重要的变化是算法对比特而不是对字母进行变换。代换、代替或替代(substitution)密码就是将明文元素(字符、比特等)替换成密文中的其他字符、比特等。古典密码学有 4 种类型的代换密码。

(1) 简单代替密码,或单字母(monoalphabetic)密码:明文的一个字符用相应的一个密文字符代替。

(2) 多码(homophonic)代替密码:它与简单代替密码系统相似,唯一不同的是单个明文字符可以映射成密文的几个字符之一,如 a 可能对应于 8、9 或 10。

(3) 多字母(polygram)代替密码:字符块被成组加密,如"aba"可能对应于"ruz"。

(4) 多表(polyalphabetic)代替密码:由多个简单的代替密码构成。

4.3.2 对称密码体制的分类

按加密方式对称密码体制可以分为序列密码和分组密码,序列密码也称为流密码。

1. 序列密码的基本原理与设计分析

序列密码一次加密一个明文符号,运算速度快,加密、解密易实现,所以序列密码在许多领域有着广泛的应用,如序列密码 RC4 用于许多网络和安全协议中,A5 用于全球移动通信系统 GSM (Global System for Mobile Communications),E_0 用于蓝牙(Bluetooth)技术,序列密码主要应用于政府、军队等。

序列密码的研究很大程度上来自香农对一次一密(one-time-pad: $c_i = m_i \oplus k_i$)的分析。在一次一密中,每次用一比特密钥加密一比特明文。密钥流 k_1、k_2、…完全随机,每个密钥只能用一次。在唯密文攻击下,一次一密是无条件安全,但它的缺点是需要大量随机密钥,这增加了密钥分配和管理的困难,很难实现。受一次一密的启发,人们利用短密钥来生成伪随机密钥流,然后利用伪随机密钥流加密明文序列。这样无法提供无条件安全,但若能提供计算安全也是可行的。因此伪随机密钥流必须满足一些性质,如长的周期、大的线性复杂度、良好的统计特性等。

序列密码是这样加密的:将明文 m 分成连续的符号 $m = m_1 m_2 \cdots$,利用密钥流 $k = k_1 k_2 \cdots$ 中的第 i 个元素 k_i 对明文中的第 i 个元素 m_i 进行加密,若加密变换为 E,则加密后的密文 $c = E_k(m) = E_{k_1}(m_1) E_{k_2}(m_2) \cdots$。设与加密变换 E 对应的解密变换为 D,其中 D 满足 $D_{k_i}(E_{k_i}(m_i)) = m_i$,其中 $i = 1, 2, \cdots$,则通过解密运算可以解密得到明文为 $m = D_{k_1}(E_{k_1}(m_1)) D_{k_2}(E_{k_2}(m_2)) = m_1 m_2 \cdots$。序列密码模型如图 4-4 所示。

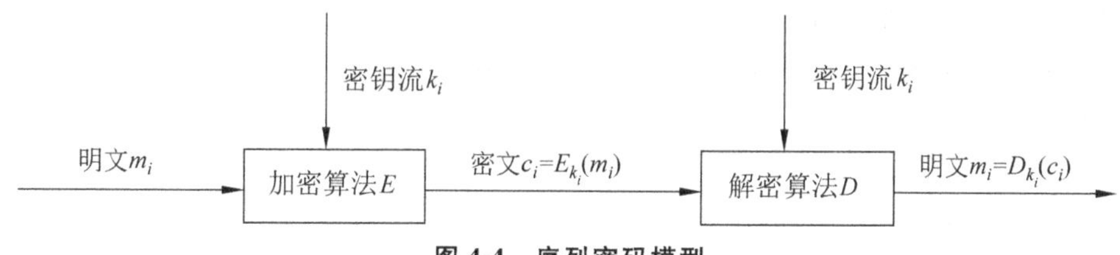

图 4-4 序列密码模型

其中密钥流 k_i 由第 i 时刻流密码的内部状态和密钥决定。状态随时间而变化，这一变化过程可用一个函数描述，称为状态转移函数或下一状态函数。

序列密码的设计需要考虑两个组成部分：

（1）密钥流输出部分，用来产生密钥流输出。在这一部分，需要考虑两个方面：

- 状态转移函数：如何利用当前状态来描述下一状态。
- 输出部分：由内部状态产生密钥流输出。输出部分是内部状态和密钥的函数。

（2）加密部分：如何根据明文和状态来描述密文。这一部分比较容易，一般都是明文异或密钥流得到密文。这种模型如图 4-5 所示。在此模型中，密钥流生成器产生一系列密钥流符号 $Z_1,Z_2,\cdots$（称为密钥流序列），它们分别与明文符号 $P_1,P_2,\cdots$ 按比特异或产生密文符号 $C_1,C_2,\cdots$。

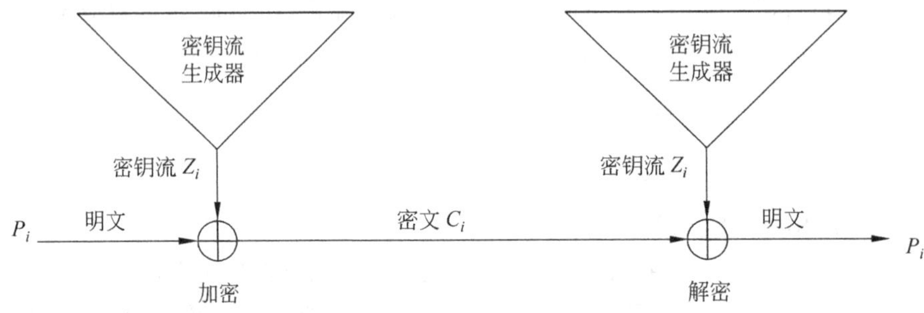

图 4-5　序列密码

序列密码的安全性取决于密钥流。密钥流是序列密码内部状态和密钥的函数，这个函数通常是布尔函数。产生好的密钥流序列是设计序列密码的关键，为此，人们提出了一系列的设计准则。好的密钥流序列应该具有良好的随机性和不可预测性。

一个优秀的序列密码设计方案，必须满足以下要求：

（1）层次清晰，结构严密，搭配合理，完整性好。

（2）密钥长度能够抵抗密钥穷举的攻击，密钥质量符合随机要求，没有弱密钥存在。

（3）各编制环节结合成一整体，且具有不可分割性。

（4）在密码总体上，不能找到熵的明显表达式。

（5）乱数出口处编制严密，难以逆向分析，控制因素不输出。

（6）对密码编制，没有比穷举搜索密钥更好的攻击方法，逆向分析没有遇到指数增长的可能性。

（7）密钥扩散性好，任一比特的改变产生的乱数有根本的变化。

（8）产生的乱数序列符合随机性检验要求。

设计一个性能良好的序列密码是一项十分困难的任务。最基本的设计原则是“密钥流生成器的不可预测性”，它可分解为下述基本原则：

（1）长周期。

（2）高线性复杂度。

（3）统计性能良好。

（4）足够的“混乱”。

(5) 足够的“扩散”。

(6) 抵抗不同形式的攻击。

序列密码设计最终要达到5个基本目的：①长周期；②大的线性复杂性，包括线性复杂性曲线和局部线性复杂性；③统计特性(如理想的k元分布)；④混乱与扩散，使每个输出比特位必定是所有密钥位的复杂变换，子结构中的冗余度必须扩大到大范围的统计特性中去；⑤布尔函数的非线性准则，比如m阶相关免疫性、与线性函数的距离以及雪崩准则等。序列密码设计的一般原则是采用多重密钥、多重环节、多重安全措施等技术，达到一次一密。序列密码的分析方法很多，常见的有分别征服攻击、相关攻击、代数攻击、猜测-确定攻击、区分攻击等。

2. 分组密码的基本原理与设计分析

分组密码是将明文消息编码表示后的数字序列 $x_1,x_2,\cdots$ 划分成长为 m 的组 $x=(x_1,x_2,\cdots,x_m)$，各组分别在密钥 $k=(k_1,k_2,\cdots,k_l)$ 控制的加密算法加密下变换成长为 n 的密文 $c=(c_1,c_2,\cdots,c_n)$。分组密码模型如图4-6所示。

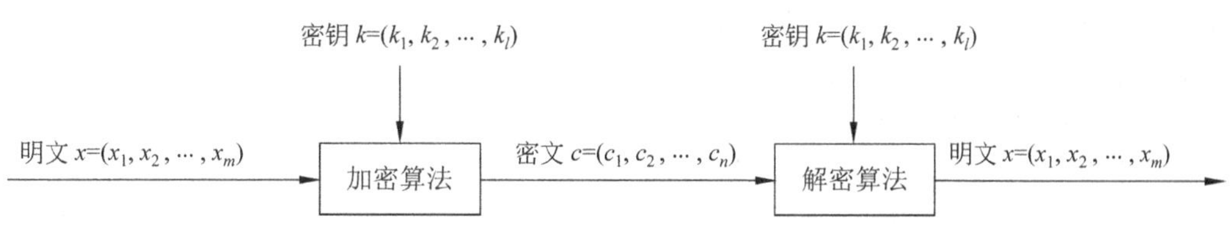

图4-6 分组密码模型

若 $n>m$，则它为有数据扩展的分组密码；若 $n<m$，则它为有数据压缩的分组密码；若 $n=m$，它为无数据扩展和压缩的分组密码，通常研究的就是这种情况。假定 F_q 是 q 元域(大多是二元域)，明文空间和密文空间均为 F_q^m，密钥空间为 S_K，S_K 是 F_q^l 的一个子集合。m 称为分组长度，l 称为密钥长度。一个分组密码是一种满足下列条件的映射 E：$F_q^m \times S_K \to F_q^m$，对 S_K 中每个 k，$E(\cdot,k)$是从 F_q^m 到 F_q^m 的一个置换。通常称 $E(\cdot,k)$ 为密钥 k 下的加密函数(加密算法)，称它的逆为密钥 k 下的解密函数。由此可见，一个分组密码是 F_q^m 上的全体置换所构成的集合的一个子集，即分组密码的加密算法是一个置换。可见，设计分组密码的问题在于找到一种算法，能在密钥控制下从一个足够大且足够好的置换子集中，简单而迅速地选出一个置换，用来对当前输入的明文数字组进行加密变换。一个好的分组密码应该是既难破译又容易实现，即加密函数和解密函数都必须容易计算，但是从这些函数求出密钥是一个困难问题。

分组密码的设计原则一般可分为两方面：针对安全性方面和针对实现方面。

(1) 针对安全性的一般设计原则：香农提出的混淆和扩散原则。混淆(confusion)，设计的密码应使得密钥和明文以及密文之间的依赖关系相当复杂，以至于这种依赖性对密码分析者是无法利用的。扩散(diffusion)，设计的密码应使得密钥的每一位数字影响密文的许多位数字，以防止对密钥进行逐段破译，且明文的每一位数字也应影响密文的许多位数字，以便隐蔽明文数字统计特性。

(2) 针对实现的设计原则：分组密码可以用软件和硬件实现。软件实现的设计原则：使用子块和简单的运算。密码运算在子块上进行，要求子块的长度能适应软件编程，如 8、16、32 比特等。子块上进行的一些密码运算应该是一些易于软件实现的运算，最好是用一些标准处理器所具有的一些基本指令，如加法、乘法和移位等。硬件实现的设计原则：加密和解密可用同样的器件来实现。尽量使用规则结构，因为密码应有一个标准的组件结构以适应于用超大规模集成电路实现。

分组密码与序列密码的最大区别应该是分组密码算法是对一个大的明文数据块（分组）进行固定变换的操作，而序列密码算法是对单个或多个明文比特的随时间变换的操作。

4.3.3 DES 密码算法分析

1. DES 密码算法简介

1972 年，美国标准局 NBS（现在的 NIST）公开征求用于计算机通信数据保密的方案。随后 IBM 公司的 W. Tuchman 和 C. Meyers 等研究人员提交了一个数据加密算法 Lucifer，该算法被美国标准局采用，在经过一系列研究讨论和简单修改后于 1977 年正式批准为数据加密标准 DES。从公布以来，它一直是国际上商用保密通信和计算机通信的最常用加密算法。原先规定 DES 使用期为 10 年，每隔 5 年由美国国家保密局（NSA）做出评估，并重新批准它是否继续作为联邦加密标准。最近的一次评估是在 1994 年 1 月，美国已决定 1998 年 12 月以后不再使用 DES。虽然现在 DES 已不作为数据加密标准，但至今它仍然被广泛地应用。

2. DES 算法的加密过程

在 DES 中采用了多轮循环加密来扩散和混淆明文。DES 将明文消息按 64 比特分组，密钥长度也是 64 比特，但是实际使用时密钥长度是 56 比特，另外 8 比特用作奇偶校验位（即每个字节的最后一位用作奇偶校验，使得每一个字节含有奇数个 1，因此可以检错）。64 比特的明文分组在密钥的作用下经过多次的置换和代换组合操作，最终形成 64 比特密文。DES 算法加密过程如下：

(1) 输入 64 比特的明文，首先经过初始矩阵 IP 置换；

(2) 在 56 比特的输入密钥控制下，进行 16 轮相同的迭代加密处理过程，即在 16 个 48 比特子密钥控制下进行 16 轮乘积变换；

(3) 最后通过简单的换位和逆初始置换，得到 64 比特的输出密文。整个过程如图 4-7 所示。

初始置换 IP 对 64 比特明文分组实行变换后，分成左、右两半，然后进行 16 轮完全相同的运算，只是输入的信息和控制密钥不同。第 i 轮加密时，其加密数据来源于上一轮，即 L_{i-1} 和 R_{i-1}，第 i 轮加密处理的结果为 L_i 和 R_i，其中 $i=1,2,\cdots,16$，L_i 和 R_i 表示分组的左右两部分。第 1 轮加密时输入是 L_0 和 R_0，其中 L_0 和 R_0 是明文分组经过初始矩阵 IP 置换后得到的新序列的左半部分和右半部分。每轮迭代按下列规则计算：

$$L_i = R_{i-1}$$
$$R_i = L_{i-1} \oplus F(R_{i-1}, K_i)$$

其中$\oplus$是异或运算，F 是一个函数，每个 K_i 是 48 比特子密钥，它们都是密钥的函数。第 i 轮加密过程如图 4-8 所示。

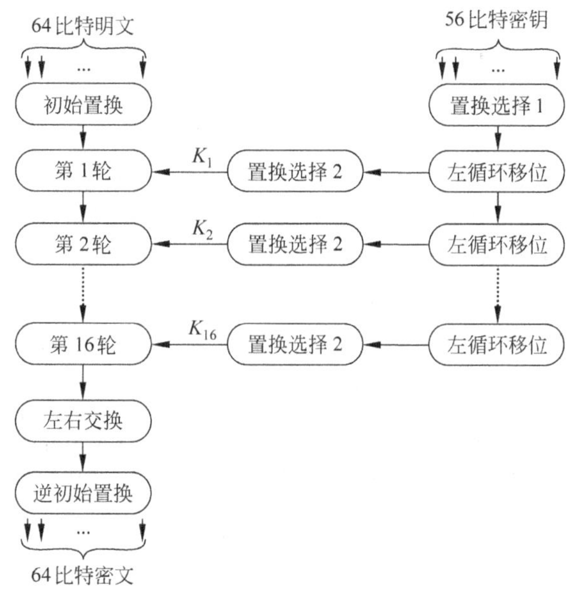

图 4-7 DES 加密算法框图

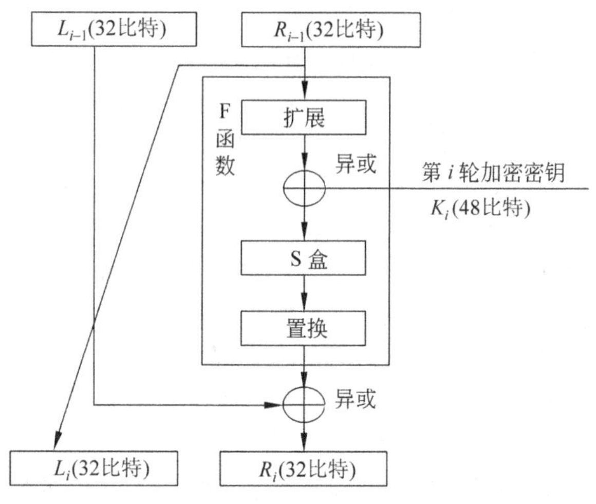

图 4-8 DES 第 i 轮加密

3. *F* 函数

F 函数是多个置换和代换的组合函数，该函数以子密钥和上一轮加密得到的部分结果作为输入，通过多次扩展、置换和代换达到扰乱明文信息的目的。*F* 函数分为扩展、异或运算、*S* 盒以及置换 4 个部分。

(1) 扩展：*F* 函数首先将 32 比特的数据 R_{i-1} 扩展为 48 比特，其方法是：将 R_{i-1} 从左到右分成 8 块，每块 4 比特，然后将每块从 4 比特扩展到 6 比特。扩展规则如下：每块从相邻的两块中取位置靠近的一位，变成 6 位。即每块向左扩展一位，同时向右扩展一位，第 1 块的最左一位扩展为第 8 块的最后一位，第 8 块的最右一位扩展为第 1 块的第一位。

(2) 异或运算：R_{i-1}经过扩展后的48比特与第i轮加密密钥K_i进行异或运算，密钥K_i也是48比特，由初始密钥经过循环左移以及置换排列的方式产生。48比特的K_i也分成8块，每块6比特，然后与R_{i-1}扩展后对应的各块做异或运算后，生成8个6比特块，其输出是S盒的输入。

(3) S盒：DES算法中的S盒由8个子盒S_1、S_2、…、S_8组成，每个子盒构成4行16列的4×16矩阵，每行都是0到15的数字(或写成序列)，但每行的数字排列都不同。每个S盒有6位输入，4位输出。8个S盒的工作原理都是一样，为一个非线性代换运算。图4-9列出了其中一个子盒S_1的定义。

	0	1	2	3	4	5	6	7	8	9	10	11	12	13	14	15
0	1110	0100	1101	0001	0010	1111	1011	1000	0011	1010	0110	1100	0101	1001	0000	0111
1	0000	1111	0111	0100	1110	0010	1101	0001	1010	0110	1100	1011	1001	0101	0011	1000
2	0100	0001	1110	1000	1101	0110	0010	1011	1111	1100	1001	0111	0011	1010	0101	0000
3	1111	1011	1000	0100	1001	0001	0111	0101	1011	0011	1110	1010	0000	0010	0110	1101

图4-9 S_1盒

S盒的输入是上述第(2)步异或运算得到的结果，其中第j个子盒S_j的输入是第j块异或运算的结果，输出是根据S_j盒定义得到的4比特数据。对于每个子盒S_j，其输入与输出之间的映射关系是：将S_j输入的第一位与最后一位两个二进制组合起来，得到某十进制数m，m用来选择矩阵S_j的行；S_j输入的中间四比特数据组合，得到十进制数n，n用来选择矩阵S_j的列。查找矩阵S_j的m行n列对应的值，此值就是S_j的输出。例如，假设S_1盒的输入是110010，因第1位和第6位数字组成的二进制数为10，它表示十进制数2，它对应S_1行号为2的那一行，其余4位数字所组成的二进制数为1001，它表示十进制数9，对应S_1列号为9的那一列，2行9列交点处的二进制数是1100，则S_1的输出为1100。

(4) 置换：也称为P盒置换，是对S盒输出的32比特数据进行置换，目的是使S盒的输出对下一轮多个S_j子盒产生影响，以增强DES的安全性。

F函数的输出结果与上一轮加密处理的左半部分数据L_{i-1}异或，得到第i轮加密处理的右半部分32位数据R_i。然后L_i与R_i又作为第$i+1$轮加密处理时的输入数据，这样，经过16轮迭代加密处理之后，得到L_{16}与R_{16}。将L_{16}与R_{16}左右换位，即将R_{16}的32比特数据移到左边，L_{16}的32比特数据移到右边。换位之后，再次经过逆初始矩阵IP^{-1}置换，最终得到的结果就是密文。

4. DES加密的子密钥生成过程

DES加密过程中每轮迭代所使用的子密钥$K_i(i=1,2,\cdots,16)$都是从主密钥生成的，K_i的长度是48比特。子密钥的具体生成过程如图4-10所示。

(1) 将带奇偶校验位的64位主密钥表示成8×8的矩阵M，每个字节的最后一位构成矩阵的最后一列，用于奇偶校验。去除矩阵的最后一列，得到8行7列的新矩阵M'。

(2) M'经过置换排列PC-1，得到C_0和D_0(28比特)。置换1的作用是将56比特密钥各位上的数按规定方式进行换位。置换后的56比特分别存到两个28比特的寄存器中。

(3) 循环左移位。在第1、2、9、16轮迭代时，C_{i-1}和$D_{i-1}(i=1,\cdots,16)$分别循环左移1位，其他轮次分别左移2位。循环左移1位表示最左边1位移到最右边，其余位分别左

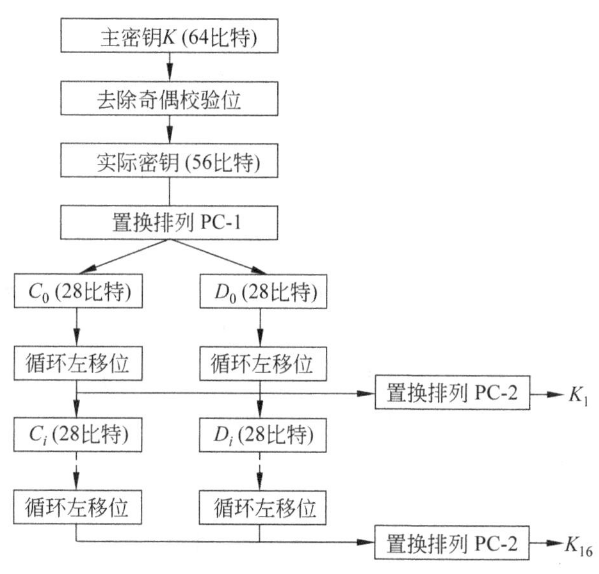

图 4-10　DES 子密钥的生成

移 1 位。

(4) 将移位后得到的 C_i 和 D_i，再次经过置换排列 PC-2，得到 24 比特的 C_i' 和 24 比特的 D_i'。置换排列 PC-2 也称压缩置换，是从 56 位中选出 48 位，产生 16 个子密钥。

(5) C_i' 和 D_i' 左右合并得到 48 比特的 K_i，即 $K_i = C_i'D_i'$。

(6) 重复上述(3)～(5)，分别生成 $K_1 - K_{16}$ 的值。

与 Feistel 密码一样，DES 的解密和加密使用同一算法，但子密钥使用的顺序相反。即加密过程的 16 轮控制密钥顺序是 $K_1, K_2, \cdots, K_{16}$，而解密过程的 16 轮子密钥的顺序是 $K_{16}, K_{15}, \cdots, K_1$。

5. DES 的运行模式

分组密码在加密时，明文分组的长度是固定的，而实际应用中待加密消息的数据量是不定的，数据格式可能是多种多样的。为了能在各种应用场合使用 DES，美国在 FIPS PUS 74 和 81 中定义了 DES 的 4 种运行模式，如表 4-1 所示。

表 4-1　DES 的运行模式

模　　式	描　　述	用　　途
电码本(ECB)模式	每个明文组独立地以同一密钥加密	传送短数据(如一个加密密钥)
密码分组链接(CBC)模式	加密算法的输入是当前明文组与前一密文组的异或	传送数据分组；认证
密码反馈(CFB)模式	每次只处理输入的 j 比特，将上一次的密文用作加密算法的输入以产生伪随机输出，该输出再与当前明文异或以产生当前密文	传送数据流；认证
输出反馈(OFB)模式	与 CFB 类似，不同之处是本次加密算法的输入为前一次加密算法的输出	有扰信道上(如卫星通信)传送数据流

4.4 公钥密码体制

4.4.1 公钥密码体制的基本概念

1. 公钥密码体制简介

公钥密码体制，又称为双钥或非对称密码体制。密码系统有两个密钥，即加密密钥和解密密钥，这两个密钥不同。这两个密钥一个是公开的，一个是秘密的，分别称为公开密钥(公钥)和私有密钥(私钥)，公开密钥是对外公开的，即所有人都可知，私有密钥是只有特定的用户才能拥有，这是公钥密码体制与对称密码体制最大的不同。公钥密码学的产生是为了解决对称密码体制中最困难的两个问题：密钥分配问题和数字签名问题。

公钥密码体制则为密码学的发展提供了新的理论和技术基础，一方面公钥密码算法的基本工具不再是代换和置换，而是数学函数；另一方面公钥密码算法是以非对称的形式使用两个密钥，两个密钥的使用对保密性、密钥分配、认证等都有着深刻的意义。在私钥密码体制中，密钥分配要求通信双方已共享一个密钥，该密钥已通过某种方法分配给通信双方或利用密钥分配中心。1976 年 Diffie 和 Hellman 针对这两个问题提出了一种新方法，即公钥密码。他们的一篇论文 *New directions in cryptography* 产生了密码学上的一场革命，开创了公钥密码学的新纪元。他们首次证明了在发送端和接收端无密钥传输的保密通信是可能的。1977 年 Rivest、Shamir 和 Adleman 提出了 RSA 公钥密码算法，这是第一个比较完善的公钥密码算法。20 世纪 90 年代逐步出现椭圆曲线密码等其他公钥密码算法。根据所依赖的数学难题类别划分，公钥密码系统主要基于以下数学难题：

(1) 基于大整数因子分解问题的公钥系统，典型代表是 RSA 算法。

(2) 基于有限域椭圆曲线离散对数问题的公钥系统，典型代表是 ECC 算法。

(3) 基于有限域离散对数问题的公钥系统，典型算法是 DSA。

公钥密码体制由 6 个组成部分：明文、密文、加密算法、解密算法、公钥和私钥。一个公钥密码系统可以表示为：加密算法 E、解密算法 D、公钥/私钥(PK/SK)对、明文 M、密文 C 等 6 个元素。一个设计良好的密码系统，加密算法 E 和解密算法 D 应该都是公开的，该原则同样适用于公钥密码系统，公钥密码系统中唯一需要保密的就是私钥 SK。

2. 公钥密码算法的基本要求

公钥密码算法应满足以下要求：

(1) 接收方 B 产生密钥对(公开钥 PKB 和秘密钥 SKB)在计算上是容易的。

(2) 发送方 A 用接收方的公开钥对消息 m 加密以产生密文 c，即 $c=E_{PKB}[m]$在计算上是容易的。

(3) 接收方 B 用自己的秘密钥对 c 解密，即 $m=D_{SKB}[c]$在计算上是容易的。

(4) 敌手由 B 的公开钥 PKB 求秘密钥 SKB 在计算上是不可行的。

(5) 敌手由密文 c 和 B 的公开钥 PKB 恢复明文 m 在计算上是不可行的。

(6) 加、解密次序可换,即 $E_{PKB}[D_{SKB}(m)]=D_{SKB}[E_{PKB}(m)]$。

其中最后一条虽然非常有用,但不是对所有的算法都作要求。以上要求的本质之处在于要求一个陷门单向函数,因此,研究公钥密码算法就是要找出合适的陷门单向函数。对称密码体制依赖的基础是替代和置换两种转换思想。而公钥密码体制依赖的基础是数学上某类问题的求解困难。经典的公钥密码算法 RSA、椭圆曲线密码算法 ECC 等都是基于某个单向陷门函数。

3. 单向陷门函数的性质

单向函数是满足下列性质的函数:函数是一一映射,即每个函数值都存在唯一的逆;并且计算函数值很容易,但求逆不可行。即 $y=f(x)$ 容易计算,但 $x=f^{-1}(y)$ 不可行。这里的"容易"一般是指一个问题可以在输入长度的多项式时间内解决,即若输入长度为 n 位,则计算函数值的时间与 n^c 成正比,c 是一个固定常数。"不可行"的定义模糊,一般是指解决一个问题所需时间比输入规模的多项式时间增长更快。例如,若计算函数值的时间与 2^n 成正比,则认为是不可行的。单向陷门函数是指这样的函数:计算函数值容易,并且在缺少一些附加信息时计算函数的逆是不可行的,但在已知这些附加信息时,可在多项式时间内计算出函数的逆。

单向陷门函数是同时满足下列条件的一类可逆函数 $y=f_k(x)$:

(1) 函数是一一映射,即每个函数值都有唯一的一个原象与之对应。

(2) 给定 x 与关键参数 k,函数 $y=f_k(x)$ 容易计算。

(3) 给定 y,存在某个关键参数 k',在未知 k' 时,由 y 计算出 x 不可行,即在未知 k' 时,逆函数 $x=f_{k'}^{-1}(y)$ 的计算是不可行的;在已知 k' 时,对给定的任何 y,则逆函数 $x=f_{k'}^{-1}(y)$ 容易计算。

(4) 给定 y 和参数 k,无法从函数 $y=f_k(x)$ 推导出影响其逆函数 f^{-1} 的关键参数 k'。

设计公钥密码算法,就是要让系统中各元素满足前面所述条件,即是要寻找这样的单向陷门函数,其中陷门信息就是私钥,也就是上面所列举的关键参数 k'。

4. 公钥密码体制加密和认证模型

公钥密码体制有加密模型和认证模型。加密模型和认证模型如图 4.11 所示。

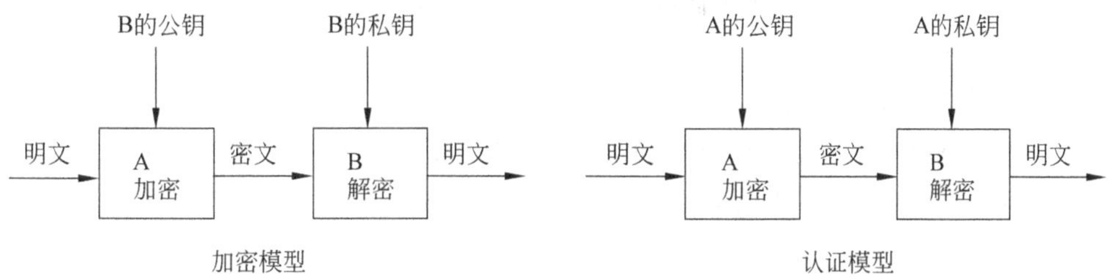

图 4.11 加密模型和认证模型

在上述加密模型中,发送方 A 利用接收方 B 的公钥对明文进行加密得到密文,发送给 B。B 收到密文后,利用自己的私钥对密文进行解密恢复出明文。由于只有 B 知道其私钥,其他人由 B 的公钥、密文和算法推出其私钥或明文是计算不可行的,因此除 B 外其他人不能正确解密得到明文。这就是加密模型可提供保密性。利用这种方式,任何人都能知道公钥,而私钥是各通信方在本地产生的,因此不必进行密钥分配。只要用户的私钥保持秘密性,通信就是安全的。在认证模型中,发送方A利用自己的私钥对明文进行加密得到密文,发送给B。B收到密文后,利用A的公钥对密文进行解密恢复出明文。由于是用A的私钥对明文加密,所以只有A才能加密消息,因此,加密后的密文就是A的数字签名。因为只有A拥有其私钥来产生数字签名,因此数字签名可用于验证消息的来源真实和完整性。在该认证模型中,虽然加密了但不能保证消息的保密性,只能提供认证功能。即认证模型可以防止发送的消息被篡改,但不能防止被窃听。但若先签名后加密,则既可保证发送消息的保密性,还可提供认证功能。这种方式中,发送方A先用自己的私钥对明文加密得到数字签名,然后再用接收方B的公钥加密数字签名得到密文。B收到密文后,先用自己的私钥解密密文得到数字签名,然后再用A的公钥对数字签名解密得到明文。只有接收方才能正确解密,这样保证了消息的保密性。这种方式的缺陷是每次通信需要执行4次复杂的公钥密码算法而不再是2次。这种既提供认证又提供保密性的模型如图4.12所示。

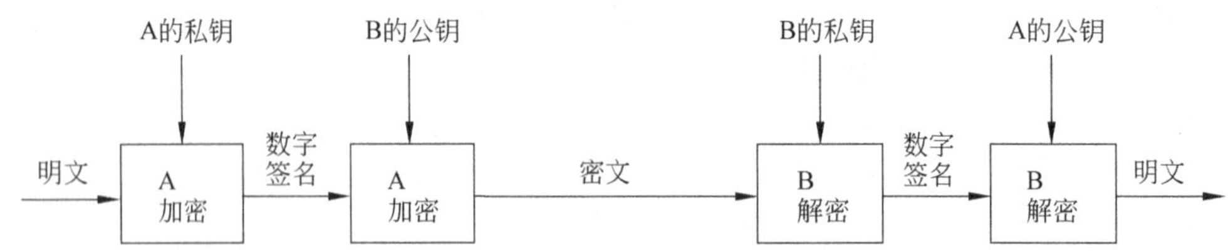

图4.12 同时提供认证和保密性的模型

4.4.2 公钥密码体制的特点及应用

公钥密码体制有如下一些特点。

(1) 加密和解密能力分开。

(2) 可以实现多个用户加密的消息只能由一个用户解读(用于公共网络中实现保密通信)。

(3) 可实现只能由一个用户加密消息而使多个用户可以解读(可用于认证系统中对消息进行数字签字)。

(4) 无须事先分配密钥。

(5) 重要特点:仅根据密码算法和加密密钥来确定解密密钥在计算上不可行。

(6) 有些算法如RSA还具有特点:两个密钥中任何一个都可用来加密,另一个用来解密。

(7) 优点:能很好解决私钥加密中由于密钥数量过多导致的管理难和费用高等问题,也不用担心传输中的私钥泄漏,保密性能优于私钥加密。

(8) 缺点:加密算法复杂,加密速度难以达到理想状态。

公钥密码体制的应用可分为3类:

(1) 加密/解密:由于加密速度慢,所以公钥密码算法一般限于加密会话密钥。

(2) 数字签名:发送方用其私钥对消息签名。签名可以对整条消息加密或对消息的一个小的数据块加密来产生，其中小的数据块是整条消息的函数。

(3) 密钥交换：通信双方交换会话密钥。有几种不同的方法可用于密钥交换，这些方法都使用了通信一方或双方的私钥。

有些算法可用于上述三种应用，其他一些算法则只适用其中一种或两种应用。表4-2列出了一些常见的公钥密码算法的应用情况。

表4-2　常见公钥密码算法的应用

算　法	加密/解密	数字签名	密钥交换
RSA	是	是	是
椭圆曲线密码 ECC	是	是	是
Diffie-Hellman	否	否	是
DSS	否	是	否

4.4.3 RSA 密码算法分析

1. RSA 密码算法简介

最早提出的满足要求的公钥密码算法是 RSA。1976 年 Deffie 和 Hellman 提出公钥密码思想之后，1977 年麻省理工学院的 Ron Rivest、Adi Shamir 和 Len Adleman 三位学者提出了 RSA(Rivest-Shamir-Adleman)公钥密码算法，该算法于 1978 年首次发表，从此至今，RSA 算法是被使用最多的公钥密码算法。Rivest、Shamir 和 Adleman 研制的方案使用了指数表达式。RSA 算法是一种分组密码，明文 M 以分组为单位加密，其中每个分组是小于某个数 n 的二进制数值。也就是说，分组大小必须小于或等于 log2(n)。对于某个明文分组 M 和密文分组 C，明文和密文都是从 0 到 $n-1$ 之间的整数。当前，密钥长度(指 n 的二进制位数)在 1024～2048 位之间是合适的。RSA 算法基于大整数质因子分解非常困难这一数学难题，这里大整数通常有几百位长。RSA 算法分组的大小取决于所选的模 n 的值，在实际应用中，分组的大小是 i 位，其中 $2^i < n \leqslant 2^{i+1}$。明文块每个分组的长度可以相同也可以不同。已知明文的某块分组 M、公钥(e,n)、私钥(d,n)、相应密文分组为 C，则 RSA 加密算法的加密过程如下：

$$C = \mathrm{EPK}(M) = M^e \bmod n$$

RSA 算法加密和解密过程是等价的，解密过程如下：

$$M = \mathrm{DSK}(C) = C^d \bmod n$$

发送方和接收方都必须知道 n 的值。发送方知道 e 的值，而只有接收方知道 d 的值。因此，这是一种公开密钥为 PK=$\{e,n\}$，且私有密钥为 SK=$\{d,n\}$ 的公开密钥加密算法。要使这个算法能够满足公开密钥加密的要求，必须符合如下条件：

- 有可能找到 e、d、n 的值，使得对所有 $M<n$ 有 $M^{ed}=M \bmod n$。
- 对于所有 $M<n$ 的值，要计算 M^e 和 C^d 相对来说是简单的。
- 在给定 e 和 n 时，判断出 d 是不可行的。

2. RSA 算法的密钥产生过程

RSA 算法的密钥产生过程如下：

（1）随机选择两个秘密的大素数 p 与 q，且计算 $n=p\times q$。

为了增强算法的安全性，防止可以很容易分解 n，从而攻破 RSA 密码方案，RSA 算法的设计者建议：

- p 与 q 的长度应该只差几位。这样对于 1024 位的密钥来说，p 与 q 都应该约位于区间$[10^{75},10^{100}]$内。
- $p-1$ 与 $q-1$ 都应有一个大的素因子。
- gcd$(p-1,q-1)$应该较小，这里 gcd 表示最大公因子。

另外，已经证明，若 $e<n$ 且 $d<n^{\frac{1}{4}}$，则 d 很容易被确定。

（2）计算 n 的欧拉函数 $\varphi(n)$数值（即小于 n 且与 n 互素的正整数个数，记为 $\varphi(n)$）：

$$\varphi(n)=(p-1)\times(q-1)$$

（3）随机选择一个大的正整数 e，满足 $1<e<\varphi(n)$，且 $\gcd(\varphi(n),e)=1$。也就是说 e 小于 n 且与 $\varphi(n)$互素。

（4）根据 e 和 $\varphi(n)$，计算值 d，d 是 e 的关于模 $\varphi(n)$的乘法逆元，即 $d\times e\equiv 1 \bmod \varphi(n)$。可利用扩展的欧几里得算法来计算乘法逆元。

则两个二元组(e,n)和(d,n)构成 RSA 的密钥对，选择其中任意一个二元组作为公钥，则另外一个就为私钥，此处定义(e,n)为公钥，(d,n)为私钥。

3. RSA 算法举例

【例 4-1】 选 $p=7,q=17$。求 $n=p\times q=119$，$\varphi(n)=(p-1)(q-1)=96$。取 $e=5$，满足 $1<e<\varphi(n)$，且 $\gcd(\varphi(n),e)=1$。确定满足 $d\cdot e=1 \bmod 96$ 且小于 96 的 d，因为 $77\times5=385=4\times96+1$，所以 d 为 77，因此公开钥为$\{5,119\}$，秘密钥为$\{77,119\}$。设明文 $m=19$，则由加密过程得密文为：

$$c\equiv 19^5 \bmod 119\equiv 2476099 \bmod 119\equiv 66$$

解密为 $66^{77} \bmod 119\equiv 19$。

4. RSA 算法的安全性分析

RSA 的安全性是基于分解大整数的困难性假定，之所以为假定是因为至今还未能证明分解大整数就是 NP 问题，也许有尚未发现的多项式时间分解算法。即给定大整数 n，将 n 分解为两个素数因子 p 与 q，在数学上至今没有有效的方法予以解决。对于公钥密码系统的攻击，主要是利用公钥信息来得到私钥信息。对 RSA 算法攻击的数学方式一般有 3 种：

（1）分解模数 n，这样就可计算出欧拉函数 $\varphi(n)$，从而确定 d。

（2）直接确定 $\varphi(n)$。

（3）直接确定 d。

可证明，第(2)种和第(3)种方式攻击 RSA 均等价于用第一种方式攻击 RSA，即等价于大整数素因子分解的困难性。

此外，还有定时攻击；以及由于 RSA 算法参数选择不当可能引起的攻击，比如，共模攻击、低指数攻击等。

4.5 Hash 函数

4.5.1 Hash 函数的基本概念

Hash 函数也称为散列函数。Hash 函数是一种将任意长度的消息压缩到某一固定长度的消息摘要的函数。消息摘要也称为报文摘要，它是由 Hash 函数来完成。设 H 是散列函数，m 是消息，h 是报文摘要，则 $h=H(m)$。m 的长度远远大于 h，它是一个变长消息，$H(m)$ 是定长散列值。其中，H 是一公开函数，用于将任意长的消息 M 映射为较短的、固定长度的一个值 H(m)，称函数值 H(m) 为杂凑值、杂凑码、认证符或消息摘要。杂凑码是消息中所有比特的函数，因此提供了一种错误检测能力，即改变消息中任何一个比特或几个比特都会使杂凑码发生改变。一般来说，h 的长度只有几百个比特，常见的消息摘要是 128 比特和 160 比特。Hash 函数主要用于数字签名、消息认证（包括消息完整性检验和消息的起源认证检验），也可用于提供保密性。将 Hash 函数应用于数字签名中有如下优点：

(1) 可破坏数字签名方案的某种数学结构，如同态结构。

(2) 可提高数字签名的速度。通常不是直接对消息签名，而是先用 Hash 函数对消息进行压缩得到消息摘要，再对消息摘要签名。

(3) 可不泄露签名所对应的消息，可将签名泄露。

(4) 可将签名变换和加密变换分开来，允许用私钥密码体制实现保密，而用公钥密码体制实现数字签名。

密码学中的 Hash 函数 H，应具有如下性质：

(1) H 函数的输入为任意大小的数据块。

(2) H 产生固定长度的输出。

(3) 对任意给定 x，计算 $H(x)$ 容易，用硬件和软件都可以实现。

(4) 对任意给定的 Hash 值 h，找到满足 $H(x)=h$ 的 x 是计算上不可行的，称为单向性。

(5) 已知 x，找出 $y(y\neq x)$ 使得 $H(y)=H(x)$ 在计算上是不可行的。如果单向杂凑函数满足这一性质，则称其为弱单向散列函数。

(6) 找出任意两个不同的输入 x、y，使得 $H(y)=H(x)$ 在计算上是不可行的。

如果单向杂凑函数满足这一性质，则称其为强单向 Hash 函数。

第(5)和第(6)个条件给出了 Hash 函数无碰撞性的概念，如果 Hash 函数对不同的输入可产生相同的输出，则称该函数具有碰撞性。

前 3 个条件是 Hash 函数应用于消息认证时必须满足的。有些文献中根据性质的不同定义为不同的函数，如单向 Hash 函数、弱单向 Hash 函数、强单向 Hash 函数等。

4.5.2 Hash 函数的构造方法

构造单向 Hash 函数的方法有很多，目前主要有以下几种：

（1）利用某些数学困难问题，如因子分解问题、离散对数问题等。

（2）利用一些私钥密码体制如DES等，这种Hash函数的安全性与所使用的基础密码算法相关。

（3）直接构造Hash函数，这类算法不基于任何假设和密码体制，如经典的散列算法消息摘要算法MD5和安全散列算法SHA-1等。

4.5.3 Hash函数的密码分析

对Hash函数的密码分析是利用算法的某种性质而不是穷举攻击。Hash函数要求密码分析所需的代价大于或等于穷举攻击所需的代价。评价Hash函数的一个最好方法是看敌手找到一对碰撞消息所需的代价是多大。如果有两个不同的消息，它们的Hash函数值相同，那么就称这两个消息是碰撞消息或这两个消息碰撞。通常假设敌手知道Hash算法。敌手的主要攻击目标是找到一对或更多对碰撞消息。目前已有一些攻击Hash算法和计算碰撞消息的方法，其中有些方法是一般方法，可用于攻击任何类型的Hash算法，如生日攻击。还有些方法是特殊方法，只能用于攻击某类特殊类型的Hash算法，如中间相遇攻击适用于攻击具有分组链结构的Hash算法，修正分组攻击适用于攻击基于模算术的Hash算法。此外，差分攻击也可以用于攻击某些Hash算法。针对Hash算法的一些弱点也可对它进行攻击，如可利用Hash算法的代数结构对其进行攻击。

目前已有很多Hash函数，如Rabin Hash算法、Merkle Hash算法、消息摘要算法MD5算法和安全散列算法SHA等。其中，SHA-1和MD5是最流行的Hash算法。MD(Message Digest)消息摘要算法是由麻省理工学院的密码专家R. Rivest教授提出，MD5是第5个版本。MD5的输入是任意长度的消息，输出是128比特消息摘要。自MD5被提出以来，由于它简单、易于实现，被广泛用于各种数字签名以及消息认证。很长一段时间以来，MD5曾被认为是比较安全的。但在2004年8月在美国加州圣巴巴拉召开的国际密码学会议上，我国王小云教授做了破译MD5算法的报告，对于一个1024比特长的消息m，只要对m做一些适当的修改，修改后的消息m就会和另外一个消息m'以某种概率发生碰撞，其中$m'=m+\triangle m$，$\triangle m$是事先选定的一个固定的明文差分，报告中指出她们能在很短的时间内找出具有相同摘要的两个不同消息，并当场做了演示，这一举动在密码学界引起了轩然大波。应用MD5的系统将不再安全。安全散列算法SHA-1是由美国国家标准和技术协会提出。

4.6 数字签名

4.6.1 数字签名的基本概念

所谓数字签名就是附加在数据单元上的一些数据，或是对数据单元所做的密码变换。这种数据或变换允许数据单元的接收者用以确认数据单元的来源和数据单元的完整性并保护数据，防止被人（例如接收者）进行伪造。它是对电子形式的消息进行签名的一种方法，一个签名消息能在一个通信网络中传输。数字签名已用于商业通信系统，如办公室自动化、电子邮件、电子转账等系统。数字签名在信息安全,包括身份认证、数据完整性、不可否认性以及匿名性等方面有重要应用,尤其是在大型网络安全通信中的密钥分配、认证及电子商务系统中具有重要作用。数字签名是实现认证的重要工具,它可以验证消息的来源真实性和完整性,还可以防止发送方否认已发送的消息。

数字签名是目前电子商务中技术最成熟、应用最广泛的一种电子签名方法。在保证电子商务安全中,数字签名技术起着很重要的作用。目前,任何电子商务系统的运行都会使用数字签名技术。随着电子商务应用的扩大,数字签名的地位越来越规范化、法律化。2004 年全国人大常委会审议并通过了《中华人民共和国电子签名法》,从立法的角度为电子商务安全提供法律保障。2005 年 4 月 1 日,正式实施《电子签名法》及《电子认证服务管理办法》,表明数字签名与书面文件签名一样具有同等的法律效力。

数字签名必须具有以下特征:

(1) 数字签名必须能验证签名者、签名日期和时间。

(2) 数字签名必须能认证被签的消息内容。

(3) 当双方关于签名的真伪发生争执时,数字签名应能由第三方仲裁以解决争执。

根据这些特征,数字签名应满足以下条件:

(1) 签名必须是与消息相关的二进制位串。

(2) 签名必须使用发送方某些独有的信息,以防伪造和否认。

(3) 产生数字签名比较容易。

(4) 识别和验证数字签名比较容易。

(5) 伪造数字签名在计算上是不可行的。无论是从给定的数字签名伪造消息,还是从给定的消息伪造数字签名在计算上都是不可行的。

(6) 保存数字签名的拷贝是可行的。

数字签名需要利用密码学的各种加解密算法。数字签名与报文加解密之间没有必然的联系,彼此是完全独立的,既可对报文做数字签名,又可对报文加密,两者同时进行;也可任选其一,只签名不加密,或者只加密不签名。从某种程度上来说,要防止网络中的被动攻击,需要对报文加解密,要防止网络中的主动攻击可通过数字签名实现。当加密和签名结合起来时,加密和签名的顺序不一样会产生不同的安全程度。一种是先签名后加密,另一种是先加密后签名。采用先加密后签名会存在潜在的危险,可能会存在敌手冒充签名者进行签名的情况。因此,大多数人建议采用先签名后加密的方式。

4.6.2 常用的数字签名算法简介

目前大多数数字签名都是基于公钥密码算法,如 RSA 数字签名、美国的数字签名标准 DSS,也有少数基于对称密码体制,如 Hash 签名方法。

1. RSA 数字签名

RSA 不仅用于签名,还可以用于信息的加解密。用 RSA 或其他公钥密码算法进行数字签名的最大方便是不存在密钥分配问题,网络越复杂、网络用户越多,其优点越明显。因为公钥加密算法使用两个不同的密钥,公钥是公开的,私钥是保密的。公钥可以保存在系统目录内、未加密的电子邮件信息中、电话黄页上或公告牌里,网上的任何用户都可获得公钥。而私钥是用户专用的、由用户本身持有的。

2. 数字签名标准 DSS

DSS是由美国国家标准技术研究所和国家安全局共同开发，它是基于公钥密码体制的数字签名方法，适用于签名方计算能力较低且计算时间短，而签名的验证方计算能力强的场合。DSS标准采用的是DSA签名算法。DSA签名算法基于离散对数这一困难问题。与公钥密码算法RSA不同，DSA专门用作数字签名。

3. Hash 签名方法

它利用私钥加密算法进行数字签名。该签名不属于强计算密集型算法，应用较广泛。很多少量现金付款系统，如DEC的Millicent和Cybercash的CyberCoin等都使用Hash签名。使用这种较快的Hash算法，可以降低服务器资源的消耗，减轻中央服务器的负荷。Hash签名的主要局限是接收方必须持有用户密钥的副本以验证签名，因为双方都知道生成签名的密钥，较容易攻破，存在伪造签名的可能。如果中央计算机或用户计算机中有一个被攻破，那么其安全性就受到了威胁。因此这种签名机制适合安全性要求不是很高的系统中。

此外，还有一些特殊数字签名，如接收方不可否认签名、盲签名、群签名（或团体签名）等。

4.6.3 数字签名的系统描述

数字签名系统包括签名算法（对应加密算法）、验证算法（对应解密算法）、签名方（对应发送方）、验证方（对应接收方）和签名关键值。数字签名技术是密码学的一种应用。签名关键值是指能够标志签名具有唯一性的关键因素，它对应密码系统中的密钥。一个数字签名算法可由一个五元组构成：(P, A, K, S, V)，其中P是所有可能消息的集合，A是所有可能签名的集合，K是所有可能密钥的集合（即密钥空间），S是签名算法的集合，V是验证算法的集合。对密钥空间中的每一个密钥，都有一个签名算法和一个相应的验证算法。

4.6.4 数字签名及验证过程

基于公钥密码体制进行数字签名利用私钥的唯一性。签名方首先利用自己的私钥SK对消息或消息摘要进行加密，加密后得到的密文作为签名，连同相应的明文一起发送给接收方。数字签名一般是对消息摘要进行签名。由于SK只有发送方拥有，根据公钥密码体制特征，除发送方外的任何人都不可能伪造出签名M_{sig}，这样保证了签名的唯一性，即发送方容易计算M_{sig}且只有他自己可计算，因此发送方对自己发送的信息具有不可否认性。利用公钥密码体制进行数字签名的过程如图4-13所示。

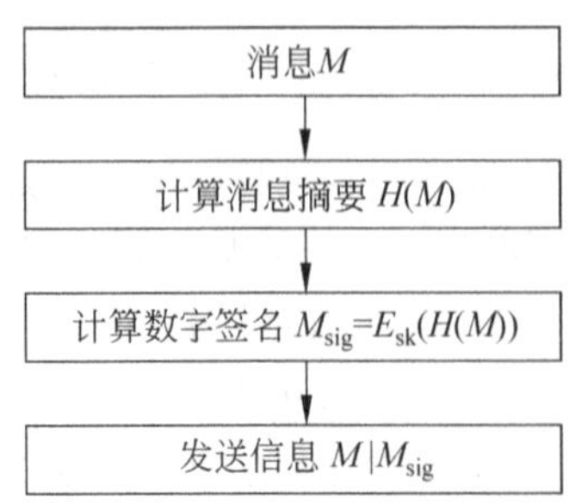

图 4-13 利用公钥密码体制的数字签名过程

接收方收到信息后，这样验证签名：利用发送方的公钥对数字签名解密，得到消息M的消息摘要。然后接收方采用与发送方同样的Hash函数计算接收到的消息M的消息摘要。比较这两个消息摘要是否相等，如果相等，说明消息的确来自真实的签名方，且信息在传输过程中保持了完整性；否则，表明信息已失去安全性。利用公钥密码体制实现数字签名的验证签名过程如图 4-14 所示。

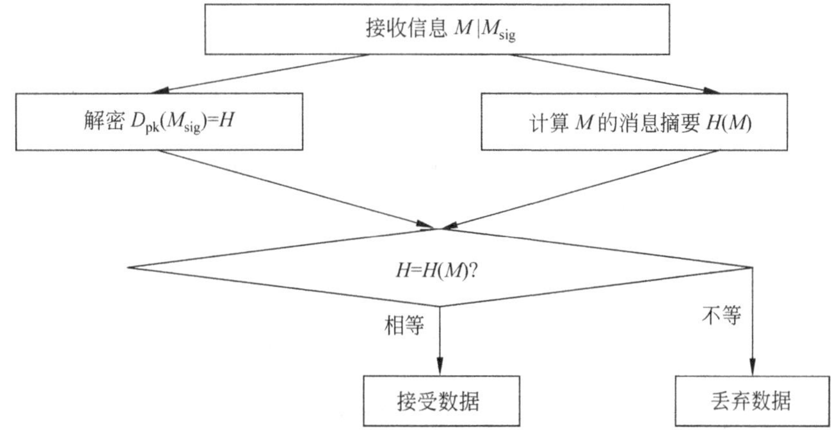

图 4-14 利用公钥密码体制实现数字签名的验证签名过程

4.6.5 数字签名的分类

根据接收者验证签名的方式可将数字签名分为真数字签名和仲裁数字签名两大类。在真数字签名中，签名者直接把消息发送给接收者，接收者无须借助第三方就能验证数字签名。在仲裁数字签名中，签名者把签名消息经仲裁者（可信第三方）发送给接收者，接收者不能直接验证签名，签名的合法性是通过仲裁者为媒介来保障，即接收者必须与仲裁者合作才能验证签名。从计算能力来分，可将数字签名分为无条件安全的数字签名和计算安全的数字签名。现有的数字签名大部分是计算安全的，如 RSA 签名算法等。计算安全的数字签名是指任何伪造者伪造签名是计算不可行的。无条件安全的数字签名在实际应用中很不有效，因此不能被应用。和公钥密码算法一样，主要目的还是设计计算安全的数字签名。目前对数字签名的分类方法有以下几种。

（1）基于数学难题的分类：

- 整数的因子分解问题，如 RSA 算法。
- 离散对数问题，如 ElGamal、DSA 等算法。
- 椭圆曲线离散对数问题，如 ECDSA 算法。

（2）基于签名用户的分类：

- 单用户签名。
- 多用户签名，如群签名、环签名。

（3）签名人对消息是否可见：

- 普通签名。
- 盲签名。

（4）基于签名人是否受别人委托：

- 普通数字签名。

• 代理签名方案。

(5) 根据签名算法的进行分类:

• 用非对称加密算法进行加密的数字签名。

• 任何拥有发送方公开密钥的人都可以验证数字签名的正确性。

(6) 依据数字签名的执行方式分类:数字签名的执行方式有两类,分别是直接方式和具有仲裁的方式。

(7) 基于数字签名是否具有恢复特性的分类:一类是具有消息自动恢复的特性;另一类是不具有消息自动恢复的特性。

4.6.6 RSA数字签名算法

RSA算法不仅可用于加密,而且也可用于数字签名。RSA签名算法是当前使用最普遍的签名方案。使用RSA加密算法时,发送方使用接收方的公钥对消息加密,接收方使用自己的私钥对收到的密文解密。而使用RSA签名算法时,发送方(签名方)使用自己的私钥对消息签名,接收方(验证方)使用发送方的公钥验证签名。RSA算法属于分组密码。下面介绍利用Hash函数的RSA签名算法。

(1) 参数建立:

① 秘密选取两个大素数 p 和 q,计算 $n=pq$。

② 计算 n 的欧拉函数 $\varphi(n)=(p-1)\times(q-1)$。

③ 随机选取正整数 e,使得 $1<e<\varphi(n)$ 且 $gcd(e,\varphi(n))=1$。

④ 计算 d,其中 d 满足 $d\times e\equiv 1 \bmod \varphi(n)$。

将 (e,n) 作为公钥公开,(d,n) 作为私钥保密。

(2) 签名产生:

① 计算消息 M 的Hash函数值 $H(M)$。

② 用私钥对 $H(M)$ 加密得到签名 $S=(H(M))^d \bmod n$。

③ 将签名附加在消息后一起发送:$M \mid S$。

当消息 M 很短时,可以直接对 M 进行签名,此时的签名为:$S=M^d \bmod n$。

(3) 签名验证。接收方收到 $M \mid S$ 后,验证签名的过程如下:

① 获取发送方的公钥 (e,n)。

② 利用发送方的公钥 (e,n) 解密签名 S 得到 $S^e \bmod n=H$。

③ 利用与发送方相同的Hash函数计算消息的Hash函数值 $H(M)$。

④ 比较 H 和 $H(M)$,如果相等,则接受签名,否则,拒绝签名。

当直接对消息M进行签名时,直接用发送方的公钥解密签名来验证签名是否有效。即验证 $S^e \bmod n=M$ 是否成立。若成立,则接受签名,否则拒绝签名。

4.7 密钥管理

4.7.1 密钥管理的基本概念

密码系统的安全性依赖于密钥。如果密钥被盗,其损失是巨大的,不但会使合法用户不能获取信息，而且还会使非法用户窃取信息。密钥的安全管理是非常重要的，它是保障密码系统安全的关键。现实世界中，密钥管理是密码学中最困难的部分。密钥管理包括密钥的产生、装入、分配、存储、备份、更新、销毁、撤销、保密等方面。其中密钥的分配和存储可能是最麻烦的。密钥管理不仅关系到系统的安全性，而且也关系到系统的有效性和可靠性。密钥管理可分为对称密钥管理和公开密钥管理。一个好的密钥管理系统应该做到：

(1) 密钥难以被窃取。

(2) 在一定条件下密钥被窃取也没有用，密钥有使用范围和时间限制。

(3) 密钥的分配和更换过程对用户透明，用户不一定要亲自管理密钥?

4.7.2 密钥的使用阶段

一般地，一个密钥主要经历密钥产生、密钥存储与备份、密钥分配、密钥启用与停用、密钥替换与更新、密钥销毁和密钥撤销几个阶段。

1. 密钥产生

密钥决定着密码系统的安全性。如果密码系统使用弱的密钥产生方法，那么整个密码系统都是弱的，敌手很容易攻破密钥产生算法。如果选择密钥有一定约束，那么就会减小密钥空间，这难以抵抗穷举攻击。因此生成的密钥必须要有好的随机性。采用一个好的随机数生成器产生密钥是不错的。较好的是使用物理噪声源来产生随机数，如白噪声生成器，白噪声是一种均值为零且功率谱在一定带宽内恒定的随机信号。

私钥密码体制中的密钥一般要求是随机数，而且都较短，一般是8～32字节。其产生分为人工方式和自动方式。人工方式通常不可靠，很难达到随机性，但抛硬币或掷骰子来产生密钥可达到随机性。自动方式通常是指对白噪声生成器进行数据采样得到随机数，或对击键时间间隔采样得到具有一定置信度的随机数等。无论哪种方式，其目的都是为了获得独立等概的0、1序列。对公钥密码体制，产生安全的密钥更困难，因为密钥必须满足某些数学特征，如必须是素数等。生成器的初始种子也必须是随机的。

2. 密钥存储与备份

单用户的密钥存储是最简单的密钥存储问题。某些系统采用简单方法：密钥存于人脑中，而不是系统中。由人记忆很难，一般采取输入更多比特，然后再使用分组加密压缩产生密钥，这就是“密钥碾压”。还有其他一些方法：将密钥存储在一个恰当的载体上，如磁卡、磁盘、智能卡、U盘等。需要使用密钥时，通过专用读取器将密钥输入终端设备。也可使用类似于密钥加密密钥的方法对密钥进行加密保存。加密存储的密钥可存入数据库或文件中，最主要的是要保证其完整性和可用性。密钥备份包括冷备和热备：

(1) 冷备(Cold Standby)。冷备通常是通过定期地对生产系统数据库进行备份，并将备份数据存储在磁带、磁盘等介质上。

(2) 热备(Warm Standby)：热备的实现通常需要一个备用的数据库系统。它与冷备相似，只不过当生产数据库发生故障时，可以通过备用数据库的数据进行业务恢复。因此，热备的恢复时间比冷备大大缩短。

冷备采用硬件实现，不需要单独写代码，热备可以每天定时对当天的数据进行备份，其备份文件应经过口令加密，与存储相同，公钥与私钥分开备份，不过都要进行基本的口令加密，其间通过 ID 进行相应的操作。

3. 密钥分配

密钥分配也称为密钥分发，它要解决的问题是如何将密钥安全地分配给保密通信的各方。密钥分配是密钥管理的核心问题，它是很困难的问题。按分发手段来分，密钥分发可分为人工分发与密钥交换协议动态分发。当保密通信的人数为 n 时，他们之间的任何一对要使用一个共享密钥，则需要密钥数目为$\frac{n(n-1)}{2}$。当 n 较小时，人工秘密发送共享密钥是可行的。但当 n 很大时，人工发送密钥是不可行的，这就需要借助公钥算法进行对称密钥的分配。

按密钥属性来分，密钥分配可分为秘密密钥分配和公开密钥分配。秘密密钥分配的算法有很多，目前使用较多的秘密密钥分配协议有 Diffie-Hellman 密钥交换协议和 Kerberos 协议。公钥的分配相对容易些，主要有以下几种方法：公开发布、公开可访问目录、公钥授权和公钥证书。公钥分配一般采用数字证书的形式进行分配。

4. 密钥启用与停用

密钥启用是指密钥开始发生作用。密钥停用是指由于密钥的安全问题或密钥期限已满等原因使得密钥不再被使用。

5. 密钥替换与更新

当密钥被怀疑已泄露或破坏或将过期时，就要产生新的密钥来替换或更新旧的密钥。由旧的密钥产生新的密钥就是密钥更新。

6. 密钥销毁

不用的旧密钥必须销毁。旧密钥是有价值的，攻击者可用它来获取原来曾用它加密的旧消息。密钥必须安全地销毁。如果密钥写在纸上，那么必须切碎或烧掉。使用高质量切碎机时要谨慎，市面上有很多劣质切碎机。如果密钥是在 EEPROM 硬件中，应进行多次重写。

7. 密钥撤销

若密钥丢失、怀疑密钥已泄露等原因，在密钥未过期以前，需要将它从正常使用的集合中去掉，这就是密钥撤销。使用证书的公钥可通过撤销公钥证书来对公钥进行撤销。

4.7.3 密钥有效期

密钥的使用不可无限期，任何密钥都有有效期。密钥的有效期是指密钥使用的生命期。对任何密码应用，必须有一个策略能检测密钥的有效期。不同密钥应根据其不同的使用目的有不同的有效期，如电话就是把通话时间作为密钥有效期，再次通话时就启用新密钥。密钥加密密钥不需要频繁更换，因为它只是偶尔用作密钥交换。在某些应用中，密钥加密密钥仅一月或一年更换一次。公钥密码应用中私钥的有效期是根据应用的不同而改变的。用作数字签名和身份识别的私钥必须持续数年，用作抛币协议的私钥在协议完成后应该立即销毁。

4.7.4　密钥托管

密钥托管也称为托管加密，其目的是保证对个人没有绝对的隐私和绝对不可跟踪的匿名性，即在强加密中结合对突发事件的解密能力。其实现手段是把已加密的数据和数据恢复密钥联系起来，数据恢复密钥不必是直接解密的密钥，但由它可得解密密钥。数据恢复密钥由所信任的委托人持有，委托人可以是政府机构、法院或有契约的私人组织。

4.8　密码学与安全协议

4.8.1　安全协议的基本概念

安全协议，有时也称为密码协议，是以密码学为基础的消息交换协议，其目的是在网络环境中提供各种安全服务。密码学是网络安全的基础，但网络安全不能单纯依靠安全的密码算法。安全协议是网络安全的一个重要组成部分，我们需要通过安全协议进行实体之间的认证、在实体之间安全地分配密钥或其他各种秘密、确认发送和接收的消息的非否认性等。

安全协议的目标是多种多样的，都与安全性有关，如认证参加协议的主体身份、在主体之间安全地分配密钥或其他各种秘密、实现机密性、完整性、匿名性等。电子商务协议的目标还有非否认性、可追究性、公平性等。安全协议是建立在密码体制基础上的高互通协议，它运行在计算机通信网或分布式系统中，为安全需求的各方提供一系列步骤，借助密码算法来达到密钥分配、认证、保密及安全完成电子交易等目的。安全协议的研究主要包括两方面内容，即安全协议的安全性分析方法研究和各种实用安全协议的设计与分析研究。

4.8.2　安全协议的安全性质

安全协议的安全性质主要有如下一些。

1. 认证性

认证是最重要的安全性质之一，所有其他安全性质的实现都依赖于此性质的实现。认证是分布式系统中的主体进行身份识别的过程。主体与认证服务器共享一个秘密，主体通过证明其拥有此秘密，即可让认证服务器识别其身份。认证可以用来确认身份，对抗假冒攻击的危险，并可用于获得对人或事的信任。认证系统一般使用一个加密密钥作为秘密，而加密体制具有这种性质。若主体没有密钥时，它将不能生成一个加密消息或解密经此密钥加密的消息。主体通过用密钥加密来证明它拥有此密钥。安全协议的认证实现是基于密码的。

2. 秘密性

秘密性的目的是保护协议消息不被泄漏给未授权的人。保证秘密性最直接的方法是对消息加密，将消息从明文变成密文，没有密钥是无法解密消息的。

3. 完整性

完整性的目的是保护协议消息不被非法篡改、删除或替换。最常用的方法是封装和签名，即用加密或 Hash 函数产生一个消息的摘要附在传送消息后，作为验证消息完整性的凭证。

4. 不可否认性

不可否认性是电子商务协议的一个重要性质。协议主体必须对其行为负责，不能也无法事后抵赖。不可否认协议的目标有两个：确认发送方非否认和确认接收方非否认。主体提供的证据通常以签名消息的形式出现，从而将消息与消息的发送者进行了绑定。

4.8.3 安全协议的缺陷分析

安全协议是许多分布式系统安全的基础，确保这些协议的安全运行是极为重要的。大多数安全协议只有为数不多的几个消息传递，其中每一个消息都是经过巧妙设计的，消息之间存在着复杂的相互作用和制约；同时，安全协议中使用了多种不同的密码体制，安全协议的这种复杂的情况导致目前的许多安全协议存在安全缺陷。造成协议存在安全缺陷的原因主要有两个：一是协议设计者误解或者采用了不恰当的技术；二是协议设计者对环境要求的安全需求研究不足。由于实际应用的安全协议产生缺陷的原因是多种多样的，所以很难有一种通用的分类方法将安全协议的安全缺陷进行分类。S. Gritzalis 和 D. Spinellis 根据安全缺陷产生的原因和相应的攻击方法对安全缺陷进行了分类：

(1) 基本协议缺陷：该缺陷是指在安全协议的设计中没有或者很少防范攻击者的攻击。

(2) 口令/密钥猜测缺陷：这类缺陷产生的原因是用户从一些常用的词中选择其口令，从而导致攻击者能够进行口令猜测攻击；或者选取了不安全的伪随机数生成算法构造密钥，使攻击者能够恢复该密钥。

(3) 陈旧(stale)消息缺陷：主要是指协议设计中对消息的新鲜性没有充分考虑，从而使攻击者能够进行消息重放攻击，包括消息源的攻击、消息目的的攻击等。

(4) 并行会话缺陷：协议对并行会话攻击缺乏防范，从而导致攻击者通过交换适当的协议消息能够获得所需要的信息。包括并行会话单角色缺陷、并行会话多角色缺陷等。

(5) 内部协议缺陷：协议的可达性存在问题，协议的参与者中至少有一方不能够完成所有必须的动作而导致的缺陷。

(6) 密码系统缺陷：协议中使用的密码算法和密码协议导致协议不能完全满足所要求的机密性、认证等需求而产生的缺陷。

安全协议的安全性是一个很难解决的问题，许多广泛应用的安全协议后来都被发现存在安全缺陷。

4.8.4 安全协议的分析

目前，对安全协议进行分析的方法主要有两大类：一类是攻击检验方法；一类是形式化的分析方法。所谓攻击检验方法就是搜集使用目前的对协议的有效攻击方法，逐一对安全协议进行攻击，检验安全协议是否具有抵抗这些攻击的能力。在分析的过程中主要使用自然语言和示意图，对安全协议所交换的消息进行剖析。这种分析方法往往是非常有效的，关键在于攻击方法的选择。形式化的分析方法是采用各种形式化的语言或者模型，为安全协议建立模型，并按照规定的假设和分析、验证方法证明协议的安全性。目前，形式化的分析方法是研究的热点，但是就其实用性来说，还没有什么突破性的进展。

近几年来，密码学家提出了许多关于安全协议的形式化分析方法，以检验协议中是否存在安全缺陷。总的来说，协议的形式化分析技术可以概括为如下4大类：

(1) 使用通用的、不是为分析安全协议专门设计的形式化描述语言和协议校验工具建立安全协议的模型并进行校验。其主要思想是将安全协议看作一般的协议，并试图证明协议的正确性。采用的工具和模型与验证一般协议的类似，例如使用有限状态图、Petri网模型、LOTUS语言等。这种方法的一个主要缺点是仅证明协议的正确性而不是安全性。

(2) 安全协议的设计者设计专门的专家系统来制定协议的校验方案并进行协议检验，从而对协议的安全性做出结论。其主要思想是根据协议的设计开发专用的专家系统，使用专家系统发现协议是否能够达到不合理的状态(比如密钥的泄露等)。

(3) 使用基于知识和信念的逻辑来建立所分析的协议的安全需求模型。这种方法是目前为止使用最广泛的一种方法，最著名的是BAN逻辑。BAN逻辑是一个形式逻辑模型，进行基于知识和信任的分析。BAN逻辑假设认证是完整性和新鲜度的函数，使用逻辑规则来对协议的属性进行跟踪和分析。一般来说，BAN逻辑只能推出认证的结果，而不能对一般的安全性进行证明。

(4) 基于密码学系统的代数特性开发协议的形式化模型。这种方法是将安全协议系统当作一个代数系统模型，表示出协议的参与者的各种状态，然后分析某种状态的可达性。Michael Merritt已经证明了代数模型可以用来分析安全协议。

4.9　密码学在网络安全中的应用

目前，已经提出了大量的实用网络安全与管理安全协议，有代表的包括电子商务协议、IPSec协议、TLS协议、简单网络管理协议(SNMP)、PGP协议、PEM协议、S-HTTP协议、S/MIME协议等。实用安全协议的安全性分析特别是电子商务协议、IPSec协议、TLS协议是当前协议研究中的另一个热点。下面举例进行简要的介绍及分析。

4.9.1　认证的应用

密码学不仅在保密方面有广泛应用，而且在认证方面也有广泛应用。Kerberos是最早并被最广泛使用的服务之一，它是被设计用于分布式环境下的认证服务。Kerberos是一个基于对称加密(使用的是DES算法)的认证协议，它被用于各种系统中，它利用一个可信第三方认证服务来完成客户端和服务器端的认证。

Kerberos是作为MIT的Athena计划的认证服务开发的。假设有一个开放的分布环境，工作站用户想通过网络对分布在网络中的各种服务提出请求，希望服务器能只对授权用户提供服务，并能鉴别请求服务的种类。在这种环境下，工作站无法准确判断它的终端用户和请求服务的合法性，特别是在一些威胁下，一个非授权用户可能会获得未授权的服务或数据。针对这种问题，Kerberos通过提供一个集中的授权服务器来实现用户对服务器的认证和服务器对用户的认证，而不是为每个服务器提供详细的认证协议。现今，更多的情况是由许多用户工作站和分布（或集中）的服务器组成的分布式体系结构。对开放的网络互联环境，应要求客户向服务器提供身份认证，同时服务器需要向客户提供身份认证，这样可保护用户信息和服务器资源。Kerberos 支持这种方案，它假设其体系结构为分布的客户/服务器体系结构，并有一个或多个 Kerberos 服务器提供认证服务。

4.9.2 电子邮件安全

电子邮件是最广泛的网络应用，也是分布式应用。电子邮件的广泛使用提出了更高的要求：认证和保密。目前有两种广泛应用的方法来保证电子邮件的安全：PGP(Pretty Good Privacy)和 S/MIME(Secure/Multipurpose Internet Mail Extension)。PGP 是由 Phil Zimmermann 等人提出，它是保证电子邮件安全的免费开放源码的软件包，它提供数字签名的认证、对称密码的保密、ZIP 的压缩、基数 64 编码的兼容性、分段和组装长电子邮件的功能。PGP 结合了开发公钥信任模型和公钥证书管理的工具。PGP 可在电子邮件和文件存储应用中提供保密性和认证。PGP 的应用广，可作为公司、团体中加密文件时的标准模式，也可对互联网或其他网上个人间的通信消息加密。PGP 不被任何政府或标准制订机构控制，它既适合于个人，也适合于机构。PGP 使用的算法经过了足够的公众检验，被认为是很安全的，尤其是软件包包含私钥密码算法 IDEA、CAST-128、3DES 和公钥密码算法 RSA、DSS、DIffie-Hellman 等，还有散列算法 SHA-1。

S/MIME 是保证电子邮件安全的标准 Internet 协议，提供了与 PGP 相似的功能。S/MIME 在 RSA 数据安全性基础上，加强了互联网电子邮件格式标准 MIME 的安全性。PGP 和 S/MIME 都是 IETF 工作组推出的标准。PGP 侧重于为用户提供个人电子邮件安全，而 S/MIME 侧重于作为商业和团体使用的工业标准。S/MIME 和 PGP 一样，也有签名和加密的功能。S/MIME 提供如下功能：封装数据、签名数据、透明签名数据、签名并封装数据。S/MIME 使用的密码算法有对称密码算法 3DES、公钥密码算法 DSS、Diffie-Hellman、散列算法 SHA-1 等。

4.9.3 IP 层安全

IP(因特网协议)是 Internet 和内部网的核心，因此 IP 层的安全很重要。IP 级安全性包括认证、保密和密钥管理三方面内容。认证保障收到的包是从包头标识的源端发出，还要保证该包在传输中未被篡改。保密是通过安全加密方式实现，适用于隧道模式和传输模式。IPSec(IP 安全)提供了在 LAN、WAN 和互联网中安全通信的能力。IPSec 能支持各种应用，主要是因为它可在 IP 层加密和(或)认证所有流量，这样可保护所有的分布应用，如文件传输、电子邮件、Web 访问、远程登录等。IPSec 通过允许系统选择所需要的安全协议、确定服务所用的算法、提供任何服务所需的密钥来提供 IP 层的安全服务。AH(认证头)协议和加密/认证协议 ESP(载荷安全性封装)都能提供安全性。IPSec 的密钥管理有两种类型：手动和自动。默认的 IPSec 自动密钥管理协议是 ISAKMP/Oakley，由 Oakley 密钥确定协议和 ISAKMP(互联网安全关联和密钥管理协议)组成。

4.9.4 Web 安全

很多公司需要在 Web 上进行电子商务和电子政务。但互联网和 Web 很容易受到安全威胁，因此 Web 的安全性越来越受到关注。Web 可能受到的安全威胁分为主动攻击和被动攻击。主动攻击包括篡改、伪装等。被动攻击包括窃听等。实现 Web 安全的方法有很多。一种方法是基于网络层使用 IPSec，它对终端用户和应用都是透明的，且提供通用的解决方案。另一种方法是在 TCP 传输层之上实现安全性。安全套接层协议 SSL 是这种方法的代表。还有一种方法是将安全服务直接嵌入到应用程序中，因而在应用层实现安全。这种方法的一个典型例子是安全电子交易 SET 协议。

4.10 国家密码算法及应用

国家密码(简称"国密")算法是中国国家密码管理局制定的自主可控的国产算法，包括 SSF33、SM1、SM2、SM3、SM4、SM7、SM9、祖冲之密码算法(ZUC)等。其中 SSF33、SM1、SM4、SM7、祖冲之密码是对称密码算法；SM2、SM9 是非对称密码算法；SM3 是散列算法。在金融领域目前主要使用公开的 SM2、SM3、SM4 三种商用密码算法，分别为非对称加密算法、散列算法和对称加密算法。国家密码算法涵盖这三类算法，可完整实现数据安全传输。

4.10.1 典型的国家密码算法

1. SM1 算法

该算法是由国家密码管理局编制的一种商用密码分组标准对称算法，分组长度和密钥长度均为 128 位，算法的安全保密强度及相关软硬件实现性能与 AES 算法相当，目前该算法尚未公开，仅以 IP 核的形式存在于芯片中。

2. SM2 算法

该算法是一种基于 ECC 算法的非对称密钥算法，其加密强度为 256 位，其安全性与目前使用的 RSA1024 相比具有明显的优势。SM2 算法与 RSA 算法的对比如表 4-3 所示。

表 4-3 RSA 算法与 SM2 算法的对比

对　　比	RSA 算法	SM2 算法
计算结构	基于特殊的可逆模幂运算	基于椭圆曲线
计算复杂度	亚指数级	完全指数级
相同的安全性能下所需公钥位数	较多	较少(160 位的 SM2 与 1024 位的 RSA 具有相同的安全等级)
密钥生成速度	慢	较 RSA 算法快百倍以上
解密加密速度	一般	较快
安全性难度	基于分解大整数的难度	基于离散对数问题——ECDLP 数学难题

3. SM3 算法

该算法也称为密码杂凑算法，属于散列（摘要）算法的一种，杂凑值为256位，和SM2算法一起被公布。功能与MD5，SHA-1相同。产生256位的编码。该算法位不可逆的算法。SM3密码摘要算法是中国国家密码管理局2010年公布的中国商用密码杂凑算法标准。SM3算法适用于商用密码应用中的数字签名和验证，是在SHA-256基础上改进实现的一种算法。SM3算法采用Merkle-Damgard结构，消息分组长度为512位，摘要值长度为256位。SM3算法的压缩函数与SHA-256的压缩函数具有相似的结构，但是SM3算法的设计更加复杂，比如压缩函数的每一轮都使用2个消息字。

4. SM4 算法

该算法为对称加密算法，随WAPI标准一起被公布，其加密强度为128位。此算法是一个分组算法，用于无线局域网产品。该算法的分组长度为128比特，密钥长度为128比特。加密算法与密钥扩展算法都采用32轮非线性迭代结构。解密算法与加密算法的结构相同，只是轮密钥的使用顺序相反，解密轮密钥是加密轮密钥的逆序。SM4算法与DES算法对比如表4-4所示。

表 4-4　SM4 算法与 DES 算法对比

对　类	DES 算法	SM4 算法
计算基础	二进制	二进制
算法结构	使用标准的算数和逻辑运算，先替代后置换，不含非线性变换	基本轮函数加迭代，含非线性变换
加解密算法是否相同	是	是
计算轮数	16轮（3DES为16轮×3）	32轮
分组长度	64位	128位
密钥长度	64（3DES为128位）	128位
有效密钥长度	56（3DES为112位）	128位
实现难度	易于实现	易于实现
实现性能	软件实现慢，硬件实现快	软件实现和硬件实现都快
安全性	较低（3DES较高）	算法较新，还未经过现实检验

5. SM7 对称密码

SM7算法是一种分组密码算法，分组长度为128比特，密钥长度为128比特。SM7的算法文本目前没有公开发布。SM7适用于非接IC卡应用包括身份识别类应用（门禁卡、工作证、参赛证），票务类应用（大型赛事门票、展会门票），支付与通卡类应用（积分消费卡、校园一卡通、企业一卡通、公交一卡通）。

6. SM9 非对称算法

SM9是基于对的标识密码算法，与SM2类似，包含4个部分：总则、数字签名算法、密钥交换协议以及密钥封装机制和公钥加密算法。在这些算法中使用了椭圆曲线上的对这一个工具，不同于传统意义上的SM2算法，可以实现基于身份的密码体制，也就是公钥与用户的身份信息即标识相关，从而比传统意义上的公钥密码体制有许多优点，省去了证书管理等。双线性对的双线性映射性质是基于对的标识密码 SM2 中的总则部分，同样适用于 SM9 算法，由于 SM9 总则中添加了适用于对的相关理论和实现基础。

随着金融安全上升到国家安全高度，近年来国家有关机关和监管机构站在国家安全和长远战略的高度提出了推动国家密码算法应用实施、加强行业安全可控的要求。摆脱对国外技术和产品的过度依赖，建设行业网络安全环境，增强我国行业信息系统的“安全可控”能力显得尤为必要和迫切。

7. 祖冲之密码算法

祖冲之密码算法由中国科学院等单位研制，运用于下一代移动通信 4G 网络 LTE 中的国际标准密码算法。祖冲之密码算法(ZUC)的名字源于我国古代数学家祖冲之，祖冲之算法集是由我国学者自主设计的加密和完整性算法，是一种流密码。它是两个新的 LTE 算法的核心，这两个 LTE 算法分别是加密算法 128-EEA3 和完整性算法 128-EIA3。ZUC 算法由 3 个基本部分组成，依次为比特重组、非线性函数 F、线性反馈移位寄存器(LFSR)。

4.10.2　国家密码算法应用

密码算法是保障信息安全的核心技术，尤其是最关键的银行业核心领域长期以来都是沿用 3DES、SHA-1、RSA 等国际通用的密码算法体系及相关标准。2010 年底，国家密码管理局公布了我国自主研制的“椭圆曲线公钥密码算法”(SM2 算法)。为保障重要经济系统密码应用安全，国家密码管理局于 2011 年发布了《关于做好公钥密码算法升级工作的通知》，要求“自 2011 年 3 月 1 日起，在建和拟建公钥密码基础设施电子认证系统和密钥管理系统应使用国家密码算法。自 2011 年 7 月 1 日起，投入运行并使用公钥密码的信息系统，应使用 SM2 算法。2014 年，中国银联发布了《中国银联 IC 卡技术规范》和《中国银联银行卡联网联合技术规范》，在兼容最新国际通用技术标准的基础上支持国产密码，丰富了安全算法体系，促进了信息安全，自主可控水平实现提高。

工商银行根据国家密码算法应用实施总体规划，从 2012 年下半年开始，工商银行启动国家密码算法及产品的相关研究和测评工作，并于 2013 年开始在电子认证、网上银行、金融 IC 卡及移动支付等关键领域率先启动国家密码算法应用试点工作。客户电子认证系统是工商银自建的为网上银行客户提供电子认证服务的系统，在 2013 年 8 月完成国家密码算法应用改造以及机房、网络等环境改造。改造后增加了国密 SM2 算法证书的后台管理功能，并配合网上银行实现国密 U 盾的签发和交易数据签名验签功能。该系统在 2013 年 11 月通过国密局安全审查，成为金融领域自建电子认证系统第一家通过国家密码管理局安全性审查的单位。

为了将密码算法跟可信计算技术有机结合，国家密码管理局发布了《GM/T 0011-2012 可信计算 可信密码支撑平台功能与接口规范》，本标准描述了可信计算密码支持平台的功能原理与要求，并详细定义了可信计算密码支撑平台的密码算法、密钥管理、证书管理、密码协议、密码服务等应用接口规范。本标准适用于可信计算密码支持平台相关产品的研制、生产、测评与应用开发。

小　　结

密码学是安全协议的基础,而安全协议又是许多网络安全应用的基础,本章较全面地阐述了密码学与安全协议的知识。首先介绍了密码学的基础知识,主要包括密码学发展、基本概念、原理、分类、模型、密码系统的设计与分析,并介绍了对称密码体制和公钥密码体制。在对称密码体制部分,介绍了序列密码和分组密码,并给出了最有代表的算法RC4和DES。在公钥密码体制部分,介绍了典型的公钥加密算法RSA。此外,还涉及了Hash函数、数字签名和密钥管理。然后介绍了密码学与安全协议的关系,以及密码学与安全协议在网络安全中的应用。

习　　题

1. 密码系统的设计原则有哪些?
2. 简述DES算法的加密过程,简述RSA算法的加密过程。
3. 数字签名有哪些分类方法?
4. 密码学与安全协议有哪些关系?
5. 密码学在网络安全中有哪些应用?
6. 推广国家密码算法对国家信息安全有何意义?

第5章 身份认证与网络安全

本章要点：

☑ 身份认证技术概述
☑ 基于口令的身份认证
☑ 双因素认证技术
☑ 基于X509证书的身份认证
☑ 安全认证协议
☑ USB Key认证
☑ 基于生物特征的身份认证
☑ 零知识认证技术
☑ 网络认证与授权管理

5.1 身份认证技术

认证(Authentication)指的是对某人或某物与其所声称的是否相符或有效进行确认的一个过程。认证的基本思想是验证被验证者的一个或多个参数是否真实与有效(比如验证他是谁,他具有哪些特征,他有什么可以识别他的东西),以此达到认证的目的,而认证的主要目的是为其他安全措施(如访问控制和审计等)提供相关的鉴别依据。本节介绍身份认证的概念、身份认证系统的特征及分类。

5.1.1 身份认证技术简介

G. J. Simmons在1984年提出了认证系统的信息理论。他将信息论用于研究认证系统的理论安全性和实际安全问题,也指出了认证系统的性能极限以及设计认证码所必须遵循的原则。他在认证系统中的地位与香农的信息理论在保密系统中的地位一样重要,他为研究认证系统奠定了理论基础。认证理论的主要目标有两个：一个是推导欺骗者成功的概率的下界;另一个是构造欺骗者成功的概率尽可能小的认证码。

认证技术是信息安全中的一个重要内容,信息安全包括两种主要的认证技术：消息认证与身份认证,消息认证用于保证信息在传送过程中的完整性和信息来源的可靠性,身份认证是指计算机及网络系统确认操作者身份的过程,身份认证则用于鉴别用户身份,限制非法用户访问网络资源。身份认证用于解决访问者的物理身份和数字身份的一致性问题，给其他安全技术提供权限管理的依据。在网上商务日益火爆的今天，在某些应用场合，认证技术可能比信息加密本身更加重要。在信息安全理论与技术中，认证技术是很重要的一个方面。在安全系统中，身份认证是保障信息安全的第一道关卡，是保护网络安全的一道重要防线。

5.1.2 身份认证系统的特征

身份认证系统一般需要具有以下特征：

- 验证者正确识别合法用户的概率极大。
- 攻击者伪装成合法用户骗取验证者信任的成功率极小。
- 通过重放认证信息进行欺骗和伪装的成功率极小。
- 计算有效性：实现身份认证的算法计算量足够小。
- 通信有效性：实现身份认证所需的通信量足够小。
- 秘密参数能够安全存储。
- 第三方的可信赖性高。
- 可证明安全性。

5.1.3 用户身份认证的分类

根据被认证方证明身份所使用秘密的不同，认证用户身份的方法大体有三种，这三种方法可以单独使用或联合使用。

1. 用户知道的秘密

用户知道的秘密，如口令、个人识别码（Personal Identification Number，PIN）或密钥等。最常见的鉴别和认证方式是个人识别码加上口令。口令系统工作时需要用户的识别码及其口令。系统将口令和该用户预存在系统中的口令进行比较，如果口令匹配，用户就被认证并获准访问。在通常情况下，用户名是公开的，因此作为身份唯一标志的口令就显得格外重要。但是，由于这种口令是可以重复使用的，攻击者有足够的时间来获取口令。

2. 用户拥有的令牌

用户拥有的令牌如：银行卡或智能卡，用户为了鉴别和认证的目的所拥有的物体称为令牌，令牌包括记忆令牌和智能令牌。记忆令牌存储但不处理信息。对令牌的读写通过专用读写器完成。最常见的记忆令牌是磁卡，磁卡表面封装有磁性薄条。在计算机系统中使用记忆令牌进行认证的常见应用是自动提款机。通常，使用智能令牌时还需要用户输入 PIN 用来为智能令牌"解锁"以便使用。这种认证方式是一种双因素的认证方式（PIN＋智能令牌），即使 PIN 或智能令牌被窃取，用户仍不会被冒充。

3. 用户本身的生物特征

用户本身的生物特征，如语音特征、面部特征或指纹等。生物识别认证技术利用各人独一无二的特征（或属性）对人的身份进行识别。这包括生理属性（如指纹、手掌几何形状或视网膜图案）或行为特征（如语音模式和笔迹签署）。生物识别系统可以提升计算机系统的安全性，但是生物识别技术的缺陷源于测量和抽取生物特征的技术的复杂性和生物属性的自然变化，这些特征在某些情况下会发生变化。

上述几种认证方式在应用中存在一定的缺点，当前国内外将认证技术的研究重点逐步转移到了基于X.509数字证书的认证技术和为TCP/IP网络提供可信第三方鉴别的Kerberos协议认证技术，下面我们将分别予以介绍。

5.2　基于口令的身份认证

对于身份认证技术来说，基于口令的认证方式是最常用的一种技术。基于口令的认证方式就是用户输入自己的口令，计算机验证并给予用户相应的权限。鉴别用户身份最常见也是最简单的方法就是口令认证：系统为每一个合法用户建立一个用户名/口令对，当用户登录系统或使用某项功能时，提示用户输入自己的用户名和口令，系统通过核对用户输入的用户名、口令与系统内已有的合法用户的用户名/口令对是否匹配，如与某一项用户名/口令对匹配，则该用户的身份得到了认证。这种方法有如下缺点：其安全性仅仅基于用户口令的保密性，而用户口令一般较短且容易猜测，因此这种方案不能抵御口令猜测攻击；另外，攻击者可能窃听通信信道或进行网络窥探(Sniffing)，口令的明文传输使得攻击者只要能在口令传输过程中获得用户口令，系统就会被攻破，尽管有许多漏洞，这种方法在非网络环境下还是经常被采用的。

5.2.1　口令的存储

基于口令的认证方式需要解决的一个重要问题是口令的存储。一般有以下两种方法进行口令存储。

1. 直接明文存储口令

这种方式有很大风险，任何人只要得到存储口令的数据库，就可以得到全体人员的口令，比如攻击者可以设法得到一个低优先级的账号和口令，进入系统后得到存储口令的文件，因为是明文存储，这样，他就可以得到全体人员的口令，包括管理员的口令，然后以管理员的身份进入系统，进行非法操作。

2. 散列存储口令

散列函数的目的是为文件、报文或其他分组数据产生类似于“指纹”的特征信息。对于每一个用户，系统存储账号和散列值对在一个口令文件中，当用户登录时，用户输入口令x，系统计算$H(x)$，然后与口令文件中相应的散列值进行比对，成功则允许登录，否则拒绝登录。在文件中存储口令的散列值而不是口令的明文，优点在于黑客即使得到口令文件，通过散列值想要计算出原始口令在计算上也是不可能的，这就相对增加了安全性。

5.2.2　口令机制

1. 口令传递

最简单的口令机制是以明文的形式把口令从用户传送到服务器。为了验证口令，服务器中存储口令文件，其中包含了口令的明文形式(附于用户名)或口令在单向函数下的映射。后者是UNIX系统的经典方法，且还用于FTP和Telnet的远程认证。在远程认证的情况下，这种机制的缺陷很明显，因为口令会很容易地被窃听者从网络上侦听下来。

2. 激励-响应

激励-响应是更为安全的口令认证形式。这种情况下，口令从不以明文的形式传送，而是用来对每次认证时认证服务器所选取的激励进行秘密的函数计算。这提供了认证的新鲜性。但也使口令易受到口令猜测攻击，这种攻击是指假设入侵者拥有个相对较小的口令字典，其中包含了许多普通的口令。入侵者首先记录包含了激励和响应的认证会话，然后用一些可能的口令对激励进行计算，看能否得到同样的响应。如果能的话，说明这是个合法的用户口令。

3. 一次性口令

激励-响应机制的一种变形称为一次性口令机制，在这种机制下，用户每次验证自己身份时使用不同的口令。如果这些一次性口令是从一个用户记忆的口令推导而来的，那么这个用户记忆的口令仍易受到口令猜测的攻击。另外一种方法是把这些一次性口令全部写在纸片上让用户保存，这样就叫防止上述攻击，且口令不会被重用。但对于用户来说，需携带大批的口令并保证这些口令的安全和保密，且每次都要输入相对复杂的字符串，这是非常不方便的。为了防止重传攻击，可在每次提交的口令中增加随机数，时间标签等因素，从而提供一次一密的功能，提高了整个认证系统的安全性。

5.2.3 对口令协议的基本攻击

对口令协议的基本攻击包括以下几种。

1. 窃听

入侵者搭线窃听，试图从正在进行的通信中获得有用的信息。

2. 重放

入侵者记录过去通信中的消息并在以后的通信中重放它们。

3. 中间人攻击

入侵拦截各主体之间的消息，并用自己的消息来取代它们。在向服务器发送的消息中它假冒用户的身份，同样，在向用户发送的消息中它假冒服务器的身份。

4. 口令猜测

攻击假设入侵者拥有一个相对较小的口令字典，其中包含了许多普通的口令。利用该口令字典，入侵者主要用以下两种方法进行攻击，它们是：

（1）离线攻击入侵者记录过去的通信，然后遍历口令字典，查找与所记录的通信相一致的口令。如果发现了这样的口令，那么入侵者就能够断定这是某个用户的口令。

（2）在线攻击入侵者重复地从口令字典中选取口令并用它来假冒合法用户。如果假冒失败了，入侵者就把这个口令从口令字典中删除，再用其他的口令进行尝试。在实践中，防止这种在线攻击的标准方法是限制口令到期之前允许用户登录失败的次数，或降低允许用户登录的频率。

5. 内部人员辅助攻击

很多时候入侵者可能得到内部人员的帮助进行攻击。实际上，入侵者往往就是系统中的一个用户，因此我们应该考虑到这种可能性，即入侵者拥有自己的账户及相应的合法口令。我们应该确保在这种情况下，协议能够防止入侵者用合法的账户来攻击别人的账户。

6. 秘密揭露

入侵者可能会偶尔得到应该被参与协议的主体保持为秘密的敏感数据(如当服务器或用户被损害时)。在这种情况下,协议的目标就是使得密钥或文件的泄露对整个系统的影响最小化。特别是,在口令机制的环境中,我们需要考虑泄露的密钥对导出的会话密钥(反之亦然)的影响以及损害口令文件或服务器密钥所产生的影响。

5.2.4　口令认证的安全性

设计安全口令机制的困难之处在于口令空间通常较小,比随机密钥更易受到攻击。特别是离线口令猜测攻击之类的穷尽搜索攻击非常有效;且当使用口令作为加密密钥时,总是假设即使口令是从个很小的口令集中选取,加密函数仍是安全的。但这些假设非同寻常,想形式化地证明现有协议安全性是非常困难的。

总体来说,基于口令的认证方式虽然较为常用,但它存在严重的安全问题。它是一种单因素的认证,即仅通过口令一个因素来进行认证,也就是说它的安全性仅依赖于口令,口令一旦泄露,用户即可被冒充。为了提高安全性,往往会使用双因素认证技术。

5.3　双因素认证技术

身份认证技术的应用信息系统中,通过一个条件的符合来证明一个人的身份称之为单因素认证,由于仅使用一种条件判断用户的身份容易被仿冒,可以通过组合两种不同条件来证明一个人的身份,称之为双因素认证。

双因素身份认证机制,通常是在静态密码的基础上,增加一个物理因素,从而构成一个他人无法复制和识破的安全密码。最常见的物理因素有生物特征和智能卡。前者因技术及设备的复杂性而只在某些特殊的领域中使用;后者是目前应用的最广泛的双因素身份验证机制,又称动态口令验证机制。

动态口令技术是一种让用户密码按照时间或使用次数不断变化、每个密码只能使用一次的技术。它采用一种称为动态令牌的专用硬件,内置电源、密码生成芯片和显示屏,密码生成芯片运行专门的密码算法,根据当前时间或使用次数生成当前密码并显示在显示屏上。认证服务器采用相同的算法计算当前的有效密码。用户使用时只需要将动态令牌上显示的当前密码输入客户端计算机,即可实现身份认证。由于每次使用的密码必须由动态令牌来产生,只有合法用户才持有该硬件,所以只要通过密码验证就可以认为该用户的身份是可靠的。而用户每次使用的密码都不相同,即使黑客截获了一次密码,也无法利用这个密码来仿冒合法用户的身份,从而提高登录过程的安全性。

5.3.1　双因素认证原理

双因素身份认证系统主要由三个部分组成:动态口令产生算法、客户端软件代理和管理服务器。这三个部分协同工作,管理服务器在选定的网络节点之间(通过签发代理主机证书)建立一个保护的环境。每个受保护的网络节点都是一个客户端,必须运行客户端软件代理。用户访问受保护网络节点时,客户端软件代理要求用户输入验证信息(用户名、PIN码和动态密码），并同时将客户端的节点密文传输到管理服务器。管理服务器在接收到验证信息后，首先根据节点密文确定客户端是否为可信节点；然后根据用户名在用户信息数据库中取出用户的初始密钥，并在当前时间前后的一定时间段内生成一系列动态口令，如果用户提交的动态口令在这组口令中得以匹配，并且PIN码也相符，则可以认定该用户为合法用户，接受用户的验证请求。这种动态口令和用户PIN码相结合的验证方式称为双因素验证方式。

5.3.2 动态口令的产生

动态口令产生算法，一般是采用特定的运算函式或流程，即基本函数，加上具有变动性的一些参数，即基本元素。利用基本元素经过基本函数的运算流程得到结果，产生的内容再转换为使用的密码，由于基本元素具有每次变化的特性，因此每次产生的密码都会不相同，所以称为动态口令。动态口令产生算法一般可以以软件形式、硬件形式或智能卡形式实现。其处理过程如图5-1所示。

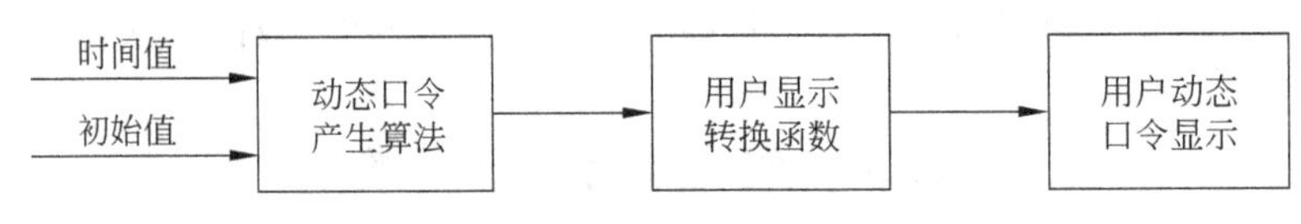

图5-1 动态口令的产生与显示

5.3.3 客户端软件代理

客户端软件代理是实现认证功能的中间部分，它部署在应用服务器上，用来实施动态口令的安全策略。客户端软件代理主要功能是将具体应用的身份认证请求通过安全的通道传输给管理服务器，并通知用户验证结果。被保护的服务器安装了客户端软件代理后，用户无论是通过本地还是远程访问该服务器时，在获取它的访问权前，访问请求将被截取，通过安全的通道向管理服务器证明身份。以此来控制用户权限，决定用户被授权后，能够访问和不能访问哪些资源。

5.3.4 管理服务器

管理服务器是网络中认证引擎。其主要作用为：验证用户口令的有效性，向用户签发口令令牌，签发可信代理主机证书，实时监控，创建日志信息等。客户端软件负责把用户信息传递给指定的管理服务器，然后对返回的响应进行操作。管理服务器负责接收用户连接请求。在管理服务器中设立一个中心数据库，这个中心数据库包括用户身份认证信息（比如用户名、口令），根据这个中心数据库来认证用户。通常管理服务会采用Radius服务器。Radius是一种客户机及服务器协议。Radius服务器可支持许多种方法来认证用户的身份。

5.3.5 双因素身份验证系统的几个要点

双因素身份验证系统包含以下几个要点。

1. 时间同步机制

在系统中，用户令牌和管理服务器共享相同的动态口令生成算法，不同的令牌（用户）拥有唯一的初始密钥，动态口令生成算法根据初始密钥和当前时间产生动态口令。由于在同一时刻管理服务器和令牌需要计算出相同的动态口令。而动态口令的产生依赖于时间值和初始密钥，所以时钟的同步很重要。对于可能分布在不同地区的管理服务器和令牌，采用全球同步时间保证两者之间的时钟始终一致。这样在硬件精度能够保证的前提下，令牌和管理服务器之间便能保证时间同步。

2. 时间漂移的处理

受到硬件制作、地域温度等各种因素的影响，令牌时钟会出现微小的漂移，久而久之就有可能造成令牌和服务器之间时钟不一致，影响用户验证处理。所以将管理服务器设计在某一时间窗口的基础上进行验证（通常为 3 分钟），即当用户提供的动态口令与服务器根据当前时间产生的口令不一致时，如果用户名和 PIN 码正确，则服务器同时将用户动态口令与前一分钟和后一分钟的口令相比较，如果匹配，则仍然认为口令有效，同时将偏移量记录。

3. 输入错误的处理

系统中设置有一个阀值，当用户密码连续错误的次数超过这个阀值时，必须要求用户连续两次输入正确的密码。另外，动态口令验证系统是根据时间同步原理来实现令牌和服务器之间的同步，它们之间有可能存在时间漂移。用户即使输入令牌显示的正确口令，该口令在服务器端也可能是过期的。此时也会要求用户输入下一个令牌值。如果两次口令均正确，则可以确认用户身份，并根据两次输入校正时间偏移。

双因素认证系统以较少的投资、较少的工程实施量，可以有效地解决企业在身份认证方面的安全隐患，并且提供更有效更方便的用户管理。利用动态口令，可以解决单一固定口令容易被他人窃取和冒名使用的问题；利用 PIN 码和动态口令相结合，可以解决由于令牌丢失而口令泄露的问题。

5.4　基于 X509 证书的身份认证

5.4.1　X509 证书的格式及含义

X.509 是定义目录服务建议 X.500 系列的一部分，X.500 目录中的条目称为目录信息树（Directory Information Tree，DIT）的层次树形结构来组织，持有此证书的用户就可以凭此证书访问那些信任（Certificate Authority，CA）的服务器。基于 X.509 证书的认证技术依赖于共同信赖的第三方来实现认证，这里可信赖的第三方是指 CA 的认证机构。该认证机构负责证明用户的身份并向用户签发数字证书，主要职责包括证书颁发、证书更新、证书废除、证书和证书撤销列表（Certificate Revocation List，CRL）的公布、证书状态的在线查询、证书认证和制定政策等。其中，证书颁发主要实现申请者在 CA 的注册机构（Registration Authority，RA）进行注册，申请数字证书。使用此数字证书，通过运用对称和非对称密码体制等密码技术建立一套严密的身份认证系统，从而保证：信息除了发送方和接收方外不被其他人窃取；信息在传输过程中不被篡改；发送方能够通过数字证书来确定接收方的身份；发送方对于自己的信息不能抵赖等。X.509数字证书就是其中一种被广泛使用的数字证书，是国际电信联盟-通信（International Telecommunication Union-Telecommunication，ITU-T）部分标准和国际标准化组织的证书格式标准。它是随PKI的形成而新发展起来的安全机制，支持身份的鉴别与识别（认证）、完整性、保密性及不可否认性等服务。通用的X.509数字证书的格式和吊销列表的格式如图5-2所示。

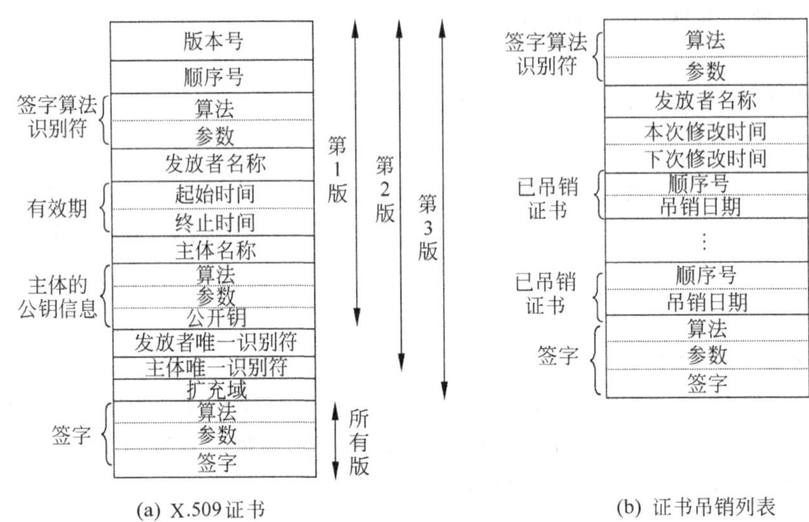

图5-2　X.509数字证书的格式和吊销列表的格式

X.509证书标准文件数据格式如下。

- **版本号**——X.509版本号，这将最终影响证书中包含的信息的类型和格式。
- **顺序号**——证书序列号是赋予证书的唯一整数值，它用于将本证书与同一CA颁发的证书区分开来。
- **签字算法识别符**——产生证书算法的识别符。
- **颁发者名称**——签发证书实体的唯一名，通常为某个CA。
- **有效期**——证书仅在有限的时间段内有效。该域表示两个日期的序列，即证书有效期开始的日期及证书有效期结束的日期。
- **主体名称**——该域包含与存储在证书的主体公钥信息域的公钥相关联的实体的DN。
- **主体公钥信息**——该域含有与主体相关联的公钥及该公钥用于何种密码算法的算法标识符。
- **颁发者唯一标识符**——可选域。它包含颁发者的唯一标识符。将该域包括在证书中的目的是为了处理某个颁发者的名字随时间的流逝而重用的可能。
- **主体唯一标识符**——可选域。它含有一个主体的唯一标识符。
- **扩充域**——扩展项提供了一种将用户或公钥与附加属性关联在一起的方法。
- **签字值**——该域中含有颁发证书的CA的数字签名。

证书作为各用户公钥的证明文件，必须由一个可信赖的CA用其密钥对各个用户的公钥分别签署，并存放在 X.500 目录中供索取。所有 CA 都以层次结构存在。每个 CA 都有自己的公钥。这个公钥用该 CA 的证书签名后存放于更高一级 CA 所在服务器。但是，由于 Root CA 位于最顶端，没有上一级结点，故不受此限。若 A 想获得 B 的公钥，A 可先在目录中查找 ID_B，利用 CA 的公钥和 Hash 算法验证 B 的公钥证书的完整性，从而判断公钥是否正确。同样，公钥证书也存在一些缺陷，如公钥证书的签名都存放在其上一级机构所在的服务器中。在使用一个公钥证书前，用户不得不一级一级地核对有关的数字签名。但由于用户不能检查 Root CA 的公钥，因而不能确认 Root CA 是否被冒名顶替。

另外，用户在使用一个公钥之前，必须核对证书撤销列表 CRL 表，以确认该公钥是否作废。这样，即使 CRL 非常安全且高度可用，也难以满足数以百万计的用户的频繁访问。CRL 很容易成为瓶颈，导致用户冒险使用一个未经核对的 CRL 表的公钥，给系统的安全性带来威胁。同时，用户私钥的管理也会带来问题，就是每个用户必须把私钥存放在计算机中，这也是一个不安全的因素。

5.4.2 基于 X.509 证书的双向认证过程

基于 X.509 证书的认证实际上是将个体之间的信任转化为个体对组织机构的信任，因此，这种认证系统需要有 CA 的支持。利用 X.509 数字证书可以实现相互实体身份的强认证功能，这里的“强”是指不是简单地使用口令，而是使用时间戳和基于随机数的挑战与应答。认证过程如图 5-3 所示。

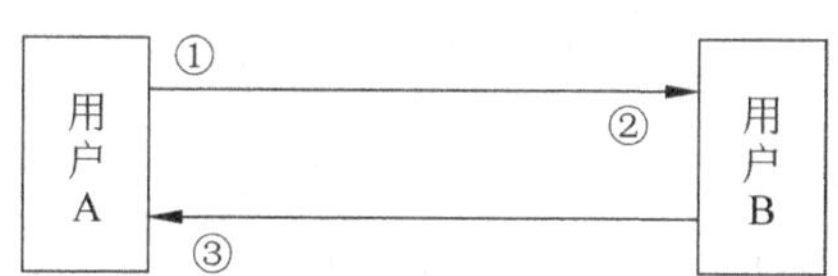

图 5-3 双向身份认证实现示意

(1) 用户 A 选取时间戳 t_A，表示消息生成时间和期满时间，被用来防止信息传递的延迟以抗重放；生成一个非重复的随机数 r_A(r_A 用来抗重放攻击)及密钥 k_A，A 用自己的密钥 k_A 加密$\{t_A, r_A, B\}$即$\{t_A, r_A, B\}k_A$，并将它发送给 B。

(2) B 收到消息后执行以下动作：获取 A 的 X.509 证书，并验证证书的有效性，从 A 证书中提取 A 的公开密钥信息，验证 A 的身份是否属实，同时检验消息的完整性；检查 B 自己是否是消息的接收者；验证时间戳 t_A 是否为当前时间，检查 r_A 是否被重放；最后 B 生成一个非重复的随机数 r_B(作用与 r_A 相同)，并向 A 发送消息$\{r_B, t_B, A, r_A\}k_B$。

(3) A 收到消息后执行以下动作：获取 B 的 X.509 证书，并验证证书的有效性，接着从 B 的证书中提取 B 的公开密钥，验证 B 的公开密钥，验证 B 的身份，同时检验消息的完整性；检查 A 自己是否是消息的接收者；验证时间戳 t_B 是否为当前时间，并检查 r_B 是否被重放。

5.5 安全认证协议

下面将分别介绍几个有代表性的网络安全认证协议。

5.5.1 NSSK 认证协议

该协议是由 Roger Needham 和 Michael Schroeder 在 1978 年提出的著名的 Needham-Schroeder 认证协议。采用对称密钥算法的 NS 协议被称为 NSSK，采用非对称密钥算法的 NS 协议被称为 NSPK。NSSK 认证协议需要有一个称为鉴别服务器的可信权威机构参与密钥分发中心 KDC(key distribution center)，KDC 拥有每个用户的秘密密钥。若用户 A 欲与用户 B 通信，则用户 A 向鉴别服务器申请会话密钥。在会话密钥的分配过程中，双方身份得以鉴别。

首先来看一下 NSSK 的协议流程，如图 5-4 所示。

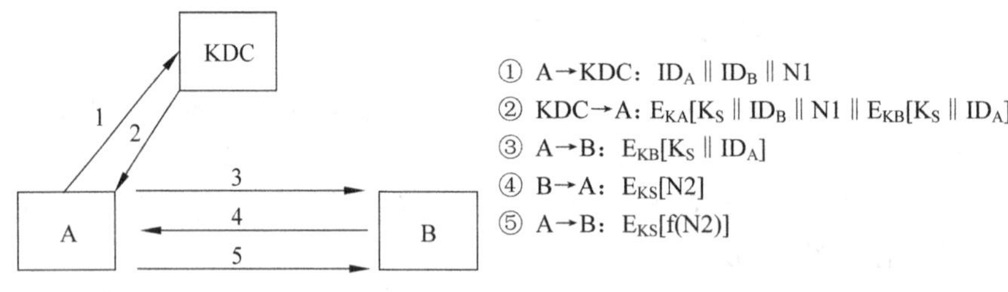

图 5-4 NSSK 的协议流程

其中 KDC 是密钥分发中心，Ra、Rb 是一次性随机数，保密密钥 Ka 和 Kb 分别是 A 和 KDC、B 和 KDC 之间共享的密钥，Ks 是由 KDC 分发的 A 与 B 的会话密钥，EX 表示使用密钥 X 加密。式中 K_A、K_B 分别是 A、B 与 KDC 共享的主密钥。协议的目的是由 KDC 为 A、B 安全地分配会话密钥 K_S，A 在第②步安全地获得了 K_S，而第③步的消息仅能被 B 解读，因此 B 在第③步安全地获得了 K_S，第④步中 B 向 A 示意自己已掌握 K_S，N2 用于向 A 询问自己在第③步收到的 K_S 是否为一新会话密钥，第⑤步 A 对 B 的询问做出应答，一方面表示自己已掌握 K_S，另一方面由 f(N2)回答了 K_S 的新鲜性。可见第④、⑤两步用于防止一种类型的重放攻击，比如敌手在前一次执行协议时截获第③步的消息，然后在这次执行协议时重放，如果双方没有第④、⑤两步的握手过程的话，B 就无法检查出自己得到的 K_S 是重放的旧密钥。

5.5.2 Kerberos 认证协议

1. Kerberos 认证系统简介及符号表示

Kerberos(注：Kerberos 是古希腊神话里的一条三头看门狗)是一种用于公共网络上的安全认证系统。Kerberos 身份认证系统是 MIT Athena(雅典娜)项目中的一部分，被 Windows 2000、UNIX 系统广泛采用。其 V1～V3 版是开发版本，V4 为 Kerberos 原型，获得了广泛的应用，V5 自 1989 年开始设计，于 1994 年成为 Internet 的标准(RFC

1510)。Kerberos 协议的记号及含义如表 5-1 所示。

表 5-1　Kerberos 协议的记号及含义

Kerberos 的记号	含　义
C	客户
S	服务器
ADc	客户的网络地址
Lifetime	票据的生存期
TS	时间戳
Kx	x 的秘密密钥
Kx,y	x 与 y 的会话密钥
Kx[m]	以 x 的秘密密钥加密的 m
Ticketx	x 的票据
Authenticatorx	x 的鉴别码

2. Kerberos 的凭证类型及认证服务

Kerberos 使用两类凭证：票据(Ticket)和鉴别码(Authenticator)。该两种凭证均使用私有密钥加密,但加密的密钥不同。Ticket 用来安全的在认证服务器和用户请求的服务之间传递用户的身份,同时也传递附加信息用来保证使用票据 Ticket 的用户必须是票据 Ticket 中指定的用户。票据 Ticket 一旦生成,在生存时间指定的时间内可以被 Client 多次使用来申请同一个 Server 的服务。鉴别码 Authenticator 则提供信息与票据 Ticket 中的信息进行比较,一起保证发出票据 Ticket 的用户就是票据 Ticket 中指定的用户。鉴别码 Authenticator 只能在一次服务请求中使用,每当 Client 向 Server 申请服务时,必须重新生成鉴别码 Authenticator。

Kerberos 协议把身份认证的任务集中在身份认证服务器(Authenticator Server, AS)上执行。AS 中保存了所有用户的口令。在 Kerberos 认证体制中,还增加了另外一种授权服务器 TGS(Ticket-Granting Server)。首先,用户 C 申请票证授权证,AS 验证用户 C 的访问权限后,准备好票证 $Ticket_{tgs}$和用户 C 与 TGS 的 用户会话密钥 $K_{c,tgs}$,并用口令导出的 Kc 加密后回送票证授权证给用户 C。然后用户 C 请求服务授权证,工作站要求输入口令,并用它导出密钥 Kc,以 Kc 对所得消息进行解密得到 $K_{c,tgs}$。用户 C 将 $Ticket_{tgs}$连同个人信息发给 TGS,TGS 实现对用户 C 的认证后,准备好服务授权证 $Ticket_v$ 及会话密钥 $K_{c,v}$,用 $K_{c,tgs}$加密后发给用户 C。用户 C 将获得的 $Ticket_v$ 连同个人信息发送给服务器 V,服务器 V 对信息认证后,给用户 C 提供相应的服务。

3. Kerberos 认证过程

用户 C 请求服务 S 的整个 Kerberos V4 认证协议的工作过程如图 5-5 所示。

认证过程分三个阶段 6 个步骤,其协议的具体过程简述如下。

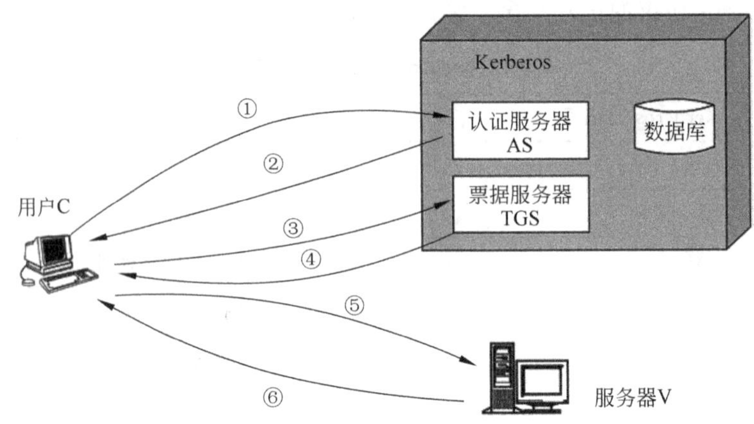

图 5-5　Kerberos 认证过程

第一阶段　认证服务交换

用户 C 向 AS 发出请求，以获取访问 TGS 的令牌（票据许可证）$Ticket_{tgs}$：

① C→AS：$ID_C || ID_{tgs} || TS1$

② AS →C：$EK_c[K_{c,tgs} || ID_{tgs} || TS2 || Lifetime2 || Ticket_{tgs}]$

其中：$Ticket_{tgs} = EK_{tgs}[K_{c,tgs} || IDc || ADc || ID_{tgs} || TS2 || Lifetime2]$

第二阶段　C 从 TGS 得到所请求服务的令牌 $Ticket_v$

③ C→TGS：$ID_v || Ticket_{tgs} || Authenticator_c$

$$Authenticator_c = EK_{c,tgs}[IDc || ADc || TS3]$$

说明：TGS 拥有 K_{tgs}，可以解密 $Ticket_{tgs}$，然后使用从 $Ticket_{tgs}$ 得到的 $K_{c,tgs}$ 来解密 $Authenticator_c$。

将认证符中的数据与票据中的数据进行比较，以验证票据发送者就是票据持有者。

④ TGS →C：

$EK_{c,tgs}[K_{c,v} || ID_v || TS4 || Ticket_v]$

$Ticket_v = EK_v[K_{c,v} || IDc || ADc || IDv || TS4 || Lifetime4]$

第三阶段　客户机与服务器之间认证交换。

⑤ C→V：$Ticket_v || Authenticator_c$

⑥ V →C：$Ek_{c,v}[TS5+1]$

其中：$Ticketv = EK_v[K_{c,v} || IDc || ADc || IDv || TS4 || Lifetime4]$

$$Authenticator_c = Ek_{c,v}[ID_c || AD_c || TS5]$$

根据 Kerberos 认证机制，可以得出 Kerberos 有如下优势。

① 实现了一次性签发机制，并且签发的票据都有一个有效期。

② 支持双向的身份认证，同时也支持分布式网络环境下的认证机制。

在 Kerberos 认证机制中，同样也存在安全隐患，原有的认证很可能被转储或被替换。虽然时间是专门用于防止重放攻击的，但在许可证有效时间内，消息仍然是有效的。假设在一个 Kerberos 服务域内的全部时钟保持同步，收到消息的时间在规定的范围内（一般可以规定 t=5 min），就认为该消息是新的。而事实上，攻击者可以事先把伪造的消息准备好，一旦得到许可证就马上发出，这在5分钟内是难以检查出来的。攻击者可以采用离线方式攻击用户口令，当用户选择了弱口令时，系统将是不安全的。同时，Kerberos认证中心要求保存大量的共享私钥，无论是管理还是更新都有很大的困难，需要特别细致的安全保护措施(甚至应采用硬件/物理方法)。

V4只支持DES(数据加密标准)算法，V5采用独立的加密模块，可用其他加密算法替换；在V4版中，为防止重放攻击，nonce由时间戳实现，这就带来了时间同步问题。即使利用网络时间协议(Network Time Protocol)或国际标准时间(Coordinated universal time)能在一定程度上解决时间同步问题，但网络上关于时间的协议并不安全。V5版允许nonce可以是一个数字序列，但要求它唯一。

5.5.3 PAP认证协议

点到点协议(Point to Point Protocol，PPP)是IETF(Internet Engineering Task Force，因特网工程任务组)推出地点到点类型线路地数据链路层协议。PPP协议在RFC 1661、RFC 1662和RFC 1663中进行了描述。PPP支持在各种物理类型地点到点串行线路上传输上层协议报文。PPP提供了两种可选的身份认证协议：口令验证协议(PassWord Authentication Protocol，PAP)和挑战握手认证协议(Challenge Handshake Authentication Protocol，CHAP)。如果双方协商达成一致，也可以不使用任何身份认证方法。PAP认证可以在一方进行，即由一方认证另一方身份，也可以进行双向身份认证。

口令认证协议(PAP)在RFC 1334中做了详细说明。在该协议中，进行连接的对等主机向它试图与之连接的系统传送用户ID和口令对。由于认证者并非都是PPP(点对点协议)链路，因而需要进行严格的认证。一旦PPP链路建立后，PAP认证可以在该链路上执行。同等层以明码向认证者发送用户口令和ID，直至认证者接到它们或连接结束为止。由于认证信息以明码传输，因此PAP是不安全的。PAP提供了一种简单的方法，可以使对端(Peer)使用2次握手建立身份验证，这个方法仅仅在链路初始化时使用。如果包含健壮的验证方法(例如CHAP，下面描述)的实现，最好提供优先于PAP的方法。这个验证方法最适合用在使用有效的明文密码在远程主机上模拟登录的地方，这种用法提供了与普通用户登录远程主机相似的安全级别。

5.5.4 CHAP认证协议

下面分别介绍CHAP认证协议的概念、优缺点及设计要求。

1. CHAP认证协议概述

挑战握手认证协议(CHAP)主要就是针对PPP的，除了在拨号开始时使用外，还可以在连接建立后的任何时刻使用。CHAP通过3次握手周期性地认证对端的身份，在初始链路建立时完成，可以在链路建立之后的任何时候重复进行。关于CHAP可以参见RFC 1994。CHAP协议基本过程是认证者先发送一个随机挑战信息给对方，接收方根据此挑战信息和共享的密钥信息，使用单向散列函数计算出响应值，然后发送给认证者，认证者也进行相同的计算，验证自己的计算结果和接收到的结果是否一致，一致则认证通过，否则认证失败。经过一定的随机间隔，认证者发送一个新的挑战给对端，重复以上步骤。这种认证方法的优点即在于密钥信息不需要在通信信道中发送，而且每次认证所交换的信息都不一样，可以很有效地避免监听攻击。使用CHAP的安全性除了本地密钥的安全性外，网络上的安全性在于挑战信息的长度、随机性和单向散列算法的可靠性。挑战信息必须是随机的，在每次认证时改变，挑战信息是由应用在实际实现中自己定义的，RFC中并没有规定挑战信息的具体格式；响应值按下面的公式进行计算：响应值＝散列值（用户标示＋共享密钥＋挑战信息）。

2. 优点

（1）通过递增改变的标识符和可变的挑战值，CHAP防止了重放攻击，此外重复地发挑战值限制了暴露单个攻击的时间以及认证者控制挑战的频度。

（2）该认证方法依赖于认证者和对端共享的密钥，密钥不是通过链路发送的。

（3）虽然该认证是单向的，但是在两个方向都进行CHAP协商，同一密钥可以很容易地实现交互认证。

（4）由于CHAP可以用在许多不同的系统认证中，因此可以用NAME字段作为索引，以便在一张大型密钥表中查找正确的密钥，这样也可以在一个系统中支持多个用户名/密钥对，在会话中随时改变密钥。

3. 缺点

CHAP要求密钥以明文形式存在，无法使用通常的不可恢复加密口令数据库，而且不能防止中间人攻击。

4. 设计要求

（1）CHAP算法要求密钥长度必须至少是一字节，至少应该不易让人猜出，密钥最好至少是散列算法（16字节，MD5）所选用的散列值的长度，如此可以保证密钥不易受到穷搜索攻击。所选用的散列算法，必须使得从已知挑战值和应答值来确定密钥在计算上是不可行的。

（2）每一个挑战值应该是唯一的，否则在同一密钥下，重复挑战值将使攻击者能够用以前截获的应答值响应挑战。由于希望同一密钥可以用于地理上分散的不同服务器的认证，因此挑战应该全局临时唯一。

（3）每一个挑战值也应该是不可预计的，否则攻击者可以欺骗对端，让对端响应一个预计的挑战值，然后用该响应冒充对端欺骗认证者。

（4）虽然CHAP不能防止实时的主动搭线窃听攻击，然后只要能产生不可预计的挑战就可以防范大多数的主动攻击。

5.5.5 RADIUS认证协议

1. RADIUS协议简介

RADIUS是远程认证拨号用户服务协议（Remote Authentication Dial In User Service，RADIUS）的简称，它最初是由Livingston朗讯公司提出的一个为拨号用户提供认证和计费的协议。后经多次改进，逐渐成为当前流行的认证授权计费（Authentication，Authorization，Accounting，AAA）协议，并定义于IETF提交的RFC 2865、RFC 2866等多个文件中。RADIUS服务器支持多种认证机制，它可以验证来自PPP、PAP、CHAP和

UNIX系统登录的用户信息的有效性。现在RADIUS协议的应用范围很广，在移动、数据、智能网等业务的认证、计费系统中都有所应用。RADIUS认证系统结构如图5-6所示。

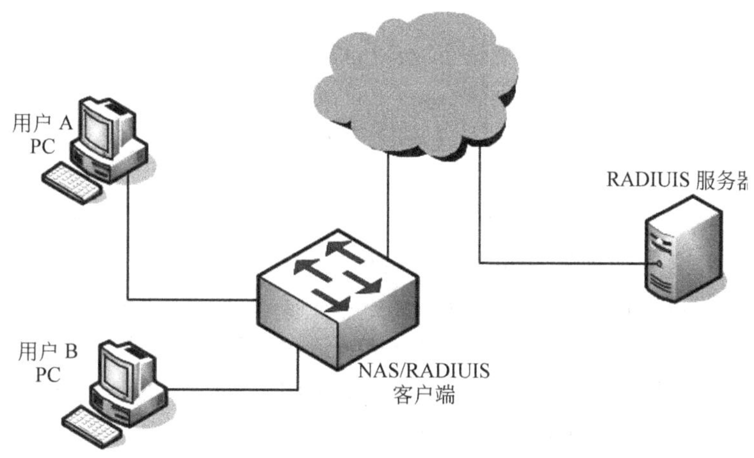

图5-6　RADIUS认证系统结构图

RADIUS协议以客户端/服务器方式工作。客户端为网络接入服务器(Net Access Server，NAS)，现在任何运行RADIUS客户端软件的计算机都可以成为RADIUS的客户端，它向RADIUS服务器端提交认证、计费等信息，RADIUS服务器处理信息后，将结果返回给NAS，然后NAS按照RADIUS服务器的不同响应来采取相应动作。NAS和RADIUS服务器之间传递的信息通过共享的密钥进行加密。RADIUS服务器支持多种认证协议，所有的认证协议都是基于类型、长度、属性值(Type-Lenght-Value，TLV)三元组组成的，因此协议的扩展性很好。RADIUS协议认证机制灵活，可以采用PAP、CHAP或者UNIX登录认证等多种方式。RADIUS是一种可扩展的协议，它进行的全部工作都是基于TLV向量进行的。RADIUS也支持厂商扩充各自专有属性。

2. RADIUS协议的基本消息交互流程

RADIUS服务器对用户的认证过程通常需要利用NAS等设备的代理认证功能，RADIUS客户端和RADIUS服务器之间通过共享密钥认证相互间交互的消息，用户密码采用密文方式在网络上传输，增强了安全性。RADIUS协议合并了认证和授权过程，即响应报文中携带了授权信息。基本交互步骤如下：

(1) 用户输入用户名和口令。

(2) RADIUS客户端根据获取的用户名和口令，向RADIUS服务器发送认证请求包(access-request)。

(3) RADIUS服务器将该用户信息与users数据库信息进行对比分析，如果认证成功，则将用户的权限信息以认证响应包(access-accept)发送给RADIUS客户端；如果认证失败，则返回access-reject响应包。

(4) RADIUS客户端根据接收到的认证结果接入/拒绝用户。如果可以接入用户，则RADIUS客户端向RADIUS服务器发送计费开始请求包(accounting-request)，status-

type 取值为 start。

(5) RADIUS 服务器返回计费开始响应包(accounting-response)。

(6) RADIUS 客户端向 RADIUS 服务器发送计费停止请求包(accounting-request)，status-type 取值为 stop。

(7) RADIUS 服务器返回计费结束响应包(accounting-response)。

5.6 USB Key 认证

USB Key 采用双钥(公钥)加密的认证模式，是一种 USB 接口的硬件设备，外形和普通 U 盘很像。它像一面盾牌，保护网上银行资金安全。它内置单片机或智能卡芯片，有一定的存储空间，可以存储用户的私钥以及数字证书，利用 USB Key 内置的公钥算法实现对用户身份的认证。由于用户私钥保存在密码锁中，理论上使用任何方式都无法读取，因此保证了用户认证的安全性。USB Key 主要用于网络认证，锁内主要保存数字证书和用户私钥。USB Key 的硬件和 PIN 码构成了可以使用证书的两个必要因素。如果用户 PIN 码被泄露，只要 USB Key 本身不被盗用即安全。

5.6.1 USB Key 身份认证原理

任何 USB Key 硬件都具有用户 PIN 码，以实现双因素认证功能。USB Key 内置单向散列算法，预先在 USB Key 和服务器中存储一个证明用户身份的密钥。当需要在网络上验证用户身份时，先由客户端向服务器发出一个验证请求，服务器接到此请求后生成一个随机数并通过网络传输给客户端(此为冲击)。客户端将收到的随机数提供给插在客户端上的 USB Key，由 USB Key 使用该随机数与存储在 USB Key 中的密钥进行带密钥的单向散列运算(HMAC-MD5)并将得到的结果作为认证证据传送给服务器(此为响应)。与此同时，服务器使用该随机数与存储在服务器数据库中的该客户密钥进行 HMAC-MD5 运算，如果服务器的运算结果与客户端传回的响应结果相同，则认为客户端是个合法用户。由于每次认证过程使用的随机数和运算结果都不一样，即使在网络传输的过程中认证数据被黑客截获，也无法逆推获得密钥。这就从根本上保证了用户身份无法被仿冒。

5.6.2 USB Key 身份认证的特点

USB Key 身份认证有以下几个特点：

1. 双因素认证

每个 USB Key 都具有硬件 PIN 码保护，PIN 码和硬件构成了用户使用 USB Key 的两个必要因素，即所谓“双因素认证”。用户只有同时取得了 USB Key 和用户 PIN 码，才可以登录系统。即使用户的 PIN 码被泄露，只要用户持有的 USB Key 不被盗取，合法用户的身份就不会被仿冒；如果用户的 USB Key 遗失，拾到者由于不知道用户 PIN 码，也无法仿冒合法用户的身份。

2. 带有安全存储空间

USB Key 具有 8KB～128KB 的安全数据存储空间，可以存储数字证书、用户密钥等秘密数据，对该存储空间的读写操作必须通过程序实现，用户无法直接读取，其中用户私钥是不可导出的，杜绝了复制用户数字证书或身份信息的可能性。

3. 硬件实现加密算法

USB Key 内置 CPU 或智能片芯片，可以实现 PKI 体系中使用的数据摘要、数据加解密和签名的各种算法，加解密运算在 USB Key 内进行，保证了用户密钥不会出现在计算机内存中，从而杜绝了用户密钥被黑客截取的可能性。USB Key 支持 RSA、DES、SSF33 和 3DES 算法。

4. 便于携带，安全可靠

如拇指般大小的 USB Key 非常方便随身携带，并且密钥和证书不可导出，Key 的硬件不可复制，更显安全可靠。

5.7 基于生物特征的身份认证

5.7.1 基于生物特征的认证方式

基于生物特征的身份认证技术包括基于生理特征（如指纹、声音和虹膜）的身份认证与基于秘密信息的身份认证技术相比而言，其用户标识和用户验证的功能是合一的，因此只要用户的生物特征信息正确，就能起到认证作用。基于生物特征认证的方式是以人体唯一的、可靠的、稳定的生物特征（如指纹、虹膜、脸部、掌纹等）为依据，采用计算机的强大的计算功能和网络技术进行图像处理和模式识别。目前，常用的生物识别技术有以下几种：

1. 指纹识别技术

指纹识别技术是目前生物识别技术中研究最深入，应用最广泛、发展最成熟的技术。据统计，按人口 60 亿计算，需 300 年才可能出现重复的指纹，概率几乎为零；其次，一个人在母腹 7 个月时指纹就已定型，随着年龄的增长，人的相貌和性格都在变化，但指纹却保持不变；另外，只要不伤及真皮组织，指纹即使被磨掉，也很快会长出来。指纹识别技术就充分利用了上述指纹的唯一性、稳定性和再生性等特点，通过比较输入指纹和预先保存的模板指纹特征，进行身份认证。

2. 人脸识别技术

人脸识别技术是人们最早使用的生物识别技术之一。该技术通过对面部的外观特征进行分析。如分析眼、鼻、耳、嘴唇、下巴等的形状、尺寸，或是对面部区域内的十几个点进行分析，将这些点排列成一幅图案，并与数据库中存储的图像进行比较。但是这种系统的主要不足是抗干扰性较差，对双胞胎的鉴定仍然无能为力，而且发型、肤色、胡子或者胖瘦的变化以及是否戴眼镜都会影响系统的正确识别。人脸识别算法主要包括基于人脸特征点的识别算法（Feature-based recognition algorithms），基于整幅人脸图像的识别算法（Appearance-based recognition algorithms），基于模板的识别算法（Template-based recognition algorithms)，利用神经网络进行识别的算法(Recognition algorithms using neural network)。

3. 虹膜识别技术

虹膜识别技术利用世界上任何两个人的虹膜都是不一样的特征来进行身份鉴别。即使是双胞胎，虹膜也各不相同，而且人的虹膜在一岁之后便不再发生变化。所以，虹膜具有很好的唯一性和永久性，通常应用于高保密的环境，但是目前的虹膜识别系统的价格还比较昂贵。

4. 掌纹识别技术

掌纹识别是基于手掌几何学中的这样一个事实：几乎每个人的手的形状都是不同的，而且手的形状在人达到一定年龄之后就不再发生显著变化。当用户把他的手放在手形读取器上时，手的二维图像就被捕捉下来。接下来，对手指和指关节的形状和长度进行测量。映射出手的不同特征是相当简单的，不会产生大量数据集。但是，即使有了相当数量的记录，也不一定能够将人准确区分开来，因为手的特征是很相似的。与其他生物识别技术相比，掌纹识别技术不能获得最高程度的匹配准确率。

5. 语音识别技术

语音识别是对说话者声音和语言学的综合运用，是一种行为鉴定学。它并不对词语本身进行辨识，而是通过分析语音的特征，例如发音的频率等，来识别说话的人。语音识别技术使得人们可以通过说话来控制能否出入限制性的区域。举例来说，可以通过电话拨入银行、购物或使用语音邮件。虽然语音识别比较方便，但由于非人性化的风险、远程控制和低准确率，它并不十分可靠。一个患上感冒的人就有可能被错误的拒识，而无法使用该语音识别系统。

6. 笔迹识别技术

笔迹具有很强的唯一性。利用笔迹鉴定身份在日常生活中已经得到普遍应用，具有很好的可接受性。笔迹识别系统通常由静态和动态两种。静态系统利用笔迹的几何形状特征进行识别，动态系统同时利用几何形状特征和运动特性进行识别。因为运动特征无法从静态笔迹中获得，所以具有较强的防伪性。

7. 步态识别技术

步态识别是一种新兴的生物特征识别技术，旨在通过人们走路的姿态进行身份识别，与其他的生物识别技术相比，步态识别具有非接触、远距离和不容易伪装的优点。在智能视频监控领域，比图像识别更具优势。步态是指人们行走时的方式，这是一种复杂的行为特征。英国南安普敦大学电子与计算机系的马克·尼克松教授的研究显示，人人都有截然不同的走路姿势，因为人们在肌肉的力量、肌腱和骨骼长度、骨骼密度、视觉的灵敏程度、协调能力、经历、体重、重心、肌肉或骨骼受损的程度、生理条件以及个人走路的“风格”上都存在细微差异。步态识别的输入是一段行走的视频图像序列，因此其数据采集与面部识别类似，具有非侵犯性和可接受性。

8. DNA身份识别

DNA代表着遗传特性，具有生物学唯一性，是可靠的身份识别方法。国家公安部历来高度重视DNA数据的采集应用问题。自1987年首次将DNA检测技术应用于侦查破案和刑事诉讼以来，在各方面的关心和社会支持下，全国公安机关 DNA 检测技术不断发展，应用范围不断扩大，取得了显著成效。目前，已建成统一的全国公安机关 DNA 数据库和"打拐"DNA 数据库，成为公安机关打击犯罪、服务人民的重要科技支撑，特别是在侦破大要案件、打击拐卖儿童犯罪方面，发挥了重要作用。

9. 神经纹身份认证

Aerendir 创始人马丁·齐齐 (Martin Zizi)开发了一套身份验证系统，通过分析人类手部神经系统发出的信号来识别用户身份。作为一名神经生理学家，齐齐宣称，该新型生物特征识别技术几乎不可伪造或破解。该系统使用人类神经系统作为身份验证方法，将大脑传达到手部的神经传导信号传输到智能手机的传感器上。这些传感器会从手部肌肉的细微颤动模式中抽取出独一无二的特征。用户只需手持设备 3～4 秒钟，分析算法就可以验证其身份。

所有的工作大多进行了这样 4 个步骤：获取生物信息、抽取特征、比较和匹配。生物识别系统捕捉到生物特征的样品，唯一的特征将会被提取并且被转化成数字的符号，接着，这些符号被存成那个人的特征模板，这种模板可能会在识别系统中，也可能在各种各样的存储器中，如计算机的数据库、智能卡或条码卡中，人们与识别系统交互进行他或她的身份认证，以确定匹配或不匹配。

5.7.2 与传统身份认证技术的比较

与传统身份认证技术相比，生物识别技术具有以下特点。

- **随身性**：生物特征是人体固有的特征，与人体是唯一绑定的，具有随身性。
- **安全性**：人体特征本身就是个人身份的最好证明，满足更高的安全需求。
- **唯一性**：每个人拥有的生物特征各不相同。
- **稳定性**：生物特征如指纹、虹膜等人体特征不会随时间等条件的变化而变化。
- **广泛性**：每个人都具有这种特征。
- **便性**：生物识别技术不需记忆密码与携带使用特殊工具(如钥匙)，不会遗失。
- **可采集性**：选择的生物特征易于测量。
- **可接受性**：使用者对所选择的个人生物特征及其应用愿意接受。

基于以上特点，生物识别技术具有传统的身份认证手段无法比拟的优点。采用生物识别技术，可不必再记忆和设置密码，使用更加方便。从总的发展趋势来看，以上的用户身份认证技术既可以单独使用，也可以综合使用。因此，如何有效地将以上各种身份认证技术有机地结合起来，设计和开发出一种更安全、便捷的身份认证系统，显得至关重要。

5.8 零知识认证技术

本节介绍零知识证明的概念及零知识身份认证协议。

5.8.1 零知识证明

20 世纪 80 年代初，Goldwasser 等人提出了零知识证明(Zero-knowledge Proofs)这

一概念。零知识证明起源于最小泄露证明。在交互证明系统中，设P知道某一秘密，并向V证明自己掌握这一秘密，但又不向V泄露这一秘密，这就是最小泄露证明。进一步，如果V除了知道P能证明某一事实外，不能得到其他任何信息，则称P实现了零知识证明，相应的协议称为零知识证明协议。1986年Fiat等人提出的零知识身份识别方案。零知识证明必须包括两个方面，一方为证明者，另一方为验证者。零知识证明是这样一种技术，被认证方P掌握某些秘密信息，P想设法让认证方V相信他确实掌握那些信息，但又不想让V也知道那些信息（如果连V都不知道那些秘密信息，第三者想盗取那些信息当然就更难了）。被认证方P掌握的秘密信息可以是某些长期没有解决的猜想问题的证明，如费尔玛最后定理的证明，图的三色问题，也可以是缺乏有效算法的难题解法，如大数因式分解等，信息的本质是可以验证的，即可通过具体的步骤来检测它的正确性。

用一个关于零知识洞穴的故事来解释零知识证明，如图5-7所示。

洞穴中有一个秘密，知道咒语的人能打开C和D之间的密门，对其他人来说，两条通道都是死胡同。Peggy知道这个洞穴的秘密。她想对Victor证明这一点，但又不想泄露咒语。

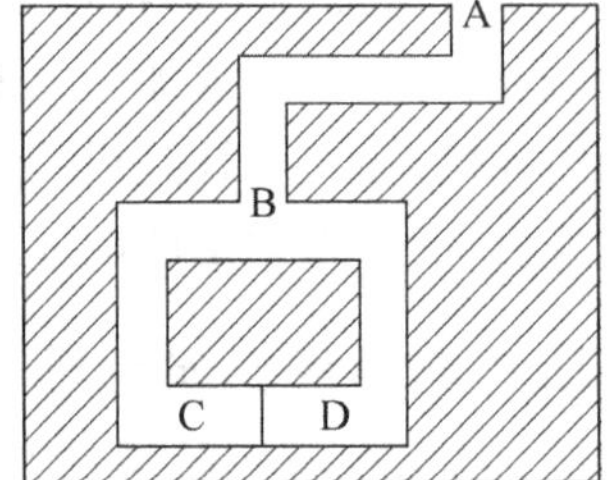

图5-7 零知识洞穴

下面是她如何使Victor相信的过程：

(1) Victor站在A点。

(2) Peggy一直走进洞穴，到达C点或者D点。

(3) 在Peggy消失在洞穴中后，Victor走到B点。

(4) Victor向Peggy喊叫，要她：从左通道出来，或者从右通道出来。

(5) Peggy答应了，如果有必要她就用咒语打开密门。

Peggy和Victor重复第(1)至第(5)步 n 次。

假设Victor有一个摄像机能记录下他所看到的一切。他记录下Peggy消失在洞中情景，记录下他喊叫Peggy从他选择的地方出来的时间，记录下Peggy走出来。他记录下所有的 n 次试验。如果他把这些记录给Carol看，她会相信Peggy知道打开密门的咒语吗？肯定不会。在不知道咒语的情况下，如果Peggy和Victor事先商定好Victor喊叫什么，那将如何呢？Peggy会确信也走进Victor叫她出来那条路，然后她就可以在不知道咒语的情况下在Victor每次要她出来的那条路上出来。或许他们不那么做，Peggy走进其中一条通道，Victor发出一条随机的要求。如果Victor猜对了，好极了。如果他猜错了，他们会从录像中删除这个试验。总之，Victor能获得一个记录，它准确显示与实际证明Peggy知道咒语的相同的事件顺序。

这说明了两件事。其一是Victor不可能使第三方相信这个证明的有效性；其二，它证明了这个协议是零知识的。在Peggy不知道咒语的情况下，Victor显然是不能从记录中获悉任何信息。但是，因为无法区分一个真实的记录和一个伪造的记录，所以Victor不能从实际证明中了解任何信息——它必是零知识泄露的。也就是说，Peggy在向Victor证明的过程中没有泄露任何有关秘密的知识，称为零知识证明。

5.8.2 零知识身份认证协议

由 Fiat 和 Shamir 于 1986 年提出的 Fiat-Shamir 协议是一种身份认证协议，后来经过有效的扩充发展成为零知识身份认证协议。这里首先介绍 Fiat-Shamir 协议的基本版本。该协议的目的是证明者 Alice 通过证明秘密 s 的知识来向验证者 Bob 证明自己的身份，而不泄露任何有关 s 的信息。

Fiat-Shamir 基本协议的步骤如下：

(1) 可信第三方选取一组秘密素数 p 与 q，计算 $n=pq$；然后公开参数 n 并销毁 p 与 q。

(2) 证明者 Alice 选择与 n 互素的秘密 s，其中 $1\leqslant s\leqslant n-1$。计算 $v=s^2 \bmod n$。Alice 将 v 值公开作为自己的公钥。

(3) Alice 选择一个随机数 r，其中 $1\leqslant r\leqslant n-1$。向 Bob 发送 $x=r^2 \bmod n$。

(4) 收到 Alice 的消息之后，Bob 随机选择一个比特 $e=0$ 或 $e=1$ 发送给 Alice。

(5) 如果 Alice 收到 Bob 发送的随机比特是 0，那么 Alice 向 Bob 发送 $y=r$；如果 Alice 收到的是 1，那么向 Bob 发送 $y-rs \bmod n$。

(6) 如果 $y=0$，Bob 拒绝 Alice 的证明；如果 $y\neq 0$，Bob 根据 $y^2\equiv x\cdot v \bmod n$ 是否成立来判断 Alice 的证明。

(7) 重复步骤(3)～(6)t 次。

任何不知道秘密 s 的人如果假冒 Alice，他可能通过任意选择的 r，并令 $x=r^2/v$ 来试图欺骗 Bob，然后用 $y=r$ 来作为 $e=1$ 的回答，但是不能回答 $e=0$。因为这需要知道 x mod n 的一个平方根。当协议重复进行很多次的时候，任何人都难以假冒 Alice 而不被发现。该协议的安全性基于计算模 n 平方根的困难性质上，其困难性等价于分解大数 n。

5.9 人机验证技术

人机验证（识别）也即是全自动区分计算机和人类的公开图灵测试（Completely Automated Public Turing test to tell Computers and Humans Apart，CAPTCHA）。在实际应用中也通俗地称为“验证码”，它是一种区分终端用户是计算机或人类的公共全自动程序。人机验证被广泛应用于各种在线网络服务中，如预防垃圾内容，保护用户注册和登录，保护在线投票，预防词典攻击等各种需要阻止机器自动进行的各种暴力破坏性行为。

在 CAPTCHA 测试中，作为服务器的计算机会自动生成一个问题由用户来解答。这个问题可以由计算机生成并评判，但是必须只有人类才能解答。由于计算机无法解答 CAPTCHA 的问题，所以回答出问题的用户就可以被认为是人类。一种常用的 CAPTCHA 测试是让用户输入在一个扭曲变形的图片上所显示的字符，扭曲变形是为了避免被光学字符识别（Optical Character Recognition，OCR）之类的终端机器自动辨识图片上的字符而失效。由于这个测试是由计算机来考人类，而不是标准图灵测试中那样由人类来考计算机，人们有时称 CAPTCHA 是一种反向“图灵测试”。图灵测试是由图灵提出的一种测试机器是不是具备人类智能的方法。所谓图灵测试是指，如果一台机器能够与人类展开对话（通过电子计算设备进行问答）而不能被辨别出其机器身份，那么称这台机器具有智能。

为了满足无法看到图像的身心障碍者，替代的方式使用语音读出字符，进一步地为了防止终端机器进行语音辨识分析出声音所代表的字符，声音的内容会伴有干扰以加大机器识别的难度。在前述人机验证的机制下，网络上出现各种各样的具体实现和应用部署方式，其中影响较为广泛的应用有 Google reCAPTCHA 和中国铁路总公司 12306 网站人机验证服务的验证码。reCAPTCHA 借助于人类对计算机难以识别的字符的辨别能力，进行对古旧书籍中难以被 OCR 识别的字符进行辨别的技术。也就是说，reCAPTCHA 不仅可以反垃圾邮件、预防机器人注册登录等，而且同时还可以帮助进行书籍的数字化工作。每次 reCAPTCHA 会显示两个单词让人来识别，其中一个是需要用户识别的难认词，另外一个是答案已知的真正的 CAPTCHA 词。软件将能够正确识别 CAPTCHA 词的用户看作是人类，当 CAPTCHA 词被正确识别出来后，程序会记录用户对无法阅读的词的回答并将其添加到它的数据库中。这样就完成了一次人工的光学字符识别过程。这一过程的核心人类是对图形图像的识别，其部署方式仍需要独立的第三方的 Session 会话管理。由于人工智能领域的进步，计算机识图能力大幅提升，其改进版的“No CAPTCHA reCAPTCHA”已经推出。基于计算机识图能力的提升，中国铁路总公司改进的人机验证系统将问题也进行了图示化，同时加大了对识图能力和逻辑推理能力的考察。

人机验证过程涉及问题生成、传输、呈现和校验。人机验证的安全性在各个实现环节进行深入分析并各有针对性的解决方法，其中多数的攻防思路集中对扭曲展现形式的生成与破解上。根据 CAPTCHA 测试的定义，产生用于验证的图片或其他扭曲展示的算法必须公开，比如常见的随机（或伪随机）生成。这样做是为了证明想破解就需要解决一个不同的人工智能难题，而不是依靠发现原来的算法。即便这种随机过程是伪随机，由于其与终端（客户端）ID 不存在任何映射（算法）关系，其被认为是符合 CPATCHA 定义，要破解这样的验证码的任务就等同于解决类似计算机识图、计算机辨音等人工智能任务。这一应用领域的研究大多集中在如何破解及反破解这一类似人工智能问题上。

验证码的作用主要体现在以下几个方面。

(1) 防止利用计算机程序对网站、论坛进行批量注册，以及大规模匿名重复发帖、回帖或利用广告软件发布大量垃圾信息。百度贴吧要求未登录用户发帖时需要输入验证码，这种要求就是为了防止互联网“水军”等大规模匿名回帖。

(2) 防止用户名口令被攻击者暴力破解。

(3) 防止使用计算机批量在线投票。网站投票系统要防止客户在网上投票活动中作弊，保证用户只能投出符合规则的有限数量选票。

验证码的识别与反识别，其根本是验证码生成技术与人工智能领域的字符识别技术的对抗，验证码生成技术是人工智能里的一个开放的研究课题，它向与人工智能发展方向研究者们（如安全研究者、黑客等）提出了明确的挑战。以往的验证码生成技术一旦被破解，那么就代表人工智能的发展也前进了一小步，这反过来促进研究者开发更难被计算机区分的验证技术，而这又为人工智能提出了新课题。因此，验证码生成技术与人工智能研究是一个互相促进，螺旋上升的发展曲线。要使验证码发挥作用，最核心的部分就是当机器恶意注册时，支撑验证码的后台学习方法能有将机器识别出来，这在机器学习领域中是一个典型的 People 和 Robot 标签的二分类问题。当有新的无标签实例进入模型时，分类模型能实时识别它是机器还是正常用户，从而对该注册请求做出恰当的处理。目前最流行的二分类模型有 Logic 回归、朴素贝叶斯分类器、决策树分类器和基于集成学习的梯度提升决策树等。

5.10　身份认证与授权管理

身份认证主要是通过标识和鉴别用户的身份，防止攻击者假冒合法用户获取访问权限。身份认证是整个信息安全体系的基础，其目的是确保用户身份的真实、合法性，防止非法人员进入系统，而授权管理则是根据合法用户的权限分配相应资源。国际标准化组织 ISO 在网络安全体系的设计标准(ISO7498-2)中确立了 5 种基本安全服务，即身份认证服务、授权管理服务、数据完整性服务、数据保密服务、不可否认服务。身份认证将用户分为合法用户和非法用户，非法用户被拒绝于网络之外。授权管理使合法用户能够在系统控制下访问网络上所授权的资源。身份认证服务作为安全应用系统的第一道防线，在安全系统中的地位极其重要，是授权管理服务的基础，是最基本的安全服务，其他的安全服务都要依赖于它。由此可以看出，身份认证和授权管理都是安全系统不可缺的安全服务，它们之间是相辅相成、缺一不可的安全服务。

小　结

身份认证是保障信息安全的第一道关卡，也是最基本的安全服务。本章系统地讲解了身份认证的各种技术与方法，包括基于口令、数字证书、USB Key、生物特征、双因素以及零知识等认证技术的概念与特点，分析并比较它们不同的特点和应用，介绍了一些有代表性的网络安全认证协议，最后分析了网络认证与授权管理的关系。

习　题

1. 身份认证系统的特征是什么？
2. 简述 USB Key 认证的特点及应用领域。
3. 试述零知识认证的特点及认证协议。
4. 授权管理有哪几种？分析授权管理与身份认证的关系。
5. 简述人机验证与人工智能的关系。

第6章 防火墙技术

本章要点：

- ☑ 防火墙的概念与原理
- ☑ 防火墙的分类
- ☑ 防火墙的体系结构
- ☑ 防火墙的安全策略
- ☑ 防火墙的指标与选型
- ☑ 防火墙的配置与部署
- ☑ 防火墙的发展趋势
- ☑ Iptables 网络防火墙安全配置实验

6.1 防火墙的概念与原理

网络技术在给人们生活、工作带来方便和快捷的同时，也带来了网络安全方面的威胁。为了保障网络的安全性，在内部网与外部网连接时，在两者中加入一个或多个中间系统，防止非法的用户的入侵、窃取、篡改、毁坏重要的信息数据，并提供完整、可靠、保密的审查控制，这个中间系统就是防火墙。实际上它是一种隔离技术。本节介绍防火墙的概念、原理、发展历程、主要功能及局限性。

6.1.1 防火墙的基本概念及工作原理

防火墙是指设置在不同网络（如可信任的企业内部网和不可信的公共网）或网络安全域之间的一系列部件的组合。它是不同网络或网络安全域之间信息的唯一出入口，能根据用户的安全政策控制（允许、拒绝、监测）出入网络的信息流，且本身具有较强的抗攻击能力。它是提供信息安全服务，实现网络和信息安全的基础设施。

防火墙的简单结构如图 6-1 所示。

防火墙通过实时监测控制、限制通过防火墙的数据流，强制实施统一的安全策略，尽可能地对外屏蔽网络内部结构和运行情况，防止网络入侵或攻击，防止对重要信息资源的非法存取和访问，实现对内部网的安全保护，提供了一种将内部网和公众访问网适度分离的方法。防火墙用于加强网络间的访问控制，防止外部用户非法使用内部网的资源，保护内部网的设备不被破坏，防止内部网的敏感数据被窃取，其基本思想是在不安全的网络环

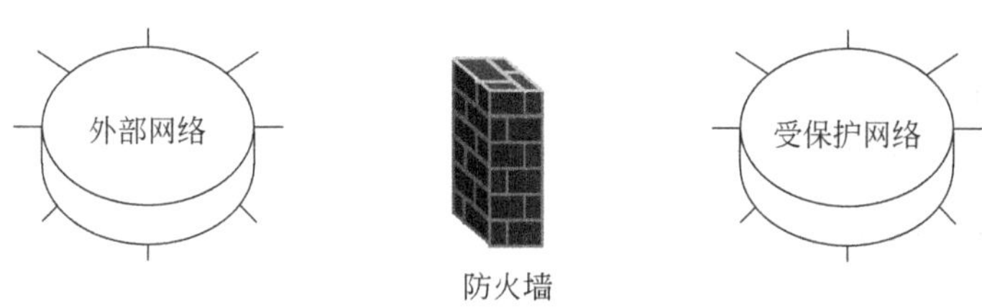

图 6-1　防火墙的简单结构图

境下构造一种相对安全的内部网环境。要使一个防火墙有效,所有来自和去往网络的信息都必须经过防火墙并接受检查,防火墙只允许授权的数据通过,并且防火墙本身也必须能够免于渗透。防火墙可以是非常简单的过滤器,也可能是精心配置的网关,但都可用于监测并过滤所有内部网和外部网之间的信息交换。它把网络划分为两个部分:外部网和受保护网络(内部网)。相比企业而言,外部网一般指的是因特网(Internet),而受保护网络一般指企业自己建立的内部网(Intranet)。防火墙放在受保护网络与外部网之间,是执行访问控制策略的防御系统。防火墙所遵循的原则是,在保证网络畅通的情况下,尽可能地保证内部网的安全。防火墙是在已经制定好的安全策略下进行访问控制,所以一般情况下它是一种静态安全部件,但随防火墙技术的发展,防火墙或通过与入侵检测系统(Intrusion Detection System,IDS)进行联动或自身集成 IDS 功能,将能够根据实际的情况进行动态的策略调整。在因特网上应用防火墙可以构造一种安全的网络拓扑,如图 6-2 所示。

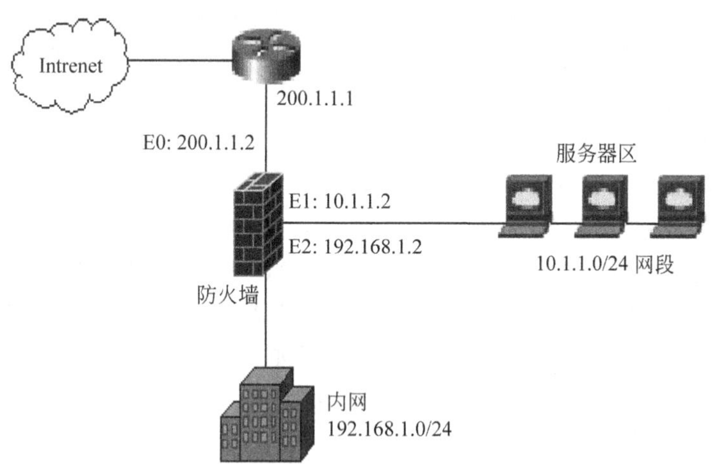

图 6-2　网路防火墙的基本拓扑结构

对防火墙而言,网络可以分为可信网络和不可信网络。可信网络和不可信网络是相对的,一般来讲内部网是可信网络,因特网是不可信网络。对于服务器来说,比如 Web 服务器、数据库服务器,内部网和外部网则都是不可信网络。防火墙的安放位置是可信网络和不可信网络的边界,它所保护的对象是网络中有明确闭合边界的网段。它安装在信任网络和非信任网络之间,通过它可以隔离非信任网络(即因特网或局域网的一部分)与信任网络(局域网)的连接,同时不会妨碍人们对非信任网络的访问。防火墙是可信网络通向不可信网络的唯一出口，在被保护网络周边形成被保护网络与外部网的隔离，以防范来自被保护网络外部的对被保护网络安全的威胁，所以它是一种边界保护，它对可信网络内部之间的访问无法控制，仅对穿过边界的访问进行控制。

6.1.2 防火墙的发展历程

防火墙技术的发展大致分为4个阶段，图6-3表示了防火墙技术的简单发展历史。

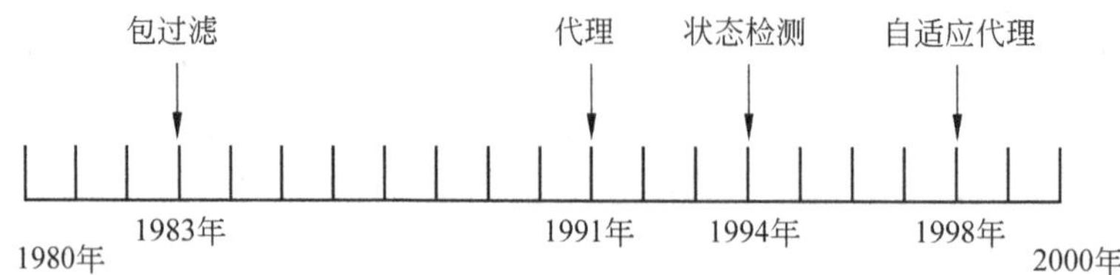

图6-3 防火墙的发展历史

1. 包过滤防火墙

第一代防火墙技术几乎与路由器同时出现，采用包过滤(Packet Filter)技术。由于多数路由器中本身就包含有分组过滤功能，因此网络访问控制可通过路由控制来实现，从而使具有分组过滤功能的路由器成为第一代防火墙产品。

2. 代理防火墙

第二代防火墙工作在应用层，能够根据具体的应用对数据进行过滤或者转发，也就是我们常说的代理服务器、应用网关，这样的防火墙彻底隔断内部网与外部网的直接通信，内部网的用户对外部网的访问变成防火墙对外部网的访问，然后再由防火墙把访问的结果转发给内部网用户。

3. 动态包过滤防火墙

1992年，南加州大学(University of Southern California)信息科学院的Bob Braden开发出了基于动态包过滤(Dynamic Packet Filter)技术的防火墙，也就是目前所说的状态检测(State Inspection)技术。1994年，以色列的Check Point公司开发出了第一个采用这种技术的商业化的产品。根据TCP协议，每个可靠连接的建立，需要经过3次握手，数据包并不是独立的，而是前后之间有着密切的状态联系，状态检测防火墙就是基于这种连接过程，根据数据包状态变化来决定访问控制的策略。

4. 自适应代理防火墙

1998年，NAI公司推出了一种自适应代理(Adaptive Proxy)技术，并在其产品Gauntlet Firewall for NT中得以实现，自适应代理防火墙结合了代理防火墙的安全性和包过滤防火墙的高速度等优点，实现第3～7层自适应的数据过滤。

6.1.3 防火墙的主要功能

防火墙是网络安全的一个屏障，它在逻辑上是一个分离器、限制器、分析器。防火墙能够有效地监视和记录有关内部网和Internet之间的任何网络活动，包括网络连接来源、服务器提供的通信量以及试图闯入者的任何企图，以方便系统管理员的监测和跟踪，并根据安全策略有效的阻断攻击,保证内部网的安全。依据安全策略允许安全的连接通过,阻止其他不允许的连接,其功能主要有以下几点。

1. 访问控制

这是防火墙最基本也是最重要的功能,通过禁止或允许特定用户访问特定的资源,保护网络的内部资源和数据。需要禁止非授权的访问,防火墙需要识别哪个用户可以访问何种资源。通过设置防火墙的过滤规则,实现对通过防火墙的数据流的访问控制。一个防火墙(作为阻塞点、控制点)能极大地提高一个内部网的安全性,并通过过滤不安全的用户与服务来降低网络风险。

2. 内容控制

根据数据内容进行控制,比如防火墙可以从电子邮件中过滤掉垃圾邮件,可以过滤掉内部用户访问外部服务的图片信息,也可以限制外部访问,使它们只能访问本地 Web 服务器中的一部分信息。简单的数据包过滤路由器不能实现这样的功能,但是代理服务器和先进的数据包过滤技术可以做到。

3. 安全策略与集中管理

通过以防火墙为中心的安全策略配置方案,能将内部网主机的安全策略集中配置在防火墙上。由于安全策略会随具体网络环境和时间不断变化,与将安全策略分散到各个主机上相比,防火墙的集中安全管理更方便、经济,并且可以通过集成策略集中管理多个防火墙

4. 访问审计与日志查询

如果所有的访问都经过防火墙,那么,防火墙就能记录下这些访问,并做出审计日志记录,同时也能提供网络使用情况的统计数据。当发生可疑动作时,防火墙能进行适当的报警,并提供网络是否受到监测和攻击的详细信息。另外,收集一个网络的使用和误用情况也是非常重要的,可以使用统计学方法对网络需求分析和威胁分析,从而了解防火墙是否能够抵挡攻击者的探测和攻击。日志需要有全面的记录和方便的查询,一旦网络发生了入侵或者遭到破坏, 就可以对日志进行审计和查询。

5. 防止内部信息的外泄

利用防火墙对内部网进行划分,可实现内部网重点网段的隔离。再者,一个内部网中不引人注意的细节,可能包含了有关安全的线索,而引起外部攻击者的兴趣,甚至暴露了内部网的某些安全漏洞,使用防火墙就可以防止内部一些信息的外泄。

6. 网络地址转换

NAT(Network Address Translation)指的是网络地址转换,主要有两种类型: 源地址转换(Source NAT, SNAT)与目的地址转换(Destination NAT, DNAT)。网络地址转换指将一个 IP 地址域映射到另一个 IP 地址域,透明地对所有内部地址做转换,使外部网无法了解内部网的结构。在防火墙上实现 NAT 后,可以隐藏受保护网络的内部结构,在一定程度上提高网络的安全性。NAT 常用于私有地址域与公有地址域的转换,以解决 IP 地址匮乏问题。源地址转换既可以解决 IP 地址短缺的问题,又可以对外屏蔽内部网结构,增加安全性。目的地址转换的一个例子就是网络代理功能。

7. 流量控制

针对不同的用户限制不同的流量，可以合理使用带宽资源。

8. 应用代理

代理功能是应用网关防火墙的主要功能。一般有两种形式的代理功能：透明代理与传统代理。透明代理可以直接转发受保护网络客户主机的请求，不需要客户主机软件进行相应的设置，对用户保持透明。传统代理则需要客户软件进行必要的设置，最基本的就是要把代理服务器的地址告诉客户软件。

9. VPN

VPN即是虚拟专用网络，它利用数据封装和加密技术，使本来只能在私有网络上传送的数据能够通过公共网络(Internet)进行传输。随着企业的分布范围越来越广，跨地区的企业网络也越来越多，如果企业的每个部分都采用专线连接，则价格太昂贵，因此大部分企业都采用了VPN。

10. 杀毒

一般都通过杀毒插件或与杀毒软件的联动来实现。

11. 与入侵检测联动

目前实现这一功能的产品也有逐渐增多的趋势，有的是在防火墙内部集成了部分入侵检测功能，有的是与其相连的入侵检测系统进行联动。

6.1.4 防火墙的局限性

虽然防火墙在保障网络安全方面有着显著的作用，但它也不是完美无缺的。防火墙的不足之处主要有以下几点。

1. 限制有用的网络服务

防火墙为了提高被保护网络的安全性，限制或关闭了很多有用但存在安全缺陷的网络服务。由于绝大多数网络服务在设计之初根本没有考虑安全性，只考虑使用的方便性和资源共享性，所以都存在安全问题。如果防火墙过度地限制网络服务，则等于从一个极端走到了另外一个极端。

2. 无法防护内部网用户的攻击

目前防火墙只提供对外部网用户攻击的防护，对来自内部网用户的攻击只能依靠内部网主机系统的安全性。防火墙无法禁止公司内部存在的间谍将敏感数据复制到软盘或磁盘上，并将其带出公司。防火墙对内部网用户来讲防护措施比较薄弱，目前只有采用用户认证或多层防火墙系统。

3. 无法防范通过防火墙以外的其他途径的攻击

例如，在一个被保护的网络上有一个没有限制的拨号存在，内部网上的用户就可以直接通过SLIP/PPP(串行线路因特网协议/点对点协议)连接进入因特网，从而试图绕过由精心构造的防火墙提供的安全系统，这就为从后门攻击创造了极大的可能。

4. 不能完全防止传送已感染病毒的软件或文件

这是因为病毒的类型太多，操作系统也有多种，编码与压缩二进制文件的方法也各不相同，所以不能期望因特网防火墙去对每一个文件进行扫描，查出潜在的病毒。对病毒特别关心的机构应在每个桌面部署防病毒软件，防止病毒从软盘或其他来源进入网络系统。

5. 无法防范数据驱动型的攻击

数据驱动型的攻击从表面上看是无害的数据被邮寄或复制到因特网主机上，且一旦执行就开始攻击。例如，一个数据型攻击可能导致主机修改与安全相关的文件，使得入侵者很容易获得对系统的访问权。后面将会看到，在堡垒主机上部署代理服务器是禁止从外部直接产生网络连接的最佳方式，并能减少数据驱动型攻击的威胁。

6. 不能防备新的网络安全问题

防火墙是一种被动式的静态防护手段，它只能对现在已知的网络威胁起作用。随着网络攻击手段的不断更新和一些新的网络应用的出现，不可能靠一次性的防火墙设置来解决永远的网络安全问题。

6.2 防火墙的分类

目前市场的防火墙产品众多，划分的标准也比较杂，主要分类如下。

6.2.1 从软硬件的实现形态上分类

软件防火墙和硬件防火墙以及基于网络处理器的防火墙，它们分别采用 X86 架构、ASIC 专用芯片、FPGA 可编程芯片和网络处理器 4 种不同的防火墙实现技术，本书将它们放在一起进行比较，分析其不同的优缺点。

1. X86 架构

最初的千兆防火墙是基于 X86 架构。X86 架构采用通用 CPU 和 PCI 总线接口，具有很高的灵活性和可扩展性，过去一直是防火墙开发的主要平台。其产品功能主要由软件实现，可以根据用户的实际需要而做相应调整，增加或减少功能模块，产品比较灵活，功能十分丰富。但其性能发展却受到体系结构的制约，作为通用的计算平台，X86 的结构层次较多，不易优化，且往往会受到 PCI 总线的带宽限制。虽然 PCI 总线接口理论上 能达到接近 2Gbps 的吞吐量，但是通用 CPU 的处理能力有限，尽管防火墙软件部分可以尽可能地优化，很难达到千兆速率。同时很多 X86 架构的防火墙是基于定制的通用操作系统，安全性很大程度上取决于通用操作系统自身的安全性，可能会存在安全漏洞。防火墙厂商中做网络版软件防火墙最出名的莫过于 Check Point。

2. ASIC 专用芯片

ASIC 防火墙通过专门设计的 ASIC 芯片逻辑来实现硬件加速处理。ASIC 通过把指令或计算逻辑固化到芯片中，获得了很高的处理能力，因而明显提升了防火墙的性能。新一代的高可编程 ASIC 采用了更灵活的设计，能够通过软件改变应用逻辑，具有更广泛的适应能力。但是，ASIC 的缺点也同样明显，它的灵活性和扩展性不够，开发费用高，开发周期太长，一般耗时接近两年。虽然研发成本较高，灵活性受限制、无法支持太多的功能，但其性能具有先天的优势，非常适合应用于模式简单、对吞吐量和时延指标要求较高的电信级大流量的处理。这类防火墙由于是专用操作系统，因此防火墙本身的漏洞比较少，不过价格相对比较高昂。做这类防火墙最出名的厂商有 NetScreen、FortiNet、Cisco 等。

3. FPGA 可编程芯片

FPGA(Field-Programmable Gate Array,现场可编程门阵列)在现代数字电路设计中发挥着越来越重要的作用。因为 FPGA 硬件可重新配置且可用性、精密度不断提高,为用户带来充足的灵活性。FPGA 可编程芯片能够保证 4～10Gbps 路由和安全访问控制的线速处理能力,包括各类多媒体业务、实时或非实时业务、连接或非连接业务等。同时,还可以通过 FPGA 良好的可编程性对数据包和协议进行深层次的检查和过滤,而且投资规模小,开发周期短,是一种理想的高性能防火墙硬件平台架构。采用 ASIC 技术的防火墙最大的问题在于缺乏可编程性,对新功能的实施周期长,不够灵活。在日益猖獗的黑客攻击面前,特别是针对在应用层攻击(如 Slammer、冲击波病毒)等面前显得无能为力。采用 FPGA 技术可以节省 ASIC 设计所需要的设施和平台的投入。对于单台防火墙设备,FPGA 芯片的成本占总成本的比重较低,而且采用 FPGA 架构可以通过配置和添加基本软件来实现定制,从而不断提升产品的性价比。

4. 网络处理器(Network Processor,NP)架构

NP 可以说是介于两者之间的技术,NP 是专门为网络设备处理网络流量而设计的处理器,其体系结构和指令集对于防火墙常用的包过滤、转发等算法和操作都进行了专门的优化,可以高效地完成 TCP/IP 栈的常用操作,并对网络流量进行快速的并发处理。硬件结构设计也大多采用高速的接口技术和总线规范,具有较高的 I/O 能力。它可以构建一种硬件加速的完全可编程的架构,这种架构的软硬件都易于升级,软件可以支持新的标准和协议,硬件设计支持更高网络速度,从而使产品的生命周期更长。由于防火墙处理的就是网络数据包,所以基于 NP 架构的防火墙与 X86 架构的防火墙相比,性能得到了很大的提高。NP 通过专门的指令集和配套的软件开发系统,提供强大的编程能力,因而便于开发应用,支持可扩展的服务,而且研制周期短,成本较低。但是,相比于 X86 架构,由于应用开发、功能扩展受到 NP 的配套软件的限制,基于 NP 技术的防火墙的灵活性要差一些。由于依赖软件环境,所以在性能方面 NP 不如 ASIC。NP 开发的难度和灵活性都介于 ASIC 和 X86 构架之间,应该说,NP 是 X86 架构和 ASIC 之间的一个折中。目前 NP 的主要提供商是 Intel、IBM 和 Motorola,国内基于 NP 技术开发千兆防火墙的厂商也不少。

从上面可以看出,X86 架构、ASIC、FPGA 和 NP 各有优缺点。X86 架构灵活性最高,新功能、新模块扩展容易,但性能满足不了千兆网络需要。ASIC 性能最高,千兆、万兆吞吐速率均可实现,但灵活性最低,定型后再扩展十分困难。采用 FPGA 技术可以节省 ASIC 设计所需要的设施和平台的投入,只是性能上相对 ASIC 降低。NP 则介于 X86 架构与 ASIC 两者之间,性能可满足千兆需要,同时也具有一定的灵活性。

6.2.2 从防火墙的实现技术分类

可以分为“包过滤型”和“应用代理型”两大类,具体又可细分为静态包过滤防火墙、动态包过滤防火墙、代理防火墙和自适应代理防火墙。

1. 静态包过滤防火墙

静态包过滤防火墙的原理如下。

这类防火墙几乎是与路由器同时产生的，它是根据定义好的过滤规则审查每个数据包，以便确定其是否与某一条包过滤规则匹配。过滤规则基于数据包的头部信息进行制订。数据包头部信息中包括 IP 源地址、IP 目标地址、传输协议(TCP、UDP、ICMP 等)、TCP/UDP 的源/目的端口、消息类型等。包过滤防火墙是一种通用、廉价、有效的安全手段。静态包过滤防火墙的工作原理如图 6-4 所示。

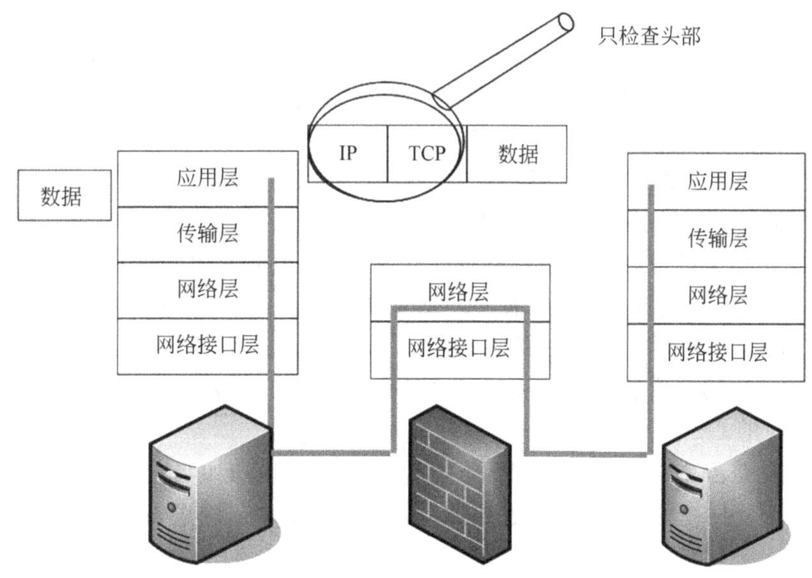

图 6-4 静态包过滤防火墙的工作原理

通过检查模块，防火墙拦截和检查所有进站和出站的数据，工作流程如图 6-5 所示。

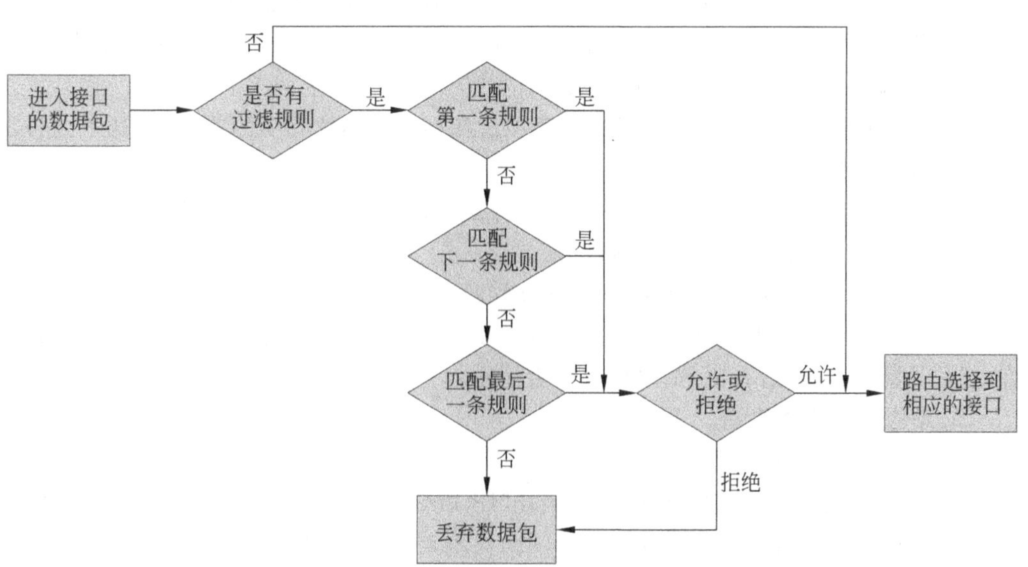

图 6-5 包过滤防火墙的工作流程

防火墙检查模块首先验证这个包是否符合规则，不管是否符合过滤规则，防火墙一般要记录数据包的情况,对不符合规定的数据包要进行报警或者通知管理员。对丢弃的数据包,防火墙可能给发送方一个消息,也可以不发。如果返回一个信息,攻击者可能会根据拒绝报的类型猜测出过滤规则的大致情况,所以是否返回信息要慎重。在进行包过滤判断时不关心包的具体内容。

静态包过滤防火墙的优点如下。

① 利用路由器本身的包过滤功能,以访问控制列表(ACL)方式实现。

② 处理速度较快。

③ 对安全要求低的网络采用路由器附带防火墙功能的方法,不需要其他设备。

④ 对用户来说是透明的,用户的应用层不受影响。

静态包过滤防火墙的缺点如下。

① 无法阻止“IP 欺骗”。黑客可以在网络上伪造假的 IP 地址、路由信息欺骗防火墙。

② 对路由器中过滤规则的设置和配置十分复杂,它涉及规则的逻辑一致性、作用端口的有效性和规则集的正确性,一般的网络系统管理员难于胜任,加之一旦出现新的协议,管理员就得加上更多的规则去限制,这往往会带来很多错误。

③ 不支持应用层协议,无法发现基于应用层的攻击,如各种恶意代码的攻击等,访问控制粒度太粗糙。

④ 实施的是静态的、固定的控制,不能跟踪 TCP 状态,如当它配置了仅允许从内到外的 TCP 访问时,一些以 TCP 应答包的形式从外部对内部网进行的攻击仍可以穿透防火墙。

⑤ 不支持用户认证,只判断数据包中来自哪台机器,不判断来自哪个用户。

设计包过滤访问控制列表的注意点。包过滤防火墙基本以路由器的访问控制列表(Access Control List,ACL)方式实现,设计访问控制列表时应注意以下几点。

① 自上而下的处理过程。一般的访问控制列表的检测是按照自上而下的过程处理,所以必须注意访问控制列表中语句的顺序。

② 语句的位置。应该将更为具体的表项放在不太具体的表项的前面,保证不会否定后面语句的作用。

③ 访问控制列表的位置。将扩展的访问控制列表尽量靠近过滤源的位置上,这样的过滤规则就不会影响其他接口上的数据流。

④ 注意访问控制列表作用的接口,以及数据的流向。

⑤ 注意路由器默认设置,从而注意最后一条语句的设置。有的路由器默认设置是允许,有的是默认拒绝,后者比前者更安全、更简便。

2.动态包过滤防火墙

动态包过滤防火墙的原理如下。

在静态包过滤防火墙中提到的无法阻止“IP 欺骗”的攻击,采用动态包过滤规则的方法,就可以避免这样的问题。用这种技术的防火墙对通过其建立的每一个连接都进行跟踪,这种技术就是所谓状态检测(State Inspection)技术。动态包过滤防火墙为了克服静态包过滤模式明显的安全性不足的问题,不再只是分别对每个进来的包过滤地址进行检查,而是从 TCP 连接的建立到终止都跟踪检测,并且根据需要可动态地增加或减少过滤规则。状态检测是对包过滤功能的扩展。状态检测将通过检查应用程序信息来判断此端口是否需要临时打开，并当传输结束时，端口马上恢复为关闭状态。状态检测防火墙在网络层由一个检测模块截获数据包并抽取出与应用层状态有关的信息，并以此作为依据决定对该连接是接受还是拒绝。检测模块维护一个动态的状态信息表并对后续的数据包进行检查。一旦发现任何连接的参数有意外的变化，该连接就被中止。

状态检测防火墙克服了静态包过滤防火墙和应用代理服务器的局限性，不要求每个被访问的应用都有代理。状态检测模块能够理解并学习各种协议和应用，以支持各种最新的应用服务。状态检测模块截获、分析并处理所有试图通过防火墙的数据包，保证网络的高度安全和数据完整。网络和各种应用的通信状态动态存储、更新到动态状态表中，结合预定义好的规则，实现安全策略。状态检测技术首先由 Check Point 公司实现。目前许多动态包过滤防火墙中都使用状态多层检测。其工作原理如图 6-6 所示。

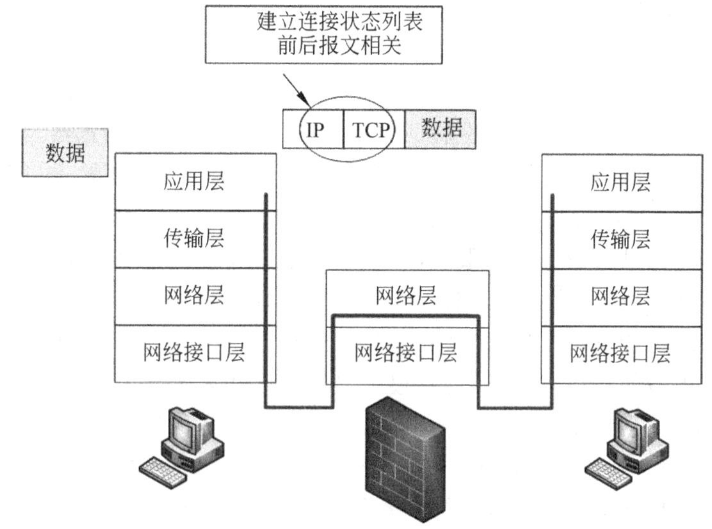

图 6-6 动态包过滤防火墙的工作原理

无论何时，一个防火墙接收到一个初始化 TCP 连接的 SYN 包，这个带有 SYN 的数据包被防火墙的规则库检查。该包在规则库里依次序比较。如果在检查了所有的规则后，该包都没有被接受，那么拒绝该次连接。一个 RST 的数据包发送到远端的机器。如果该包被接受，那么本次会话被记录到状态监测表里。这时需要设置一个时间溢出值，例如，将其值设定为 50 秒。然后防火墙期待一个返回的确认连接的数据包，对于返回的连接请求的数据包的类型需要做出判断，确认其含有 SYN/ACK 标志，当接收到如此的包的时候，防火墙将连接的时间溢出值设定为 3600 秒。随后的数据包(不是只带一个 SYN 标志)就和该状态监测表的内容进行比较。如果会话是在状态表内，而且该数据包是会话的一部分，该数据包被接受。如果它不是会话的一部分，该数据包被丢弃。状态监测表是位于内核模式中的。这种方式提高了系统的性能，因为每一个数据包不是和规则库比较，而是和状态监测表比较。只有在 SYN 的数据包到来时才和规则库比较。所有的数据包与状态检测表的比较都在内核模式下进行，所以速度很快。结束连接时，当状态监测模块监测到一个 FIN 或一个 RST 包的时候，减少时间溢出值，从默认设定的值 3600 秒减少到 50 秒。如果在这个周期内没有数据包交换，这个状态检测表项将会被删除，如果有数据包交换，这个周期会被重新设置到 50 秒。如果继续通信，这个连接状态会被继续地以 50 秒的周期维持下去。这种设计方式可以避免一些 DoS 攻击，例如，一些人有意地发送一些 FIN 或 RST 包来试图阻断这些连接。

动态包过滤防火墙主要特点如下。

① 安全性：状态检测防火墙工作在数据链路层和网络层之间，截取和检查所有通过网络的原始数据包并进行处理。首先根据安全策略从数据包中提取有用信息，保存在内存中；然后将相关信息组合起来，进行一些逻辑或数学运算并进行相应的操作，如允许或拒绝数据包通过、认证连接和加密数据等。状态检测防火墙虽然工作在协议栈较低层，但它监测所有应用层的数据包并从中提取有用信息，如 IP 地址、端口号和数据内容等，这样安全性得到很大提高。

② 高效性：通过防火墙的所有数据包都在低层处理，减少了高层协议分析的开销，执行效率提高很多；另外，在这种防火墙中一旦一个连接建立起来，就不用再对该连接做更多的工作。例如，一个通过了身份验证的用户试图打开另一个浏览器，状态检测防火墙会自动授予该计算机再建立其他会话的权限，而不会提示该用户再输入口令。

③ 可伸缩性和易扩展性：状态检测防火墙不像应用网关式防火墙，每个应用对应一个服务程序，所能提供的服务是有限的，而且当增加一个新的服务时，必须为新的服务开发相应的服务程序。状态检测防火墙不区分每个具体的应用，只是根据从数据包中提取出的信息、对应的安全策略及过滤规则处理数据包。当有一个新的应用时，它能动态产生新的规则，而不用另外写代码，所以具有很好的伸缩性和扩展性。

④ 应用范围广：状态检测防火墙不仅支持基于 TCP 的应用，而且支持基于无连接协议的应用，如远程过程调用(Remote Procedure Call，RPC)、DNS、WIAS 等。对于无连接的协议，包过滤防火墙和应用网关对此类应用要么不支持，要么开放一个大范围的 UDP 端口，这样暴露了内部网，降低了安全性。状态检测技术更适合提供对 UDP 协议的支持。它将所有通过防火墙的 UDP 分组均视为一个虚拟连接，防火墙保存通过网关的每一个连接的状态信息，允许通过防火墙的 UDP 请求被记录，当 UDP 包在相反方向上通过时，依据连接状态表确定该 UDP 包是否被授权和通过。每个虚拟连接都具有一定的生存期，较长时间没有数据传送的连接将被中止。

状态检测防火墙基本保持了静态包过滤防火墙的优点，性能比较好，同时对应用是透明的，在此基础上，对于安全性有了大幅提升。这种防火墙摒弃了简单包过滤防火墙仅仅考察进出网络的数据包，不关心数据包状态的缺点，在防火墙的核心部分建立状态连接表，维护了连接，将进出网络的数据当成一个个的事件来处理。可以这样说，状态检测包过滤防火墙规范了网络层和传输层行为。

3. 代理防火墙

这类防火墙是通过一种代理(Proxy)技术参与到一个 TCP 连接的全过程。从内部发出的数据包经过这样的防火墙处理后，就好像是源于防火墙外部网卡一样，从而可以达到隐藏内部网结构的作用。它的核心技术就是代理服务器技术。其工作原理如图 6-7 所示。

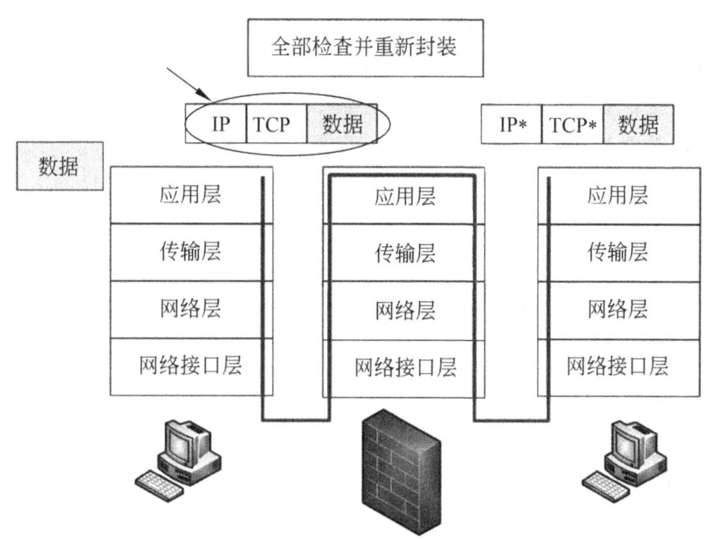

图 6-7　代理防火墙的工作原理

代理防火墙也就是我们经常提到的代理服务器(Proxy Server)、应用网关(Application Gateway),它工作在应用层,适用于某些特定的服务,如 HTTP、FTP 等。服务器通常运行在两个网络之间,是客户机和真实服务器之间的中介,代理服务器彻底隔断内部网与外部网的"直接"通信,内部网的客户机对外部网的服务器的访问,变成了代理服务器对外部网的服务器的访问,然后再由代理服务器转发给内部网的客户机。代理服务器对内部网的客户机来说像是一台服务器,而对于外部网的服务器来说,它又像是一台客户机。其工作过程如图 6-8 所示。当然,应用层的协议会话过程必须符合代理的安全策略要求。

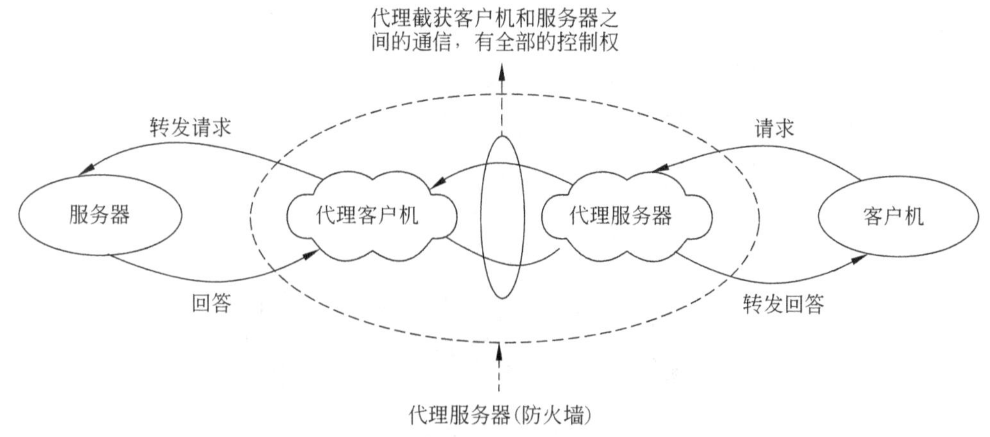

图 6-8　代理防火墙的工作过程

代理服务器的优点是可以检查应用层、传输层和网络层的协议特征,对数据包的检测能力比较强。缺点也非常突出,主要有以下几个方面。

(1) 难于配置,对用户是不透明的。由于每个应用都要求单独的代理进程,这就要求网络管理员能理解每项应用协议的弱点，并能合理地配置安全策略。

(2) 处理速度比较慢。对于内部网的每个 Web 访问请求，应用代理都需要开一个单独的代理进程，它要保护内部网的 Web 服务器、数据库服务器、文件服务器、邮件服务器，及业务程序等，就需要建立一个个的服务代理，以处理客户端的访问请求。这样，应用代理的处理延迟会很大，内部网用户的正常 Web 访问不能及时得到响应。针对不同的应用，需要建立不同的服务代理，以处理客户端的访问请求。

总之，代理防火墙不能支持大规模的并发连接。另外，防火墙核心要求预先内置一些已知应用程序的代理，使得一些新出现的应用在代理防火墙内被无情地阻断，不能很好地支持新应用。

4. 自适应代理防火墙

自适应代理技术(Adaptive Proxy)是最近在商业应用防火墙中实现的一种新型技术。它结合代理防火墙的安全性和动态包过滤防火墙的高速度等优点，在不损失安全性的基础之上将代理型防火墙的性能提高 10 倍以上。组成这种类型防火墙的基本要素有两个：自适应代理服务器与动态包过滤器。

在自适应代理服务器与动态包过滤器之间存在一个控制通道。在对防火墙进行配置时，用户仅仅将所需要的服务类型、安全级别等信息通过相应代理的管理界面进行设置就可以了。然后，自适应代理就可以根据用户的配置信息，决定是使用代理服务从应用层代理请求还是从网络层转发包。如果是后者，它将动态地通知包过滤器增减过滤规则，满足用户对速度和安全性的双重要求。在自适应代理防火墙中，初始的安全检查仍然发生在应用层，一旦安全通道建立后，随后的数据包就可重新定向到网络层。在安全性方面，自适应代理防火墙与标准代理防火墙是完全一样的，同时还提高了处理速度。自适应代理技术可根据用户定义的安全规则，动态"适应"传送中的数据流量。当安全要求较高时，安全检查仍在应用层中进行，保证实现传统防火墙的最大安全性；而一旦可信任身份得到认证，其后的数据便可直接通过速度快得多的网络层。其工作原理如图 6-9 所示。

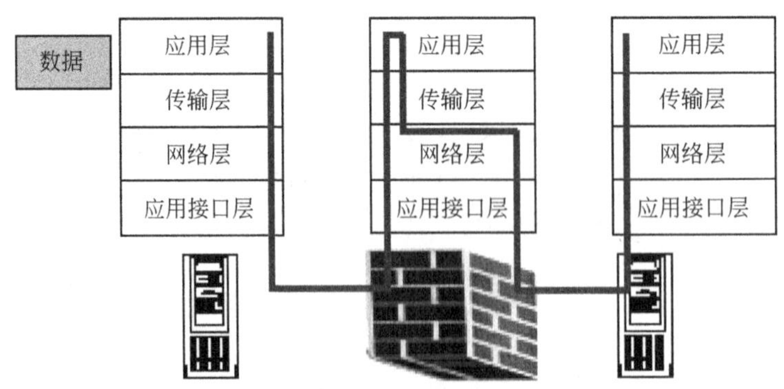

图 6-9 自适应代理防火墙的工作原理

6.2.3 从防火墙结构分类

可以划分为单一主机防火墙、路由器集成式防火墙和分布式防火墙三种。单一主机防火墙是最为传统的防火墙，独立于其他网络设备，它位于网络边界。这种防火墙其实与一台计算机结构差不多，同样包括CPU、内存、硬盘等基本组件，当然主板更是不能少了，且主板上也有南、北桥芯片。它与一般计算机最主要的区别就是一般防火墙都集成了两个以上的以太网卡，因为它需要连接一个以上的内、外部网。其中的硬盘就是用来存储防火墙所用的基本程序，如包过滤程序和代理服务器程序等，有的防火墙还把日志记录也记录在此硬盘上。虽然如此，但不能说它就与平常的PC机一样，因为它的工作性质，决定了它要具备非常高的稳定性、实用性，具备非常高的系统吞吐性能。正因如此，看似与PC机差不多的配置，价格要更高。

随着防火墙技术的发展及应用需求的提高，原来作为单一主机的防火墙现在已发生了许多变化。最明显的变化就是现在许多中、高档的路由器中已集成了防火墙功能，还有的防火墙已不再是一个独立的硬件实体，而是由多个软、硬件组成的系统。原来单一主机的防火墙由于价格非常昂贵，仅有少数大型企业才能承受得起，为了降低企业网络投资，现在许多中、高档路由器中集成了防火墙功能，如Cisco IOS防火墙系列。但这种防火墙通常是较低级的包过滤型。这样企业就不用再同时购买路由器和防火墙，大大降低了网络设备购买成本。

分布式防火墙再也不是只位于网络边界，而是渗透于网络的每一台主机，对整个内部网的主机实施保护。在网络服务器中，通常会安装一个用于防火墙系统管理软件，在服务器及各主机上安装有集成网卡功能的PCI防火墙卡，这样一块防火墙卡同时兼有网卡和防火墙的双重功能。因此一个防火墙系统就可以彻底保护内部网。各主机把任何其他主机发送的通信连接都视为“不可信”的，都需要严格过滤，而不是像传统边界防火墙那样，仅对外部网发出的通信请求“不信任”。

6.2.4 按防火墙的应用部署位置分类

可以划分为边界防火墙、个人防火墙和混合防火墙三大类。边界防火墙是最为传统的那种，位于内部网与外部网的边界，所起的作用是对内、外部网实施隔离，保护边界内部网。这类防火墙一般都是硬件类型的，价格较贵，性能较好。个人防火墙安装于单台主机中，防护的也只是单台主机。这类防火墙应用于广大的个人用户，通常为软件防火墙，价格最便宜，性能也最差。混合式防火墙可以说就是“分布式防火墙”或者“嵌入式防火墙”，它是一整套防火墙系统，由若干个软、硬件组件组成，分布于内部网与外部网边界和内部各主机之间，既对内部网、外部网之间通信进行过滤，又对网络内部各主机间的通信进行过滤，属于最新的防火墙技术之一，性能最好，价格也最贵。

6.2.5 按防火墙性能分类

按防火墙的性能可以分为十兆、百兆、千兆和万兆级防火墙等几类。因为防火墙通常位于网络边界，所以这主要是指防火墙的通道带宽(Bandwidth)，或者说是吞吐率。当然，通道带宽越宽，性能越高，这样的防火墙因包过滤或应用代理所产生的延时也越小，对整个网络通信性能的影响也就越小。

6.3 防火墙的体系结构

6.3.1 堡垒主机的基本概念

在讲解防火墙的体系结构以前，先介绍一下堡垒主机的概念。堡垒主机是一种被强化的可以防御进攻的计算机，其与 Internet 相连。用其作为进入内部网的一个检查点，以达到把整个网络的安全问题集中在堡垒主机上解决，又不必考虑其他主机安全问题的目的。显然，堡垒主机是网络中最容易受到侵害的主机，所以堡垒主机也必须是自身保护最完善的主机。通常情况下，一个堡垒主机使用两块网卡，每个网卡连接不同的网络。一块连接内部网，用以管理、控制和保护内部网，而另一块通常连接公网，也就是 Internet。

堡垒主机经常配置网关服务，网关服务是通过一个进程来提供从公网到内部网的特殊协议路由。网络防火墙的第一步是寻找堡垒主机的最佳位置，堡垒主机为内部网和外部网之间的所有通道提供一个阻塞点。没有堡垒主机就不能连接外部网，外部网同样也不能访问内部网。堡垒主机应被放置在没有机密信息流的网络上，最好放置在一个单独的网络上。将堡垒主机放置在边界网络上而不是放在内部网。由于边界网络是内部网与外部网间的一层安全控制机制，边界网络与内部网是由网桥或路由器隔离，网部网上的信息流对边界网络来讲是不可见的。处在边界网络上的堡垒主机只可看到在 Internet 与边界网络来往的信息流，虽然这些信息流有可能比较敏感，但其敏感程度要比内部网信息流小得多。即使无法将堡垒主机放置在边界网络上，也应该将它放置在信息流不太敏感的网络上。

6.3.2 屏蔽路由器体系结构

这是防火墙最基本的构件。它可以由厂家专门生产的路由器实现，也可以用主机来实现。屏蔽路由器作为内外连接的唯一通道，要求所有的报文都必须在此通过检查。路由器上可以装基于 IP 层的报文过滤软件，实现报文过滤功能。许多路由器本身带有报文过滤配置选项，但一般比较简单。单纯由屏蔽路由器构成的防火墙的危险带包括路由器本身及路由器允许访问的主机。它的缺点是一旦被攻陷后很难发现，而且不能识别不同的用户。

6.3.3 双重宿主主机体系结构

多宿主主机用来描述配有多个网卡的主机，每个网卡都和网络相连接。如果多宿主主机的路由功能被禁止，则主机可以在它连接的网络之间提供网络流量的分离，并且每个网络都能在宿主主机上处理应用程序。另外，如果应用程序允许，网络还可以共享数据。

代理服务器可以算是多宿主主机防火墙的一种。双宿主主机是多宿主主机的一个特例，它有两个网卡，并禁止路由功能。双宿主主机可以用于把一个内部网从一个不可信的外部网分离出来。因为双宿主主机不能转发任何 TCP/IP 流量，所以它可以彻底堵塞内部和外部不可信网络间的任何 IP 流量。然后防火墙运行代理软件控制数据包从一个网络流向另一个网络，这样内部网中的计算机就可以访问外部网。双重宿主主机体系结构是围绕具有双重宿主的主机计算机而构筑的，该计算机至少有两个网络接口。防火墙内部的系统能与双重宿主主机通信，同时防火墙外部的系统（在因特网上）也能与双重宿主主机通信，但是内外系统不能直接互相通信。它们之间的直接 IP 通信被阻止。双重宿主主机的防火墙体系结构是相当简单的：双重宿主主机位于两者之间，并且被连接到因特网和内部网，如图 6-10 所示。

图 6-10　双重宿主主机的防火墙体系结构

双重宿主主机直接暴露在外部网中，充当了堡垒主机的角色，这种体系的弱点是，一旦堡垒主机被攻破，使其成为一个路由器，那么外部网就可以直接访问内部网。

6.3.4　主机屏蔽防火墙体系结构

主机屏蔽防火墙体系结构是在防火墙的前面增加了屏蔽路由器。屏蔽路由器作为保护网络的第一道防线，防火墙不直接连接外部网，因为路由器具有数据过滤功能，路由器通过适当配置后，可以实现一部分防火墙的功能，主机屏蔽防火墙比双宿主机防火墙更安全，这样的形式提供一种有效的并且容易维护的防火墙体系。这种体系结构如图 6-11 所示。

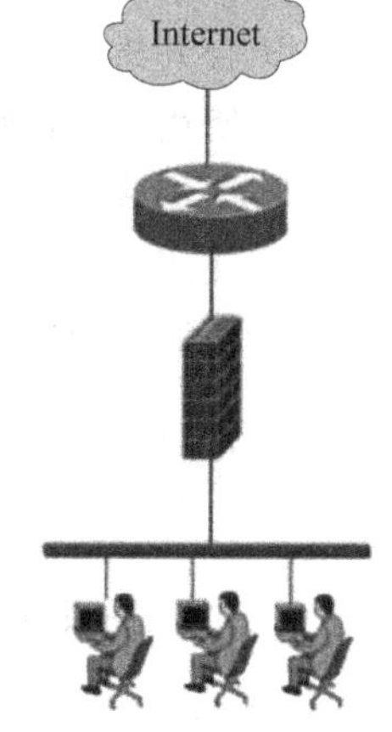

图 6-11　主机屏蔽防火墙体系结构

任何外部的系统要访问内部的系统或服务都必须先连接到这台主机，因此堡垒主机要保持更高等级的主机安全。在屏蔽路由器上设置数据包过滤策略，让所有的外部连接只能到达内部堡垒主机，比如收发电子邮件。根据内部网的安全策略，屏蔽路由器可以过滤掉不允许通过的数据包。屏蔽路由器配置要根据实际的网络安全策略来进行，如服务器提供 Web 服务，就需要屏蔽路由器开放的 80 端口。由于保护路由器比保护主机更容易实现，因为路由器提供非常有限的服务，漏洞要比主机少得多，所以主机屏蔽防火墙体系结构能提供更好的安全性和可用性。

6.3.5　子网屏蔽防火墙体系结构

在主机屏蔽体系中，用户的内部网对堡垒主机没有任何防御措施，如果黑客成功入侵到主机屏蔽体系结构中的堡垒主机，那就毫无阻挡地进入了内部网。通过在周边网络上隔离堡垒主机，能减少在堡垒主机上入侵的影响。通常，堡垒主机是网络上最容易受攻击的机器。任凭用户如何保护它，它仍有可能被突破或入侵，因为没有任何主机是绝对安全的。子网屏蔽防火墙体系结构添加额外的安全层到主机屏蔽体系结构，即通过添加周边网络更进一步地把内部网与外部网隔离。屏蔽子网体系结构的最简单的形式为使用两个屏蔽路由器，位于堡垒主机的两端，一端连接内部网，一端连接外部网，如图6-12所示。

图6-12　子网屏蔽防火墙体系结构

为了侵入用这种体系结构构筑的内部网，非法入侵者必须通过这两个路由器。即使非法入侵者侵入堡垒主机，它仍将必须通过内部路由器。这个结构的缺点是实施和管理比较复杂。

6.3.6　不同结构的组合形式

实际构建防火墙时，一般很少采用单一的结构，通常是多种不同结构的组合。这种组合主要取决于网管中心向用户提供什么样的服务，以及网管中心能接受什么等级风险。采用哪种技术主要取决于经费、投资的大小或技术人员的技术、时间等因素。一般有以下几种形式：

(1) 使用多堡垒主机。
(2) 合并内部路由器与外部路由器。
(3) 合并堡垒主机与外部路由器。
(4) 合并堡垒主机与内部路由器。
(5) 使用多台内部路由器。
(6) 使用多台外部路由器。
(7) 使用多个周边网络。
(8) 使用双重宿主主机与屏蔽子网。

6.4　防火墙的安全策略

本节介绍防火墙安全策略的概念、基本原则及定制建议。

6.4.1　防火墙安全策略的概念

安全策略也可以称为访问上的控制策略。它包含了访问上的控制以及组织内其他资源使用的各种规定。例如，哪些资源是公共信息所有用户都可以查看，哪些是需要特权才可查看的，以及哪些人拥有这种特权。制定一套恰当的安全策略是必须的，因为它可以说是一个组织的安全策略轮廓，尤其在网络上以及网络系统管理员对于安全上的顾虑并没有明确的策略时。防火墙一般执行以下两种基本策略中的一种：

(1) 除非明确不允许，否则允许某种服务。

(2) 除非明确允许，否则将禁止某项服务。

执行第一种策略的防火墙在默认情况下允许所有的服务，除非管理员对某种服务明确表示禁止。执行第二种策略的防火墙在默认情况下禁止所有的服务，除非管理员对某种服务明确表示允许。防火墙可以实施一种宽松的策略(第(1)种)，也可以实施一种限制性策略(第(2)种)，这就是制定防火墙策略的入手点。

6.4.2 防火墙安全策略的基本原则

防火墙安全策略的基本原则如下。

- 拒绝的规则一定要放在允许的规则前面。
- 当需要使用拒绝时，显式拒绝是首要考虑的方式。
- 在不影响防火墙策略执行效果的情况下，请将匹配度更高的规则放在前面。
- 在不影响防火墙策略执行效果的情况下，请将针对所有用户的规则放在前面。
- 尽量简化你的规则，执行一条规则的效率永远比执行两条规则的效率高。
- 永远不要在商业网络中使用 Allow 4 ALL 规则(Allow all users use all protocols from all networks to all networks)，这样只是让你的 ISA 形同虚设。
- 如果可以通过配置系统策略来实现，就没有必要再建立自定义规则。
- ISA 的每条访问规则都是独立的，执行每条访问规则时不会受到其他访问规则的影响。
- 无论作为访问规则中的目的还是源，最好使用 IP 地址。
- 如果你一定要在访问规则中使用域名集或 URL 集，最好将客户配置为 Web 代理客户。
- 请不要忘了，防火墙策略的最后还有一条 Deny 4 ALL。
- 最后，防火墙安全策略的测试是必需的。

6.4.3 防火墙安全策略定制建议

防火墙的安全策略涉及账号、权限、认证、过滤、信任等多个方面，具体制定过程中应根据实际情况而定，本书只给出一些建议。

1. 账号管理策略

账号管理涉及用户名、口令、用户所属工作组、用户在系统中的权限和资源存取许可权等。如果账号管理应采用口令方式，应制定口令最长使用时间、口令最短使用时间、口令最小长度以及口令的唯一性。口令必须采用加密机制保存。此外，账号管理还必须对用户在一定时间内多次重复登录系统失败后的账号自动锁定。

2. 最小权限策略

最小权限策略是最基本的信息安全原则，它意味着对任一对象用户、程序、路由器或者其他事物只能赋予它需要完成指定任务所必要的最小权限而绝不超越此权限。

3. 多层次保护策略

任何单一的安全保护机制都不是绝对安全的，因此构建防火墙时要有多个安全机制、互相支撑的多层次保护措施。例如,外部和内部的路由器保护堡垒主机免受外部的侵袭,而堡垒主机经过精心配置,加强自身保护,从而进一步提高抵御外部攻击的能力。

4. 失效保护策略

如果防火墙发生运行故障或者安全保护措施失效后,防火墙系统必须遵照"没有允许的服务都是禁止"的安全策略工作。

5. 信任关系策略

通过信任域和被信任域之间的信任关系在网络中建立域模型的安全性。在建立信任关系时,被信任域应提供执行信任的用户和口令,信任域则允许被信任域中的用户在其中使用,并赋予相应资源的访问许可权。

6. 包过滤策略

防火墙应在以下三层中设置控制点:网络层控制点应设在源地址和目的地址,传输层控制点应设在源端口号和目的端口号以及标志位上,应用层控制点应根据使用的网络协议而定。

7. 认证、签名和数据加密策略

选择安全有效的加密和认证算法,是安全服务和安全体制的基础和核心。

8. 密钥管理策略

密钥应优先采用自动化管理,特别是密钥分配建议采用离线式密钥中心方式。

9. 审计策略

审计是用来记录用户的访问对象、访问类型、访问过程等。事件的日志的放置位置由防火墙管理员制定,可记录在防火墙中,也可放置在其他的主机上。防火墙管理员应定期查看、分析,及时了解网络运行状况。

6.5 防火墙的指标与标准

目前,防火墙常用的技术指标包括性能指标、功能指标、防攻击指标以及防火墙对集中管理、分级管理、日志管理等功能的支持,提供较为友好和安全的配置方式和工具等。

6.5.1 防火墙的性能指标

防火墙的性能指标主要包括吞吐量、丢包率、延迟、最大并发连接数、并发连接处理速率等,如表6-1所示。用户在选择时,应该根据自身的网络规模和需求,对上述几个指标参数进行详细了解,选择适合的产品,必要时也可以向有关专家询问请教。

表6-1 防火墙的常见性能指标

性能指标	定义	重要程度
吞吐量	单位时间内通过防火墙的数据包数量(不丢包)	★★★★★
最大并发连接数	防火墙可同时维护的网络连接数	★★★
背靠背	防火墙对网络数据包的缓存能力	★★

续表

性能指标	定　义	重要程度
新建连接速率	防火墙建新连接的快慢程度	★★★★
延迟	防火墙处理和转发数据包所需要的时间	★★★★
丢包率	丢包数占发送包总数的比例(吞吐量范围内)	★★★

其中,吞吐量是指在不丢包的情况下单位时间内通过防火墙的数据包数量。并发连接数指的是防火墙能够同时处理的点对点连接的数目,是防火墙或代理服务器对其业务信息流的处理能力,它反映的是防火墙设备对多个连接的访问控制能力和连接状态跟踪能力,这个参数的大小直接影响到防火墙所能支持的最大信息点数。安全过滤带宽是指防火墙在某种加密算法标准下,如 DES(56 位)或 3DES(168 位)下的整体过滤性能。它是相对于明文带宽提出的。一般来说,防火墙总的吞吐量越大,其对应的安全过滤带宽越高。

6.5.2 防火墙的功能指标

功能指标主要体现为几个方面:对网络层包过滤、连接状态检测功能的支持;对常见标准网络协议的支持功能,例如 802.1Q、SNMP、IGMP、H.323、RIP 等 IP 网络协议;对应用层的访问控制和过滤功能的支持;对源/目标地址转换功能、路由/透明网桥混合工作模式功能的支持;流量控制(带宽管理);用户管理与认证;双机热备、双机负载均衡、多机集群等的支持能力,以及防火墙对应用服务器的负载均衡能力。用户在使用防火墙时需要对防火墙的性能、技术指标及成本等进行综合分析,根据实际情况很好地选择,以选择适合自己的防火墙产品设备型号。

1. 产品类型

产品类型指的是软件还是硬件防火墙;以及过滤技术是基于路由器的包过滤防火墙、状态检测和代理;防火墙操作系统的类型是基于通用操作系统的防火墙还是基于专用安全操作系统的防火墙。

2. 网络特性

网络特性包括 LAN 接口类型(防火墙所能保护的网络类型,如以太网、快速以太网、千兆以太网、ATM、令牌环及 FDDI 等),以及支持的最大 LAN 接口数量。除支持 IP 之外,又支持 AppleTalk、DECnet、IPX 及 NETBEUI 等协议。

3. VPN 及加密特性

防火墙是否支持 VPN,以及支持 VPN 的参数类型。建立 VPN 通道的协议,构建 VPN 通道所使用的协议,如密钥分配等,主要分为 IPSec、PPTP、专用协议等。VPN 中支持的加密算法有数据加密标准 DES、3DES、RC4 以及国内专用的加密算法。提供基于硬件的加密:是否提供硬件加密方法。硬件加密可以提供更快的加密速度和更高的加密强度。

4. 认证支持

是指防火墙支持的身份认证协议,一般情况下具有一个或多个认证方案,如

RADIUS、Kerberos、TACACS/TACACS+、口令方式、数字证书等。防火墙能够为本地或远程用户提供经过认证与授权的对网络资源的访问，防火墙管理员必须决定客户以何种方式通过认证。列出支持的认证标准和 CA 互操作性：厂商可以选择自己的认证方案，但应符合相应的国际标准，该项指所支持的标准认证协议，以及实现的认证协议是否与其他 CA 产品兼容互通。

5. 访问控制

通过防火墙的包内容设置：包过滤防火墙的过滤规则集由若干条规则组成，它应涵盖对所有出入防火墙的数据包的处理方法，对于没有明确定义的数据包，应该有一个缺省处理方法；过滤规则应易于理解，易于编辑修改；同时应具备一致性检测机制，防止冲突。IP 包过滤的依据主要是根据 IP 包头部信息，如源地址和目的地址进行过滤，如果 IP 头中的协议字段表明封装协议为 ICMP、TCP 或 UDP，那么再根据 ICMP 头信息（类型和代码值）、TCP 头信息（源端口和目的端口）或 UDP 头信息（源端口和目的端口）执行过滤，其他的还有 MAC 地址过滤。应用层协议过滤要求主要包括 FTP 过滤、基于 RPC 的应用服务过滤、基于 UDP 的应用服务过滤要求以及动态包过滤技术等。

6. 防御功能

支持病毒扫描，如扫描电子邮件附件中的 DOC 和 ZIP 文件，FTP 中的下载或上载文件内容，以发现其中包含的危险信息。提供内容过滤。信息内容过滤是指防火墙在 HTTP、FTP、SMTP 等协议层，根据过滤条件，对信息流进行控制。防火墙控制的结果是：允许通过、修改后允许通过、禁止通过、记录日志、报警等。过滤内容主要指 URL、HTTP 携带的信息，如 Java Applet、JavaScript、ActiveX、Cookie 和电子邮件中的 Subject、To、From 域等。检测出危险代码或病毒，并向浏览器用户报警。同时，能够过滤用户上载的 CGI、ASP 等程序，当发现危险代码时，向服务器报警。防火墙通过控制、检测与报警等机制，可在一定程度上防止或减轻 DoS 黑客攻击。

7. 安全特性

是否支持转发和跟踪 ICMP，是否提供实时入侵告警功能，当发生危险事件时，是否能够及时报警，报警的方式可能通过邮件、呼机、手机等。提供实时入侵响应功能，当发生入侵事件时，防火墙能够动态响应，调整安全策略，阻挡恶意报文。是否能够识别、记录、防止企图进行 IP 地址欺骗，例如，防火墙应该能够禁止来自外部网而源地址是内部 IP 地址的数据包通过。

8. 管理功能

防火墙管理是指对防火墙具有管理权限的管理员行为和防火墙运行状态的管理，管理员的行为主要包括：通过防火墙的身份鉴别，编写防火墙的安全规则，配置防火墙的安全参数，查看防火墙的日志等。防火墙的管理一般分为本地管理、远程管理和集中管理等。是否支持 SNMP 监视和配置；是否支持带宽管理。防火墙能够根据当前的流量动态调整某些客户端占用的带宽。负载均衡可以看成动态的端口映射，它将一个外部地址的某一 TCP 或 UDP 端口映射到一组内部地址的某一端口，负载均衡主要用于将某项服务（如 HTTP）分摊到一组内部服务器上以平衡负载。失败恢复特性（Fail over），指支持容错技术，如双机热备份、故障恢复、双电源备份等。

9. 记录和报表功能

防火墙规定了对于符合条件的报文做日志，应该提供日志信息管理和存储方法。提供自动日志扫描，指防火墙是否具有日志的自动分析和扫描功能，这可以获得更详细的统计结果，达到事后分析、亡羊补牢的目的。提供自动报表、日志报告书写器，是防火墙实现的一种输出方式，提供自动报表和日志报告功能，按要求提供报表分类打印。提供实时统计，是防火墙实现的一种输出方式，日志分析后所获得的智能统计结果，一般是采用图表显示。

6.5.3 防火墙相关的国家标准

在我国，防火墙作为一种信息安全产品，其进入市场并不是随意的，有相关的国家标准，也有相应的认证中心。

在 1994 年 2 月 18 日发布的《中华人民共和国计算机信息系统安全保护条例》中规定：国家对计算机信息系统安全专用产品的销售实行许可证制度。具体办法由公安部会同有关部门制定(第十二章第 16 条规定)。

随后公安部 1997 年颁布了《计算机信息系统安全专用产品检测和销售许可证管理办法》规定：

第三条 中华人民共和国境内的安全专用产品进入市场销售，实行销售许可证制度。安全专用产品的生产者在其产品进入市场销售之前，必须申领《计算机信息系统安全专用产品销售许可证》(以下简称销售许可证)。

第四条 安全专用产品的生产者申领销售许可证，必须对其产品进行安全功能检测和认定。

第五条 公安部计算机管理监察部门负责销售许可证的审批颁发工作和安全专用产品安全功能检测机构(以下简称检测机构)的审批工作。

第十七条 已取得销售许可证的安全专用产品，生产者应当在固定位置标明“销售许可”标记。任何单位和个人不得销售无“销售许可”标记的安全专用产品。

我国于 1999 年通过了关于防火墙的相关国家标准：

- GB/T 17900-1999 网络代理服务器的安全技术要求。
- GB/T 18018-1999 路由器安全技术要求。
- GB/T 18019-1999 信息技术包过滤防火墙安全技术要求。
- GB/T 18020-1999 信息技术应用级防火墙安全技术要求。

公安部专门成立了一个机构：公安部计算机信息系统安全产品质量监督检验中心(位于上海)来完成相关安全产品的检验工作。并且从 2000 年 9 月起执行上面的四个新的国家标准。这个检测是强制的，必须通过这个检测，才能够进入市场。

另外还有中国国家信息安全测评认证中心的测评，据称这个机构的认证：“中华人民共和国国家信息安全认证”是国家对信息安全技术、产品或系统安全质量的最高认可。目前看到的一些国内大的防火墙厂商的防火墙产品都通过了这个认证。

如果想进入国防行业，还要通过中国人民解放军信息安全测评认证中心的“军用信息安全产品认证证书",拿到解放军总参谋部的"国防通信网设备器材进网许可证",另外还有国家保密局的推荐等。

其他还有国外的认证,如美国国际计算机安全协会(ICSA)认证和欧洲 ITSEC E3 认证等。

6.6 Iptables 网络防火墙安全规则配置实验

Iptables 是 Linux 下的网络数据包过滤软件,是目前最新 Linux 发行版中默认的防火墙。深入了解 Iptables 防火墙机制,了解防火墙的规则及配置是必不可少的。由于 Iptables 利用网络数据包过滤机制,它会分析网络数据包的报头部分数据。根据报头数据与定义的安全规则来决定该数据包是进入主机、进行修改还是直接丢弃。

6.6.1 Iptables 防火墙的表链结构

Iptables 防火墙包含有 Filter、Nat、Mangle、Raw 等 4 张表,input、output、forward、postrouting、prerouting 等 5 个链。其中表是按照对数据包的操作区分的,链是按照不同的 Hook 点来区分的,表和链实际上是 Iptables 的两个维度。

Iptables 的 4 和表的重点在于 Filter 和 Nat 表。Iptables 防火墙强调专表,4 张表的功能分别是:Filter 表用于数据包的过滤;Nat 表用于端口映射、地址映射等;Mangle 表用于对特定数据包修改,修改包的目标是用于增强服务质量,减少传输延迟,提高吞吐量;Raw 表用于原始数据处理。

默认表是 Filter(没有指定表的时候就是 Filter 表)。表的处理优先级:Raw>Mangle>Nat>Filter。

Raw 表只使用在 prerouting 链和 output 链上,因为优先级最高,从而可以对收到的数据包在连接跟踪前进行处理。一旦用户使用了 Raw 表在某个链上,Raw 表处理完后,将跳过 Nat 表处理,即不再做地址转换和数据包的链接跟踪处理。Raw 表可以应用在那些不需要做 Nat 的情况下,以提高性能。如大量访问的 Web 服务器,可以让 80 端口不再让 Iptables 做数据包的链接跟踪处理,以提高用户的访问速度。

每张表有若干链构成,Filter 表有三种链构成,分别是 input 链、output 链、forward 链,不同的链用于处理不同的流入流出方向的数据流。input 链用于处理输入到防火墙的数据流,output 链用于处理从防火墙出发到其他地方的数据流,forward 链用于处理通过防火墙路由表后目的地不为本机、被转发的数据流。Nat 表也有三条链,output 链输出本机产生、向外转发的数据流,postrouting 链专门用来做源地址转换,prerouting 用于数据包进入路由表之前做目标地址转换。Mangle 表包含了以上所有的链,它主要用于修改数据包字段从而实现服务质量,Raw 表提供用户一些高级附加功能,例如帮助用户进行 ip 过滤。这 4 张表是有优先级别的,Raw 表优先级最高,其次是 Mangle 表,Nat 表,优先级最低的是 Filter 表。Iptables 防火墙中的 4 张表中常用的只有 Filter 和 Nat,所以精简后得到防火墙过滤规则数据流如图 6-13 所示。

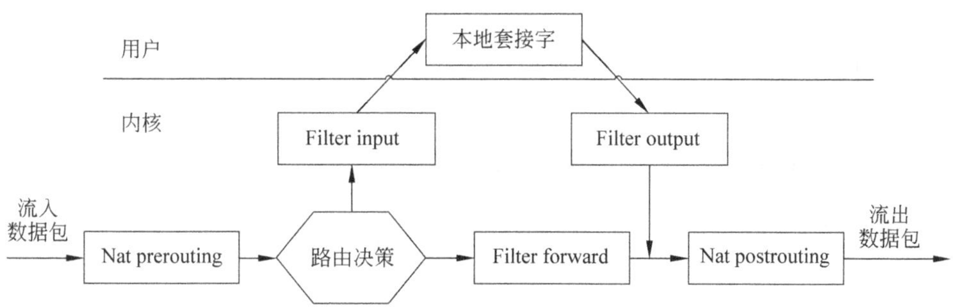

图 6-13 精简后的防火墙过滤规则数据流

6.6.2 Iptables 防火墙的参数与配置实验

1. 实验教学案例题目

Iptables 网络防火墙安全规则实验。

2. 实验教学目的

通过 Iptables 网络防火墙安全规则的设计运用，使读者理解包过滤网络防火墙原理，并能灵活运用安全规则对不同网络安全场景进行安全防护管控。

3. 实验仪器及环境

Vmware 虚拟机管理软件、Linux 操作系统、Iptables 网络防火墙软件。

4. 实验原理

Iptables 是 Linux 下网络数据包过滤防火墙，工作在网络层，针对 TCP/IP 数据包实施过滤和限制。Iptables 利用网络数据包过滤机制，分析网络数据包的包头部分数据，根据包头数据与用户定义的安全规则来决定该数据包是进入主机、进行修改还是直接丢弃。Iptables 可以对流入和流出网络的信息进行细粒度控制。它采用状态机制(STATEFUL)，通过不同规则进行匹配；Iptables 包括 Filter、Nat、Mangle、Raw 等 4 张表，包括 input、output、forward、prerouting、postrouting 等 5 条链，其中 input、output 链主要针对服务器主机保护的防火墙；而 forward、prerouting、postrouting 链多用在网络型防火墙中。Iptables 的表链结构如图 6-14 所示。

Iptables 网络防火墙数据包过滤工作流程如图 6-15 所示。

由图 6-15 可知，Iptables 防火墙可在 input、output、forward 等 5 条链上分别设置检查点进行网络数据封包的检测与规则匹配，在每个检查点上根据规则匹配的结果实施相应的操作。

5. 实验教学步骤及内容

Iptables 网络防火墙演示实验采用由易到难、由初级实验到中级实验、再到高级实验的逐级演示实施方式，逐步深入理解网络防火墙的过程。

(1) **初级实验**：防火墙基本参数的使用。

```
iptables -L
#-L 是列举的意思,作用就是把 FILTRE TABLE 的所有链的规则都列举
```

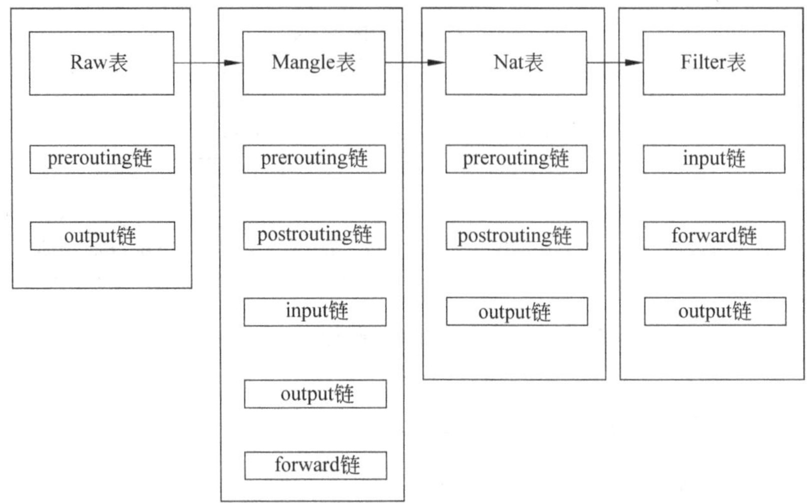

图 6-14　Iptables 防火墙的表链结构

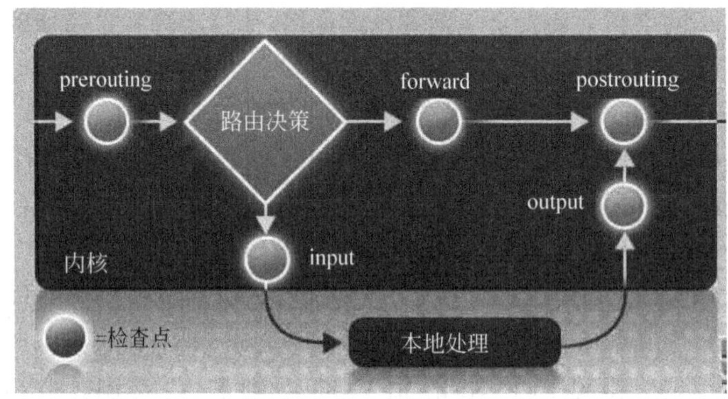

图 6-15　Iptables 网络防火墙数据包过滤工作流程

```
iptables -A
#-A 是追加新规则的意思,作用是把新的规则将追加到链尾
iptables -F
#-F 是清除的意思,作用就是把 FILTRE TABLE 的所有链的规则都清空
iptables -p
#-p 是协议名的意思,作用是定义规则链中匹配的网络协议
iptables -j
#用来指定对包的处理动作(ACCEPT、DROP、REJECT、REDIRECT),j 表示要跳转的目标
```

此外，还包括源地址(-s)、源端口(--sport)、目的地址(-d)、目的端口(--dport)、进入网卡(-i)、出去网卡(-o)、表名(-t)等常用参数。

(2) 中级实验：网络防火墙多个参数的组合使用。

场景一：通过网络防火墙允许来自指定网络的 MySQL 连接请求。

```
iptables -A INPUT -i eth0 -p tcp -s 192.168.100.0/24 --dport 3306 -m state --
```

```
state NEW,ESTABLISHED -j ACCEPT
#这条规则只允许通过 192.168.100.0 网络的主机通过 TCP 协议访问 MySQL 服务端口 3306
```

场景二：假设公司某部门局域网 IP 地址为 210.1.2.0/24，并且要求 210.1.2.1～210.1.2.32 的 IP 地址段不可以进行 HTTP 连接访问。

```
iptables -A OUTPUT -s -m iprange --src-range 210.1.2.1-210.1.2.32 -p tcp --
dport 80 -j DROP
#这条规则限制 210.1.2.1 ~210.1.2.32 IP 地址段的主机不能通过 TCP 端口 80 访问外部的
HTTP 服务
```

场景三：屏蔽 HTTP 服务泛洪攻击，将连接限制到每分钟 100 个，上限为 200。

```
iptables -A INPUT -p tcp --dport 80 -m limit --limit 100/minute --limit-burst
200 -j ACCEPT
#这条规则限制外部的 HTTP 访问速率为 100 个/min,触发条件是 200 个
```

场景四：允许远程主机进行 SSH 连接。

```
iptables -A INPUT -i eth0 -p tcp --dport 22 -m state --state NEW,ESTABLISHED -
j ACCEPT
#这条规则允许外部主机通过 TCP 协议的 22 端口访问 sSH 服务
```

场景五：将某个服务的流量转发到另一个端口。

```
iptables -t nat -A PREROUTING -i eth0 -p tcp --dport 25 -j REDIRECT --to-
port 2525
#这条规则命令会将所有来自 eth0 接口的传入流量,由 25 端口转发到 2525 端口。可以根据自
己的需要来修改端口号
```

场景六：在工作时间，即周一到周五的 8:30 到 18:00，开放本机的 FTP 服务给 192.168.1.0 网络中的主机访问；数据下载请求的次数每分钟不得超过 5 个。

```
iptables -A INPUT -p tcp --dport 21 -s 192.168.1.0/24 -m time ! --weekdays 6,7
-m time --timestart 8:30 --timestop 18:00 -m connlimit --connlimit-above 5 -
j ACCET
#这条规则允许本机开放 FTP 服务端口 21 给特定的主机在特定的时间范围
```

(3) 高级实验：网络防火墙多条规则的组合使用。

场景一：通过网络防火墙限制部分主机通过 SSH 远程登录。

```
iptables -A INPUT -s 172.16.0.6 -p tcp --dport 22 -j ACCEPT
iptables -A INPUT -p tcp --dport 22 -j DROP
#这两条规则只允许通过 172.16.0.6 主机通过 SSH 远程登录防火墙主机,其他计算机禁止使用
SSH 登录防火墙主机。
```

场景二：通过网络防火墙允许外部的 HTTP 请求。

```
iptables -A INPUT -i eth0 -p tcp --dport 80 -m state --state NEW,ESTABLISHED -
j ACCEPT
```

```
iptables -A OUTPUT -o eth0 -p tcp --sport 80 -m state --state ESTABLISHED -j ACCEPT
#首先允许外部主机通过 TCP 的 80 端口新建连接,再允许内部主机通过 TCP 的 80 端口建立连接
```

场景三：通过网络防火墙对抗网络 DDoS 拒绝服务攻击。

```
iptables -P INPUT DROP
#首先设置 Iptables 默认安全策略为拒绝
iptables -A FORWARD -p tcp -m tcp --tcp-flags FIN,SYN,RST,ACK SYN -m limit --limit 1/sec -j ACCEPT
#限制 TCP 包每秒 1 个
iptables -A FORWARD -f -m limit --limit 100/sec --limit-burst 100 -j ACCEPT
#限制 IP 碎片,每秒钟只允许 100 个 IP 碎片通过,限制触发条件是 100 个,用来防止 DoS 拒绝服务攻击
iptables -A FORWARD -p icmp -m limit --limit 1/sec --limit-burst 10 -j ACCEPT
#限制 ICMP 包每秒一个,限制触发条件是 10 个,用来防止 DoS 拒绝服务攻击
iptables -A FORWARD -p icmp -m icmp --icmp-type 8 -m limit --limit 1/sec --limit-burst 5 -j ACCEPT
#限制 ICMP 包回应请求每秒一个,限制触发条件是 5 个,用来防止 DoS 拒绝服务攻击
iptables -A FORWARD -p tcp --syn -m limit --limit 1/s --limit-burst 5 -j ACCEPT
#每秒钟最多允许 5 个新的 TCP 网络连接,并且限制新建 TCP 连接速率每秒 1 个
#以上 7 条规则组合起来构造网络 DDoS 拒绝服务防护规则集。
```

场景四：通过网络防火墙对访问时间和内容进行有效管控。

```
iptables -I FORWARD -p udp --dport 53 -m string --string "TENCENT" -m time --timestart 8:00 --timestop 12:00 --days Mon,Tue,Wed,Thu,Fri,Sat -j DROP
#星期一到星期六的 8:00 到 12:00 禁止 TENCENT 通信
iptables -I FORWARD -s 192.168.0.0/24 -m string --string "XXX.com" -m time --timestart 13:00 --timestop 17:30 --days Mon,Tue,Wed,Thu,Fri,Sat -j DROP
#星期一到星期六的 13:00 到 17:30 禁止访问特定网站 XXX.com
iptables -I FORWARD -d 192.168.0.0/24 -m string --string "宽频影院" --algo kmp -j DROP
iptables -I FORWARD -s 192.168.0.0/24 -m string --string "色情" -j DROP
iptables -I FORWARD -p tcp --sport 80 -m string --string "广告" --algo bm -j DROP
#禁止网页中包含“宽频影院”“色情”“广告”等特定字符串的网络连接
#以上 5 条规则组合起来构造网络防火墙对访问时间和内容的有效管控
```

使用上述操作配置防火墙规则仅当前有效，如希望重启后依然有效，需要执行 service iptables save 将规则写入/etc/sysconfig/iptables 中。

6. 实验数据及分析

通过 iptables -L 命令查看实验配置，网络防火墙配置如图 6-16 所示。

7. 实验思考

用户如何合理设置防火墙安全规则来实现安全目标？引导读者从单个参数到多个参

```
root@kali:~# iptables -L
Chain INPUT (policy DROP)
target     prot opt source               destination
DROP       all  --  172.16.0.201         anywhere
DROP       all  --  172.16.0.201         anywhere
DROP       all  --  anywhere             anywhere
           tcp  --  anywhere             anywhere
ACCEPT     tcp  --  172.16.0.2           anywhere             tcp dpt:ssh
DROP       tcp  --  anywhere             anywhere             tcp dpt:ssh

Chain FORWARD (policy ACCEPT)
target     prot opt source               destination
ACCEPT     tcp  --  anywhere             anywhere             tcp flags:FIN,SYN,RST,ACK
/SYN limit: avg 1/sec burst 5
ACCEPT     all  -f  anywhere             anywhere             limit: avg 100/sec burst
100
ACCEPT     icmp --  anywhere             anywhere             limit: avg 1/sec burst 10
ACCEPT     icmp --  anywhere             anywhere             icmp echo-request limit:
avg 1/sec burst 5
ACCEPT     icmp --  anywhere             anywhere             icmp echo-request limit:
avg 1/sec burst 5

Chain OUTPUT (policy ACCEPT)
target     prot opt source               destination
root@kali:~#
```

图 6-16　网络防火墙配置

数、从单条安全规则到多条安全规则组合，并通过网络防火墙规则配置实验演示，促进读者理解网络防火墙安全规则及组合的重要作用，提高对本课程学习兴趣。在演示实验过程中，要不断地引导读者积极思考、参与设计、共同研讨，激发读者创新思维，让其知其然，更要知其所以然，达到灵活运用所学知识的教学目的。

8. 实验扩展

结合安全需求制定安全规则的过程，然后让读者分别从网络安全管理员、入侵者及网络用户等不同角色理解并体会网络防火墙的作用，以及在规则配置中应注意的问题。读者可以建立一个小型局域网，重现实验规则内容，通过扩展安全规则和应用场景进一步发现 Iptables 的新用法，提升读者利用已有安全软件工具对所学知识进行扩展创新的能力。

9. 实验总结

通过设置初级、中级、高级不同难度等级的防火墙规则实验，读者可以由浅入深、逐步理解 Iptables 防火墙安全规则的作用和配置方法，实现限制 TCP 包、IP 包、ICMP 包速率以及新建 TCP 网络连接数量，通过制定防火墙访问控制规则丢弃过高频率攻击包、限制速率、限制访问时间和内容、对抗 DDoS 攻击等安全目标，为读者将来从事网络安全管理工作奠定基础。

6.7　防火墙的发展趋势

防火墙的发展趋势是朝高速、多功能、分布式、更智能、更安全的方向发展。未来的防火墙产品由于在功能性上的扩展，以及应用日益丰富、流量日益复杂所提出的更多性能要求，会呈现出更强的处理性能方面的要求，而寄希望于硬件性能提高，所以诸如并行处理技术等经济实用并且经过充分验证的性能提升手段将越来越多地应用在防火墙产品平台上。相对来说，与应用层涉及越多，性能提高所需要面对的情况就会越复杂。在大型应用环境中，防火墙的规则库至少有上万条记录，而随着过滤的应用种类的增多，规则数往往会以几何级数上升，这是对防火墙的负荷是很大的考验。使用不同的处理器完成不同的功能可能是解决办法之一，例如利用集成专有算法的协处理器来专门处理规则判断，在防火墙的某方面性能出现较大瓶颈时，可以升级某个部分的硬件来解决，这种设计有些已经应用到现有的产品中。应用 ASIC、FPGA 和网络处理器是实现高速防火墙的主要方法。由于网络处理器采用微码编程，可以根据需要升级，甚至可以支持 IPv6，因此网络处理器技术更加灵活。现在的防火墙产品已经呈现出一种集成多种功能的设计趋势，包括 VPN、AAA、PKI、IPSec 等附加功能，甚至防病毒、入侵检测这样的主流功能，都被集成到防火墙产品中了，很多时候我们已经无法分辨这样的产品到底是以防火墙为主，还是以某个功能为主了，它已经逐渐向 IPS（入侵防护系统）的产品转化了。有些防火墙集成了防病毒功能，这样的设计会对管理性能带来不少提升，但同时也对防火墙产品的另外两个重要因素产生了影响，即性能和自身的安全问题，所以还是应该根据具体的应用环境来做综合的权衡。

传统的防火墙通常都设置在网络的边界位置，不论是内部网与外部网的边界，还是内部网中的不同子网的边界，以数据流进行分隔，形成安全管理区域。但这种设计的最大问题是，恶意攻击的发起不仅仅来自于外部网，内部网环境同样存在着很多安全隐患，而对于这种问题，边界式防火墙处理起来是比较困难的，所以现在越来越多的防火墙产品也开始体现出一种分布式结构，以分布式为体系进行设计的防火墙产品以网络节点为保护对象，可以最大限度地覆盖需要保护的对象，大大提升安全防护强度。这不仅仅是单纯的产品形式的变化，而是象征着防火墙产品防御理念的升华。在防火墙状态检测技术的基础上，进一步结合信息智能识别技术就能够实现对内部非法数据传输进行控制。目前的信息智能识别技术可以对文本信息提供较好的过滤和识别手段，通常采用的是人工智能和神经网络的方法。由于这些方法多是人工智能学科采用的方法，因此，又称为智能防火墙。智能防火墙从技术特征上，利用统计、记忆、概率和决策的智能方法来对数据进行识别，达到访问控制的目的。新的数学方法，消除了匹配检查所需要的海量计算，高效发现网络行为的特征值，直接进行访问控制。

新型的防火墙具备将逐步集中网络管理平台，具备配置管理、性能管理、故障管理、安全管理、审计管理等多管理域。国外的防火墙在管理方面非常成熟，一般防火墙都不是作为一个单一的网络产品来管理，而是纳入通用网络设备管理体系。另外，防火墙的信息记录功能也日益完善，通过防火墙的日志系统，可以方便地追踪过去网络中发生的事件，可以完成与审计系统的联动，具备足够的验证能力，以保证在调查取证过程中采集的证据符合法律要求。

小　　结

本章介绍了防火墙的基本概念、工作原理、发展历程，从不同角度阐述了防火墙的分类方法，分析了防火墙的不同体系结构及组合方式，给出了防火墙安全策略的定制建议、性能指标及标准，最后给出了 Iptables 防火墙的配置方法及举例，并对防火墙的发展趋势做出了分析与展望。

习　　题

1. 什么是防火墙？防火墙应具有的基本功能是什么？
2. 防火墙按照技术分类，分成几类？
3. 包过滤防火墙和动态检测的工作原理是什么？有什么优缺点？
4. 包过滤防火墙一般检查哪几项？
5. 包过滤防火墙中制定访问控制规则一般有哪些原则？
6. 如何用Iptables防火墙对抗拒绝服务攻击？
7. 简述网络地址转换(NAT)的原理。它主要应用在哪些方面？
8. 如何灵活地组合Iptables防火墙规则？

第 7 章 虚拟专用网技术

本章要点：

☑ VPN 概述
☑ VPN 的分类及工作原理
☑ VPN 的关键技术及安全性分析
☑ 基于 PP2P/L2TP 的 VPN 技术
☑ 基于 IPSec 的 VPN 技术
☑ 基于 SSL 的 VPN 技术
☑ 基于 MPLS 的 VPN 技术
☑ OpenVPN 的搭建及测试实验

7.1 VPN 概述

VPN(Virtual Private Network)意为"虚拟专用网络"。VPN 被定义为通过一个公用网络(通常是因特网)建立一个临时的、安全的连接，是一条穿过混乱的公用网络的安全且稳定的隧道。IETF 草案理解基于 IP 的 VPN 为："使用 IP 机制仿真出一个私有的广域网"是通过私有的隧道技术在公共数据网络上仿真一条点到点的专线技术。它可以通过特殊的加密通信协议在因特网上的位于不同地方的两个或多个企业内部网之间建立一条专有的通信线路，就好比是架设了一条专线一样，但是它并不需要真正地去铺设物理线路。以 IP 为主要通信协议的 VPN，也可称之为 IP-VPN。VPN 是对企业内部网的扩展。VPN 可以帮助远程用户、公司分支机构、商业伙伴及供应商与公司的内部网建立可信的安全连接，并保证数据的安全传输。VPN 可用于不断增长的移动用户的全球因特网接入，以实现安全连接；可用于实现企业网站之间安全通信的虚拟专用线路，用于经济有效地连接到商业伙伴和用户的安全外联网虚拟专用网。

7.1.1 VPN 的特点

一个高效、成功的 VPN 应具备以下几个特点。

1. 安全保障

虽然实现 VPN 的技术和方式很多，但所有的 VPN 均应保证通过公用网络平台传输数据的专用性和安全性。在非面向连接的公用 IP 网络上建立一个逻辑的、点对点的连接，称之为建立一个隧道，可以利用加密技术对经过隧道传输的数据进行加密，以保证数据仅被指定的发送者和接收者了解，从而保证了数据的私有性和安全性。

2. 服务质量保证（QoS）

VPN 应当为企业数据提供不同等级的服务质量保证。不同的用户和业务对服务质量保证的要求差别较大。如移动办公用户，提供广泛的连接和覆盖性是保证 VPN 服务的一个主要因素；而对于拥有众多分支机构的专线 VPN，交互式的内部企业网应用则要求网络能提供良好的稳定性；对于其他应用（如视频等）则对网络提出了更明确的要求，如网络时延及误码率等。所有以上网络应用均要求网络根据需要提供不同等级的服务质量。在网络优化方面，构建 VPN 的另一重要需求是充分有效地利用有限的广域网资源，为重要数据提供可靠的带宽 QoS 通过流量预测与流量控制策略，可以按照优先级分配带宽资源，实现带宽管理，使得各类数据能够被合理地先后发送，并预防阻塞的发生。

3. 可扩充性和灵活性

VPN 必须能够支持通过内部网和外部网的任何类型的数据流，方便增加新的节点，支持多种类型的传输媒介，可以满足同时传输语音、图像和数据等新应用对高质量传输以及带宽增加的需求。

4. 可管理性

从用户角度和运营商角度应可方便地进行管理、维护。在 VPN 管理方面，VPN 要求企业将其网络管理功能从局域网无缝地延伸到公用网，甚至是客户和合作伙伴。虽然可以将一些次要的网络管理任务交给服务提供商去完成，但企业自己仍需要完成许多网络管理任务。所以，一个完善的 VPN 管理系统是必不可少的。VPN 管理的目标为：减小网络风险，具有高扩展性、经济性、高可靠性等优点。事实上，VPN 管理主要包括安全管理、设备管理、配置管理、访问控制列表管理、QoS 管理等内容。

5. 节省费用和资源

由于公共网络可以同时具有多条专用隧道，因此可同时进行多用户的信息传输，减少了各单位专线的租用数量，同时也减少了数据传输过程中的辅助设备。在运行的资金支出上，除了购买 VPN 设备，企业所付出的仅仅是向企业所在地的 ISP 支付一定的上网费用，也节省了长途电话费，缩减大笔的专线费用，这就是 VPN 价格低廉的原因。

7.1.2 VPN 的基本技术

1. 隧道技术

隧道技术是 VPN 的基本技术，通过公共网建立一条数据通道（即隧道），让数据包通过该隧道传输。它涉及数据的封装，因此它可以利用 TCP/IP 作为重要的传送协议，以一种安全的方式在公用网络（如因特网）上传送。隧道技术是为了将私有数据网络的信息在公用数据网络上传输所发展起来的一种信息封装方式，亦即在公用网络上建立一条虚拟的通道。隧道协议中最为典型的有 PPTP、L2F、L2TP、GRE、IPSec 等。其中 PPTP、L2TP、L2F 属于第二层隧道协议；GRE、IPSec 属于第三层隧道协议。第二层和第三层隧道协议的区别主要在于用户数据在网络协议栈的第几层被封装。隧道协议通常由以下几个协议组成。

- 封装：完成隧道的建立、维持和断开，如 L2TP、IPSec 等。
- 承载协议：承载经过封装后的数据包的协议，如 IP 和 ATM 等。
- 乘客协议：被封装的协议，如 PPP、SLIP。

2. 加解密技术

为了对用户传输的信息保密，防止数据被未授权的用户阅读，在数据传送之前要进行加密或保密处理，因此采用了数据保密性和数据完整性认证。因为虚拟专用网络建立在公用数据网络上，为确保私有信息在传输过程中不被其他人浏览、窃取或篡改，所有的数据包在传输过程中均须加密。当数据包传送到专用数据网络后，再将数据包解密。目前在 VPN 的通信过程中主要使用对称加解密技术，而非对称加解密技术主要用来完成身份认证和密钥协商过程。

3. 密钥管理技术

密钥管理技术的主要任务是如何在公共网络上安全地传递密钥而不被窃取。VPN 中使用的密钥管理技术又分为互联网简单密钥管理(Simple Key management IP，SKIP)与互联网安全关联和密钥管理协议(Internet Security Association and Key Management Protocol，ISAKMP)两种。SKIP 主要是利用 Diffie-Hellman 密钥交换算法在网络上传输密钥；在 ISAKMP 中，双方都有两把密钥，分别用于公用、私用。要破解加密后的数据包，必须先破解加密所用的密钥。目前为安全起见，通常使用一次性密钥技术，即对于一次指定会话，通信双方需为此次会话协商加解密密钥后才建立安全隧道。此外，有些 VPN 产品还能在一次会话中使用多个密钥，它可以根据会话时间或传输的数据量为标准来重新协商并使用新密钥。

4. 身份认证技术

为了鉴别试图接入专用网络的用户，并且保证用户有适当的访问权限，采用身份认证技术，以确保传输过程的安全，这是 VPN 需要解决的首要问题。错误的身份认证将导致整个 VPN 的失效，不管 VPN 内其他安全设施有多严密。辨认合法使用者的方法很多，最常用的是用户名和密码。但这种方式显然不能提供足够的安全保障，对于设备更安全的认证通常通过数字证书来完成。设备间建立隧道前，须先确认彼此的身份，接着出示彼此的数字证书，双方分别将对方证书进行验证，如果验证通过，才开始协商建立隧道，反之，则拒绝协商。

7.1.3 VPN 的应用范围

VPN 主要用作远程访问和网络互联的廉价、安全、可靠的解决方案；帮助远程用户、公司分支机构、商业伙伴及供应商与企业内部网建立可信的安全连接，并保证数据的安全传输。VPN 既是一种组网技术，也是一种网络安全技术。遇到以下几种情况，可考虑选择 VPN。

(1) 已经通过专线连接实现广域网的企业，由于增加业务，带宽已不能满足业务需要，需要经济可靠的升级方案。

(2) 企业的用户和分支机构分布范围广，距离远，需要扩展企业网，实现远程访问和局域网互联，最典型的是跨国企业、跨地区企业。

(3) 分支机构、远程用户、合作伙伴多的企业，需要扩展企业网，实现远程访问和局域网互联。

(4) 关键业务多且对通信线路保密和可用性要求高的用户，如银行、证券公司、保险公司等。

目前，像金融证券、保险业和政府机关等一类的行业用户，还有一些跨国企业、跨地区企业和分支机构分散的企业或机构，采用 VPN 技术的比较多。

7.1.4 企业 VPN 常见解决方案

以企业用户为主，VPN 的常见解决方案主要有以下几种。

1. 企业各部门与远程分支机构之间的 VPN 应用

企业各部门与远程分支机构之间的 VPN 应用，通常称之为企业 VPN。它利用因特网上的 VPN 技术将分布在各地的企业的分支机构连成一个局域网，并在这一个网络中共享企业内部的各项资源及应用系统。这种应用主要面向跨国或跨地区经营的大型公司机构，如图 7-1 所示。

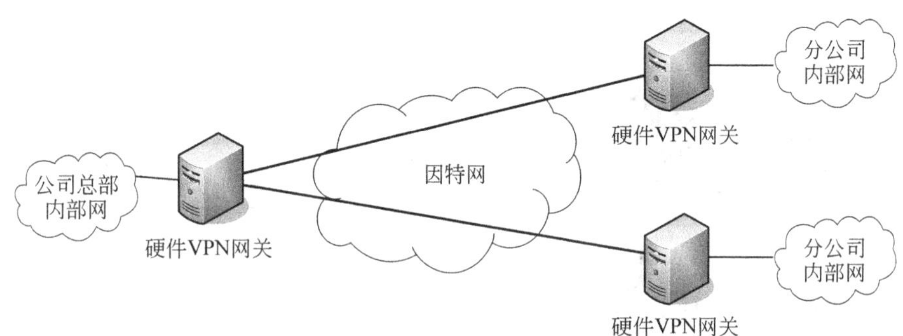

图 7-1　跨地区经营大型企业 VPN 解决方案网络结构图

2. 企业网与远程(移动)员工之间的 VPN 访问

企业网与远程(移动)员工之间的 VPN 访问，通常称之为远程访问式 VPN(Remote Access VPN)应用。企业采购和销售人员将信息传入企业的系统中。

解决方案是，采用以公司总部为中心的 VPN 连接方式，公司总部采用一台带有 VPN 功能的防火墙设备(或使用微软的 ISA Server)作为公司总部的因特网出口网关。业务网点、移动办公用户通过 VPN 客户端软件登录到带有 VPN 功能的防火墙设备。与防火墙相结合的复合型 VPN 设备是目前最流行的 VPN 接入设备，安全性强、构建成本较低，如图 7-2 所示。

3. 企业与合作伙伴、客户、供应商之间的 VPN 应用

企业与合作伙伴、客户、供应商之间的 VPN 应用，通常称之为周边网络式 VPN (Extranet VPN)应用。企业与合作伙伴、客户、供应商之间共享一些数据，但企业不希望合作伙伴、客户、供应商访问企业内部网的所有数据。

解决方案是，将企业可以提供给合作伙伴、客户、供应商的数据单独存放在一台共享

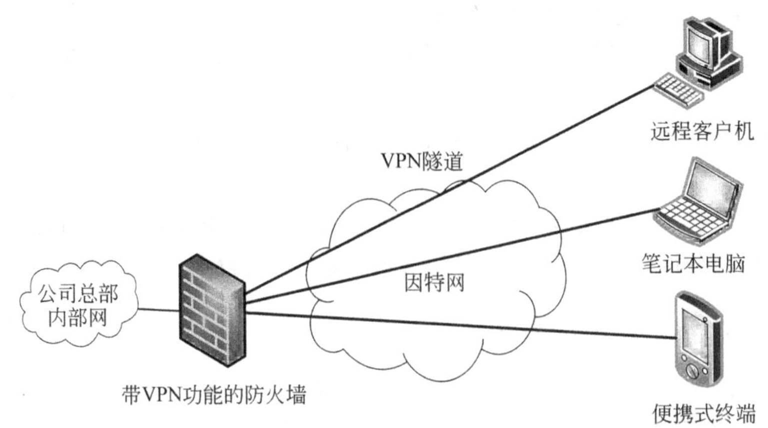

图 7-2　中小企业网与远程员工之间的 VPN 解决方案网络结构图

文件服务器中，用防火墙将其与公司内部网隔开。公司的合作伙伴、客户、供应商通过 VPN 客户端软件登录到带有 VPN 功能的防火墙设备，来访问共享文件服务器，但无法访问公司内部网。企业之间建立联盟并共享之间的信息资源，是目前的流行趋势，如图 7-3 所示。

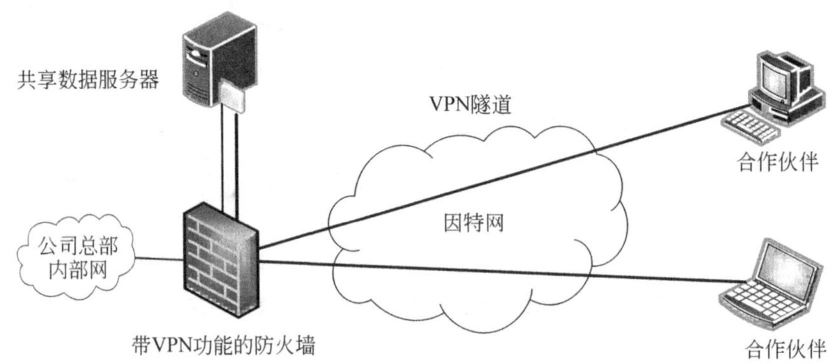

图 7-3　企业与合作伙伴、客户、供应商之间的 VPN 解决方案网络结构图

VPN 技术目前在电信部门已经开始使用，并给它们带来了丰厚的利润，通过公共网 Internet，各客户可与世界各地的客户和数据中心、企业网络进行数据交换和信息咨询，通信效率可大大提高，资源的利用更合理，为每个用户提供了非常方便的信息来源，在很短的时间内进行各种业务服务，这在信息化时代具有重要的意义和良好的发展前景。

7.2　VPN 的分类

通过不同的视角，可以将 VPN 划分为多种不同的类型。

7.2.1　按接入方式划分

这是用户和运营商最关心的 VPN 划分方式。一般情况下，用户可能是专线上网，也可能是拨号上网，这要根据用户的具体情况而定。建立在 IP 网上的 VPN 也就对应着有两种接入方式：专线接入方式和拨号接入方式。

（1）专线 VPN：它是为已经通过专线接入 ISP 边缘路由器的用户提供的 VPN 解决方案。这是一种"永远在线"的 VPN，可以节省传统的长途专线费用。

（2）拨号 VPN（又称 VPDN）：它是向利用拨号 PSTN 或 ISDN 接入 ISP 的用户提供的 VPN 业务。这是一种"按需连接"的 VPN，可以节省用户的长途电话费用。需要指出的是，因为用户一般是漫游用户，是按需连接的，因此 VPDN 通常需要进行身份认证（比如利用 CHAP 和 RADIUS）。其中，IP VPN-Framework-RFC 2764 中定义了如下 VPN 类型：

- VPDN（Virtual Private Dial Networks，虚拟专用拨号专网络），指用户利用拨号网络访问数据中心，从而得到一个私有地址，然后通过公共网进行数据传输。
- VPRN（Virtual Private Routed Networks，虚拟专用路由网络），指利用公共网构建自己的私有网络，自由支配网络内部的路由地址。
- VPLS（Virtual Private LAN Segment，虚拟专用 LAN 网段），利用因特网仿真出一个局域网。
- VLL（Virtual Leased Lincs，虚拟租用线），两端之间通过公用隧道仿真出一条专线。

整个分类如图 7-4 所示。

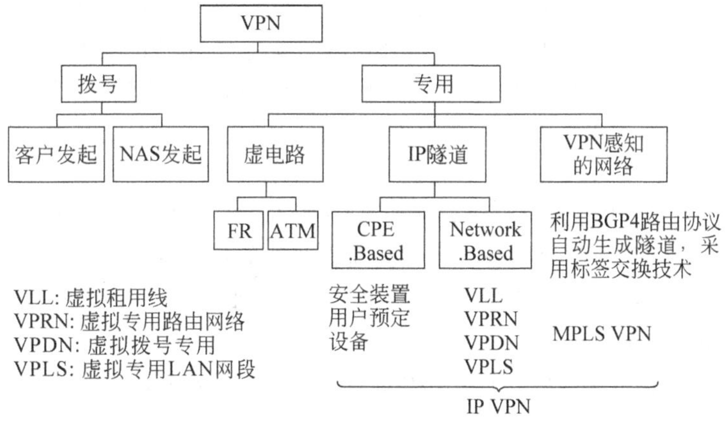

图 7-4　基于 IP 的 VPN 分类方案

7.2.2　按协议实现类型划分

这是 VPN 厂商和 ISP 最为关心的划分方式。根据分层模型，VPN 可以在第二层建立，也可以在第三层建立（甚至有人把在更高层的一些安全协议也归入 VPN 协议）。

（1）第二层隧道协议：包括点到点隧道协议（PPTP）、第二层转发协议（L2F），第二层隧道协议（L2TP）、多协议标记交换（MPLS）等。

（2）第三层隧道协议：包括通用路由封装协议（GRE）、IP 安全（IPSec），这是目前最流行的两种三层协议。

（3）SSL 安全协议 VPN：SSL 协议是为保障基于 Web 通信的安全而提供的加密认

证协议,提供的是应用程序的安全服务。与 IPSec 相比,SSL VPN 不需要特殊的客户端软件,仅一个 Web 浏览器即可,而且现在很多浏览器本身内嵌 SSL 处理功能,这就更加减少了复杂性。然而,并不是所有的应用都是基于 Web 的,这也是它的一个限制。

(4) MPLS VPN:MPLS 是一种在开放的通信网上利用标签进行数据高速,高效传输的技术,它将第三层的包交换转换成第二层的包交换,以标记替代传统的 IP 路由,兼有第二层的分组转发和第三层的路由技术的优点,是一种"边缘路由,核心交换"的技术。MPLS VPN 可扩展性好,速度快,配置简单,但一旦出现故障,解决起来比较困难。基于 MPLS 的 VPN 是无连接的,无须定义隧道,这种特点使得 MPLS 尤其适用于动态隧道技术。

第二层和第三层隧道协议的区别主要在于用户数据在网络协议栈的第几层被封装,其中 GRE、IPSec 和 MPLS 主要用于实现专线 VPN 业务,L2TP 主要用于实现拨号 VPN 业务(但也可以用于实现专线 VPN 业务),当然这些协议之间本身不是冲突的,而是可以结合使用的。

7.2.3 按 VPN 的发起方式划分

这是客户和 IPS 最为关心的 VPN 分类。VPN 业务可以是客户独立自主实现的,也可以是由 ISP 提供的。

(1) 客户发起(也称基于客户的):VPN 服务提供的起始点和终止点是面向客户的,其内部技术构成、实施和管理对 VPN 客户可见。需要客户和隧道服务器(或网关)方安装隧道软件。客户方的软件发起隧道,在公司隧道服务器处终止隧道。此时 ISP 不需要做支持建立隧道的任何工作。经过对用户身份符(ID)和口令的验证,客户方和隧道服务器极易建立隧道。双方也可以用加密的方式通信。隧道一经建立,用户就会感觉到 ISP 不在参与通信。

(2) 服务器发起(也称客户透明方式或基于网络的):在公司中心部门或 ISP 处 POP (Point of Presence)安装 VPN 软件,客户无须安装任何特殊软件。主要为 ISP 提供全面管理的 VPN 服务,服务提供的起始点和终止点是 ISP 的 POP,其内部构成、实施和管理对 VPN 客户完全透明。

在上面介绍的隧道协议中,目前 MPLS 只能用于服务器发起的 VPN 方式。

7.2.4 按 VPN 的服务类型划分

根据服务类型,VPN 业务大致分为三类:接入 VPN(Access VPN)、内联网 VPN (Intranet VPN)和外联网 VPN(Extranet VPN)。通常情况下内联网 VPN 是专线 VPN。

(1) 接入 VPN:这是企业员工或企业的小分支机构通过公网远程访问企业内部网的 VPN 方式。远程用户一般是一台计算机,而不是网络,因此组成的 VPN 是一种主机到网络的拓扑模型。需要指出的是,接入 VPN 不同于前面的拨号 VPN,这是一个容易发生混淆的地方,因为远程接入可以是专线方式接入的,也可以是拨号方式接入的。

(2) 内联网 VPN:这是企业的总部与分支机构之间通过公网构筑的虚拟网。这是一种网络到网络以对等的方式连接起来所组成的 VPN。

(3) 外联网 VPN:这是企业在发生收购、兼并或企业间建立战略联盟后,使不同企业

间通过公网来构筑的虚拟网。这是一种网络到网络以不对等的方式连接起来所组成的VPN(主要在安全策略上有所不同)。

7.2.5 按承载主体划分

营运 VPN 业务的企业,既可以自行建设它们的 VPN 网络,也可以把此业务外包给 VPN 商。这是客户和 ISP 最关心的问题。

(1) 自建 VPN:这是一种客户发起的 VPN。企业在驻地安装 VPN 的客户端软件,在企业网边缘安装 VPN 网关软件,完全独立于营运商建设自己的 VPN,运营商不需要做任何对 VPN 的支持工作。企业自建 VPN 的好处是,它可以直接控制 VPN,与运营商独立,并且 VPN 接入设备也是独立的。但缺点是 VPN 技术非常复杂,这样组建的 VPN 成本很高,QoS 也很难保证。

(2) 外包 VPN:企业把 VPN 服务外包给运营商,运营商根据企业的要求,规划、设计、实施和运维客户的 VPN 业务。企业可以因此降低组建和运维 VPN 的费用,而运营商也可以因此开拓新的 IP 业务增值服务市场,获得更高的收益,并提高客户的保持力和忠诚度。笔者将目前的外包 VPN 划分为两种:基于网络的 VPN 和基于 CE(用户边缘设备)的管理型 VPN(Managed VPN)。基于网络的 VPN 通常在运营商网络的呈现点(POP)安装电信级 VPN 交换设备。基于 CE 的管理型 VPN 业务是一种受信的第三方负责设计企业所希望的 VPN 解决方案,并代表企业进行管理,所使用的安全网关(防火墙、路由器等)位于用户一侧。

7.2.6 按 VPN 业务层次模型划分

这是根据 ISP 向用户提供的 VPN 服务工作在第几层来划分的(注意不是根据隧道协议工作在哪一层划分的)。

(1) 拨号 VPN 业务(VPDN):这是第一种划分方式中的 VPDN(事实上是按接入方式划分的,因为很难明确 VPDN 究竟属于哪一层)。

(2) 虚拟租用线(VLL):这是对传统的租用线业务的仿真,用 IP 网络对租用线进行模拟,而从两端的用户看来这样一条虚拟租用线等价于过去的租用线。

(3) 虚拟专用路由网(VPRN)业务:这是对第三层 IP 路由网络的一种仿真。可以把 VPRN 理解成第三层 VPN 技术。

(4) 虚拟专用局域网段(VPLS):这是在 IP 广域网上仿真 LAN 的技术。可以把 VPLS 理解成一种第二层 VPN 技术。

7.3 VPN 的设计与优化

VPN 的设计包含安全性、网络优化和 VPN 管理。

7.3.1 VPN 的安全性

VPN 直接构建在公用网上,实现简单、方便、灵活,但同时其安全问题也更为突出。

企业必须确保其VPN上传送的数据不被攻击者窥视和篡改，并且要防止非法用户对网络资源或私有信息的访问。外联网VPN将企业网扩展到合作伙伴和客户，对安全性提出了更高的要求。VPN的安全性包含以下特征。

(1) 隧道与加密：隧道能实现多协议封装，增加VPN应用的灵活性，可以在无连接的IP网上提供点到点的逻辑通道。在安全性要求更高的场合应用加密隧道则进一步保护了数据的私有性，使数据在网上传送而不被非法窥视与篡改。

(2) 数据验证：在不安全的网络上，特别是构建VPN的公用网上，数据包有可能被非法截获，篡改后重新发送，接收方将会接收到错误的数据。数据验证使接收方可识别这种篡改，保证了数据的完整性。

(3) 用户验证：VPN可使合法用户访问他们所需的企业资源，同时还要禁止未授权用户的非法访问。通过AAA认证授权审计，路由器可以提供用户验证、访问级别以及必要的访问记录等功能。这一点对于接入VPN和外联网VPN具有尤为重要的意义。

(4) 防火墙与攻击检测：防火墙用于过滤数据包，防止非法访问，而攻击检测则更进一步分析数据包的内容，确定其合法性，并可实时应用安全策略，断开包含非法访问内容的会话连接，产生非法访问记录。

7.3.2 VPN的网络优化

构建VPN的另一重要需求是充分有效地利用有限的广域网资源，为重要数据提供可靠的带宽。广域网流量的不确定性使其带宽的利用率很低，在流量高峰时引起网络阻塞，产生网络瓶颈，使实时性要求高的数据得不到及时发送；而在流量低谷时又造成大量的网络带宽空闲。QoS通过流量预测与流量控制策略，可以按照优先级分配带宽资源，实现带宽管理，使得各类数据能够被合理地先后发送，并预防阻塞的发生。

一般地，二层和三层的QoS具有以下功能。

(1) 流分类：根据不同的用户、应用、服务器或URL地址等对数据流进行分类，然后才可以在不同的数据流上实施不同的QoS策略。流分类是实现带宽管理以及其他QoS功能的基础。访问控制列表(Access Control List，ACL)就是流分类的手段之一。

(2) 流量整形与监管：流量整形是指根据数据流的优先级，在流量高峰时先尽量保证优先级高的数据流的接收/发送，而将超过流量限制的优先级低的数据流丢弃或滞后到流量低谷时接收/发送，使网络上的流量趋于稳定；流量监管则是指带宽大的路由器限制出口的发送速率，从而避免下游带宽小的路由器丢弃超过其带宽限制的数据包，消除网络瓶颈。

(3) 拥塞管理与带宽分配：根据一定的比例为不同的优先级的数据流分配不同的带宽资源，并对网络上的流量进行预测，在流量达到上限之前丢弃若干数据包，避免过多的数据包因发送失败后进行重传而引起更严重的资源紧张，进而提高网络的总体流量。

7.3.3 VPN管理

VPN要求企业将其网络管理功能从局域网无缝地延伸到公用网，甚至是客户和合作伙伴。虽然可以将一些次要的网络管理任务交给服务提供商去完成，企业自己仍需要完成许多网络管理任务。所以,一个完善的 VPN 管理系统是必不可少的。

VPN 管理的目标如下。

(1) 减小网络风险:从传统的专线网络扩展到公用网络基础设施上,VPN 面临着新的安全与监控的挑战。网络管理需要做到在允许公司分部、客户和合作伙伴对 VPN 访问的同时,还要确保公司数据资源的完整性。

(2) 扩展性:VPN 管理需要对日益增多的客户和合作伙伴做出迅速的反应,包括网络硬软件的升级、网络质量保证、安全策略维护等。

(3) 经济性:在保证 VPN 管理的扩展性的同时不应过多地增加操作和维护成本。

(4) 可靠性:VPN 构建于公用网之上,不同于传统的专线广域网,其受控性大大降低,因此 VPN 可靠而稳定地运行是 VPN 管理必须考虑的问题。

(5) VPN 管理主要包括安全管理、设备管理、配置管理、ACL 管理、QoS 管理等内容。

7.4 VPN 的安全性分析

7.4.1 VPN 的安全隐患

近几年来 VPN 的安全性得到了很大的加强,但依然存在一些安全隐患。如果加密密钥设得长一些,比如将加密算法 DES 转换成 3DES 将明显改善 VPN 的安全性,采用 128 位或者更多位密码也会更好。然而,一些浏览器和设备提供者不提倡运用如此繁杂的密码,这是从整个系统考虑,不但要追求安全性而且要考虑效率问题。互联网安全连接和密钥管理协议(Internet Security Association Key Management Protocol,ISAKMP)是用来在因特网环境下建立安全连接(Security Association,SA)和密钥。由于它支持包层面的加密,在 IPSec VPN 中广泛应用。一旦操作了 ISAKMP 包使得内容无效或不正常,就能够冲击另一端的客户,从而导致一个否定服务事件发生。这时用户可以不采用这种易引起攻击的模式,转而用一种包过滤技术,因为在这种攻击模式中,在安全隧道建立起来之前的那个阶段很少有包交换,而允许信息交换(NISCC Reference: 273756/NISCC/ISAKMP)。

除此之外,另一个威胁就是利用被认为可信任的高速缓存通过窗口是可以绕过认证过程的,这种方法不是通过这个认证过程,而是将数据散列开形成子序列利用标记进行传输。当然,这样可以减少系统响应时间,但同时却也给攻击者创造了机会,攻击者同样可以得到这种标记利用散列子序列进入 VPN 而不需要经过认证。密码储存又引起另一个 VPN 管理问题。密码也是易被攻击者利用来入侵网络的一种途径。一旦入侵者取得了可信任的密码就能来攻击连接或者是自由进出系统做出破坏活动,从而可能引起很严重的后果。

用于 Microsoft VPN 中的 PPTP(Point-to-Point Tunneling Protocol,点到点隧道协议)被发现在安全方面有许多脆弱性,PPTP 中 MS-CHAP 和 MPPE(Microsoft Point-to-Point Encryption)存在的缺陷使得攻击者有很多可以利用的地方。例如发起字典攻击来

对抗局域网管理者的认证信息是可能的，这样就是窃取到密码。而且 PPTP 服务器本身也是能够被骗过的，会话密钥能够再次被使用。鉴于此，Microsoft 公司也已经推出了很多补丁包来修复这个问题。

7.4.2 安全 VPN

安全 VPN(Secure VPN，SVPN)，即保证支持构建安全网络平台的 VPN 系统，因此安全 VPN 是一种策略，而非特指某些管件设备。安全 VPN 的最终目标是：

- 可靠地确定通信参与实体(包括用户、应用和进程)的身份。
- 保护传输的数据免遭未授权的暴露或泄露。
- 保护传输的数据免遭未授权的任何形式的修改。

为此，安全 VPN 应包括以下功能和组件。

1. 虚拟连接的安全

安全的虚拟连接是指对 VPN 连接或隧道的发起方和终止方身份的准确鉴别、连接两端实体被授予的权限。这里涉及利用各种鉴别技术(例如用户名/口令、PAP&CHAP、RADIUS、一次性口令、数字证书等)对连接参与方进行鉴别，使用权限管理系统对连接参与方进行权限分配和管理。这里所说的虚拟连接包括远程访问连接、内联网虚拟连接和外联网虚拟连接。

2. 连接的边界安全

边界安全主要指，采用防火墙技术在 VPN 网关设备处将内部网或主机与公共网络(一个不安全的区域)进行隔离。它实现三大基本目标：一是访问控制，允许通过鉴别的通信方进行无连接的透明访问和限制未通过鉴别或不可信用户进行访问连接；二是保护数据在边界不丢失或不被窃取；三是防范各种禁止服务型攻击从边界处打开缺口。

3. 连接的完整性

完整性包括虚拟连接所构成的 VPN 完整性，以及通过 VPN 传输的数据完整性。前者保证虚拟网络的可用性，后者保证传输数据不被未授权的创建、修改、删除或重放。

4. 机密性

VPN 的连接机密性包括连接保密、隧道传输和过渡连接保密以及数据内容保密。连接机密性指虚拟连接(例如隧道)发起与终止过程中的请求、质询、应答以及会话信息的隐秘性；隧道传输和过渡连接保密指连接或隧道建立后隧道本身的隐秘性，以及连接过渡(例如两条隧道之间的转换过渡区)的机密性；数据内容保密指通过隧道运输的数据内容，以及与隧道本身的封装格式有关的数据不对 VPN 共同体以外的未授权者暴露或泄露。

5. 主动审计能力

主动审计是指除系统对重要通信事件、操作事件以及违反 ACL 策略的通信进行日志记录和必要审查外，特别包括对网络脆弱性漏洞的扫描以及对入侵的检测与对抗能力。前者采用可理解的易于解释的扫描工具对 VPN 网络进行扫描，以便及时发现和了解系统内风险分布和程度的动态运行，为自适应安全管理(ASM)策略提供输入条件；后者能快速发现并阻止对网络的骚扰或对网络资源的滥用，必要时还可采取关闭被疑为入侵的连接与相关的资源，并适度进行跟踪和反跟踪。

6. 基于策略的集中式安全服务控制模式

这里所说的基于策略的控制，完全有别于人们一般谈到的基于 ACI 的安全策略，它将安全 VPN 作为一个整体进行安全管理，其中包括系统建立、运行、维护和管理全过程的具有内在有机联系的动态适应的安全策略。在这个策略框架下，集中式安全服务控制作为 VPN 安全的技术管理系统起着非常重要的作用。网络化集中式安全服务控制的安全性有两个方面的含义，一是集中控制的管理工作站，通过网络进行安全管理；二是保证通过网络传输的管理信息本身的安全，为此将涉及管理信息的协议安全以及管理信息传输过程中的保密性和完整性。VPN 的网络化安全管理模型，如图 7-5 所示。

基于策略的网络化 VPN 管理								
安全管理				性能管理		网络服务监控		
策略配置	主动审计	密匙/证书分发与管理	主机、用户、应用和进程的身份鉴别与权限管理	QoS	SLA	日志记录	安全检测	状态监视
基础通信设施（共同网络）								
VPN 设备软件平台								
VPN 硬件平台								
路由器	防火墙	VPN 路由器	VPN 防火墙	访问服务器	鉴别服务器	……		

图 7-5　VPN 的网络化安全管理模型

7. VPN 设备的自身安全

VPN 设备的自身安全是构建安全网络平台最基础的必要条件。VPN 设备自身安全的指标有物理安全、操作平台安全、应用程序安全以及管理安全等。物理安全是指，VPN 设备的机械坚固性（防撬设计）、物理不可访问性、密钥自毁机制、电磁辐射控制与防护以及无人值守的可靠运行性；操作平台安全是指，VPN 设备的操作系统具有相当安全等级（一般采用可裁剪的专用定制操作系统），不得留有用户可知的系统进入路径；应用程序安全是指，系统功能以满足构建安全网络平台和适应网络扩展为限，不应过多预留用户支持冗余，更不能为盲目支持用户需求，修改与安全有关的协议和使用未经论证的新协议；管理安全是指设备配置的合法性、与安全有关的密钥管理等。因此，擅自定制或采用未经政府批准的具有密码技术的 VPN 设备，从管理和技术角度来看，都是不可接受的。

7.5　基于 PPTP/L2TP 的 VPN 技术

VPN 主要依赖隧道技术，VPN 隧道技术的核心是隧道协议。虚拟专用拨号网络（Virtual Private Dial Network，VPDN）是指利用公共网络（如 ISDN 和 PSTN）的拨号功能及接入网来实现虚拟专用网，从而为企业小型 ISP 移动办公人员提供接入服务。

VPDN 隧道协议可分为 PPTP（Point-to-point Tunneling Protocol）、L2F（Layer 2 Forward）和 L2TP 三种，目前最广泛使用的是 L2TP。

常见的隧道技术协议如下。

7.5.1 PPTP 协议

1. PPTP 协议简介

由 3COM 和 Microsoft 公司合作开发的 PPTP 协议是第一个广泛用于 VPN 的协议。为了推动 PPTP 的开发和应用，专门成立了 PPTP 论坛，经过多次修改，于 1999 年 7 月公布了 PPTF 标准文档——RFC 2637。它采用客户端/服务器体系结构，定义了两个基本构件：一是客户端的 PPTP 访问集中器(PPTP Access Concentrator，PAC)；二是服务器端的 PPTP 网络服务器(PPTP Network Server，PNS)。它采用一种增强的通用路由封装(Generic Routing Encapsulation，GRE)协议在 PAC 与 PNS 之间建立一个基于 PPP 会话的传输隧道，提供多协议封装和多 PPP 通道捆绑传输功能，同时提供了对封装 PPP 数据包的流量控制和拥塞控制机制。PPP(Point to Point Protocol)是 PPTP 协议的前身，现在已经作为工业标准。PPTP 是对 PPP 协议的扩展，Microsoft 在 Windows NT 中已经支持这个协议。PPTP 协议主要增强了 PPP 协议的认证压缩和加密功能。PPTP 协议在 PPP 协议的基础增加了一个新的安全等级，并且可以通过因特网进行多协议通信，它支持通过公网建立按需的、多协议的、虚拟专用网络。

PPTP 使用客户端-服务器结构来分离当前网络访问服务器具备的一些功能并支持虚拟专用网络。PPTP 作为一个呼叫控制和管理协议，它允许服务器控制来自 PSTN 或 ISDN 的拨号访问并初始化外部电路交换连接。PPTP 只能通过 PAC 和 PNS 来实施，其他系统没有必要知道 PPTP。拨号网络可与 PAC 相连接而无须知道 PPTP。标准的 PPP 客户机软件可继续在隧道 PPP 链接上操作。PPTP 使用 GRE 的扩展版本来传输用户 PPP 包。这些增强允许为在 PAC 和 PNS 之间传输用户数据的隧道提供底层拥塞控制和流控制。这种机制允许高效使用隧道可用带宽并且避免了不必要的重发和缓冲区溢出。PPTP 没有规定特定的算法用于底层控制，但它确实定义了一些通信参数来支持这样的算法工作。

2. PPTP 协议数据传输过程

(1) 由客户端通过 PPP 协议拨号连接到 ISP。

(2) PPTP 协议在客户端与目的 VPN 中心网络服务器之间开通一个专用的 VPN 隧道。

3. PPTP 协议报文格式

PPTP 客户端和服务器之间的报文有两种：控制报文，负责 PPTP 隧道的建立、维护和断开；数据报文，负责传输用户的真正数据。

(1) 控制报文。PPTP 客户端拨号到 PPTP 服务器创建 PPTP 隧道，这里的拨号并不是拨服务器的电话号码，而是连接 PPTP 服务器的 TCP 1723 端口建立控制连接。控制连接负责隧道的建立、维护和断开。PPTP 控制连接携带 PPTP 呼叫控制和管理信息，用于维护 PPTP 隧道，其中包括周期性地发送回送请求和回送应答报文，以期检测出客户端与服务器之间可能出现的连接中断。PPTP 控制连接数据包包括一个 IP 报头、一个 TCP 报头和 PPTP 控制信息，如图 7-6 所示。

数据链路报头	IP 报头	TCP 报头	PPTP 控制信息	数据链路报尾

图 7-6 PPTP 控制报文

在创建基于 PPTP 的 VPN 连接过程中，使用的认证机制与创建 PPP 连接时的相同。此类认证机制主要有 EAP、MS-CHAP、CHAP、SPAP 和 PAP。PPTP 继承 PPP 有效载荷的加密和压缩。在 Windows 2000 中，由于 PPP 帧使用 MPPE（Microsoft Point-to-Point Encryption，微软点对点加密技术）进行加密，因此认证机制必须采用 EAP 或 MS-CHAP。

（2）数据报文。在隧道建好之后，真正的用户数据经过加密和/或压缩之后，再依次经过 PPP、GRE、IP 的封装最终得到一个 IP 包，如图 7-7 所示，通过 IP 网络发送到 PPTP 服务器；PPTP 服务器收到该 IP 后层层解包，得到真正的用户数据，并将用户数据转发到内部网上。用户的数据可以是多种协议，比如 IP 数据包、IPX 数据包或者 NetBEUI 数据包。PPTP 采用 RSA 公司的 RC4 作为数据加密算法，保证了隧道通信的安全性。

数据链路报头	IP 报头	GRE 报头	PPP 报头	加密的PPP负载	数据链路报尾

图 7-7 PPTP 数据报文

7.5.2 PPTP 配置实例

1. 需求

PPTP 配置实例如图 7-8 所示。

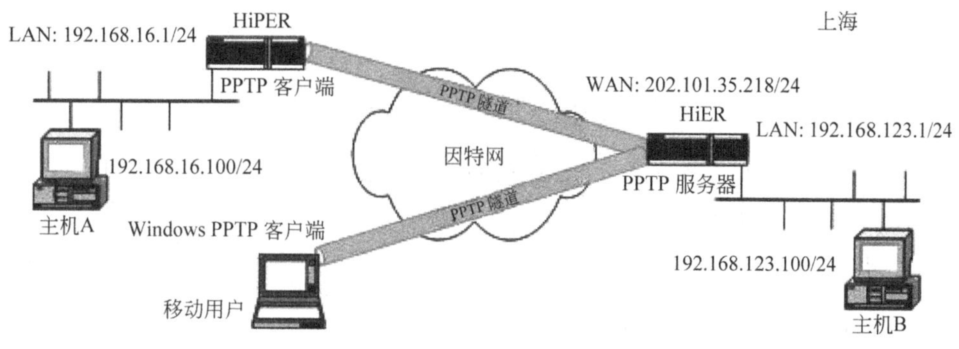

图 7-8 PPTP 配置实例

在本案例中，某公司总部在上海，在北京的一个分公司希望可以实现两地局域网内部资源的相互访问。该公司还有一些出差和远程办公的移动用户希望远程访问总公司局域网内部资源。

本案例使用PPTP协议建立VPN隧道，如图7-8所示，在上海公司总部使用HiPER VPN安全网关作为PPTP服务器；在北京使用HiPER VPN安全网关作为PPTP客户端，拨号类型为按需拨号，空闲时间为3600秒；移动用户使用Windows 2000内置的PPTP客户端软件。地址如下：

上海的HiPER：

- 局域网IP地址：192.168.123.0/255.255.255.0。
- HiPER的LAN口IP地址：192.168.123.1/255.255.255.0。
- HiPER的WAN口IP地址：202.101.35.218/255.255.255.0。

北京的HiPER：

- 局域网IP地址：192.168.16.0/255.255.255.0。
- HiPER的LAN口IP地址：192.168.16.1/255.255.255.0。

移动用户：

- 用Windows 2000通过PPTP拨号完成隧道连接。

2. 分析

上海和北京的HiPER，都需要进行相关的全局配置：配置系统启用PPTP协议，配置工作模式分别为PAC和PNS，配置相关的NAT静态映射。此外，对于上海的HiPER来说，还需配置PPTP VPN地址池。

3. 配置步骤

配置上海的HiPER作为PPTP服务器

(1) 全局配置：

```
!配置系统启用 PPTP 协议
set ip vpn tunnelmode pptp
!配置系统工作在 PAC 模式下
set ip vpn pptpmode PAC
!配置 PPTP VPN 地址池,起始 IP 地址为 10.10.10.10,数目为 50
set ip pool pooL1start 10.10.10.10
set ip pool pooL1count 50
!保存配置
write
```

(2) 配置TCP 1723端口的NAT静态映射：

```
!新建一条 NAT 映射,名字为 pptp-map
new ip nat static/pptp-map
! 协议为 TCP
set ip nat static/pptp-map protocol tcp
! 内部端口和外部端口均为 1723
set ip nat static/pptp-map dstport 1723
set ip nat static/pptp-map localport 1723
!内部地址为 HiPER 的 LAN 口地址
```

```
set ip nat static/pptp-map localaddress 192.168.123.1
! 绑定到主线路上,本例中主线路 NAT 规则名为 ETHbind
set ip nat static/pptp-map binding ETHbind
! 设置端口 1723 在 NAT 前后保持不变
set ip nat static/pptp-map autolocalIP yes
```

(3) 配置 GRE 协议的 NAT 静态映射:

```
!新建一条 NAT 映射,名字为 gre-map
new ip nat static/gre-map
! 协议为 GRE
set ip nat static/gre-map protocol gre
!内部地址为 HiPER 的 LAN 口地址
set ip nat static/gre-map localaddress 192.168.123.1
! 绑定到主线路上,本例中主线路 NAT 规则名为 ETHbind
set ip nat static/gre-map binding ETHbind
```

为北京的 HiPER 创建 PPTP 拨入账号

```
!新建一个 PPTP 服务器连接实例,实例名为 vpn_bj,此名称同时也将作为北京的 HiPER 的 PPP
验证用户名使用
new connection/vpn_bj
! 配置 PPP 验证方式为 PAP
set connection/vpn_bj encaps send authtype PAP
!配置 PPP 验证密码为 vpntest
set connection/vpn_bj encaps recv pw vpntest
!配置远端内部网 IP 地址和子网掩码
set connection/vpn_bj ip address remoteip 192.168.16.1
set connection/vpn_bj ip address remotemask 255.255.255.0
!保存配置
write
```

为移动用户创建 PPTP 拨入账号

```
!新建一个 PPTP 服务器连接实例,实例名为 vpn_mobile,此名称同时也将作为移动用户的 PPP
验证用户名使用
new connection/vpn_mobile
! 配置 PPP 验证方式为 PAP、密码为 vpntest
set connection/vpn_mobile encaps send authtype PAP
set connection/vpn_mobile encaps recv pw vpntest
!配置远端内部网 IP 地址和子网掩码
set connection/vpn_mobile ip address remoteip 192.168.210.1
set connection/vpn_mobile ip address remotemask 255.255.255.255
!保存配置
write
```

配置北京的 HiPER 作为 PPTP 客户端

（1）全局配置：

```
!配置系统启用 PPTP 协议
set ip vpn tunnelmode pptp
!配置系统工作在 PNS 模式下
set ip vpn pptpmode pns
!保存配置
write
```

（2）配置 TCP 1723 端口的 NAT 静态映射：

```
!新建一条 NAT 映射,名字为 pptp-map
new ip nat static/pptp-map
! 协议为 TCP
set ip nat static/pptp-map protocol tcp
! 内部端口和外部端口均为 1723
set ip nat static/pptp-map dstport 1723
set ip nat static/pptp-map localport 1723
!内部地址为 HiPER 的 LAN 口地址
set ip nat static/pptp-map localaddress 192.168.16.1
! 绑定到主线路上,本实例中主线路 NAT 规则名为 ETHbind
set ip nat static/pptp-map binding ETHbind
! 设置端口 1723 在 NAT 前后保持不变
set ip nat static/pptp-map autolocalIP yes
!保存配置
write
```

（3）配置 GRE 协议的 NAT 静态映射：

```
!新建一条 NAT 映射,名字为 gre-map
new ip nat static/gre-map
! 协议为 GRE
set ip nat static/gre-map protocol gre
!内部地址为 HiPER 的 LAN 口地址
set ip nat static/gre-map localaddress 192.168.16.1
! 绑定到主线路上,本例中假设主线路 NAT 规则名为 ETHbind
set ip nat static/gre-map binding ETHbind
```

（4）配置 PPTP 客户端连接实例：

```
!新建一个 PPTP 客户端连接,实例名为 vpn_sh
new connection/vpn_sh
!配置首拨号码(为任意值)
set connection/vpn_sh dial first 002
! 配置 PPP 验证方式为 PAP、用户名为 vpn_bj、密码为 vpntest
set connection/vpn_sh encaps send authtype PAP
set connection/vpn_sh encaps send name vpn_bj
```

```
set connection/vpn_sh encaps send pw vpntest
! 启用 PPTP 客户端功能
set connection/vpn_sh tunnel type client
! 配置第二层隧道协商的协议类型为 PPTP
set connection/vpn_sh tunnel protocol pptp
!配置隧道服务器地址为 202.101.35.218
set connection/vpn_sh tunnel serveraddress 202.101.35.218
!配置远端内部网 IP 地址和子网掩码
set connection/vpn_sh ip address remoteip 192.168.123.1
set connection/vpn_sh ip address remotemask 255.255.255.0
!设置拨号类型为按需拨号
set connection/vpn_sh line calltype Switched
set connection/vpn_sh line dialoutspoof yes
!设置空闲时间为 3600 秒
set connection/vpn_sh dial idletimeout 3600
!保存配置
write
```

配置 Windows XP 作为 PPTP 客户端

按照以下步骤配置 Windows XP 计算机，使得它能够连接到 HiPER PPTP 服务器。

(1) 配置 PPTP 拨号连接：

- 进入 Windows XP 的“开始”→“设置”→“控制面板”，选择“切换到分类视图”。
- 选择“网络和 Internet 连接”。
- 选择“建立一个您的工作位置的网络连接”。
- 选择“虚拟专用网络连接”，单击“下一步”按钮。
- 为连接输入一个名字为“pptp”，单击“下一步”按钮。
- 选择“不拨此初始连接”，单击“下一步”按钮。
- 输入准备连接的 PPTP 服务器的 IP 地址“202.101.35.218”，单击“下一步”按钮。
- 单击“完成”按钮。
- 双击“pptp”连接，在 pptp 连接窗口，单击“属性”选项卡。
- 选择“安全”属性页面，选择“高级(自定义设置)”，单击“设置”。
- 在“数据加密”中选择“可选加密(没有加密也可以连接)”。
- 在“允许这些协议”选中“不加密的密码(PAP)”“质询握手身份验证协议(CHAP)”“Microsoft CHAP(MS-CHAP)”，单击“确定”按钮。
- 选择“网络”属性页面，在“VPN 类型”选择“PPTP VPN”。
- 确认“Internet 协议(TCP/IP)”被选中。
- 确认“NWLink IPX/SPX/NetBIOS Compatible Transport Prococol”“微软网络文件和打印共享”“微软网络客户”协议没有被选中。
- 单击“确定”按钮，保存所做的修改。

(2) 使用 PPTP 隧道连接到 HiPER PPTP 服务器：

- 确认计算机已经连接到 Internet(可能是拨号连接或者是固定 IP 接入)。

- 启动前面步骤中创建的“pptp”拨号连接。
- 输入的 pptp 用户名“vpn_mobile”和密码“vpntest”。
- 单击“连接”。

连接成功后，在 MS-DOS 方式下输入 ipconfig 命令，可以看到一个在 PPTP 服务器地址池中的地址，就是 PPTP 服务器分配给本机的 IP 地址。

7.5.3 L2F/L2TP 协议

1. L2F 协议基础

1996 年，Cisco 公司提出(Layer 2 Forward，L2F)第二层转发隧道协议。L2F 是一种用来建立跨越公用结构组织(如因特网)的安全隧道，为企业与家庭通路连接一个 ISP 的协议。这个隧道建立了一个用户与企业客户网路间的虚拟点对点连接。L2F 允许链路层协议隧道技术。使用这样的隧道，使得分离原始拨号服务器位置即拨号协议连接终止的位置与提供的网络访问的位置成为可能。L2F 允许在 L2F 中封装 PPP/SLIP 包。ISP NAS 与家庭通路都需要请求一种常规封装协议，所以可以成功地传输或接收 SLIP/PPP 包。L2F 提供虚拟拨号服务，可以支持 LAN-TO-LAN 型的 VPN 连接。L2F 协议不支持 CLIENT-TO-LAN 类型的 VPN 应用连接。

可以在多种介质(如 ATM、帧中继、IP)上建立多协议的安全 VPN 的通信方式。它将链路层的协议封装起来传送，因此网络的链路层完全独立于用户的链路层协议。1998 年提交给 IETF 组织，成为 RFC 2341。L2F 远端用户能够通过任何拨号方式接入公共 IP 网络。首先，按常规方式拨号到 ISP 的接入服务器(Network Access Server，NAS)，建立 PPP 连接；NAS 根据用户名等信息发起第二次连接，呼叫用户网络的服务器。这种方式下，隧道的配置和建立对用户是完全透明的。L2F 允许拨号服务器发送 PPP 帧，并通过 WAN 连接到 L2F 服务器。L2F 服务器将包去封装后，把它们接入到企业自己的网络中。L2F 报文结构如图 7-9 所示。

<table>
<tr><td>1</td><td>1</td><td>1</td><td>1</td><td>1</td><td>1</td><td>1</td><td>1</td><td>1</td><td>1</td><td>1</td><td>1</td><td>1</td><td>16</td><td>24</td><td>32 bit</td></tr>
<tr><td>F</td><td>K</td><td>P</td><td>S</td><td>0</td><td>0</td><td>0</td><td>0</td><td>0</td><td>0</td><td>0</td><td>0</td><td>C</td><td>Version</td><td>Protocol</td><td>Sequence</td></tr>
<tr><td colspan="14">Multiplex ID</td><td colspan="2">Client ID</td></tr>
<tr><td colspan="14">Length</td><td colspan="2">Offset</td></tr>
<tr><td colspan="16">Key</td></tr>
</table>

图 7-9 L2F 报文结构

- Version：用于创建数据包的 L2F 软件的主版本。
- Protocol：协议字段，规定 L2F 数据包中传送的协议。
- Sequence：当 L2F 头部的 S 位设置为 1 时的当前序列号。
- Multiplex ID：数据包 Multiplex ID 用于识别一个隧道中的特殊连接。
- Client ID：Client ID (CLID)支持解除复用隧道中的终点。

- Length：整个数据包的长度大小(八位形式)，包括头、所有字段以及有效负载。
- Offset：该字段规定通过 L2F 协议头的字节数，协议头是有效负载数据起始位置。如果 L2F 头部的 F 位设置为 1 时，就会有该字段出现。
- Key：Key 字段出现在将 K 位设置在 L2F 协议头的情况。这属于认证过程。
- Checksum：数据包的校验和。Checksum 字段出现在 L2F 协议头中的 C 位设置为 1 的情况。

2. L2TP 协议基础

L2TP 协议由 Cisco、Ascend、微软、3Com 和 Bay 等厂商共同制订，并 1999 年 8 月公布了关于 L2TP 的标准 RFC 2661。上述厂商现有的 VPN 设备已具有 L2TP 的互操作性。L2TP 结合了 L2F 和 PPTP 的优点，可以让用户从客户端或接入服务器端发起 VPN 连接。PPTP 要求网络为 IP 网络，L2TP 要求面向数据包的点对点连接；PPTP 使用单一隧道，L2TP 使用多隧道；L2TP 提供包头压缩、隧道验证，而 PPTP 不支持。L2TP 协议结合了 PPTP 和 L2F 两种隧道协议的优点，为众多公司所接受，已经成为 IETF 有关二层通道协议的工业标准。L2TP 也是 PPP 协议的扩展，它集合了 L2F 和 PPP 的优点，既支持 CLIENT-TO-LAN 的连接也支持 LAN TO LAN 的 VPN 连接。L2TP 主要由 LAC(L2TP Access Concentrator，第二层隧道接入集线器)和 LNS(L2TP Network Server，第二层隧道协议网络服务器)构成。L2TP 定义了利用公共网络设施封装传输链路层 PPP 帧的方法。目前用户拨号访问因特网时，必须使用 IP 协议，并且其动态得到的 IP 地址也是合法的。L2TP 的好处就在于支持多种协议，用户可以保留原来的 IPX、AppleTalk 等协议或企业原有的 IP 地址，企业在原来非 IP 网上的投资不至于浪费。另外，L2TP 还解决了多个 PPP 链路的捆绑问题。LAC 支持客户端的 L2TP，用于发起呼叫、接收呼叫和建立隧道。LNS 是所有隧道的终点。在传统的 PPP 连接中，用户拨号连接的终点是 LAC，L2TP 使得 PPP 协议的终点延伸到 LNS。在安全性考虑上，L2TP 仅仅定义了控制包的加密传输方式，对传输中的数据并不加密。因此，L2TP 并不能满足用户对安全性的需求。如果需要安全的 VPN，则依然需要 IPSec。应用 L2TP 构建的 VPDN 服务如图 7-10 所示。

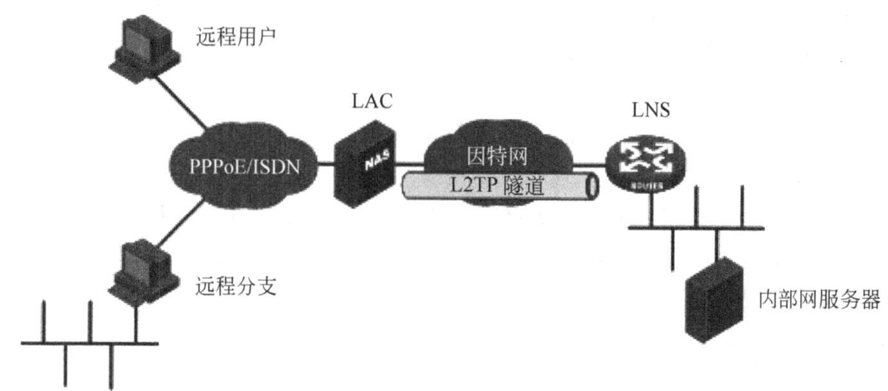

图 7-10 基于 L2TP 的 VPN 应用范例

L2TP 命令头如图 7-11 所示。

											12	16	32位
T	L	X	X	S	X	O	P	X	X	X	X	VER	Length
Tunnel ID													Session ID
Ns (opt)													Nr (opt)
Offset Size (opt)													Offset Pad (opt)

图 7-11　L2TP 命令头

- T：T 位表示信息类型。若是数据信息，该值为 0；若是控制信息，该值为 1。
- L：当设置该字段时，说明 Length 字段存在，表示接收数据包的总长。对于控制信息，必须设置该值。
- X：X 位为将来扩张预留使用。在导出信息中所有预留位被设置为 0，导入信息中该值忽略。
- S：如果设置 S 位，那么 Nr 字段和 Ns 字段都存在。对于控制信息，S 位必须设置。
- O：当设置该字段时，表示在有效负载信息中存在 Offset Size 字段。对于控制信息，该字段值设为 0。
- P：如果 P(Priority)位值为 1，表示该数据信息在其本地排队和传输中将会得到优先处理。
- Ver：Ver 位的值总为 002。它表示一个版本 1 的 L2TP 信息。
- Length：信息总长，包括头、信息类型 AVP 以及另外的与特定控制信息类型相关的 AVP。
- Tunnel ID：识别控制信息应用的隧道。如果对等结构还没有接收到分配的 Tunnel ID，那么 Tunnel ID 必须设置为 0。一旦接收到分配的 Tunnel ID，所有更远的数据包必须和 Tunnel ID 一起被发送。
- Call ID：识别控制信息应用的 Tunnel 中的用户会话。如果控制信息在 Tunnel 中不应用单用户会话(例如，一个 Stop-Control-Connection-Notification 信息)，Call ID 必须设置为 0。
- Nr：期望在下一个控制信息中接收到的序列号。
- Ns：数据或控制信息的序列号。
- Offset Size & Pad：该字段规定通过 L2F 协议头的字节数，协议头是有效负载数据起始位置。Offset Padding 中的实际数据并没有定义。

L2TP 报文封装结构图 7-12 所示。

IP 报头(公用网)	UDP 报头	L2TP 报头	PPP 报头	IP 报头(专用网)	数据

图 7-12　L2TP 报文封装结构

L2TP 使用以下两种信息类型，即控制信息和数据信息。控制信息用于隧道和呼叫的建立、维持和清除。数据信息用于封装隧道所携带的 PPP 帧。控制信息利用 L2TP 中的一个可靠控制通道来确保发送。当发生包丢失时，不转发数据信息。控制消息用于隧道和会话连接的建立、维护以及传输控制。它的传输是可靠传输，并且支持对控制消息的流量控制和拥塞控制。数据消息用于封装 PPP 帧，并在隧道上传输。它的传输是不可靠传输，若数据报文丢失，不予重传，不支持对数据消息的流量控制和拥塞控制。通常 L2TP 数据以 UDP 报文的形式发送。L2TP 注册了 UDP 1701 端口，但是这个端口仅用于初始的隧道建立过程中。L2TP 隧道发起方任选一个空闲的端口（未必是 1701）向接收方的 1701 端口发送报文；接收方收到报文后，也任选一个空闲的端口（未必是 1701），给发送方的指定端口回送报文。至此，双方的端口选定，并在隧道保持连通的时间段内不再改变。PPTP 和 L2TP 都使用 PPP 协议对数据进行封装，然后添加附加包头用于数据在互联网络上的传输。尽管两个协议非常相似，但是仍存在以下几方面的不同：

（1）PPTP 要求互联网络为 IP 网络。L2TP 只要求隧道媒介提供面向数据包的点对点的连接。L2TP 可以在 IP（使用 UDP），帧中继永久虚拟电路（PVC），X.25 虚拟电路（VC）或 ATM VC 网络上使用。

（2）PPTP 只能在两端点间建立单一隧道。L2TP 支持在两端点间使用多隧道。使用 L2TP，用户可以针对不同的服务质量创建不同的隧道。

（3）L2TP 可以提供包头压缩。当压缩包头时，系统开销占用 4 个字节，而 PPTP 协议下要占用 6 个字节。

（4）L2TP 可以提供隧道验证，而 PPTP 则不支持隧道验证。但是当 L2TP 或 PPTP 与 IPSEC 共同使用时，可以由 IPSEC 提供隧道验证，不需要在第 2 层协议上验证隧道。

7.6 基于 IPSec 的 VPN 技术

本节主要介绍 IPSec 协议及工作原理。

7.6.1 IPSec 协议简介

IPSec（IP Security）是 IETF（因特网工程任务组）于 1998 年 11 月公布的 IP 安全标准。其目标是为 IPv4 和 IPv6 提供具有较强的互操作能力、高质量和基于密码的安全。IPSec 协议是网络层协议，是为保障 IP 通信而提供的一系列协议族，主要针对数据在通过公共网络时的数据完整性、安全性和合法性等问题设计的一整套隧道、加密和认证方案。IPSec 对于 IPv4 是可选的，对于 IPv6 是强制性的。IPSec 在 IP 层上对数据包进行高强度的安全处理，提供数据源验证、无连接数据完整性、数据机密性、抗重放和有限业务流机密性等安全服务。各种应用程序可以享用 IP 层提供的安全服务和密钥管理，而不必设计和实现自己的安全机制，因此减少密钥协商的开销，也降低了产生安全漏洞的可能性。IPSec 可连续或递归应用，在路由器、防火墙、主机和通信链路上配置，实现端到端安全、虚拟专用网络（VPN）和安全隧道技术。由于所有支持 TCP/IP 协议的主机进行通信时，都要经过 IP 层的处理，所以提供了 IP 层的安全性就相当于为整个网络提供了安全通信的基础。当在路由器或防火墙上安装 IPSec 时,无须更改用户或服务器系统中的软件配置。即使在终端系统中执行 IPSec,应用程序之类的上层软件也不会受到影响。IPSec 对终端用户来说是透明的,因此不必对用户进行安全机制的培训。另外,如有必要 IPSec,也可以为单个用户提供安全保障,保护企业内部的敏感信息。

7.6.2 IPSec VPN 安全策略

IPSec VPN 即指采用 IPSec 协议来实现远程接入的一种 VPN 技术。构建一个标准的 IPSEC VPN 一般需要几个过程:建立 SA、隧道封装、协商 IKE、数据加密和验证。

在一个实现 IPSec 的产品中,IPSec 功能的正确性主要依据安全策略的正确制定与配置。传统的方法是通过手工配置 IPSec 策略,这种方式在大型的分布式网络中存在效率低、易出错等问题。而一个易出错的策略将可能导致通信的阻塞和严重的安全隐患。而且,即使每个安全域策略的制定是正确的,也可能会在不同的安全域中,由于策略之间的交互,出现在局部范围内安全策略的多样性,从而造成端到端间通信的严重安全隐患。因此,必须构建一个安全策略系统来系统地管理和验证各种 IPSec 策略。

构建一个策略系统,需要解决策略的定义、存取、管理、交换、验证、发现机制等问题以及系统自身的安全性问题。其中策略的表示和策略在动态交换中的安全性问题是系统的核心问题。目前 RFC 尚未制定关于策略系统的标准,因此还没有成熟的实现方案。今后的发展方向可能是策略系统由 4 个部分组成:安全策略数据库、策略服务器、安全网关、策略客户端。服务器利用轻量级目录访问协议与数据库交互,安全网关通过通用开放式策略服务协议(Common Open Policy Service Protocol,COPS)与服务器交互,策略服务器之间以及服务器与客户端之间通过安全策略协议进行通信。这一方案能够很好地解决系统的各种问题,特别是系统自身的安全性问题,构建出一个安全高效的策略系统。该系统将对整个私有网络资源进行可靠、安全、可伸缩的管理和利用。策略系统的实现也是 IPSec VPN 网关的重要组成部分。只有基于策略的网络系统,才能提供强大的安全机制,才能对网络内部的所有资源提供不同级别的保护。

7.7 基于 SSL 的 VPN 技术

本节主要介绍 SSL 协议、SSL VPN 的特点,以及 SSL VPN 与 IPSec VPN 的区别。

7.7.1 SSL 协议概述

SSL 协议是网景公司设计的基于 Web 应用的安全协议,它指定了在应用程序协议(如 HTTP,Telnet 和 FTP 等)和 TCP/IP 协议之间进行数据交换的安全机制,为 TCP/IP 连接提供数据加密、服务器认证以及可选的客户机认证。SSL 协议是由 SSL 记录协议、握手协议、密钥更改协议和告警协议组成,它们共同为应用访问连接提供认证、加密和防篡改功能。SSL 握手协议主要是用于服务器和客户之间的相互认证,协商加密算法和消息验证码(Message Authentication Code,MAC)算法,用于生成在 SSL 记录中发送的加密密钥。SSL 记录协议是为各种高层协议提供基本的安全服务,其工作机制如下:应用程序消息被分割成可管理的数据块(可以选择压缩数据),并产生一个MAC信息,加密,插入新的文件头,再在TCP中加以传输;接收端将收到的数据解密,进行身份验证、解压缩、重组数据报,然后交给高层应用进行处理。SSL密钥更改协议是由一条消息组成,其作用是把未定状态复制为当前状态,更新用于当前连接的密钥组。SSL告警协议主要是用于为对等实体传递与SSL相关的告警信息,包括警告、严重和重大等三类不同级别的告警信息。SSL使用公开密钥体制和X.509数字证书技术来保护信息传输的机密性和完整性。SSL安全功能组件包括三部分:认证(对服务器或对服务器和客户端同时进行验证)、加密(对通信进行加密,只有经过加密的双方才能交换信息并相互识别)、完整性检验(进行信息内容检测,防止被篡改)。保证通信进程安全的关键步骤就是对通信双方进行认证,SSL握手协议负责这一进程的处理。

7.7.2　SSL VPN的特点

1. SSL VPN简介

SSL VPN是解决远程用户访问敏感公司数据最简单最安全的解决技术。与复杂的IPScc VPN相比,SSL通过简单易用的方法实现信息远程连通。任何安装浏览器的机器都可以使用SSL VPN,这是因为SSL内嵌在浏览器中,它不需要像传统IPSec VPN那样必须为每一台客户机安装客户端软件。

由于Internet的普及和发展,通过IPSec VPN技术实现大量数据的远程访问为人们提供了一种低运行成本、高生产效率的远程访问方式。但是,IPSec VPN也有不足,它使用十分复杂,必须安装和维护客户端软件。另外,从远程通过IPSec通道连接到企业内部网可能会增加局域网受到攻击或被病毒感染的可能。SSL VPN(安全套接层虚拟专网)技术的出现刚好解决了这一问题。SSL VPN技术使用户通过标准的Web浏览器就可以访问重要的企业应用。这使得部门员工出差时不必再携带自己的笔记本电脑,仅仅通过一台接入了因特网的计算机就能访问企业资源,这为企业提高了效率也带来了方便,同时很好地解决了安全性问题。与IPSec相比,SSL VPN不需要特殊的客户端软件,仅一个Web浏览器即可,而且现在很多浏览器本身内嵌SSL处理功能,这就更加减少了复杂性。而且由于它是运行在应用层的,与底层协议无关,所以增加用户很简单,但是应用程序扩展比较麻烦。其次,因为并不是所有的应用都是基于Web的,这也是它的一个限制。但它保证端到端的安全,从客户端到服务器进行全程加密。

SSL VPN一般的实现方式是在企业的防火墙后面放置一个SSL代理服务器。如果用户希望安全地连接到公司网络上,那么当用户在浏览器上输入一个URL后,连接将被SSL代理服务器取得,并验证该用户的身份,然后SSL代理服务器将提供一个远程用户与各种不同的应用服务器之间连接。掌握4个关键术语的含义有助于理解SSL VPN是如何实现的,即:代理、应用转换、端口转发和网络扩展。SSL VPN网关至少要实现一种功能:代理Web页面。它把来自远端浏览器的页面请求(采用HTTPS协议)转发给Web服务器,然后把服务器的响应回传给终端用户。对于非Web页面的文件访问,往往要借助于应用转换。SSL VPN网关与企业网内部的服务器通信,将这些服务器对客户端的响应转化为HTTPS协议和HTML格式发往客户端,终端用户感觉这些服务器就是一些基于 Web 的应用。IPSec VPN 和 SSL VPN 是两种不同的 VPN 架构，IPSec VPN 是工作在网络层的，提供所有在网络层上的数据保护和透明的安全通信，而 SSL VPN 是工作在应用层(基于 HTTP 协议)和 TCP 层之间的，从整体的安全等级来看，两者都能够提供安全的远程接入。但是，IPSec VPN 技术是被设计用于连接和保护在信任网络中的数据流，因此更适合为不同的网络提供通安全保障。

2. SSL VPN 的技术特点

SSL VPN 因为以下的技术特点则更适合应用于远程分散移动用户的安全接入。

(1) 客户端支撑维护简单：对于大多数执行基于 SSL 协议的远程访问，不需要在远程客户端设备上安装软件，只需通过标准的 Web 浏览器连接因特网，即可以通过网页访问到企业内部的网络资源。而 IPSec VPN 需要在远程终端用户一方安装特定软件以建立安全隧道。

(2) 提供增强的远程安全接入功能：IPSec VPN 通过在两站点间创建安全隧道来提供直接(非代理方式)接入，实现对整个网络的透明访问；一旦隧道创建，用户终端就如同物理地处于企业内部局域网中一样，但这会带来很多安全风险，尤其是在接入用户权限过大的情况下。SSL VPN 提供安全、可代理连接。通常 SSL VPN 的实现方式是在企业的防火墙后面放置一个 SSL 代理服务器。如果用户希望安全地连接到公司网络上，那么当用户在浏览器上输入一个 URL 后，连接将被 SSL 代理服务器取得，并验证该用户的身份，然后 SSL 代理服务器将连接映射到不同的应用服务器上。

(3) 提供更细粒度的访问控制：SSL VPN 能对加密隧道进行细分，使终端用户能够同时接入因特网和访问内部企业网资源。另外，SSL VPN 还能细化接入控制功能，提供用户级别的权限，依据安全策略确保只有已授权的用户才能够访问特定的内部网资源，这种精确的接入控制功能对远程接入 IPSec VPN 来说几乎是不可能实现的。

(4) 能够穿越 NAT 和防火墙设备：SSL VPN 工作在传输层之上，因而能够遍历所有 NAT 设备和防火墙设备，这使得用户能够从任何地方远程接入到公司的内部网。而 IPSec VPN 工作在网络层上，它很难实现防火墙和 NAT 设备的遍历，并且无力解决 IP 地址冲突。

(5) 能够较好地抵御外部系统和病毒攻击：SSL 是一个安全协议，数据是全程加密传输的。另外，由于 SSL 网关隔离了内部网服务器和客户端，只留下一个 Web 浏览接口，客户端的大多数木马病毒感染不到内部网服务器。而传统的 IPSec VPN 由于实现的是 IP 级别的访问，一旦隧道创建，用户终端就如同物理地处于企业内部局域网中一样，内部网所连接的应用系统都是可以侦测得到，这就为黑客攻击提供了机会，并且使得局域网能够传播的病毒，通过 VPN 一样能够传播。

(6) 网络部署灵活方便：IPSec VPN 在部署时一般放置在网络网关处，因而需要考虑网络的拓扑结构，如果增添新的设备，往往要改变网络结构。而 SSL VPN 却有所不同，它一般部署在内部网中防火墙之后，可以随时根据需要，添加需要 VPN 保护的服务器，因此无须影响原有网络结构。

然而，SSL VPN 技术也存在一些不足，如认证方式比较单一，只能够采用证书，而且一般是单向认证，而 IPSec VPN 可以采取 IKE(Internet Key Exchange)方式，使用数字凭证或是一组加密密钥来做认证；SSL VPN 用户只能访问基于 Web 服务器的应用，而 IPSec VPN 却几乎可以为所有的应用提供访问，包括 B/S、C/S 模式的应用；SSL VPN 只对通信双方的某个应用通道进行加密，而不是对在通信双方的主机之间的整个通道进行加密；SSL VPN 是应用层加密，性能相对来说可能会受到较大影响。此外，SSL VPN 主要适用于点到点的信息加密传输，如果要实现网络到网络的安全互联，只能考虑采用 IPSec VPN。

7.7.3 SSL VPN 与 IPSec VPN 的性能比较

SSL VPN 与 IPSec VPN 的性能比较如表 7-1 所示。

表 7-1 SSL VPN 与 IPSec VPN 的性能比较

选　　项	SSL VPN	IPSec VPN
身份验证	• 单向身份验证 • 双向身份验证 • 数字证书	• 双向身份验证 • 数字证书
加密	• 强加密 • 基于 Web 浏览器	• 强加密 • 依靠执行
全程安全性	• 端到端安全 • 从客户到资源端全程加密	• 网络边缘到客户端 • 仅对从客户到 VPN 网关之间通道加密
可访问性	选用于任何时间，任何地点访问	限制适用于已经定义受控用户的访问
费用	低(无须任何附加客户端软件)	高(需要管理客户端软件)
安装	• 即插即用安装 • 无须任何附加的客户端软、硬件安装	• 通常需要长时间的配置 • 需要客户端软件或者硬件
用户的易使用性	• 对用户非常友好，使用非常熟悉的 Web 浏览器 • 无须终端用户的培训	• 对没有相应技术的用户比较困难 • 需要培训
支持的应用	• 基于 Web 的应用 • 文件共享 • E-mail	所有基于 IP 协议的服务
用户	客户、合作伙伴用户、远程用户、供应商等	更适于企业内部使用
可伸缩性	容易配置和扩展	在服务器端容易实现自由伸缩，在客户端比较困难
穿越防火墙	可以	不可以

7.7.4 SSL VPN 的应用范围

SSL VPN 在实际应用中就是要依据安全控制策略，为分散移动用户提供从外部网访问企业内部网资源的安全访问通道。通常企业内部的资源服务器向外部网用户提供一个虚拟的 URL 地址，当用户从外部网访问企业内部网资源时，发起的连接被 SSL VPN 网关取得，通过认证后映射到不同的应用服务器，采用这种方式能够屏蔽内部网的结构，不易遭受来自外部的攻击。对于SSLVPN的网关设备应当从如下3个基本层面来满足不同的应用需求。

（1）支持Web方式的应用。例如，通过SSL VPN建立的安全通道来访问基于Web的电子邮件系统，实现收发邮件。

（2）支持非Web方式的应用。例如，终端用户想要实现非Web页面的文件共享，那么SSL VPN网关必须将与内部网FTP服务器的通信内容转化为HTTPS协议和HTML格式发往客户端，使终端用户感觉这些应用就是一些基于Web的应用。

（3）支持基于客户端/服务器应用的代理。这种应用需要在终端系统上运行一个非常小的Java或ActiveX程序作为端口转发器，监听某个端口上的连接。当数据包进入这个端口时，它们通过SSL连接中的隧道被传送到SSL VPN网关中，SSL VPN网关解开封装的数据包，将它们转发给目的应用服务器。

7.8 基于MPLS的VPN技术

本节主要介绍多协议标签交换（Multi-Protocol Label Switching，MPLS）VPN的基本概念、分类、工作流程、优点及标准化进展。

7.8.1 MPLS VPN概述

MPLS是在通信网内利用定长的标签来引导数据高速传输和交换的网络技术。它是基于标签的IP路由选择方法，采用简化了的技术来完成第三层和第二层的转换，将第三层的包交换转换成第二层的包交换，以标记替代传统的IP路由，兼有第二层的分组转发和第三层的路由技术的优点，是一种“边缘路由，核心交换”的技术。MPLS VPN是指基于MPLS技术构建的虚拟专用网，即采用MPLS技术，在公共IP网络上构建企业IP专网，实现数据、语音、图像等多业务宽带连接。它结合差别服务、流量工程等相关技术，为用户提供高质量的服务。MPLS VPN能够在提供原有VPN网络所有功能的同时，提供强有力的QoS能力，具有可靠性高、安全性高、扩展能力强、控制策略灵活以及管理能力强大等特点。

MPLS-VPN可扩展性好，速度快，配置简单，但一旦出现故障，解决起来就比较困难。基于MPLS的VPN是无连接的，无须定义隧道，这种特点使得MPLS尤其适用于动态隧道技术。在网络路由和交换设备上应用MPLS技术，简化核心路由器的路由选择方式，利用结合传统路由技术的标记交换实现IP虚拟专用网络（IP VPN），可用来构造宽带的内部网和外部网。

基于MPLS的VPN特性必须实现如下功能：标签分布协议（Label Distribution Protocol，LDP），是MPLS的信令协议，用以管理和分配标签；MPLS转发模块，根据报文上的标签和本地映射表进行第二、三层间交换；组播协议边界网关协议（Multiprotocol BGP，MBGP）和边界网关协议（Border Gateway Protocol，BGP）扩展，用来传递VPN路由和承载VPN属性、QoS信息、标签等内容；路由管理的VPN扩展，建立多路由表，用以支持 VPN 路由。在 MPLS VPN 网络中，有必要引入如下 3 个概念：

- 用户网边缘设备(Custom Edge,CE)：用户网中直接与服务提供商相连的边缘设备，一般是路由器，也可以是交换机或者主机。
- 骨干网边缘设备(Provider Edge,PE)：骨干网中的边缘设备，它直接与用户的 CE 相连。
- 骨干网核心路由器(Provider Router,PR)：骨干网中不与 CE 直接相连的设备。

在运营网中，MPLS VPN 的网络构造由服务提供商来完成。在这种网络构造中，由服务提供商向用户提供 VPN 服务，用户感觉不到公共网络的存在，就好像拥有独立的网络资源一样。同样，在金融企业网络中实现 MPLS VPN 业务，对于使用业务的不同类别用户来说，也是完全感觉不到大网存在的。同样，对于骨干网络内部的 P 路由器，也就是不与 CE 直接相连的路由器而言，也不知道有 VPN 的存在，而仅仅负责骨干网内部的数据传输。

所有的 VPN 的构建、连接和管理工作都是在 PE 上进行的。PE 位于服务提供商网络的边缘，从 PE 的角度来看，用户的一个连通的 IP 系统被视为一个站点，每一个站点通过 CE 与 PE 相连，站点是构成 VPN 的基本单元。一个 VPN 是由多个站点组成的，一个站点也可以同时属于不同的 VPN。属于同一个 VPN 的两个站点通过服务提供商的公共网络相连，VPN 数据在公共网络上传播，必须要保证数据传输的私有性和安全性。也就是说，从属于某个 VPN 的站点发送出来的报文只能转发到同样属于这个 VPN 的站点里去，而不能被转发到其他站点中去。同时，任何两个没有共同的站点的 VPN 都可以使用重叠的地址空间，即在用户的私有网络中使用自己独立的地址空间，而不用考虑是否与其他 VPN 或公网的地址空间冲突，这也是 MPLS VPN 适合多业务多用户网络使用的主要原因之一。

MPLS VPN 运行在 IP＋ATM 或者 IP 环境下，对应用完全透明；服务激活只需要一次性地在用户边(CE)和服务供应商边(PE)设备进行配置准备就可以让站点成为某个 MPLS VPN 组的成员；VPN 成员资格由服务供应商决定；对 VPN 组未经过认证的访问被设备配置所拒绝。MPLS VPN 的安全性是通过对不同用户间、用户与公用网间的路由信息进行隔离实现的。

7.8.2 MPLS VPN 的分类

MPLS VPN 根据扩展方式的不同可以划分为边界网关协议(Border Gateway Protocol,BGP) MPLS VPN 和标签分发协议(Label Distribution Protocol, LDP)扩展 VPN，根据 PE(Provider Edge)设备是否参与 VPN 路由可以划分为二层 VPN 和三层 VPN。

BGP MPLS VPN 主要包含骨干网边缘路由器(PE)、用户网边缘路由器(CE)和骨干网核心路由器(P)。PE 上存储有 VPN 的虚拟路由转发表(Virtual Route Forwarding Table,VRF)，用来处理 VPN-IPv4 路由，是第三层 MPLS VPN 的主要实现者；CE 上分布用户网络路由，通过一个单独的物理/逻辑端口连接到 PE；PE 路由器是骨干网设备，负责 MPLS 转发。多协议扩展边界网关协议(MultiProtocol BGP,MP-BGP)承载携带标记的 IPv4/VPN 路由,有 MP-IBGP 和 MP-EBGP 之分。

BGP MPLS VPN 中扩展了 BGP NLRI 中的 IPv4 地址,在其前增加了一个 8 字节的路由标识(Route Distinguish,RD)来标识 VPN 的站点。每个 VRF 配置策略规定一个 VPN 可以接收来自哪些站点的路由信息,可以向外发布哪些站点的路由信息。每个 PE 根据 BGP 扩展发布的信息进行路由计算,生成相关 VPN 的路由表。

PE-CE 之间交换路由信息可以通过静态路由、RIP、OSPF、IS-IS 以及 BGP 等路由协议。通常采用静态路由,可以减少 CE 设备管理不善等原因造成对骨干网 BGP 路由产生震荡的影响,保障了骨干网的稳定性。目前运营商网络规划现状决定现有城域网或广域网可能组成一个自治域,这时就需要解决跨域互通问题。在第三层 BGP MPLS VPN 中引入了自治系统边界路由器(Autonomous System Boundary Router,ASBR),在实现跨自治系统的 VPN 互通时,ASBR 同其他自治系统交换 VPN 路由。现有的跨域解决方案有 VRF-to-VRF、MP-EBGP 和 Multi-Hop MP-EBGP 三种方式。

对于二层 MPLS VPN,运营商只负责提供给 VPN 用户提供第二层的连通性,不需要参与 VPN 用户的路由计算。在提供全连接的第二层 VPN 时与传统的第二层 VPN 一样,存在 N 方问题,即每个 VPN 的 CE 到其他的 CE 都需要在 CE 与 PE 之间分配一条物理/逻辑连接,这种 VPN 的扩展性存在严重问题。

用 LDP 扩展实现的第二层 VPN,也可以承载 ATM、帧中继、以太网/VLAN 以及 PPP 等第二层业务,但它的主要应用是以太网/VLAN,实现上只需增加一个新的能够标识 ATM、帧中继、以太网/VLAN 或 PPP 的 FEC 类型即可。相对于 BGP MPLS VPN,LDP 扩展在于只能建立点到点的 VPN,第二层连接没有 VPN 的自动发现机制;优点是可以在城域网的范围内建立透明 LAN 服务,通过 LDP 建立的 LSP 进行 MAC 地址学习。

7.8.3 MPLS 的工作流程

MPLS 是一种特殊的转发机制,它为进入网络中的 IP 数据包分配标记,并通过对标记的交换来实现 IP 数据包的转发。标记作为 IP 包头在网络中的替代品而存在,在网络内部,MPLS 在数据包所经过的路径通过交换标记(而不是看 IP 包头)来实现转发;当数据包要退出 MPLS 网络时,数据包被解开重装,继续按照 IP 包的路由方式到达目的地。

MPLS 网络包含一些基本的元素。在网络边缘的节点就称为标记边缘路由器(Label Edge Router,LER),而网络的核心节点就称为标记交换路由器(Label Switching Router,LSR)。LER 节点在网络中提供高速交换功能。在 MPLS 节点之间的路径就称为标记交换路径 (Label Switched Path,LSP)。一条 LSP 可以看作是一条贯穿网络的单向隧道。MPLS 的工作流程可以分为三个方面,即网络的边缘行为、网络的核心行为以及如何建立标记交换路径。

1. 网络的边缘行为

当 IP 数据包到达一个 LER 时,MPLS 第一次应用标记。LER 首先要分析 IP 包头的信息,并且按照它的目的地址和业务等级加以区分。

在 LER 中,MPLS 使用了转发等价类(Forwarding Equivalence Class,FEC)的概念

来将输入的数据流映射到一条 LSP 上。简单地说，FEC 就是定义了一组沿着同一条路径、有相同处理过程的数据包。这就意味着所有的 FEC 相同的包都可以映射到同一个标记中。

对于每一个 FEC，LER 都建立一条独立的 LSP 穿过网络，到达目的地。数据包分配到一个 FEC 后，LER 就可以根据标记信息库（Label Information Base，LIB）来为其生成一个标记。标记信息库将每一个 FEC 都映射到 LSP 下一跳的标记上。如果下一跳的链路是 ATM，则 MPLS 将使用 ATM VCC 里的 VCI 作为标记。

转发数据包时，LER 检查标记信息库中的 FEC，然后将数据包用 LSP 的标记封装，从标记信息库所规定的下一个接口发送出去。

2. 网络的核心行为

当一个带有标记的包到达 LSR 的时候，LSR 提取入局标记，同时以它作为索引在标记信息库中查找。当 LSR 找到相关信息后，取出出局的标记，并由出局标记代替入局标记，从标记信息库中所描述的下一跳接口送出数据包。

最后，数据包到达了 MPLS 域的另一端，在这一点，LER 剥去封装的标记，仍然按照 IP 包的路由方式将数据包继续传送到目的地。

3. 如何建立标记交换路径

建立 LSP 的方式主要有如下两种。

(1)“逐跳寻径（Hop by Hop）”路由。一个逐跳寻径的 LSP 是所有从源站点到一个特定目的站点的 IP 树的一部分。对于这些 LSP，MPLS 模仿 IP 转发数据包的面向目的地的方式建立了一组树。

从传统的 IP 路由来看，每一台沿途的路由器都要检查包的目的地址，并且选择一条合适的路径将数据包发送出去。而 MPLS 则不然，数据包虽然也沿着 IP 路由所选择的同一条路径进行传送，但是它的数据包头在整条路径上从始至终都没有被检查。

在每一个节点，MPLS 生成的树是通过一级一级地为下一跳分配标记，而且是通过与它们的对等层交换标记而生成的。交换是通过标记分配协议（Label Distribution Protocol，LDP）的请求以及对应的消息完成的。

(2) 显式路由。MPLS 最主要的优点就是它可以利用流量设计“引导”数据包。MPLS 允许网络的运行人员在源节点就确定一条显式路由的 LSP(ER-LSP)，以规定数据包将选择的路径。ER-LSP 从源端到目的端建立一条直接的端到端的路径。MPLS 将显式路由嵌入到限制路由的标记分配协议的信息中，从而建立这条路径。

7.8.4 MPLS 的优点

1. 高安全性

MPLS 的标记交换路径具有与 FR 和 ATM VCC 相似的安全性；另外，MPLS VPN 还集成了 IPSEC 加密，同时也实现了对用户透明，用户可以采用防火墙，数据加密等方法，进一步提高安全性。

2. 强大的扩展性

网络可以容纳的 VPN 数目很大，同一 VPN 的用户很容易扩充。

3. 业务的融合能力

MPLS VPN 提供了数据、语音和视频三网融合的能力。

4. 灵活的控制策略

可以制定特殊的控制策略，同时满足不同用户的特殊需求，实现增值服务。

5. 强大的管理功能

采用集中管理的方式，业务配置和调度统一管理，减少了用户的负担。

6. 服务级别协议

目前利用差别服务、流量控制和服务级别来保证一定的流量控制，将来可以提供宽带保证以及更高的服务质量保证。

7. 为用户节省费用

MPLS 是一种结合了链路层和 IP 层优势的新技术。在 MPLS 网络上不仅能提供 VPN 业务，也能够开展 QoS、TE、组播等的业务。

随着 MPLS 应用的不断升温，不论是产品还是网络，对 MPLS 的支持已不再是额外的要求。VPN 虽然是一项刚刚兴起的综合性的网络新技术，但却已经显示了其强大的生命力。

7.8.5 MPLS 的标准化进展

MPLS 技术的标准化工作仍在进行之中，主要的组织有 IETF、ITU 和 MPLS。最有影响力的是 MPLS 工作组，它独立于各个设备实现厂家，现有的 MPLS 相关协议基本上来自于这个工作组，该组织后来派生出流量工程工作组和 MPLS VPN 工作组。MPLS 工作组前后公布了超过 300 个 RFC 和相关草案。MPLS 工作组确定了 MPLS 的工作机制（底层转发、支持多种网络层协议），解决多种交换式路由技术的兼容性问题，提供弹性、扩展性好的交换式路由技术，同时加强了 MPLS 应用技术的研究（提供增值服务、与光纤传输网的融合、流量工程等）。其中比较重要的几个标准有 RFC 3031（MPLS 体系结构）、RFC 3032（MPLS 标记栈编码）、RFC 3036（LDP 规范）以及 RFC 3037（LDP 可行性）。ITU-T 将工作重点由 ATM MPLS 转移到 IP MPLS 的标准化；MPLS 则将工作重点放在流量工程、服务类型、服务质量以及 VPN 方面。

由于 MPLS 标准制定尚未完成，MPLS 设备的研发、试验当然也存在许多分歧。以 MPLS 流量工程采用什么标签分发协议为例，目前以 Nortel 为代表的厂商主张使用 CR-LDP 协议作为 MPLS 流量工程的信令协议，而以 Cisco 为代表的厂商则主张使用 RSVP-TE 流量工程扩展。虽然 ITU-T 等标准化组织推荐使用 LDP/CR-LDP 协议作为公网传输的标准信令，但两者都有很强的企业支持，最终将只能由市场决定胜负。为推动我国 IP 多媒体数据通信网络标准化的发展，1999 年由我国电信研究机构联合诸多通信企业成立了中国 IP 和多媒体标准研究组。该研究组成立后，便将 MPLS 系列标准作为该研究组的一项重要标准进行研究和制订。截至目前，已经制订并发行《MPLS 总体技术要求》和《MPLS 测试规范》。《MPLS 总体技术要求》适用于 MPLS 边缘节点设备、MPLS 域内节点设备以及 MPLS 与特定链路层技术相结合的设备。该标准规定了 MPLS 的基本技术、控制协议以及 MPLS 在网络层和链路层的功能、性能参数、标记封装与分发以及流量工程等各方面的要求。尤其需要指出的是,在总体技术要求中,根据我国电信网建设的实际情况,选择了LDP/CR-LDP作为MPLS设备必须支持的信令协议。RSVP-TE协议只作为可选,在附录中进行了描述。《MPLS测试规范》的制定为我国多协议标记交换设备的研制、生产、检验和工程应用提供统一的依据,也为进口该类品提供统一的检验标准。该标准主要规定了MPLS设备的标记交换功能测试、标记分发协议一致性测试、MPLS设备性能测试以及MPLS CoS功能性能测试等内容。

7.9 OpenVPN的搭建及测试实验

7.9.1 OpenVPN简介

OpenVPN的工作原理是在服务器端和客户端之间搭建一个基于当前网络环境的加密通道,将服务器端和多个客户端组建成一个相对独立的虚拟局域网,从而实现服务器端和客户端、客户端和客户端之间的相互安全通信。OpenVPN是一个用于创建虚拟专用网络加密通道的免费开源软件。使用OpenVPN可以方便地在家庭、办公场所、酒店等不同网络访问场所之间搭建类似于局域网的专用网络安全通道。OpenVPN使用SSL/TLS安全协议,运行性能优秀,支持Solaris、Linux 2.2+(Linux 2.2+表示Linux 2.2及以上版本,下同)、OpenBSD 3.0+、FreeBSD、NetBSD、Mac OS X、Android和Windows 2000+的操作系统,并且采用了高强度的数据加密,再加上其开源免费的特性,使得OpenVPN成为中小型企业及个人搭建VPN的首选产品。

OpenVPN的服务器和客户端支持TCP和UDP两种传输协议,只需在服务端和客户端预先定义好使用的传输协议(TCP或UDP)和端口号,客户端和服务端在这个连接的基础上进行SSL协议认证握手。连接过程包括SSL的握手以及虚拟网络上的管理信息交换,OpenVPN将虚拟网上的网段、地址、路由发送给客户端。连接成功后,客户端和服务端建立起SSL安全连接,客户端和服务端的数据都经过虚拟网卡做SSL安全处理,再在TCP或UDP连接上从物理网卡发送出去。由于OpenVPN支持UDP协议,还可以配合HTTP代理(HTTP Proxy)使用,使得只要是能够上网的地方,就可以访问外部的任何网站或其他网络资源。

7.9.2 OpenVPN的搭建实验

在OpenVPN中,不管是服务器还是客户端,所有的证书和私钥都需要由服务器端生成,客户端要先获得服务器端分配给它的数字证书和密钥才能成功连接。在OpenVPN中,服务器端和客户端使用的是同一个安装文件,安装方法也是一样的,只是配置方法不一样,其主要区别是在安装目录的config文件夹下,服务器端配置的文件称为server.ovpn,客户端配置的文件称为client.ovpn,当然,这两个配置文件中的内容也不相同。OpenVPN通过不同的设置来决定该程序是充当服务器端还是客户端。

主要步骤如下。

(1) 在Windows Sever 2008上搭建OpenVPN服务器软件。

双击 openvpn-install-2.4.6-I602.exe 软件包进行安装，单击 Next 按钮选择安装路径，例如修改为 C:\Program Files\OpenVPN。在服务器端安装时，需要将 EasyRSA 选中，客户端则不用。依次单击 Next、Install 按钮等待安装完成，如图 7-13 所示。

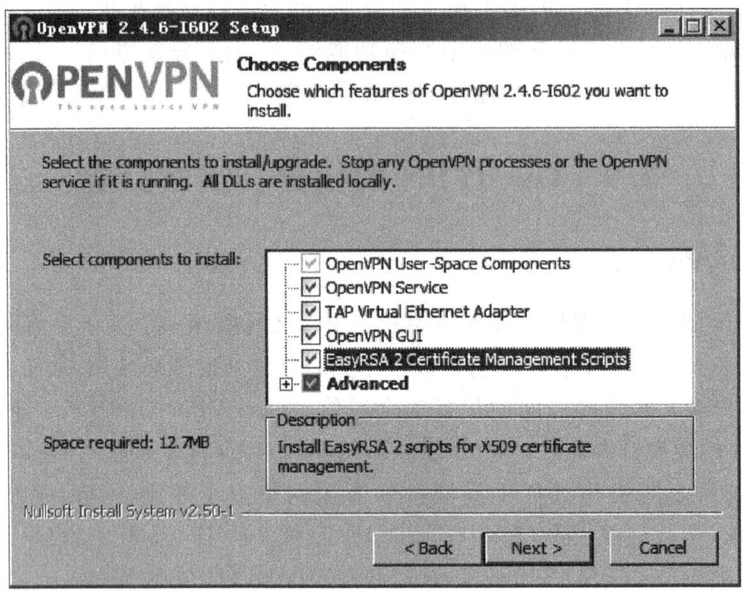

图 7-13 OpenVPN 安装截图

(2) 在 Windows 10 系统上搭建 OpenVPN 客户端软件。

双击 openvpn-install-2.4.6-I602.exe 软件包进行安装，单击 Next 按钮选择安装路径，依次单击 Next、Install 按钮等待安装完成。

(3) 配置 VPN 服务器。

证书制作的初始化，修改 C:\Program Files\OPENVPN\easy-rsa\vars.bat.sample 的以下部分内容：

```
set HOME=%ProgramFiles%\OpenVPN\easy-rsa
set KEY_COUNTRY=China
set KEY_PROVINCE=Beijing
set KEY_CITY=BJ
set KEY_ORG=USTB
set KEY_EMAIL=mail@domain.com
```

制作证书，打开 cmd 命令窗口，进入 C:\Program Files\openvpn\easy-rsa 目录，分别执行如下命令，括号内是功能注释：

```
init-config (初始化配置,将 vars.bat.sample 文件的内容复制到 vars.bat)
vars (设置相应的局部环境变量,就是我们在 vars.bat.sample 文件中设置的内容)
clean-all (相关设置和清理工作)
```

以上是证书初始化工作，以后在进行证书制作工作时，如果需要进行初始化，只需要进入 openvpn\easy-rsa 目录,运行 vars 就可以。

- 生成根证书,创建 CA 根证书:

```
build-ca
```

- 生成服务端密钥和证书,创建服务器端证书:

```
build-key-server server
```

- 生成迪菲·赫尔曼密钥:

```
build-dh
```

- 生成客户端密钥和证书:

```
build-key client
```

- 生成 ta. key 文件:

```
openvpn --genkey --secret keys/ta.key
```

这一步是可选操作,生成的 ta. key 主要用于防御 DoS、UDP 淹没等恶意攻击。命令中的第 3 个参数 keys/ta. key 表示生成的文件路径(含文件名)。

创建完证书后,发现 easy-rsa 目录下多了一个 keys 文件夹。现在将 keys 文件夹中对应的文件复制到 OpenVPN 服务器或客户端的安装目录 config 文件夹下,也就是把 easy-rsa\keys\下的 ca. crt、Server. crt、Server. key、ta. key、dh2048. pem 复制到 C:\Program Files\OpenVPN\config\目录下。

1. 配置服务器

在服务器的 C:\Program Files\OpenVPN\config\目录下,编辑生成服务器配置文件 server. ovpn,内容如图 7-14 所示。

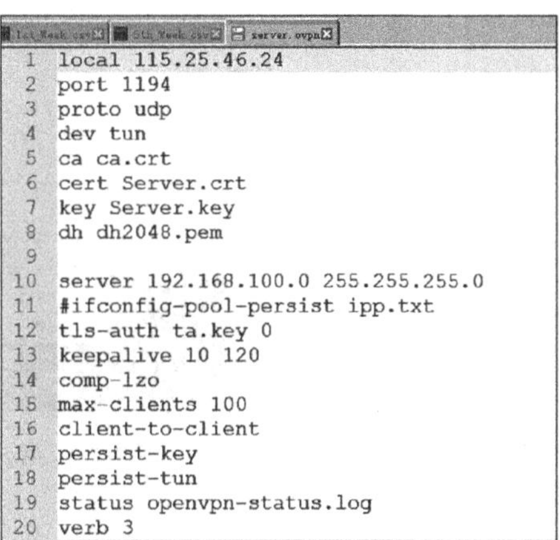

```
local 115.25.46.24
port 1194
proto udp
dev tun
ca ca.crt
cert Server.crt
key Server.key
dh dh2048.pem

server 192.168.100.0 255.255.255.0
#ifconfig-pool-persist ipp.txt
tls-auth ta.key 0
keepalive 10 120
comp-lzo
max-clients 100
client-to-client
persist-key
persist-tun
status openvpn-status.log
verb 3
```

图 7-14 OpenVPN 服务器端配置

服务器的配置已经结束,可以启动服务器了,在右下角 OpenVPN-gui 上右击,然后选择 Connected to: server,服务器端运行,OpenVPN,如图 7-15 所示。

图 7-15 服务器端运行 OpenVPN

2. 配置客户端

把 easy-rsa/keys 下的 ca.crt、elm.crt、elm.key、ta.key 文件一起放到客户端的 C:\Program Files\OpenVPN\config\目录下。

在客户端的 C:\Program Files\OpenVPN\config\目录下,编辑生成客户端配置文件 client.ovpn,内容如图 7-16 所示。

3. 检测连通

客户端的配置已经结束,可以连接服务器了,在右下角 OpenVPN-gui 上右击,然后选择 Connected to client。打开命令窗口,输入 ping 192.168.100.1,显示客户端与服务器可以连通,如图 7-17 所示。

client.ovpn
```
client
dev tun
proto udp

remote 115.25.46.24 1194
;remote my-server-2 1194

remote-random

resolv-retry infinite
nobind


persist-key
persist-tun

ca ca.crt
cert client.crt
key client.key

ns-cert-type server
tls-auth ta.key 1
comp-lzo
verb 4
```

图 7-16 OpenVPN 客户端配置

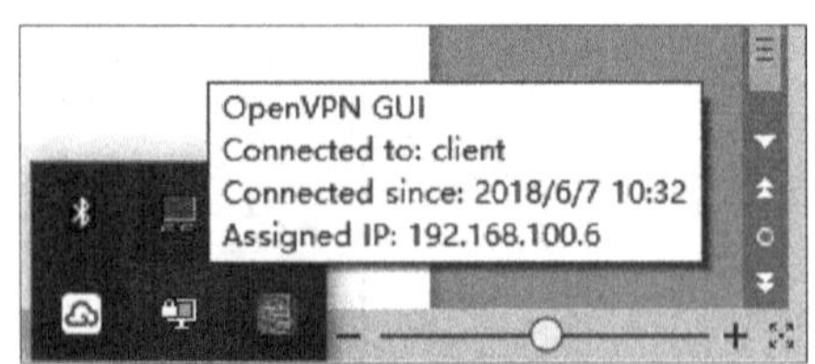

图 7-17 客户端运行 OpenVPN

重要提醒:以上命令都是在同一个命令窗口中执行的,如果以后需要打开新窗口来执行命令(比如创建新的客户端证书),不需要再执行 init-config 命令,除非再次改动了 vars.bat.sample 文件;每一次打开新窗口时都需要先执行 vars 命令,后面才能执行其他命令。

小 结

本章介绍了VPN的相关概念、应用范围、分类、协议及实现技术。虚拟专用网(VPN)是通过综合利用网络技术、访问控制技术、加密技术和一定的用户管理机制来实现的一种安全通信机制,利用虚拟专用网能够以因特网等各种公共网络资源为基础在多个不同地域的主机或局域网络之间实现安全通信。通常VPN被用于实现企业远程内部网互连或为合作伙伴、家庭办公用户及出差员工提供远程接入服务。与专线方式相比,采用VPN实现远程网络互连在经济性、可扩展性方面具有明显优势;与远程拨号方式相比,采用VPN实现远程终端接入具备更高的安全性和经济性。在VPN产品中,与防火墙相结合的复合型VPN设备与传统防火墙价格相差不大,目前以与防火墙相结合的复合型VPN设备和软件VPN产品为热点。

习 题

1. VPN有哪些应用场合及领域?
2. 安全VPN包括哪些组件及功能?
3. VPN有哪些分类的方法?
4. VPN可以基于哪些协议来实现?
5. IPSec VPN与SSL VPN有哪些区别?
6. OpenVPN包括哪些配置步骤?

第8章 入侵检测技术

本章要点：

☑ 入侵检测概述
☑ 入侵检测系统的技术指标
☑ 入侵检测系统的分类
☑ 入侵检测系统的部署
☑ 入侵检测系统的关键技术
☑ 入侵检测与入侵防护
☑ 入侵检测的标准化
☑ 蜜罐及蜜网技术
☑ Snort入侵检测实验

8.1 入侵检测概述

本节介绍了入侵检测的基本概念、发展历史，入侵检测系统的作用、组成、优缺点及技术指标。

8.1.1 入侵检测的基本概念

入侵，指未经授权蓄意尝试访问信息、窜改信息，使系统不可靠或不能使用；或者是指有关试图破坏资源的完整性、机密性及可用性的活动集合。入侵检测是指"通过对行为、安全日志或审计数据或其他网络上可以获得的信息进行操作，检测到对系统的闯入或闯入的企图"(参见国标GB/T18336)。入侵检测是对计算机和网络资源上的恶意使用行为进行识别和相应处理的过程。它不仅可以检测来自外部的攻击，同时也可以监控内部用户的非授权行为。入侵检测通过对计算机网络或计算机系统中的若干关键点收集信息以及对(网络)系统的运行状态进行监视，并对各种收集到的信息进行分析，从中发现网络或系统中是否有违反安全策略的行为和被攻击的迹象，以保证系统资源的机密性、完整性和可用性，实现对入侵行为的早期发觉。入侵检测的作用包括威慑、检测、响应、损失情况评估、攻击预测和起诉支持。入侵检测技术是为保证计算机系统的安全而设计与配置的一种能够及时发现并报告系统中未授权或异常现象的技术，是一种用于检测计算机网络中违反安全策略行为的技术。进行入侵检测的软件与硬件的组合便是入侵检测系统

(Intrusion Detection System,IDS)。

8.1.2　入侵检测的发展历史

1. 概念的诞生

1980年4月,James P. Anderson在为美国空军做的题为*Computer Security Threat Monitoring and Surveillance*(计算机安全威胁监控与监视)的技术报告中指出,审计记录可以用于识别计算机误用,他给威胁进行了分类,第一次详细阐述了入侵检测的概念。他提出了一种计算机系统风险和威胁的分类方法,并将威胁分为外部渗透、内部渗透和不法行为3种,还提出了利用审计跟踪数据监视入侵活动的思想。这份报告被公认为是入侵检测的开山之作。

2. 模型的发展

1984—1986年,乔治敦大学的Dorothy Denning和SRI/CSL(SRI公司计算机科学实验室)的Peter Neumann研究出了一个实时入侵检测系统模型——入侵检测专家系统(Intrusion Detection Expert Systems,IDES)。这是第一个在一个应用中运用了统计和基于规则两种技术的系统,是入侵检测研究中最有影响的一个系统。该系统由6个部分组成:主体、对象、审计记录、轮廓特征、异常记录和活动规则。Denning对入侵检测的基本模型给出了建议,如图8-1所示。

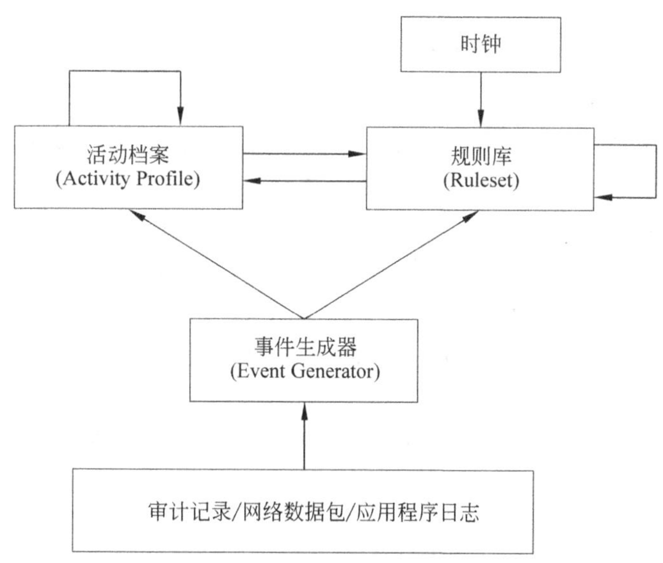

图8-1　通用入侵检测模型

在图8-1所示的通用入侵检测模型中,事件生成器从给定的数据来源中(包括主机审计数据、网络数据包和应用程序的日志信息等),生成入侵检测事件,并分别送入到活动档案模块和规则库模块中。活动档案模块根据新生成的事件,自动更新系统行为的活动档案;规则库模块根据当前系统活动档案和当前事件的情况,发现异常活动情况,并可以按照一定的时间规则自动地删减规则库中的规则集合。Denning所提出的入侵检测基本模型,其意义在于实现了一般化的模型定义,并不强调具体的实现技术。基本模型中的各个部件都可根据实际系统的设计要求,加以具体实现,同时可以加以细化和进一步扩展。1988年,SRI/CSL的Teresa Lunt等人改进了Denning的入侵检测模型,并开发出了一个IDES。该系统包括一个异常探测器和一个专家系统,分别用于统计异常模型的建立和基于规则的特征分析检测。

3. 里程碑的产生

1990年是入侵检测系统发展史上的一个分水岭。加州大学戴维斯分校的L. T. Heberlein等人开发出了NSM(network security monitor),写了一篇论文*A Network Security Monitor*。该监控器用于捕获TCP/IP分组,第1次直接将网络流作为审计数据来源,因而可以在不将审计数据转换成统一格式的情况下监控异种主机,网络入侵检测从此诞生。此后,入侵检测系统发展史翻开了新的一页,两大阵营正式形成:基于网络的IDS和基于主机的IDS。

4. 新的发展

近些年来,入侵检测的主要创新包括:分布式入侵检测系将基于主机和基于网络的检测方法集成到一起,其检测模型采用了分层结构;基于图的入侵检测系统的设计和实现,使得对大规模自动或协同攻击的检测更为便利;Forrest等将免疫原理运用到分布式入侵检测领域;1998年,Ross Anderson将信息检索技术引进到入侵检测。

8.1.3 入侵检测系统的作用及组成

1. 入侵检测系统的作用

入侵检测系统是对防火墙有益的补充,入侵检测系统被认为是防火墙之后的第二道安全闸门,对网络进行检测,提供对内部攻击、外部攻击和误操作的实时监控,提供动态保护大大提高了网络的安全性。入侵检测系统主要有以下功能。

(1) 事前警告:入侵检测系统能够在入侵攻击对网络系统造成危害前,及时检测到入侵攻击的发生,并进行报警。

(2) 事中防御:入侵攻击发生时,入侵检测系统可以通过与防火墙联动、TCP Killer等方式进行报警及动态防御。

(3) 事后取证:被入侵攻击后,入侵检测系统可以提供详细的攻击信息,便于取证分析。

如果系统遭到攻击,就要尽可能地检测到,甚至是实时地检测到,然后采取适当的处理措施。入侵检测作为安全技术其作用在于:

(1) 识别入侵者。

(2) 识别入侵行为。

(3) 检测和监视已成功地安全突破。

(4) 为对抗入侵及时提供重要信息。

(5) 阻止事件的发生和事态的扩大。

实现入侵检测功能的软件与硬件的组合即被称为入侵检测系统,主要执行以下任务:

(1) 监测并分析用户和系统的活动。

(2) 核查系统配置漏洞、系统构造和弱点的审计。

(3) 统计分析异常行为。

(4) 评估重要系统和数据文件的完整性。

(5) 操作系统的审计跟踪管理,并识别用户违反安全策略的行为。

(6) 针对已发现的攻击行为做出适当的反应,如告警、中止进程等。

(7) 异常行为模式的统计分析。

(8) 其他。

一个高质量的入侵检测系统产品除了具备以上入侵检测功能外,还必须具备较高的可管理性和自身安全性。在本质上入侵检测系统是一个典型的窥探设备,它通常只有一个监听端口,无须转发任何流量,而只需要在网络上被动地无声息地收集它所关心的报文即可。在实际的部署中,入侵检测系统是并联在网络中通过旁路监听的方式实时地监视网络中的流量,对网络的运行和性能无任何影响,同时判断其中是否有攻击的企图,通过各种手段向管理员报警。它不但可以发现从外部的攻击,而且也可以发现内部的恶意行为。

2. 入侵检测系统的组成

图 8-2 给出一个通用的入侵检测系统模型。

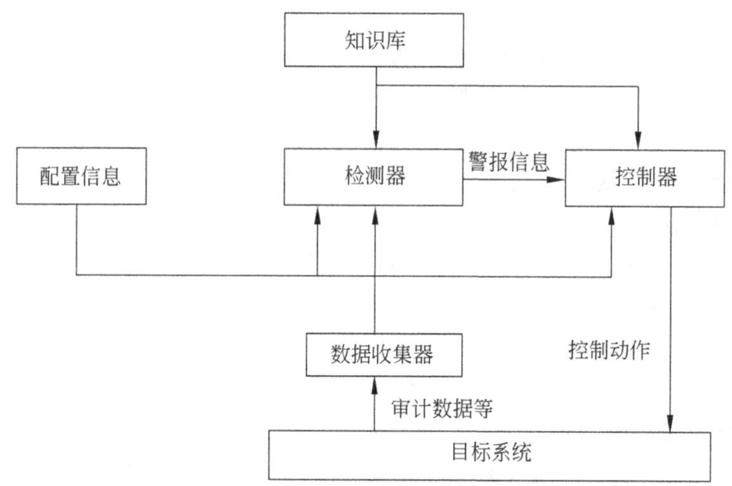

图 8-2 通用的入侵检测系统模型

图 8-2 所示的通用入侵检测系统模型,主要由以下几大部分组成。

(1) 数据收集器(又可称为探测器):主要负责收集数据。探测器的输入数据流包括任何可能包含入侵行为线索的系统数据。比如说网络数据包、日志文件和系统调用记录等。探测器将这些数据收集起来,然后发送到检测器进行处理。

(2) 检测器(又可称为分析器或检测引擎):负责分析和检测入侵的任务,并发出警报信号。

(3)知识库:提供必要的数据信息支持。例如用户历史活动档案,或者是检测规则集合等。

(4) 控制器：根据警报信号，人工或自动做出反应动作。

另外，绝大多数的入侵检测系统都会包含一个用户接口组件，用于观察系统的运行状态和输出信号，并对系统行为进行控制。

互联网工程任务组(The Internet Engineering Task Force,IETF)将一个 IDS 分为 4 个组件：事件产生器(Event Generators)、事件分析器(Event Analyzers)、响应单元(Response Units)、事件数据库(Event Databases)。其中，事件产生器的目的是从整个计算环境中获得事件，并向系统的其他部分提供此事件；事件分析器分析得到的数据，并产生分析结果；响应单元则是对分析结果做出反应的功能单元，它可以做出切断连接、改变文件属性等强烈反应，也可以只是简单的报警；事件数据库是存放各种中间和最终数据的地方的统称，它可以是复杂的数据库，也可以是简单的文本文件。

8.1.4 入侵检测系统的优缺点分析

1. 入侵检测系统的优势

入侵检测系统是安全防御系统中的一个重要组件，在具备优点的同时也不可避免地存在一些局限性。以下简略地列举一些优缺点分析。

入侵检测系统作为一个迅速崛起并受到广泛承认的安全组件，有着很多方面的安全优势：

(1) 可以检测和分析系统事件以及用户的行为。

(2) 可以测试系统设置的安全状态。

(3) 以系统的安全状态为基础，跟踪任何对系统安全的修改操作。

(4) 通过模式识别等技术从通信行为中检测出已知的攻击行为。

(5) 可以对网络通信行为进行统计，并进行检测分析。

(6) 管理操作系统认证和日志机制并对产生的数据进行分析处理。

(7) 在检测到攻击的时候，通过适当的方式进行适当的报警处理。

(8) 通过对分析引擎的配置对网络的安全进行评估和监督。

(9) 允许非安全领域的管理人员对重要的安全事件进行有效的处理。

2. 入侵检测系统的局限性

入侵检测系统只能对网络行为进行安全审计，从入侵检测系统的定位可以看出，入侵检测系统存在以下缺陷。

(1) 入侵检测系统无法弥补安全防御系统中的安全缺陷和漏洞。这些安全缺陷和漏洞包括其他安全设备的错误配置造成的安全漏洞，以及安全设备本身的实现造成的安全缺陷。入侵检测系统可以通过审计报警对这些可能的安全漏洞进行揭示和定位，但却不能主动对这些漏洞进行弥补，而这些报警信息只有通过人为的补救处理才具有意义。

(2) 对于高负载的网络或主机，很难实现对网络入侵的实时检测、报警和迅速地进行攻击响应。同时，对于高负载的环境，如果没有采用代价较大的负载均衡措施，入侵检测系统会存在较大的分析遗漏，容易造成较大的漏报警率。

(3) 基于知识的入侵检测系统很难检测到未知的攻击行为，也就是说，检测具有一定的延时,而对于已知的报警,一些没有明显特征的攻击行为也很难检测到,或需要付出提高误报警率的代价才能够正确检测。而基于行为特征的入侵检测系统只能在一定程度上检测到新的攻击行为,但一般很难给新的攻击定性,提供给系统管理员的处理信息较少,很难进行进一步的防护处理。

(4) 入侵检测系统的主动防御功能和联动防御功能会对网络的行为产生影响,同样也会成为攻击者的目标,实现以入侵检测系统自主防御为目标的攻击。通过发送伪造的数据,触发入侵检测系统的主动防御响应,对可信连接进行阻断,造成拒绝服务攻击。在目前的技术条件下,对于网络的主动防御的设置要十分慎重,防止出现利用主动防御系统进行网络攻击的情况。

(5) 入侵检测系统无法单独防止攻击行为的渗透,只能调整相关网络设备的参数或人为地进行处理。由于入侵检测技术不可避免地存在着大量的误报情况,因此进行自动防御会造成对可信连接的影响。目前的入侵检测系统在实质性安全防御方面,还是要以人为修正为主,即使是对可确定入侵的自动阻断行为,建议也要经过人为干预,防止可能的过度防御。

(6) 网络入侵检测系统在纯交换环境下无法正常工作,只有对交换环境进行一定的处理,利用镜像等技术,网络入侵检测系统才能对镜像的数据进行分析处理。因此,在交换环境中,进行各个方向的检测分析将是非常困难并且代价较大。入侵检测系统的主动防御功能和联动防御功能对网络的行为产生影响,同样也会成为攻击者的目标。

8.1.5 入侵检测系统的技术指标

入侵检测系统的主要目的就是有效地检测出入侵行为,并进行及时处理。检测率用来确定在一个时间段内及在给定的环境中入侵检测系统可以正确检测到攻击的比率。当系统将正常的行为确认为入侵行为时就是发生误报(False Positive)。误报率用来确定在一个特定的时间段内及在给定环境中入侵检测系统所产生的误报比率,大多数产生误报的原因是正常的非恶意的后台流量引起的。当系统将入侵行为确认为正常行为时,则发生漏报(False Negative)。漏报率用来衡量一个特定的时间段及在给定环境中入侵检测系统所产生的漏报比率。

检测率和误报率是紧密相关的,受试者行为特性曲线(Receiver Operating Characteristic,ROC)反映了这两者之间的关系。ROC曲线的横轴是入侵检测系统的误报次数,纵轴为检测率,该曲线准确地刻画了入侵检测系统的检测率与误报率情况。利用ROC曲线还可以找出入侵检测系统的检测和误报之间的平衡点,但是为了获得这个点需要预先做很多工作。

除了上面的几项指标外,还有几项重要的指标需要加以考虑。它们包括:每秒数据流量、每秒抓包数、每秒能监控的网络连接数、每秒能够处理的事件数、自身安全性(抵抗对入侵检测系统本身的攻击)、事件关联能力、检测未知攻击的能力、确认攻击是否成功的能力等。

8.2 入侵检测系统的分类

随着入侵检测技术的发展,到目前为止出现了很多入侵检测系统,不同的入侵检测系统具有不同的特征。根据不同的分类标准,入侵检测系统可分为不同的类别。对于入侵检测系统,要考虑的因素(分类依据)主要的有信息源、入侵、事件生成、事件处理、检测方法等。下面就不同的分类依据及分类结果分别加以介绍。

8.2.1 根据信息源分类

入侵检测系统要对其所监控的网络或主机的当前状态做出判断,并不是凭空臆测,它需要以原始数据中包含的信息为基础,做出判断。按照原始数据的来源,可以将入侵检测系统分为主机型入侵检测系统、网络型入侵检测系统和分布式入侵检测系统。

1. 主机型入侵检测系统

主机入侵检测系统(Host Intrusion Detection Systems,HIDS)以系统日志、应用程序日志等作为数据源,也可以通过其他手段(如监督系统调用)从所在的主机收集信息进行分析。主机型入侵检测系统保护的一般是所在的系统。这种系统经常运行在被监测的系统之上,用以监测系统上正在运行的进程是否合法。

它通过监视与分析主机的审计记录和日志文件来检测入侵。日志中包含发生在系统上的不寻常和不期望活动的证据,这些证据可以指出有人正在入侵或已成功入侵了系统。通过查看日志文件,能够发现入侵企图或成功的入侵,并很快地启动相应的应急响应程序。通常,基于主机的安全记录以及可监测系统、事件、环境下的系统记录,从中发现可疑行为。当有文件发生变化时,将新的记录条目与攻击标记相比较,看它们是否匹配。如果匹配,系统就会向管理员报警并向别的目标报告,以采取措施。对关键系统文件和可执行文件的入侵检测的一个常用方法是定期检查校验和,以便发现意外的变化。入侵检测系统还监听主机端口的活动,并在特定端口被访问时向管理员报警。特别地,从主机入侵检测中还可以单独分离出基于应用的入侵检测类型,这是特别针对某个特定任务的应用程序而设计的入侵检测技术,采用的输入数据源是应用程序的日志信息。

主机型入侵检测系统的优点包括:

(1) 能确定攻击是否成功。主机是攻击的目的所在,所以基于主机的入侵检测系统使用含有已发生的事件信息,可以比基于网络的入侵检测系统更加准确地判断攻击是否成功。就这一方面而言,基于主机的入侵检测系统与基于网络的入侵检测系统互相补充,网络部分可尽早提供针对攻击的警告,而主机部分则可确定攻击是否成功。

(2) 监控粒度更细。基于主机的入侵检测系统监控的目标明确、视野集中,它可以检测一些基于网络的入侵检测系统不能检测的攻击。它可以很容易地监控系统的一些活动,如对敏感文件、目录、程序或端口的存取。

(3) 配置灵活。每一个主机有其自身基于主机的入侵检测系统,用户可根据自己的实际情况对其进行配置。

(4) 可用于加密的以及交换的环境。加密和交换设备加大了基于网络的入侵检测系统收集信息的难度,但由于基于主机的入侵检测系统安装在要监控的主机上,根本不会受这些因素的影响。

(5) 对网络流量不敏感。基于主机的入侵检测系统一般不会因为网络流量的增加而放弃对网络行为的监视。

基于主机的入侵检测系统的主要缺点是:它会占用主机的资源,在服务器上产生额外的负载;它缺乏平台支持,可移植性差,因而应用范围会受到严重限制。

2. 网络型入侵检测系统

网络型入侵检测系统(Network Intrusion Detection Systems,NIDS)的数据源是网络上的数据包。往往将一台机子的网卡设于混杂模式(Promiscuous Mode),对所有本网段内的数据包进行信息收集,并进行判断。一般网络型入侵检测系统担负着保护整个网段的任务。这类入侵检测系统通过对网络中传输的数据包进行分析,从而发现可能的恶意攻击企图。如在不同的端口检查大量的 TCP 连接请求,以此来发现 TCP 端口扫描的攻击企图。网络型入侵检测系统既可以运行在仅仅监视自己端口的主机上,也可以运行在监视整个网络状态的处于混杂模式的 Sniff 主机上。基于网络的入侵检测系统如同网络中的摄像机,只要在一个网络中安放一台或多台入侵检测探测器,就可以监视整个网络的运行情况,在黑客攻击造成破坏之前,预先发出警报,并通过 TCP 阻断或防火墙联动等方式以最快的速度阻止入侵事件的发生。基于网络的入侵检测系统有许多仅靠基于主机的入侵检测法无法提供的功能。它有以下优点:

(1) 监测速度快。基于网络的监测器通常能在微秒或秒级发现问题。主机的产品则要依靠对最近几分钟内审计记录的分析。

(2) 隐蔽性好。一个网络上的监测器不像一个主机那样明显和易被存取,因而也不那么容易遭受攻击。基于网络的监视器不运行其他的应用程序,不提供网络服务,可以不响应其他计算机,因此可以做得比较安全。

(3) 建设范围更宽。基于网络的入侵检测系统可以检测一些主机检测不到的攻击,如基于网络的 SYN 攻击等,还可以检测不成功的攻击和恶意企图。

(4) 较少的监测器。由于使用一个监测器就可以保护一个共享的网段,所以不需要很多的监测器。相反地,如果基于主机,则在每个主机上都需要一个代理,这样花费昂贵,而且难于管理。但是,如果在一个交换环境下,就需要特殊的配置。

(5) 攻击者不易转移证据。基于网络的入侵检测系统使用正在发生的网络通信进行对实时攻击的检测,所以攻击者无法转移证据。被捕获的数据不仅包括攻击的方法,而且还包括可识别黑客身份和对其进行起诉的信息。许多黑客都熟知审计记录,他们知道如何操纵这些文件掩盖他们的作案痕迹,如何阻止需要这些信息的基于主机的系统去检测入侵。

(6) 操作系统无关性。基于网络的入侵检测系统作为安全监测资源,与主机的操作系统无关。与之相比,基于主机的系统必须在特定的、没有遭到破坏的操作系统中才能正常工作,生成有用的结果。

(7) 可以配置在专门的机器上,不会占用被保护的设备上的资源。

基于网络的入侵检测系统的主要缺点是:只能监视本网段的活动,精确度不高,防入侵欺骗的能力较差；难以定位入侵者。

3. 分布式入侵检测系统

基于网络和基于主机的入侵检测系统都有不足之处，会造成防御体系的不全面，而综合了基于网络和基于主机的分布式入侵检测系统既可以发现网络中的攻击信息，也可以从系统日志中发现异常情况。典型的分布式入侵检测系统是控制台/探测器结构。

NIDS 和 HIDS 作为探测器放置在网络的关键结点，并向中央控制台汇报情况。攻击日志定时传送到控制台并保存到中央数据库中，新的攻击特征能及时地发送到各个探测器上。每个探测器能够根据所在网络的实际需要配置不同的规则集。进入 20 世纪 90 年代后，出现了把基于主机和基于网络的入侵检测结合起来的早期尝试，最早实现此种集成能力的原型系统是分布式入侵检测系统，它将 NSM 组件和 Haystack 组件集成到一起，并采用中央控制台来解决关联处理和用户接口的问题。现在，有人根据此种数据来源混合的方式，称此类系统为混合型(Hybrid)系统。当然，从后来的技术发展看，分布式入侵检测系统所体现的主要思想是分布式检测架构的思路。自此之后，若干研究系统沿着分布式架构的道路继续前进。最著名的明确体现分布式架构的早期系统为 SRI 的 EMERALD(Event Monitoring Enabling Responses to Anomalous Live Disturbances)系统，它明确将分布式检测架构进行层次化的处理，并实现了不同层次上的分析单元，同时提供了开放的 API 接口，实现基本架构下的组件互换功能。之后，UC Davis 设计了 GrIDS(Graph-based IDS)系统，这也是处理可扩展性问题的一次有益尝试。GrIDS 也是基于层次化的处理架构，各级网络和主机的活动都以一种设计的图表形格式加以描述，然后采用基于规则的图表处理引擎加以合并处理。规则引擎处理图表的合并、删除等操作，并能够识别那些代表异常行为的图表，以及触发警报信息。后来的 Purdue 大学设计并原型实现的 AAFID 系统体现了基于自治代理的分布式架构思想。

8.2.2 按照功能分类

按功能的不同，入侵检测系统可分为以下几类。

(1) 网络型入侵检测系统 (Network Intrusion Detection System，NIDS)，这类入侵检测系统通过对网络中传输的数据包进行分析，从而发现可能的恶意攻击企图。如在不同的端口检查大量的 TCP 连接请求，以此来发现 TCP 端口扫描的攻击企图。网络型入侵检测系统既可以运行在仅仅监视自己端口的主机上，也可以运行在监视整个网络状态的处于混杂模式的 Sniffer 主机上。

(2) 系统完整性校验系统(System Integrity Verifiers，SIV)，这类入侵检测系统用来校验系统文件，查看系统是否已经被入侵者攻破而且更改了系统原文件并留下了后门。系统完整性校验系统不仅可以校验文件的完整性，也可以对其他组件(如 Windows 系统的注册表文件)进行校验。为了能更好地找到潜在的入侵迹象，这类入侵检测系统往往要求使用者拥有被校验系统的最高权限。它的缺点是，一般没有实时报警功能。这样，入侵者可以通过在修改被校验系统文件的同时，也修改系统完整性校验系统的文件的方法来隐藏其攻击行为。因此这类系统无法保证其检测的可靠性。

(3) 日志文件分析系统(Log File Monitors，LFM)，这类入侵检测系统主要通过监测网络服务所产生的日志文件来获得潜在的恶意攻击企图。和网络型入侵检测系统类似，日志文件分析系统寻找日志中的潜在攻击企图的模式(通常是关键字的匹配)以发现入侵行为。

(4) 欺骗系统(Deceiving System，DS)，又称蜜罐系统(Honey Pots)，这类入侵检测系统通过模拟一些著名漏洞并提供虚假服务来欺骗入侵者，从而达到迷惑入侵者的目的。欺骗系统的另一个用途是拖延入侵者对其真正目标的攻击，让入侵者在蜜罐上浪费时间。与此同时，最初的攻击目标受到了保护，真正有价值的内容将不受侵犯。

8.2.3　根据检测方法分类

按照检测方法将入侵检测系统分为异常和误用两种，然后分别对其建立异常检测模型和误用检测模型。异常入侵检测是指能够根据异常行为和使用计算机资源的情况检测出入侵的方法。它试图用定量的方式描述可以接受的行为特征，以区分非正常的、潜在的入侵行为。Anderson 做了如何通过识别“异常”行为来检测入侵的早期工作，提出了一个威胁模型，将威胁分为外部闯入、内部渗透和不当行为等 3 种类型，并使用这种分类方法开发了一个安全监视系统，可检测用户的异常行为。外部闯入是指用户虽然授权，但对授权数据和资源的使用不合法或滥用授权。误用入侵检测是指利用已知系统和应用软件的弱点攻击模式来检测入侵的方法。与异常入侵检测不同，误用入侵检测能直接检测不利的或不可接受的行为，而异常入侵检测是检测出与正常行为相违背的行为。综上，可根据系统所采用的检测方法，将入侵检测分为两类：异常入侵检测和误用入侵检测。

1. 异常入侵检测

在异常入侵检测中，观察到的不是已知的入侵行为，而是所研究的通信过程中的异常现象，它通过检测系统的行为或使用情况的变化来完成。在建立该模型之前，首先必须建立统计概率模型，明确所观察对象的正常情况，然后决定在何种程度上将一个行为标为“异常”，并如何做出具体决策。异常入侵检测的假设条件是，对攻击行为的检测可以通过观察当前活动与系统历史正常活动情况之间的差异来实现。异常入侵检测通常都会建立一个关于系统正常活动的状态模型并不断进行更新，然后将用户当前的活动情况与这个正常模型进行对比，如果发现了超过设定阈值的差异程度，则指示发现了非法攻击行为。在异常入侵检测中，最广泛使用的较为成熟的技术是统计分析。另一种主要的异常入侵检测技术是神经网络技术。此外，还有许多其他异常入侵检测方法出现在各种文献之中，如基于贝叶斯网络的异常入侵检测方法、基于模式预测的异常入侵检测方法、基于数据挖掘的异常入侵检测方法以及基于计算机免疫学的检测技术等。

2. 误用入侵检测

在误用入侵检测中，入侵过程模型及其在被观察系统中留下的踪迹是决策的基础。所以，可事先定义某些特征的行为是非法的，然后将观察对象与之进行比较以做出判别。误用入侵检测基于已知的系统缺陷和入侵模式，故又称特征检测。它能够准确地检测到某些特征的攻击，但却过度依赖事先定义好的安全策略，所以无法检测系统未知的攻击行为，从而产生漏报。

误用入侵检测的技术基础是分析各种类型的攻击手段，并找出可能的“攻击特征”集合。误用入侵检测利用这些特征集合或者是对应的规则集合,对当前的数据来源进行各种处理后,再进行特征匹配或者规则匹配工作,如果发现满足条件的匹配,则指示发生了一次攻击行为。这里所指的"特征匹配"根据不同的具体实现手段而各不相同,从最基本的字符串匹配,到基于状态转移的分析模型等。根据数据来源的不同,"特征"的含义也随之不同。甚至在同一种数据来源的入侵检测系统中,"特征"的含义也是随着不同的实现而不同。对于误用入侵检测,研究者们已经提出了各种类型的检测方法,如专家系统(Expert System)、特征分析(Signature Analysis)、状态转移分析(State-Transition Analysis)等。此外,还有基于 Petri 网分析的误用入侵检测方法、基于神经网络的误用入侵检测等。

比较而言,误用入侵检测比异常入侵检测具备更好的确定解释能力,即明确指示当前发生的攻击手段类型,因而在诸多商用系统中得到广泛应用。另一方面,误用入侵检测具备较高的检测率和较低的虚警率,开发规则库和特征集合相对于建立系统正常模型而言,也要更方便、更容易。误用入侵检测的主要缺点在于一般只能检测到已知的攻击模式,模式库只有不断更新才能检测到新的攻击方法。误用入侵检测技术的核心是维护一个知识库。对于已知的攻击,它可以详细、准确地报告出攻击类型,但是对未知攻击却效果有限,而且知识库必须不断更新。异常入侵检测技术无法准确判别出攻击的手法,但它可以(至少在理论上可以)判别更广泛、甚至未发觉的入侵行为,尽管可能无法明确指示是何种类型。

8.2.4 根据体系结构分类

按照体系结构,入侵检测系统可分为集中式、等级式和协作式 3 种。

1. 集中式入侵检测系统

集中式入侵检测系统可能有多个分布于不同主机上的审计程序,但只有一个中央入侵检测服务器。审计程序将当地收集到的数据踪迹发送给中央服务器进行分析处理。集中式入侵检测系统在可伸缩性、可配置性方面存在致命缺陷。随着网络规模的增大,主机审计程序和服务器之间传送的数据量就会骤增,导致网络性能大大降低。并且,一旦中央服务器出现故障,整个系统就会陷入瘫痪。根据各个主机不同需求配置服务器也非常复杂。

2. 等级式入侵检测系统

等级式(部分分布式)入侵检测系统中,定义了若干个分等级的监控区域,每个入侵检测系统负责一个区域,每一级入侵检测系统只负责所监控区的分析,然后将当地的分析结果传送给上一级入侵检测系统。等级式也存在一些问题:首先,当网络拓扑结构改变时,区域分析结果的汇总机制也需要做相应的调整;另外,这种结构的入侵检测系统最后还是要将各地收集到的结果传送到最高级的检测服务器进行全局分析,所以系统的安全性并没有实质性的改进。

3. 协作式入侵检测系统

协作式入侵检测系统将中央检测服务器的任务分配给多个基于主机的入侵检测系统,这些入侵检测系统不分等级,各司其职,负责监控当地主机的某些活动。所以,其可伸缩性、安全性都得到了显著的提高，但维护成本却高了很多，并且增加了所监控主机的工作负荷，如通信机制、审计开销、踪迹分析等。

8.2.5 根据检测的实时性分类

入侵检测系统还可以按响应时间分为实时和非实时检测系统。

非实时检测系统通常在事后收集的审计日志文件基础上，进行离线分析处理，并找出可能的攻击行为踪迹，目的是进行系统配置的修补工作，防范以后的攻击；这种批量处理的离线工作模式在早期的系统中比较常见。

随着处理能力的提高和联网环境的普及，实时检测系统逐渐变得流行。网络入侵检测系统实时监控网络流量，并在出现异常活动时及时做出反应。主机入侵检测系统也是类似，实时监控审计日志的变化，并及时发现危险的攻击行为。实时工作模式的出现，反映了用户对及时防范当前攻击行为的需求；当然，与其他任何"实时"系统一样，实时的概念是一个根据用户需求而定的变量，当系统分析和处理的速度处于用户需求范围内时，就可以称为实时入侵检测系统。

8.2.6 根据入侵检测响应方式

入侵检测响应方式分为主动响应和被动响应。被动响应入侵检测系统只会发出告警通知，将发生的不正常情况报告给管理员，本身并不试图降低所造成的破坏，更不会主动地对攻击者采取反击行动。主动响应入侵检测系统可以分为两类：对被攻击系统实施控制的系统和对攻击系统实施控制的系统。对攻击系统实施控制比较困难，主要是对被攻击系统实施控制。通过调整被攻击系统的状态，阻止或减轻攻击影响，如断开网络连接、增加安全日志、杀死可疑进程等。

8.3 入侵检测系统的部署

入侵检测系统有不同的部署方式和特点。根据所掌握的网络检测和安全需求，选取不同类型的入侵检测系统。将多种入侵检测系统按照预订的计划进行部署，确保每个入侵检测系统都能够在相应部署点上发挥作用，共同防护、保障网络的安全运行。

8.3.1 入侵检测系统应用部署

使用入侵检测系统和防火墙共同构建网络安全防护体系有多种组合方法，用户可以根据需要进行选择，具体可以结合网络中防火墙的位置和安全需求来进行部署。

1. 部署在非军事化(DeMilitarized Zone，DMZ)区

DMZ部署点在DMZ的总口上，这是入侵检测系统最常见的部署位置。在这里入侵检测器可以检测到所有针对用户向外提供服务的服务器进行攻击的行为。对于用户来说，防止对外服务的服务器受到攻击是最为重要的。在该部署点进行入侵检测有以下优点：

- 检测来自外部的攻击，这些攻击已经渗入过第一层防御体系。

- 可以容易地检测网络防火墙的性能并找到配置策略中的问题。
- DMZ通常放置的是对内外提供服务的重要服务设备，因此，所检测的对象集中于关键的服务设备。
- 即使进入的攻击行为不可识别，入侵检测系统经过正确的配置也可以从被攻击主机的反馈中获得受到攻击的信息。

2. 部署在外部网入口

入侵检测器在这个部署点可以检测到所有进出防火墙外部网口的数据。在这个位置上，入侵检测器可以检测到所有来自外部网的可能的攻击行为并进行记录，这些攻击包括对内部服务器的攻击、对防火墙本身的攻击以及内部网机器不正常的数据通信行为。在这种情况下，入侵检测系统能接收到防火墙外部网口的所有信息，管理员可以清楚地看到所有来自Internet的攻击，当与防火墙联动时，防火墙可以动态阻断发生攻击的连接。

由于该部署点在防火墙之外，因此入侵检测器将处理所有的进出数据。这种方式虽然对整体入侵行为记录有帮助，但是由于入侵检测器本身性能上的局限，该部署点的入侵检测器目前的效果并不理想，同时对于进行NAT的内部网来说，入侵检测器不能定位攻击的源或目的地址，系统管理员在处理攻击行为上存在一定的难度。

在该部署点进行入侵检测有以下优点：

- 可以对针对目标网络的攻击进行计数，并记录最为原始的攻击数据包。
- 可以记录针对目标网络的攻击类型。

3. 部署在内部网主干

在这个部署点，入侵检测器主要检测内部网流出和经过防火墙过滤后流入内部网的网络数据，入侵检测器可以检测所有通过防火墙进入的攻击以及内部网向外部的不正常操作，并且可以准确地定位攻击的源和目的，方便系统管理员进行针对性的网络管理。在这种情况下，穿透防火墙的攻击与来自于局域网内部的攻击都可以被入侵检测系统监听到，管理员可以清楚地看到哪些攻击真正对自己的网络构成了威胁。

由于防火墙的过滤作用，大量的非法数据包已经被阻绝。这样就降低了通过入侵检测器的数据流量，使得入侵检测器能够更有效地工作。当然，由于入侵检测器在防火墙的内部，防火墙已经根据规则要求阻绝了部分攻击，所以入侵检测器不能记录下所有可能的入侵行为。在该部署点进行入侵检测有以下优点：

- 检测大量的网络通信提高了检测攻击的识别可能。
- 检测内部网可信用户的越权行为。
- 实现对内部网信息的检测。

4. 部署在个别关键子网

在内部网中，总有一些子网因为存在关键性数据和服务，需要更加严格的管理，比如管理子网、财务子网、员工档案子网等，这些子网是整个网络系统中的关键子网。通过对这些子网进行安全检测，可以检测到来自内部以及外部的所有不正常的网络行为，这样可以有效地保护关键的网络不会被外部或者没有权限的内部用户侵入，造成关键数据泄露或丢失。由于关键子网位于内部网的内部，因此流量相对要小一些，可以保证入侵检测器的有效检测。在该部署点进行入侵检测有以下优点：

- 集中资源用于检测针对关键系统和资源的来自企业内外部的攻击。
- 将有限的资源进行有效部署,获取最高的使用价值。

5. 在防火墙内外都部署入侵检测引擎

在这种情况下,可以检测来自内部和外部的所有攻击,管理员可以清楚地看出是否有攻击穿透防火墙,对自己网络所面对的安全威胁了如指掌。

6. 基于主机的入侵检测系统的部署

在基于网络的入侵检测系统部署并配置完成后,基于主机的入侵检测系统的部署可以给系统提供高级别的保护。但是,将基于主机的入侵检测系统安装在企业中的每一个主机上是一种相当大的时间和资金的浪费,同时每一台主机都需要根据自身的情况进行特别的安装和设置,相关的日志和升级维护是巨大的。因此,基于主机的入侵检测系统主要安装在关键主机上,这样可以减少规划部署的花费,使管理的精力集中在最重要、最需要保护的主机上。

8.3.2 入侵检测系统技术部署方式

从技术原理上来讲,入侵检测系统的部署主要有以下几种。

(1) 共享模式和交换模式:从集线器上的任意一个接口,或者在交换机上设置成监听模式的监听端口上收集信息。

(2) 隐蔽模式:这种模式是在其他模式的基础上将探测器的探测口 IP 地址去除,使得入侵检测系统在对外界不可见的情况下正常工作。这种入侵检测系统大多数部署在 DMZ 外,在防火墙的保护之外。它有自动响应的缺点。例如采用双网卡技术,一个网卡绑定 IP,用来与控制台通信;另一个网卡无 IP,用来收集网络数据包。其中连在网络中的是无 IP 的网卡,因为没有 IP,所以可以免受直接攻击。

(3) 分接器 Tap 模式:以双向监听全双工以太网连接中的网络通信信息,这样能捕捉到网络中的所有流量,能更好地了解网络攻击的发生源与攻击的性质,为阻止网络攻击提供丰富的信息,并能记录完整的状态信息,使得与防火墙联动或者发送 Reset 包更加容易。

(4) 串联 In-Line 模式:直接将入侵检测系统串接在通信线路中,这样做的目的主要是考虑到了阻断攻击时的方便。

8.3.3 入侵检测系统的设置步骤

入侵检测系统的设置主要分为以下几个基本的步骤:

(1) 确定入侵检测系统需求。

(2) 设计入侵检测系统在网络中的拓扑位置。

(3) 配置入侵检测系统。

(4) 入侵检测系统磨合。

(5) 入侵检测系统的使用及自调节。

这些步骤的操作流程如图 8-3 所示。

在网络中部署入侵检测系统时,可以使用多个 NIDS 和 HIDS,这完全根据网络的实

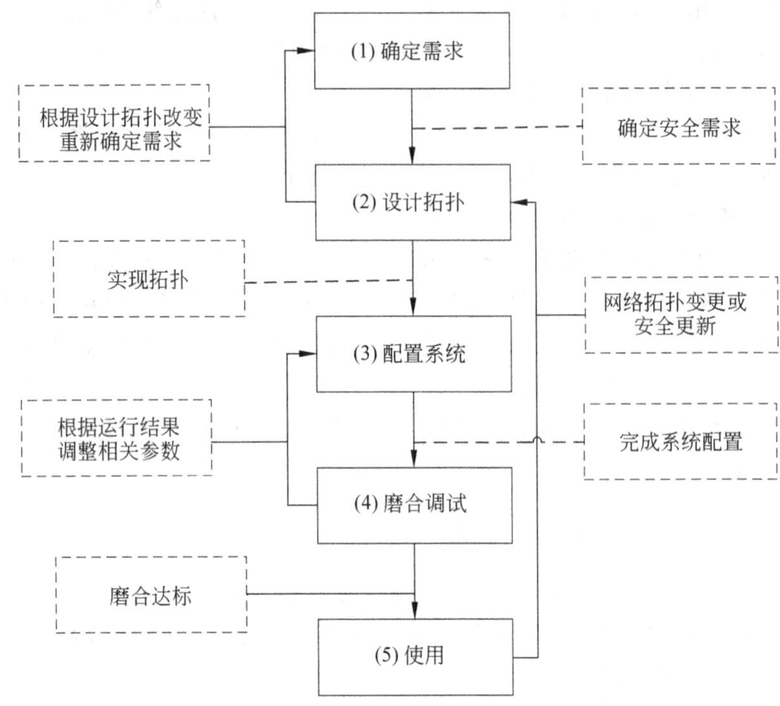

图 8-3 入侵检测系统设置流程图

际情况和自己的需求。图 8-4 是一个典型的入侵检测系统的部署图。

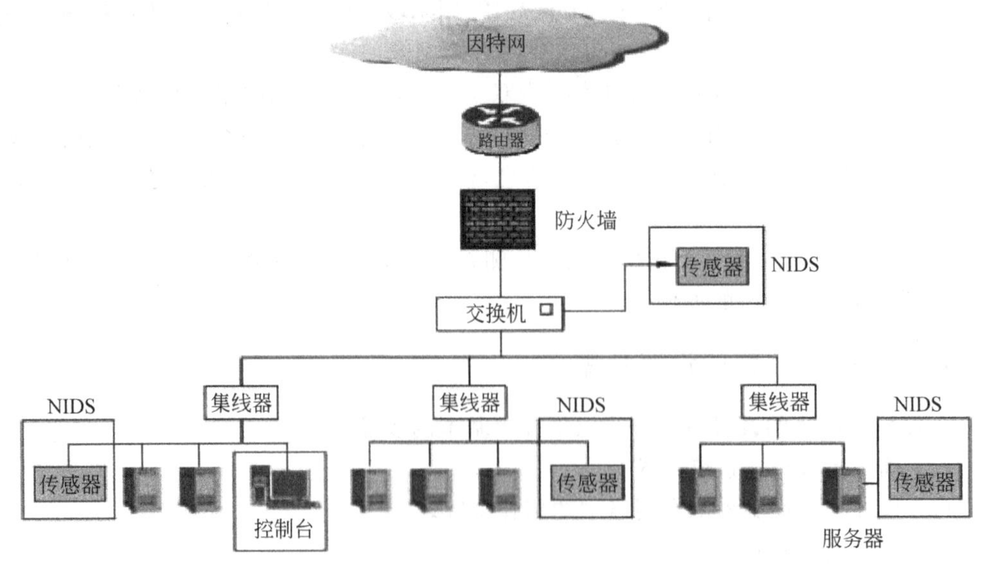

图 8-4 典型的入侵检测系统的部署图

系统的设置需要经过多次的反复磨合，才能够达到保护网络的目的。在使用中，随着网络整体结构的改变（包括增加新的应用或服务器、检测方式更新等），入侵检测系统的设置也要相应地进行修改,以保证能够适应新的变化。

8.4 入侵检测系统的关键技术

8.4.1 NIDS 的关键技术

1. IP 碎片重组技术

攻击者为了躲避入侵检测系统,往往会使用碎片数据包转发工具将攻击请求分成若干个 IP 碎片包发送到目标主机,目标主机接收到碎片包以后,进行碎片重组还原出真正的请求。碎片攻击包括碎片覆盖、碎片重写、碎片超时和针对网络拓扑的碎片技术(例如,使用小的 TTL)等。入侵检测系统需要在内存中缓存所有的碎片,模拟目标主机对网络上传输的碎片包进行重组,还原出真正的请求内容,然后再进行入侵检测分析。

2. TCP 流重组技术

对于入侵检测系统,最艰巨的任务是重组通过 TCP 连接交换的数据。TCP 协议提供了足够的信息帮助目标系统判断数据的有效性和数据在连接中的位置。TCP 协议的重传机制可以确保数据准确到达,如果在一定的时间内没有收到接受方的响应信息,发送方会自动重传数据。但是,由于监视 TCP 会话的入侵检测系统是被动的监视系统,因此无法使用 TCP 重传机制。如果数据传输过程中,发生顺序被打乱或者报文丢失的情况,则将加大其检测难度。更严重的是,重组 TCP 数据流需要进行序列号跟踪,但是如果在传输过程中丢失了很多报文,就可能使入侵检测系统无法进行序列号跟踪。如果没有恢复机制,就可能使入侵检测系统不能同步监视 TCP 连接。通过对 TCP 协议状态的检测,能够完全避免因单包匹配造成的误报。

3. 协议分析技术

协议分析是在传统模式匹配技术基础上发展起来的一种新的入侵检测技术。协议分析的原理就是根据现有的协议模式,到固定的位置取值而不是一个个地去比较,然后根据取得的值来判断其协议以及实施下一步分析动作。它充分利用了网络协议的高度有序性,并结合了高速数据包捕捉、协议分析和命令解析来快速检测某个攻击特征是否存在。这种技术正逐渐进入成熟应用阶段。协议分析大大减少了计算量,即使在高负载的高速网络上,也能逐个分析所有的数据包。采用协议分析技术的入侵检测系统能够理解不同协议的原理,由此分析这些协议的流量,来寻找可疑的或不正常的行为。对每种协议,分析不仅仅基于协议标准,还基于协议的具体实现,因为很多协议的实现偏离了协议标准。协议分析技术观察并验证所有的流量,当流量不是期望值时,入侵检测系统就发出警告。协议分析具有寻找任何偏离标准或期望值的行为的能力,因此能够检测到已知和未知的攻击方法。状态协议分析就是在常规协议分析技术的基础上,加入状态特性分析,即不仅检测单一的连接请求或响应,而且将一个会话的所有流量作为一个整体来考虑。有些网络攻击行为仅靠检测单一的连接请求或响应是检测不到的,因为攻击行为包含在多个请求中,此时状态协议分析技术就显得十分必要了。

4. 零复制技术

零复制基本思想是在数据报从网络设备到用户程序空间传递的过程中,减少数据复制次数,减少系统调用,实现 CPU 的零参与,彻底消除 CPU 在这方面的负载。实现零复制用到的最主要技术是直接存储器访问(Direct Memory Access,DMA)数据传输技术和内存区域映射技术。传统的网络数据报处理,需要经过网络设备到操作系统内存空间,系统内存空间到用户应用程序空间两次复制,同时还需要经历用户向系统发出的系统调用。零复制技术则首先利用 DMA 技术将网络数据报直接传递到系统内核预先分配的地址空间中,避免 CPU 的参与;同时,将系统内核中存储数据报的内存区域映射到检测程序的应用程序空间(还有一种方式是在用户空间建立一缓存,并将其映射到内核空间,类似于 Linux 系统下的 kiobuf 技术),检测程序直接对这块内存进行访问,从而减少了系统内核向用户空间的内存复制,同时减少了系统调用的开销,实现了"零复制"。

当网卡收到包以后,包会存放在内核空间内。由于上层应用运行在用户空间,无法直接访问内核空间,因此要通过系统调用将网卡中的数据包复制到上层应用系统中,占用系统资源而造成入侵检测系统性能下降。改进后的网络包处理方式,通过重写网卡驱动,使得网卡驱动与上层系统共享一块内存区域,网卡从网络上捕获到的数据包直接传递给入侵检测系统。上述过程避免了数据的内存复制,不需要占用 CPU 资源,最大程度地将有限的 CPU 资源让给协议分析和模式匹配等进程去利用,提高了整体性能。但是零复制只能解决"抓包"的问题,实现高性能的入侵检测系统仍要依靠协议分析和匹配检测等其他功能模块性能进一步加强。

8.4.2 HIDS 的关键技术

1. 文件和注册表保护技术

在主机入侵检测系统中,不管在什么操作系统中,普遍利用各种钩子技术对系统的各种事件、活动进行截获分析。入侵检测系统通过捕获操作文件系统和注册表的函数来检测对文件系统和注册表的非法操作。在有些系统中通过复制钩子处理函数,不仅可以对敏感文件或目录检测非法操作,还可以阻止对文件或目录的操作。

2. 网络安全防护技术

网络安全防护是大多数主机入侵检测系统的核心模块之一。该模块需要使用网络驱动接口规范等技术分析数据包的有关源地址、协议类型、访问端口和传输方向(OUT/IN)等,并与事件库中的事件特征进行匹配,来判断数据包是否能访问主机或是否作为入侵事件被报警。NDIS 是用于 Windows 系列操作系统的网络驱动程序接口。按照 NDIS 提供的接口标准,任何与 NDIS 兼容的传输驱动程序都能够与 NDIS 兼容的网络适配器驱动程序进行信息交流。也可以采用 NDIS HOOK + WinSock2 SPI 双重技术实现更复杂、更灵活的安全防护和入侵分析功能。编写 NDIS 驱动程序,需要的技巧比较高,需要考虑很多细节。

3. 文件完整性分析技术

基于主机的入侵检测系统的一个优势就是它可以根据结果来进行判断。判据之一就是关键系统文件是否在未经允许的情况下被修改,包括访问时间、文件大小和 MD5 密码校验值。HIDS 一般使用特征码函数进行文件完整性分析。所谓特征码函数就是使用任意的文件作为输入,产生一个固定大小的数据(特征码)的函数。入侵者如果对文件进行了修改,即使文件大小不变,也会破坏文件的特征码。因此,这些函数可以用于数据完整性检测，而且这些特征码函数一般是单向的。

8.5　入侵检测系统的标准化

网络入侵的方式、类型、特征各不相同，入侵活动变得复杂而又难以捉摸，只要有统一的入侵检测标准，就能够检测出只靠单一的入侵检测系统不能检测出来的某些入侵活动。而且，标准的制定使得不同的入侵检测系统之间存在协作，形成某种入侵模式使得入侵检测系统能够发现新的入侵活动。同时入侵检测系统能够与访问控制、应急、入侵追踪等系统交换信息，相互协作，形成一个整体有效的安全保障系统，满足网络安全的需求。

8.5.1　入侵检测工作组的标准草案

为了提高入侵检测系统产品、组件及与其他安全产品之间的互操作性，美国国防高级研究计划署（DARPA）和互联网工程任务组（IETF）的入侵检测工作组（Intrusion Detection Working Group，IDWG）发起制定了一系列入侵检测系统的标准草案。IDWG主要负责制定入侵检测响应系统之间共享信息的数据格式和交换信息的方式，以及满足系统管理的需要。IDWG的任务是，对于入侵检测系统、响应系统和它们需要交互的管理系统之间的共享信息，定义数据格式和交换程序。IDWG提出的建议草案包括三部分内容：入侵检测消息交换格式（Intrusion Detection Message Exchange Format，IDMEF）、入侵检测交换协议（Intrusion Detection Exchange Protocol，IDXP）以及隧道模型（Tunnel Profile）。IDMEF数据模型以面向对象的形式表示分析器发送给管理器的警报数据。数据模型的设计目标是用一种明确的方式提供了对警报的标准表示法，并描述简单警报和复杂警报之间的关系。该数据模型用XML（可扩展的标识语言）实现。自动的入侵检测系统能够使用IDMEF提供的标准数据格式，来对可疑事件发出警报。这种标准格式的发展将使得在商业、开放资源和研究系统之间实现协同工作的能力，同时允许使用者根据他们的强点和弱点获得最佳的实现设备。实现IDMEF最适合的地方是入侵检测分析器（或称为“探测器”）和接收警报的管理器（或称为“控制台”）之间的数据信道。IDXP是一个用于入侵检测实体之间交换数据的应用层协议，能够实现IDMEF消息、非结构文本和二进制数据之间的交换，并提供面向连接协议之上的双方认证、完整性和保密性等安全特征。IDXP模型包括建立连接、传输数据和断开连接。IDWG的任务是：定义数据格式和交换规程，用于入侵检测与响应（Intrusion Detection and Response，IDR）系统之间或与需要交互的管理系统之间的信息共享。

1. IDMEF

（1）IDMEF的数据模型。IDMEF数据模型以面向对象的形式表示探测器传递给控制台的警报数据，设计数据模型的目标是为警报提供确定的标准表达方式，并描述简单警报和复杂警报之间的关系。IDMEF数据模型各个主要部分之间的关系如图8-5所示。

所有IDMEF消息的最高层类是IDMEF-Message，每一种类型的消息都是该类的子类。IDMEF目前定义了两种类型的消息：Alert（警报）和Heartbeat（心跳），这两种消息又分别包括各自的子类，以表示更详细的消息。需要注意的是，IDMEF数据模型并没有

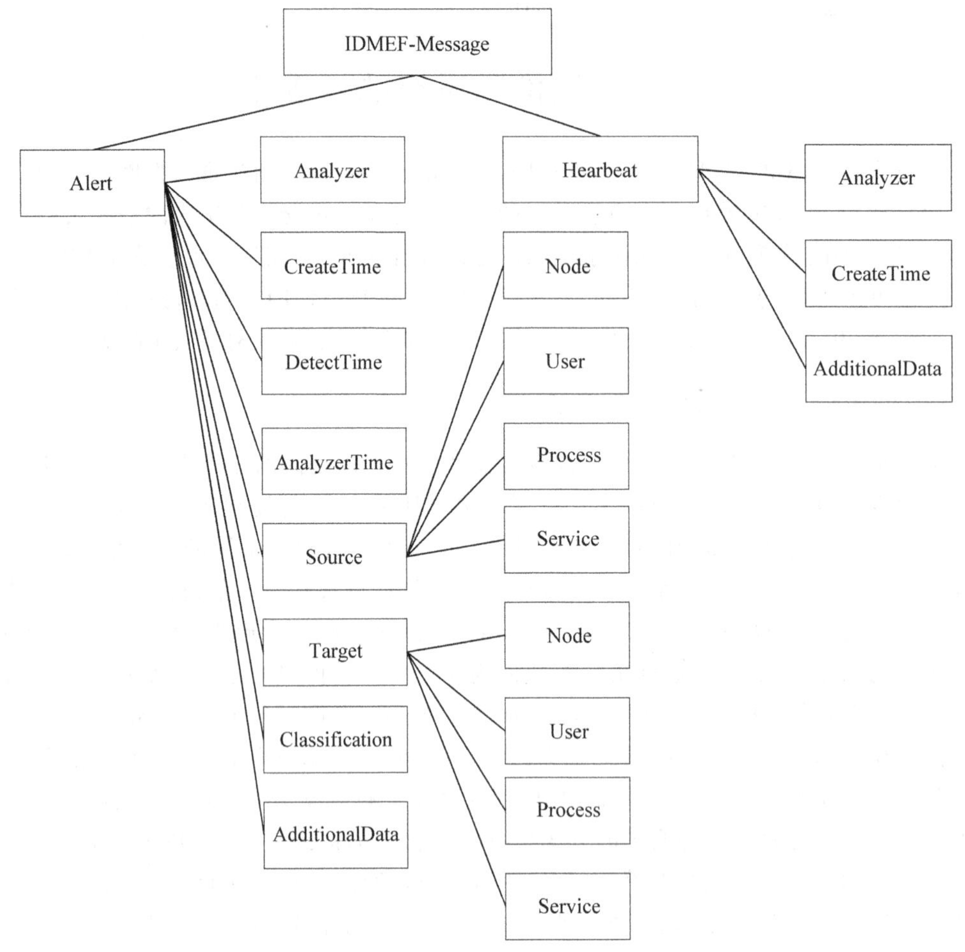

图 8-5 IDMEF 数据模型各个主要部分之间的关系

对警报的分类和鉴别进行说明。IDMEF 数据模型是用统一建模语言(UML)描述的。UML 用一个简单的框架表示实体以及它们之间的关系,并将实体定义为类。IDMEF 包括的主要类有 IDMEF-Message 类、Alert 类、Heartbeat 类、Core 类、Time 类和 Support 类,这些类还可以再细分为许多子类。

(2) 使用 XML 描述 IDMEF 文档标记。IDWG 最早曾提出两个建议实现 IDMEF:用 SMI(管理信息结构)描述一个 SNMP MIB 和使用 DTD(文档类型定义)描述 XML 文档。IDWG 在 1999 年 9 月和 2000 年 2 月分别对这两个建议进行了评估,认为 XML 最能符合 IDMEF 的要求,于是,在 2000 年 2 月的会议上决定采用 XML 方案。XML 是 SGML(标准通用标记语言)的简化版本,是 ISO 8879 标准对文本标记说明进行定义的一种语法。作为一种表示和交换网络文档及数据的语言,XML 能够有效地解决 HTML 面临的许多问题,所以获得了业界的普遍青睐。1998 年 10 月,WWW 联盟(W3C)将 XML 作为一项建议公布于众。XML 是一种元语言——即一个描述其他语言的语言,它允许应用程序定义自己的标记,还可以为不同类型的文档和应用程序定义定制化的标记语言。

2. IDXP

IDXP是一个用于入侵检测实体之间交换数据的应用层协议，能够实现IDMEF消息、非结构文本和二进制数据之间的交换，并提供面向连接协议之上的双方认证、完整性和保密性等安全特征。IDXP是块可扩展交换协议（Blocks Extensible Exchange Protocol，BEEP）的一部分，后者是一个用于面向连接的异步交互通用应用协议，IDXP的许多特色功能（如认证、保密性等）都是由BEEP框架提供的。IDXP模型如下：

(1) 建立连接。使用IDXP传送数据的入侵检测实体被称为IDXP的对等体，对等体只能成对地出现，在BEEP会话上进行通信的对等体可以使用一个或多个BEEP信道传输数据。对等体可以是管理器，也可以是分析器。分析器和管理器之间是多对多的关系，即一个分析器可以与多个管理器通信，同样，一个管理器也可以与多个分析器通信；管理器与管理器之间也是多对多的关系，所以，一个管理器可以通过多个中间管理器接收来自多个分析器的大量警报。但是，IDXP规定，分析器之间不可以建立交换。入侵检测实体之间的IDXP通信在BEEP信道上完成。两个希望建立IDXP通信的入侵检测实体在打开BEEP信道之前，首先要进行一次BEEP会话，然后就有关的安全特性问题进行协商，协商好BEEP安全轮廓之后，互致问候，然后开始IDXP交换。图8-6是两个入侵检测实体Alice和Bob之间建立IDXP通信的过程。

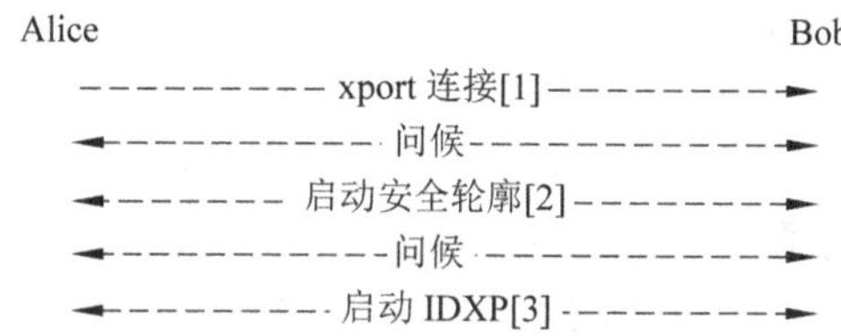

图8-6 两个入侵检测实体Alice和Bob之间建立IDXP通信的过程

IDXP对等实体之间可能有多个代理，这些代理可能是防火墙，也可能是将公司每个部门分析器的数据转发给总管理器的代理。隧道轮廓描述了使用代理时的IDXP交换。

(2) 传输数据。一对入侵检测实体进行BEEP会话时，可以使用IDXP轮廓打开一个或多个BEEP信道，这样就可以使用额外的信道建立额外的BEEP会话。但是，大多数情况下，额外信道都应在已有的BEEP会话上打开，而不是用IDXP轮廓打开一个包含额外信道的新BEEP会话。

在每个信道上，对等体都以客户机/服务器模式进行通信，BEEP会话发起者为客户机，而收听者则为服务器。图8-7描述了一个分析器将数据传送给一个管理器的简单过程。

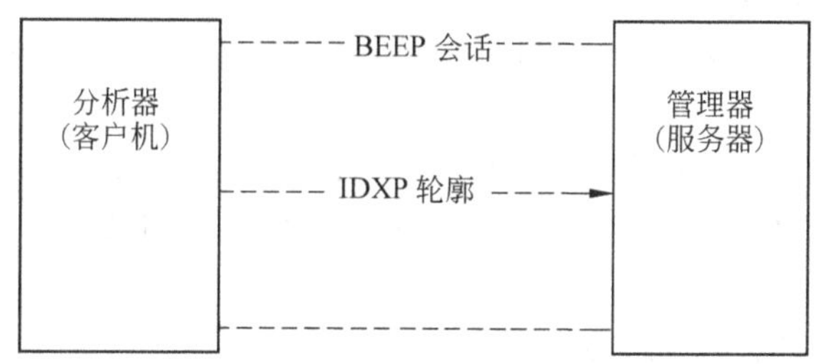

图8-7 一个分析器将数据传送给一个管理器的简单过程

在一次 BEEP 会话时，使用多个 BEEP 信道有利于对在 IDXP 对等体之间传输的数据进行分类和优先权设置。

（3）断开连接。在有些情况下，一个 IDXP 对等体可以选择关闭某个 IDXP 信道。在关闭一个信道时，对等体在 0 信道上发送一个“关闭”元素，指明要关闭哪一个信道。一个 IDXP 对等体也可以通过在 0 信道上发送一个指明要“关闭”0 信道的元素，来关闭整个 BEEP 会话。在上面这个模型中，IDXP 对等实体之间采用了一个 BEEP 安全轮廓实现端到端的安全，而无须通过中间的代理建立安全信任，因此，只有 IDXP 对等体之间是相互信任的，而代理是不可信的。

8.5.2 通用入侵检测框架

DARPA 提出的建议是通用入侵检测框架（Common Intrusion Detection Framework，CIDF），最早由加州大学戴维斯分校安全实验室主持起草工作。CIDF 主要介绍了一种通用入侵说明语言，用来表示系统事件、分析结果和响应措施。为了把 IDS 从逻辑上分为面向任务的组件，CIDF 试图规范一种通用的语言格式和编码方式以表示在组件边界传递的数据。CIDF 所做的工作主要包括 4 部分：IDS 的体系结构、通信体制、描述语言和应用编程接口。

CIDF 根据 IDS 系统通用的需求以及现有的 IDS 系统的结构，将 IDS 系统的构成划分为 5 类组件：事件组件、分析组件、数据库组件、响应组件和目录服务组件。从功能的角度，这种划分体现了入侵检测系统所必须具有的体系结构：数据获取、数据管理、数据分析、行为响应，因此具有通用性。这些组件以统一入侵检测对象（Generalized Intrusion Detection Objects，GIDO）格式进行数据交换。GIDO 是对事件进行编码的标准通用格式（由 CIDF 描述语言 CISL 定义）。这里的组件只是逻辑实体，一个组件可能是某台计算机上的一个进程甚至线程，也可能是多个计算机上的多个进程。

CIDF 组件在一个分层的体系结构里进行通信，这个体系结构包括 3 层：GIDO 层、消息层和协商传输层。GIDO 层的任务就是提高组件之间的互操作性，就如何表示各种各样的事件做了详细的定义。消息层确保被加密认证消息在防火墙或 NAT 等设备之间传输过程中的可靠性。消息层没有携带有语义的任何信息，它只关心从源地址得到消息并送到目的地；相应地，GIDO 层只考虑所传递消息的语义，而不关心这些消息怎样被传递。协商传输层规定 GIDO 在各个组件之间的传输机制。

CIDF 的通信机制主要讨论消息的封装和传递，分为如下 4 个方面。

（1）匹配服务：它为 CIDF 组件提供一种标准的统一机制，并且为组件定位共享信息的通信“合作者”。因此极大提高了组件的互操作性，减少了开发多组件入侵检测与响应系统的难度。

（2）路由：组件之间要通信时，有时需要经过非透明的防火墙，发送方先将数据包传递给防火墙的关联代理，然后再由此代理将数据包转发到目的地。CIDF 采用了源路由和绝对路由。

（3）消息层：消息层的使用达到了一些目标，包括提供一个开放的体系结构，使通信独立于操作系统、编程语言和网络协议，简化向 CIDF 中添加新的组件，支持认证与保密的安全要求。

(4) 消息层处理：消息层处理规定了消息层消息的处理方式，它包括4个规程，即标准规程、可靠传输规程、保密规程和鉴定规程。

CIDF的工作重点是定义了一种应用层的通用入侵规范语言(Common Intrusion Specification Language，CISL)，用来描述IDS组件之间传送的信息，以及制定一套对这些信息进行编码的协议。CISL使用了一种称为S表达式的通用语言构建方法，S表达式是标识符和数据的简单循环分组，即对标记加上数据，然后封装在括号内完成编组。CISL使用范例对各种事件和分析结果进行编码，把编码的句子进行适当的封装，就得到了GIDO。GIDO的构建与编码是CISL的重点。CIDF的API负责GIDO的编码、解码和传递，它提供的调用功能使得程序员可以在不了解编码和传递过程具体细节的情况下，以一种很简单的方式构建和传递GIDO。它分为两类：GIDO编码/解码API和消息层API。数据交换标准化解决了入侵检测系统和它的组件之间共享攻击信息问题，提高了入侵检测系统产品、组件及与其他安全产品之间的互操作性。CIDF使得入侵检测系统系统能够划分为具有不同的功能模型组件，在不同于最初被创建的环境下，这些组件依然能够被重新使用。同时，CIDF解决了不同入侵检测系统的互操作性和共存问题。它所提供的标准数据格式，使得入侵检测系统中的各类数据可以在不同的系统之间传递并共享。CIDF的完善的互用性标准以及最终建立的一套开发接口和支持工具，提供了独立开发部分组件的能力。

8.6 入侵防御系统

8.6.1 入侵防御系统概述

入侵防御系统(Intrusion Prevention System，IPS)是指能检测并阻止已知和未知攻击的内嵌硬件设备或软件系统，是近几年发展起来的新一代安全工具，是一种主动、积极的入侵防范、阻止系统。IPS能够起到关卡的作用，所有去往关键网段的数据包或网络流量，必须通过IPS的检查，因此攻击数据流在到达目标之前，会被IPS识别出来，而且IPS能够立即采取行动，丢弃或阻断网络数据包，从而达到防御的目的。IPS防御模型如图8-8所示。

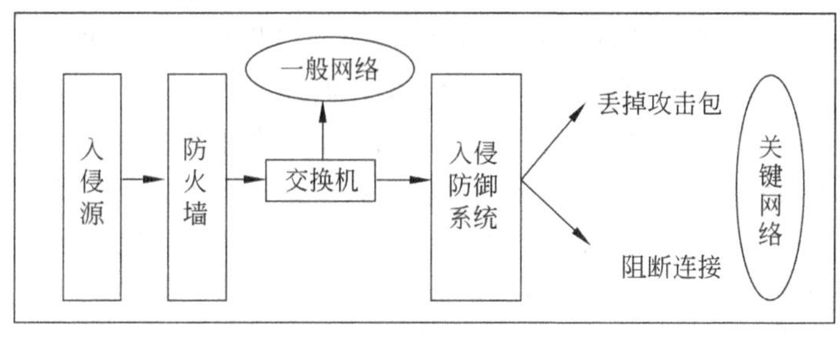

图8-8 IPS防御模型

8.6.2 IDS、防火墙和 IPS 的关系

IPS 系统由 IDS 系统发展而来，但是仍然和 IDS 系统有较大差别。这是由它们在网络中的部署特点决定的。IPS 系统在网络中以在线(in-line)形式安装在被保护网络的入口上，它能够控制所有流经的网络数据；而 IDS 系统以旁路形式安装在网络入口处，甚至安装在某些共享式网络内，如图 8-9 所示。

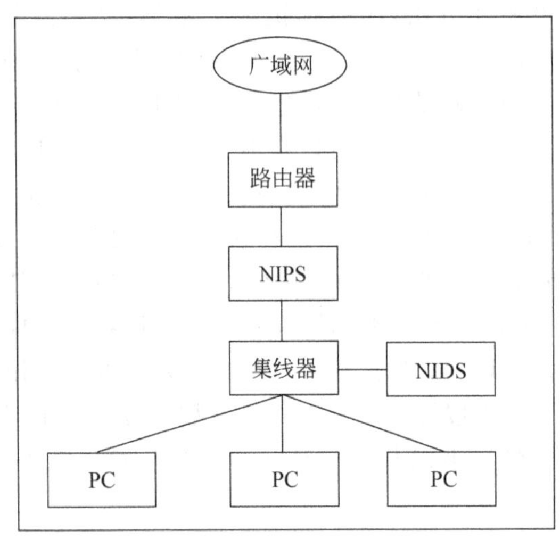

图 8-9　IDS、防火墙和 IPS 的关系

入侵检测系统在网络中处于旁路地位，这决定了它从本质上无法阻断外来的恶意攻击请求，只能通过某些手段如发送 TCP RST 报文来干扰攻击的进行，但是这种干扰手段的效果非常有限，只对很少需要保持一定时间连接的攻击能够起作用。IPS 系统吸取了防火墙的特点，它与防火墙一样以在线形式部署在网络入口处。网络数据报文在流经 IPS 系统时，IPS 系统在线决定报文的处理方式，转发或者丢弃，进出网络的数据报文都要经过 IPS 的深层检查，从而达到防御的目的。IPS 系统包含两大功能模块：防火墙和入侵检测。从功能上讲，IPS 是传统防火墙和入侵检测系统的组合，它对入侵检测模块的检测结果进行动态响应，将检测出的攻击行为在位于网络出入口的防火墙模块上进行阻断。然而，IPS 并不是防火墙和入侵检测系统的简单组合，它是一种有取舍地吸取了防火墙和入侵检测系统功能的一个新产品，其目的是为网络提供深层次的、有效的安全防护。IPS 的防火墙功能比较简单，它串联在网络上，主要起对攻击行为进行阻断的作用；IPS 的检测功能类似于入侵检测系统，但 IPS 检测到攻击后会采取行动阻止攻击，可以说 IPS 是基于入侵检测系统的、是一种建立在入侵检测系统基础上的新生网络安全产品。

在当前的 IPS 概念中，IPS 系统对网络攻击的防御主要采用简单的阻断操作，其防御目标限定于主动性质的攻击行为。因此可以认为：IPS 系统的概念不应仅限于对主动攻击进行阻断，而应当能够对流经的网络数据进行修改，将有害信息过滤掉或者修改为正确的信息，起到拨乱反正的作用，才能从更深层次上保证网络的安全。在扩展后的 IPS 模型中，将在防火墙模块和入侵检测模块之外再增加一个内容过滤模块，对流经的网络数据进

行过滤和修改。

8.6.3 入侵防御系统的特点

IPS综合了入侵检测系统的检测功能和防火墙的防御功能。IPS能够从不断更新的模块库中发现各种各样的新的入侵方法，从而做出更多的保护性操作，以减少漏报和误报。IPS的设计基于一种全新的思想和体系结构、工作与内嵌方式，采用专用集成电路(Application Specific Integrated Circuits, ASIC)、现场可编程门阵列(Field Programmable Gate Array，FPGA)或网络处理器(Network Processor，NP)等硬件设计技术实现网络数据流的捕获。检测引擎综合了特征检测、异常检测、缓冲区溢出检测、DoS检测等多种检测手段。使用硬件加速技术进行深层数据包分析处理，能高效、准确地检测和防御已知和未知的攻击，包括DDoS攻击，并实施多种响应方式，如丢弃数据包、终止会话、修改防火墙策略等，突破了传统IDS只能检测不能防御入侵的局限性，提供了一个完整的入侵防护解决方案。IPS的系统结构如图8-10所示。

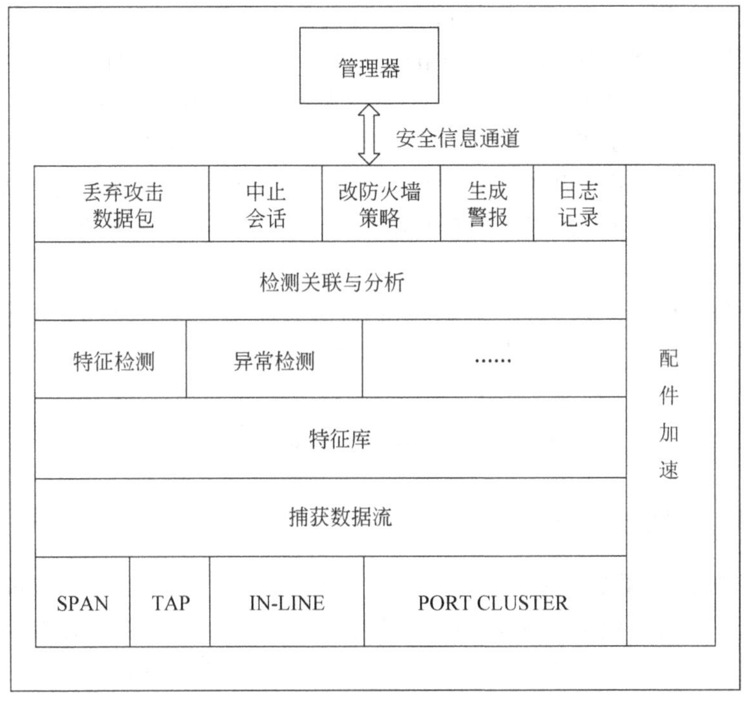

图8-10 IPS系统结构

其中，IPS支持多种监控模式，如接到交换机的映像端口-交换端口分析器SPAN(Switched Port Analyzer)、TAP(分流器)、IN-LINE(串连)、PORT CLUSTER(端口群集)，可根据实际情况选择。所有所接收到的数据包都要经过入侵防御系统，检查之后决定是否放行，或执行缓刑、抛弃策略，发生攻击时及时发出警报，并将网络攻击事件及所采取的措施和结果进行记录。与传统防火墙不同的是，IPS不但要分析和跟踪IP、ICMP、UDP这几种网络层、传输层的协议，而且，还要对HTTP、FTP、TFTP、SNMP、Telnet、

SMTP、POP、DNS、RPC等众多的应用层协议进行分析、跟踪。在该技术中,所有流经IPS的数据包,首先经过预处理,这个预处理过程主要完成对数据包的重组,以便IPS能够看清楚具体的应用协议。在此基础上,IPS根据不同应用协议的特征与攻击方式,将重组后的包进行筛选,将一些可疑数据包送入专门的特征库进行比对。由于经过了筛选,可疑数据量大大减少,因此可以大幅度减少IPS处理的工作量,同时降低误报率。还有一个困难就是,对于一些"平常性的攻击",如果入侵者的短暂而又慢速的入侵,入侵数据可能更像是正常的数据流,而不符合任何明显的攻击模式,对于此类入侵,基于攻击模式的检测技术可能会束手无策。虽然基于入侵模式的检测技术有一些潜在的弱点,但未来该技术将是一个成熟的网络安全产品必备的技能,随着各种支持技术的不断发展成熟,基于攻击模式的检测技术将会进入实用化。

8.6.4 入侵防御系统的不足

现有的IPS技术在带来改进和方便的同时,也面临着很多的挑战:

(1) 误报率问题:由于IPS检测到攻击后会丢弃数据包,因此发生误报的直接后果是合法的数据包被丢弃,会给正常的网络应用带来比较严重的影响。要在实际环境中应用IPS系统,必须提高IPS的检测准确率,减少误报到一个可容忍的范围内。

(2) 检测率问题:由于IPS处于数据包的转发通道内,对数据包的检测处理会加大数据包转发的延迟,这种延迟的影响在需要对多个数据包进行重组或进行协议分析时会变得更加明显。因此,还必须提高IPS的处理能力及检测效率,将数据包转发延迟减小到用户能够接受的大小。

(3) IPS的隔离和保护功能不够足够强大,导致它不能够有效地处理来自内部网的攻击,而网络上很大一部分的网络攻击是来自内部网的。

8.7 蜜罐与蜜网技术

8.7.1 蜜罐与蜜网技术概述

"蜜罐"的思想最早是由Clifford Stoll于1988年5月提出。他在跟踪黑客的过程中,利用了一些包含虚假信息的文件作为黑客"诱饵"来检测入侵,这就是蜜罐的基本构想,但他并没有提供一个专门让黑客攻击的系统。蜜罐正式出现的标志是,Bill Cheswick采用服务仿真和漏洞仿真技术来吸引黑客。服务仿真技术是蜜罐作为应用层程序打开一些常用服务端口监听,仿效实际服务器软件的行为响应黑客请求。例如,提示访问者输入用户名和口令,从而吸引黑客进行登录尝试。所谓漏洞仿真是指返回黑客的响应信息会使黑客认为该服务器上存在某种漏洞,从而引诱黑客继续攻击。

蜜罐(honeypot)技术是一种主动防御技术,是入侵检测技术的一个重要发展方向。蜜罐是互联网上运行的计算机系统,是专门为吸引并诱骗那些试图非法闯入他人计算机系统的人而设计的。蜜罐系统是一个包含漏洞的诱骗系统,它通过模拟一个或多个易受攻击的主机,给供给者提供一个容易攻击的目标。由于蜜罐并没有向外界提供真正有价值的服务,因此，所有试图与其进行连接的行为均可认为是可疑的，同时让攻击者在蜜罐上浪费时间，延缓对真正目标的攻击，从而使目标系统得到保护。由于蜜罐技术的特性和原理，使得它可以对入侵取证提供重要的信息和有用的线索，并使之成为入侵的有利证据。从这个意义上讲，蜜罐是一个诱捕攻击者的陷阱。虽然蜜罐不能直接提高计算机网络安全，但它却是一种重要的主动防御技术，目前已发展成为诱骗攻击者的一种非常有效而实用的方法。

蜜罐技术本质上是一种对攻击方进行欺骗的技术，通过布置一些作为诱饵的主机、网络服务或者信息，诱使攻击方对它们实施攻击，从而可以对攻击行为进行捕获和分析，了解攻击方所使用的工具与方法，推测攻击意图和动机，能够让防御方清晰地了解它们所面对的安全威胁，并通过技术和管理手段来增强实际系统的安全防护能力。

蜜罐如同是情报收集系统。蜜罐是故意成为让人攻击的目标，引诱黑客前来攻击。所以攻击者入侵后，就可以知道他是如何得逞的，随时了解针对公司服务器发动的最新的攻击和漏洞。还可以通过窃听黑客之间的联系，收集黑客所用的种种工具，并且掌握他们的社交网络。设置蜜罐并不难，只要在外部因特网上有一台计算机运行没有打上补丁的Windows 或者 RedHat Linux 即可。因为黑客可能会设陷阱，以获取计算机的日志和审查功能，所以要在计算机和因特网连接之间安置一套网络监控系统，以便记录下进出计算机的所有流量。然后只要坐下来，等待攻击者自投罗网。

不过，设置蜜罐并不是说没有风险，因为大部分遭到攻击的系统会被黑客用来攻击其他系统。这就是下游责任(down stream liability)，由此引出了蜜网(honey net)这一话题。蜜网是指另外采用了各种入侵检测和安全审计技术的蜜罐。它以合理方式记录下黑客的行动，同时尽量减小或排除对因特网上其他系统造成的风险。建立在反向防火墙后面的蜜罐就是一个例子。防火墙的目的不是防止入站连接，而是防止蜜罐建立出站连接。不过，虽然这种方法使蜜罐不会破坏其他系统，但同时很容易被黑客发现。数据收集是设置蜜罐的另一项技术挑战。蜜罐监控者只要记录下进出系统的每个数据包，就能够对黑客的所作所为一清二楚。蜜罐本身的日志文件也是很好的数据来源。但是日志文件很容易被攻击者删除，所以通常的办法就是让蜜罐向在同一网络上但防御机制较完善的远程系统日志服务器发送日志备份。近年来，由于黑帽子群体越来越多地使用加密技术，数据收集任务的难度大大增强。

传统安全设备与蜜罐能力分类的比较，如表 8-1 所示。

表 8-1 传统安全设备与蜜罐能力分类的比较

能力 / 安全设备	事前		事中	事后	
	已知入侵	未知入侵	诱捕能力	响应能力	网络取证
防火墙	×	×	×	√	×
WAF	√	×	×	√	×
IDS	√	×	×	×	×
IPS	√	×	×	√	×
蜜罐	√	√	√	×	√

（1）防火墙：防火墙是第一道安全闸门，能过滤掉一些攻击流量，是网络安全中不可或缺的角色。随着攻击技术的发展，防火墙自身也有其局限性，无法应对复杂规则，难以抵御病毒攻击，阻断不了恶意代码，针对高层的合理访问攻击无有效手段，对内部的攻击也无能为力。

（2）WAF：即Web应用防火墙，是通过执行一系列针对HTTP/HTTPS的安全策略来专门为Web应用提供保护的一款产品，常见的如安全狗、360、阿里云WAF、云锁等。但是WAF也不是万能的，WAF存在被绕过的可能，并且对于加密传输的数据，通过服务器进行解密的危险代码，基本上都是在WAF的过滤规则之外的。

（3）IDS：IDS即入侵检测系统（Intrusion Detection System），是防火墙之后的第二道安全闸门。IDS能对试图闯入或已经闯入系统的行为进行监测并告警，但IDS也仅是产生一个报警作用，并不能真正地阻断攻击，除此外还会产生很大误报和漏报信息，因为其检测标准依据是规则库，若不及时更新规则库，将会漏报新型攻击。

（4）IPS：入侵防御系统（Intrusion Prevention System）是对防病毒软件和防火墙的补充。IPS同时具备检测和防御功能，不仅能检测已知攻击，还能阻止攻击，做到检测和防御兼顾；但是IPS也会存在误报、漏报甚至单点故障、性能瓶颈的风险。

（5）蜜罐：蜜罐的价值在于对已经进入内部网的攻击行为的监控，因其具有诱捕能力，变被动防御为主动。目前计算机犯罪案件不断增多，但实际起诉的案件却相当少，其原因一方面在于公司不愿意公布安全事件，担心事件会影响公司声誉；另一方面就是无法取证，而蜜罐则成了互联网取证的有力武器。部署蜜罐有助于安全工程师第一时间了解到攻击的发生，并有助于事后对攻击目的、范围、手段进行分析，还原案发现场，对攻击行为进行分析取证。

8.7.2 常见的蜜罐软件

本文介绍两个典型的蜜罐平台：MHN和T-Pot。

现代蜜罐网络平台（Modern Honey Network，MHN），基于一个用于管理和收集蜜罐数据的中心服务器。通过MHN，可以实现快速部署多种类型的蜜罐，并且通过Web可视化界面显示蜜罐收集的数据，目前支持的蜜罐类型有Dionaea（捕蝇草）、Snort、Cowrie、Glastopf等。据官方说法，目前经测试支持部署MHN服务器的系统有Ubuntu 14.04、Ubuntu 16.04、Centos 6.9等。MHN是一个开源蜜罐，它简化了蜜罐的部署，同时便于收集和统计蜜罐的数据，可以用ThreatStream（http://threatstream.github.io/mhn/）来部署。MHN使用开源蜜罐来收集数据，收集后的数据保存在Mongodb中。它安装了入侵检测软件的部署传感器Snort、Kippo、Conpot和Dionaea，收集到的信息通过Web接口来展示或者通过开发API访问。在已搭建好MHN中心服务器的前提下，可以尝试用树莓派搭建Dionaea蜜罐，部署在局域网内，实时检测局域网内部攻击，同时通过出口路由器端口映射的方式，实现外部网攻击的实时检测和攻击地图展示。

T-Pot多蜜罐平台直接提供一个系统ISO镜像，该平台使用docker技术实现多个蜜罐，从而方便蜜罐研究与数据捕获。T-Pot使用Ubuntu Server 16.04 LTS系统，基于docker技术提供了下面一些蜜罐容器。

• Conpot：低交互工控蜜罐，提供一系列通用工业控制协议，能够模拟复杂的工控基础设施。
• Cowrie：基于 kippo 更改的中交互 ssh 蜜罐，可以对暴力攻击账号密码等记录，并提供伪造的文件系统环境记录黑客操作行为，并保存通过 wget/curl 下载的文件以及通过 SFTP、SCP 上传的文件。
• Dionaea：Dionaea 是运行于 Linux 上的一个应用程序，将程序运行于网络环境下，它开放 Internet 常见服务的默认端口，当有外来连接时，模拟正常服务给予反馈，同时记录下出入网络数据流。网络数据流经由检测模块检测后按类别进行处理，如果有 Shellcode 则进行仿真执行；程序会自动下载 Shellcode 中指定或后续攻击命令指定下载的恶意文件。
• Elasticpot：模拟 Elastcisearch RCE 漏洞的蜜罐，通过伪造函数在/、/_search、/_nodes 的请求上回应脆弱 ES 实例的 JSON 格式消息。
• Emobility：在 T-Pot 中使用的高交互蜜罐容器，旨在收集针对下一代交通基础设施的攻击动机和方法。Emobility 蜜网包含一个中央收费系统、几个收费点，模拟用户的事务。一旦攻击者访问中控系统 Web 界面，监控并处理运行收费交易，并与收费点交互。除此之外，在随机时间，黑客可能与正在收取车辆费用的用户进行交互。
• Glastopf：低交互型 Web 应用蜜罐，Glastopf 蜜罐它能够模拟成千上万的 Web 漏洞，针对攻击的不同攻击手段来回应攻击者，然后从对目标 Web 应用程序的攻击过程中收集数据。它的目标是针对自动化漏洞扫描/利用工具，通过对漏洞利用方式进行归类，针对某一类的利用方式返回对应的合理结果，以此实现低交互。
• Honeytrap：观察针对 TCP 或 UDP 服务的攻击，作为一个守护程序模拟一些知名的服务，并能够分析攻击字符串，执行相应的下载文件指令。

8.8 Snort 简介及实验

8.8.1 概述

在 20 世纪末期，Snort 原本是作为一个开源 IDS 而被开发出来的，如今，Snort 已经成为一个多平台、实时网络流量分析、网络数据包记录等特性的网络入侵检测及防御系统。Snort 使用一种简单的、轻量级的规则描述语言。大多数 Snort 入侵检测规则都写在一行上，或者在多行之间的行尾用/分隔。Snort 规则被分成两个逻辑部分：规则头和规则选项。规则头包含规则的动作、协议、源和目标 IP 地址与网络掩码，以及源和目标端口信息；规则选项部分包含报警消息内容和要检查包的具体内容。规则选项是 Snort 入侵检测引擎的核心部分，既功能强大又可灵活使用。

8.8.2 系统组成

Snort 入侵检测系统体系结构如图 8-11 所示。

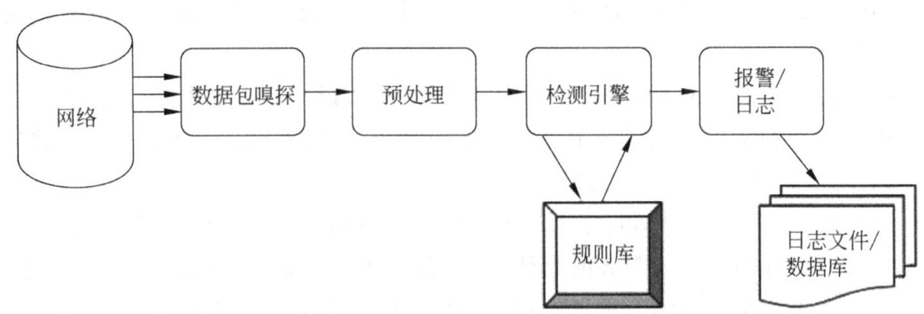

图 8-11　Snort 入侵检测系统体系结构

由图 8-11 可知,Snort 的软件结构由 4 大软件模块组成,它们分别是:

(1)数据包嗅探模块——负责监听网络数据包,对网络进行分。

(2) 预处理模块——该模块用相应的插件来检查原始数据包,从中发现原始数据的"行为",如端口扫描、IP 碎片等,数据包经过预处理后才传到检测引擎。

(3) 检测模块——该模块是 Snort 的核心模块。当数据包从预处理器送过来后,检测引擎依据预先设置的规则检查数据包,一旦发现数据包中的内容和某条规则相匹配,就通知报警模块。

(4) 报警/日志模块——经检测引擎检查后的 Snort 数据需要以某种方式输出。如果检测引擎中的某条规则被匹配,则会触发一条报警,这条报警信息会通过网络、UNIXsocket、WindowsPopup(SMB)、SNMP 协议的 trap 命令传送给日志文件,甚至可以将报警传送给第三方插件(如 SnortSam),另外报警信息也可以记入 SQL 数据库。

Snort 采用命令行方式运行。格式为:snort -[options]<filters>,其中,options 为选项参数,filters 为过滤器。Snort 的<filters>是标准的 BPF(BSD Packet Filter)格式的过滤器。Snort 应用了 BPF 机制,可以在探测器上书写和执行 BPF 规则的文件。BPF 机制允许用户书写快速的包分析规则,这些规则主要基于源、目的和其他的头信息。

例如,运行 Snort 对网络接口 eth0 进行监听,要求如下:

(1) 仅捕获同组主机发出的 icmp 请求数据包。

(2) 采用详细模式在终端显示数据包链路层、应用层信息。

(3) 对捕获信息进行日志记录,日志目录为/var/log/snort。

Snort 命令如下:

```
snort -i eth0 -dev icmp and src 同组主机 IP -l /var/log/snort
```

Snort 日志文件存储在/var/log/snort 目录中,文件名是触发规则的数据包的源 IP,可用命令 snort -r /var/log/snort/文件名来读取相应日志文件。

8.8.3　工作模式

根据 Snort 用户手册中所述,Snort 可以被配置和运行在以下几种模式中。

1. 嗅探(/侦听)模式(Sniffer Mode)

从现有的网络内抓取数据包,然后连续不断地显示在你的控制台屏幕上。首先,如果

只是为了把 TCP/IP 包头信息打印在屏幕上，只需要输入下面的命令：

```
./snort -v
```

使用这个命令将使 Snort 只输出 IP 和 TCP/UDP/ICMP 的包头信息。如果要看到应用层的数据，可以使用：

```
./snort -vd
```

这条命令使 Snort 在输出包头信息的同时显示包的数据信息。如果还要显示数据链路层的信息，就使用下面的命令：

```
./snort -vde
```

注意这些选项开关还可以分开写或者任意结合在一块。例如，下面的命令就和上面最后的一条命令等价：

```
./snort -d -v -e
```

2. 数据包记录模式(Packet Logger Mode)

把已经抓取的数据包记录到储存媒体(如硬盘等)上。如果要把所有的包记录到硬盘上，需要指定一个日志目录，Snort 就会自动记录数据包：

```
./snort -dev -l ./log
```

当然，./log 目录必须存在，否则 Snort 就会报告错误信息并退出。当 Snort 在这种模式下运行，它会记录所有看到的包将其放到一个目录中，这个目录以数据包目的主机的 IP 地址命名，例如 192.168.10.1。

如果只指定了-l 命令开关，而没有设置目录名，Snort 有时会使用远程主机的 IP 地址作为目录，有时会使用本地主机 IP 地址作为目录名。为了只对本地网络记录日志，需要给出本地网络：

```
./snort -dev -l ./log -h 192.168.1.0/24
```

这个命令告诉 Snort 把进入 C 类网络 192.168.1 的所有包的数据链路、TCP/IP 以及应用层的数据记录到目录./log 中。

如果网络速度很快，或者想使日志更加紧凑以便以后的分析，那么应该使用二进制的日志文件格式。所谓的二进制日志文件格式就是 tcpdump 程序使用的格式。使用下面的命令可以把所有的包记录到一个单一的二进制文件中：

```
./snort -l ./log -b
```

注意，此处的命令行和上面的有很大的不同。这里无须指定本地网络，因为所有的内容都被记录到一个单一的文件。也不必使用-d、-e 功能选项，因为数据包中的所有内容都会被记录到日志文件中。

可以使用任何支持 tcpdump 二进制格式的嗅探器程序从这个文件中读出数据包，例如 tcpdump 或者 Ethereal。使用-r 功能开关，也能使 Snort 读出包的数据。Snort 在所有运行模式下都能够处理 tcpdump 格式的文件。例如，如果想在嗅探器模式下把一个 tcpdump 格式的二进制文件中的包打印到屏幕上，可以输入下面的命令：

```
./snort -dv -r packet.log
```

在日志包和入侵检测模式下，通过 BPF(BSD Packet Filter)接口，可以使用许多方式维护日志文件中的数据。例如，如果只想从日志文件中提取 ICMP 包，只需要输入下面的命令行：

```
./snort -dvr packet.log icmp
```

3. 网络入侵检测模式(Network Intrusion Detection System Mode)

该模式是最复杂的，并且是可配置的。在这种模式下，Snort 监测网络上的数据包，并对它所检测到的不符合用户定义规则的情况(即网络异常情况)采取一些措施与反应。

Snort 最重要的用途还是作为网络入侵检测系统(NIDS)，使用下面命令行可以启动这种模式：

```
./snort -dev -l ./log -c snort.conf
```

其中，snort.conf 是规则集文件。Snort 会对每个包和规则集进行匹配，发现这样的包就采取相应的行动。如果不指定输出目录，Snort 就输出到/var/log/snort 目录。

注意：如果想长期使用 Snort 作为自己的入侵检测系统，最好不要使用-v 选项。因为使用这个选项，会 Snort 向屏幕上输出一些信息，大大降低 Snort 的处理速度，从而在向显示器输出的过程中可能丢弃一些数据包。

此外，在绝大多数情况下，也没有必要记录数据链路层的包头，所以-e 选项也可以不用：

```
./snort -d -h 192.168.1.0/24 -l ./log -c snort.conf
```

这是使用 Snort 作为网络入侵检测系统最基本的形式，日志符合规则的包，以 ASCII 形式保存在有层次的目录结构中。

4. 内联模式(Inline Mode)

数据包的抓取不透过 Libcap，而是透过 Iptable 防火墙，并根据使用特定内联规则类型的 Snort 规则决定 Iptable 防火墙是否让数据包通行。

8.8.4 入侵检测规则及编写

1. Snort 入侵检测规则简介

Snort 规则被分成两个逻辑部分：规则头和规则选项。规则头包含规则的动作、协议、源和目标 IP 地址与网络掩码，以及源和目标端口信息；规则选项部分包含报警消息内容和要检查的包的具体部分。

下面是一个规则示例：

```
alert tcp any any ->192.168.1.0/24 111 (content:"|00 01 86 a5|"; msg: "mountd access";)
```

第一个括号前的部分是规则头(rule header),包含的括号内的部分是规则选项(rule options)。在规则选项部分中,冒号前的单词称为选项关键字(option keywords)。

下面是一个规则实例。

```
altert tcp !192.168.0.1/24 any ->any 21 (content:"USER":msg: "FTP Login":)
```

其中,

- alert 表示规则动作为报警。
- tcp 表示协议类型为 TCP 协议。
- ! 192.168.0.1/24 表示源 IP 地址不是 192.168.0.1/24。
- 第一个 any 表示源端口为任意端口。
- ->表示发送方向操作符。
- 第二个 any 表示目的 IP 地址为任意 IP 地址。
- 21 表示目的端口为 21。
- content:"USER"表示匹配的字符串为“USER”。
- msg:"FTP Login"表示报警信息为“FTP Login”。

上面的规则也可写成:

```
altert tcp !192.168.0.1/24 any ->any 21 (content:"[00 53 45 52]":msg: "FTP
Login":)
```

下面是一个规则应用场景。

场景需求:要求写一个 Snort 规则,当入侵检测系统检测到某用户计算机被其他用户计算机通过 HTTP 协议访问时,会发出一个报警。

在确定该用户计算机 IP 地址为 192.168.100.128 的基础上,编写符合上述情景的规则如下:

```
alert tcp ![192.168.100.128/32] any ->192.168.100.128/32 80 (logto:"task1";
msg:"this is task 1"; sid:1000001)
```

其中,alert 表示规则动作为报警。tcp 表示检测所有 TCP 协议包,因为 HTTP 协议使用了 TCP 协议。接下来的一部分表示源 IP 地址,其中,“!”表示除了后面 IP 的所有 IP,因此! [192.168.100.128/32]表示的就是除了本机之外的所有主机 IP 地址。第一个 any 表示端口,any 表示任何端口号,也就是源 IP 地址主机无论通过哪个端口发送的包都会被检测。->表示检测包的传送方向,表示从源 IP 传向目的 IP。192.168.100.128 字段表示目的 IP 地址主机。80 表示目的端口号,80 端口是 HTTP 协议的访问端口。

括号内的规则选项部分,关键字 logto 表示将产生的信息记录到文件,关键字 msg 表示在屏幕上打印一个信息,关键字 sid 表示规则编号,这个编号是唯一的能够标识一个规则的凭证,1000000 以上用于用户自行编写的规则。

因此,这条规则会将除了本地主机之外的所有主机所有端口发向本主机 80 端口的 TCP 数据包进行检测,并将检测到的数据包报警记录到日志文件中,满足场景需求。

注意,不是所有规则都必须包含规则选项部分,选项部分只是为了使得要收集或报警,或丢弃的包的定义更加严格。组成一个规则的所有元素对于指定的要采取的行动都必须是真的。当多个元素放在一起时,可以认为它们组成了一个逻辑与(AND)语句。同时,Snort 规则库文件中的不同规则可以认为组成了一个大的逻辑或(OR)语句。当编写 Snort 规则时,首先考虑的是效率和速度。好的规则要包含 content 选项。2.0 版本以后,Snort 改变了检测引擎的工作方式,在第一阶段就作一个集合模式匹配。一个 content 选项越长,这个匹配就越精确。当编写规则时,尽量要把目标定位在攻击的地方(例如,将目标定位在 1025 的偏移量等)而不仅仅是泛泛的指定。content 规则是大小写敏感的(除非你使用了 nocase 选项)。不要忘记 content 是大小写敏感的和大多数程序的命令都是大写字母。在编写规则时,很好地理解协议规范将降低漏检攻击的机会。

2. 规则启用

通过以下命令启动 Snort 入侵检测规则:

```
snort -i eth0 -c /etc/snort/snort.conf
```

其中,-i 参数指定启用入侵检测的网络接口,-c 参数指定启用入侵检测的规则文件。

当用户需要测试自己编写的规则时,需要将自己编写的入侵检测 Snort 规则保存在 local.rules 文件中,并将该规则文件存放在 $RULE_PATH 路径下。为了只测试执行自己编写的入侵检测规则 local.rules,需要在 Snort 的规则配置文件 snort.conf 中,添加 include $RULE_PATH\local.rules;同时,将除了 local.rules 之外的检测规则全部注释掉,如图 8-12 所示。

```
###################################################
# Step #7: Customize your rule set
# For more information, see Snort Manual, Writing Snort Rules
#
# NOTE: All categories are enabled in this conf file
###################################################

# site specific rules
include $RULE_PATH\local.rules

#include $RULE_PATH\app-detect.rules
#include $RULE_PATH\attack-responses.rules
#include $RULE_PATH\backdoor.rules
#include $RULE_PATH\bad-traffic.rules
#include $RULE_PATH\blacklist.rules
```

图 8-12 修改 snort.conf 入侵检测规则配置文件

3. 规则说明

Snort 入侵检测规则包括规则头和规则选项两大部分。规则头包含规则的动作、协议、源和目标 IP 地址与网络掩码,以及源和目标端口信息;规则的头包含了定义一个包的 who、where 和 what 信息,以及当满足规则定义的所有属性的包出现时要采取的行动。规则选项包含报警消息内容和要检查的包的具体部分。规则选项组成了 Snort 入侵检测引擎的核心,既易用又强大还灵活。所有的 Snort 规则选项用分号“;”隔开。规则选项关键字和它们的参数用冒号“:”分开。按照这种写法,Snort 中有 42 个规则选项关键字。

(1) 规则头说明:规则头的第一项是“规则动作”(rule action),规则动作告诉 Snort 在发现匹配规则的包时要干什么。在 Snort 中有如下 5 种动作。

- alert：使用选择的报警方法生成一个警报，然后记录(log)这个包。
- log：记录这个包。
- pass：丢弃(忽略)这个包。
- activate：报警并且激活另一条 dynamic 规则。
- dynamic：保持空闲直到被一条 activate 规则激活，被激活后就作为一条 log 规则执行。

(2) 协议：规则的下一部分是协议。Snort 当前分析可疑包的 IP 协议有 4 种：TCP、UDP、ICMP 和 IP。将来可能会更多，例如 ARP、IGRP、GRE、OSPF、RIP、IPX 等。

(3) IP 地址：规则头的下一个部分处理一个给定规则的 IP 地址和端口号信息。关键字 any 可以被用来定义任何地址。Snort 没有提供根据 IP 地址查询域名的机制。地址就是由直接的数字型 IP 地址和一个 CIDR 块组成的。CIDR 块指示作用在规则地址和需要检查的进入的任何包的网络掩码。/24 表示 C 类网络，/16 表示 B 类网络，/32 表示一个特定的机器的地址。例如，192.168.1.0/24 代表从 192.168.1.1 到 192.168.1.255 的地址块。在这个地址范围的任何地址都匹配使用这个 192.168.1.0/24 标志的规则。这种记法提供了一种很好的方法来表示一个很大的地址空间。

否定运算符(negation operator)可以应用在 IP 地址上。这个操作符告诉 Snort 匹配除了列出的 IP 地址以外的所有 IP 地址。否定操作符用"!"表示。下面这条规则对任何来自本地网络以外的流都进行报警。

```
alert tcp !192.168.1.0/24 any ->192.168.1.0/24 111 (content: "|00 01 86 a5|";
msg: "external mountd access";)
```

也可以指定 IP 地址列表，一个 IP 地址列表由逗号分隔的 IP 地址和 CIDR 块组成，并且要放在方括号内[,]。下面是一个包含 IP 地址列表的规则的例子。

```
alert tcp ![192.168.1.0/24,10.1.1.0/24] any ->[192.168.1.0/24,10.1.1.0/24] 111
(content: "|00 01 86 a5|"; msg: "external mountd access";)
```

(4) 端口号：端口号可以用几种方法表示，包括 any 端口、静态端口定义、范围以及通过否定操作符。any 端口是一个通配符，表示任何端口。静态端口定义表示一个单个端口号，例如，111 表示 Portmapper，23 表示 Telnet，80 表示 HTTP 等。端口范围用范围操作符"："表示。范围操作符可以有数种使用方法，如下所示：

```
log udp any any ->192.168.1.0/24 1:1024
```

记录来自任何端口的，目标端口范围为 1 到 1024 的 UDP 流。

```
log tcp any any ->192.168.1.0/24 :6000
```

记录来自任何端口，目标端口小于等于 6000 的 TCP 流。

```
log tcp any :1024 ->192.168.1.0/24 500:
```

记录来自任何小于等于 1024 的特权端口，目标端口大于等于 500 的 TCP 流。

方向操作符：方向操作符"->"表示规则所施加的流的方向。方向操作符左边的 IP

地址和端口号被认为是流来自的源主机,方向操作符右边的IP地址和端口信息是目标主机,还有一个双向操作符"<>"。它告诉Snort把地址/端口号对既作为源,又作为目标来考虑。这对于记录/分析双向对话很方便,例如Telnet或者Pop3会话。用来记录一个Telnet会话的两侧的流的范例如下:

```
log !192.168.1.0/24 any <>192.168.1.0/24 23
```

activate和dynamic规则:activate/dynamic规则对扩展了Snort功能。使用activate/dynamic规则对,能够使用一条规则激活另一条规则,当一条特定的规则启动,如果想要Snort接着对符合条件的数据包进行记录时,使用activate/dynamic规则对非常方便。除了一个必需的选项activates外,激活规则非常类似于报警规则(alert)。动态规则(dynamic)和日志规则(log)也很相似,不过它需要一个选项:activated_by。动态规则还需要另一个选项:count。当一个激活规则启动,它就打开由activate/activated_by选项之后的数字指示的动态规则,记录count个数据包。

下面是一条activate/dynamic规则对的规则:

```
activate tcp any any ->any 23 (activates:111;msg:"Telnet Login";)
dynamic tcp any any ->any 23 (activated:111;count:20;)
```

当发现Telnet默认使用的23端口有通信,activate规则会被触发并启动dynamic规则,然后dynamic规则将遵循配置,记录后面的20个数据包。在上面的例子里activate规则的"activates"值为111,dynamic规则的"activated_by"值为111,这样就把两个规则关联起来,而不是因为这两个规则有相同的规则头。

(5) 规则选项说明:规则选项组成了Snort入侵检测引擎的核心,既易用又强大还灵活。所有的Snort规则选项用分号";"隔开。规则选项关键字和它们的参数用冒号":"分开。按照这种写法,snort中有42个规则选项关键字,分别是:

- msg:在报警和包日志中打印一个消息。
- logto:把包记录到用户指定的文件中而不是记录到标准输出。
- ttl:检查IP头的ttl的值。
- tos:检查IP头中TOS字段的值。
- id:检查IP头的分片id值。
- ipoption:查看IP选项字段的特定编码。
- fragbits:检查IP头的分段位。
- dsize:检查包的净荷尺寸的值。
- flags:检查TCP flags的值。
- seq:检查TCP顺序号的值。
- ack:检查TCP应答(acknowledgement)的值。
- window:测试TCP窗口域的特殊值。
- itype:检查ICMP type的值。
- icode:检查ICMP code的值。
- icmp_id:检查ICMP ECHO ID的值。

- icmp_seq;检查 ICMP ECHO 顺序号的值。
- content：在包的净荷中搜索指定的样式。
- content-list：在数据包载荷中搜索一个模式集合。
- offset：content 选项的修饰符，设定开始搜索的位置。
- depth：content 选项的修饰符，设定搜索的最大深度。
- nocase：指定对 content 字符串大小写不敏感。
- session：记录指定会话的应用层信息的内容。
- rp：监视特定应用/进程调用的 RPC 服务。
- resp：主动反应(切断连接等)。
- react：响应动作(阻塞 Web 站点)。
- reference：外部攻击参考 ids。
- sid：Snort 规则 ID。
- rev：规则版本号。
- classtype：规则类别标识。
- priority：规则优先级标识号。
- uricontent：在数据包的 URI 部分搜索一个内容。
- tag：规则的高级记录行为。
- ip_proto：IP 头的协议字段值。
- sameip：判定源 IP 和目的 IP 是否相等。
- stateless：忽略无状态的有效性。
- regex：通配符模式匹配。
- distance：强迫关系模式匹配所跳过的距离。
- within：强迫关系模式匹配所在的范围。
- byte_test：数字模式匹配。
- byte_jump：数字模式测试和偏移量调整。

其中，关键词 content 是 Snort 一个非常重要的特征。用户可以在规则中使用这个关键词，Snort 就会搜索数据包中 content 指定的内容，并且触发对于这些数据的响应。每当对一个 content 规则选项进行模式匹配时，Snort 都会调用 Boyer-Moore 模式匹配函数，测试数据包的内容。无论在数据包的那个位置发现要搜索的数据，就算测试成功。接下来，Snort 就会对这条规则中其余的选项进行测试。注意：测试是大小写敏感的。

content 选项包含的数据可以混合有文本和二进制数据。二进制数据一般被包在管道符(|)中，由字节码(bytecode)表示。字节码使用十六进制数字表示二进制数据。下面是一条混有文本和二进制数据的 Snort 规则：

```
alert tcp any any ->192.168.1.0/24 143 (content:"|90c8 c0ff ffff|/bin/sh";
msg:"IMAP buffer overflow");
```

该条规则的选项中，content 规则选项关键字中混有文本和二进制两类数据。

4. 添加报警规则

(1) 在 Snort 规则集目录 snort/rules 下新建 Snort 规则集文件 new.rules，对来自外

部主机的、目标为当前主机80/tcp端口的请求数据包进行报警，报警消息自定义。

Snort规则：alter tcp any any -> 172.16.0.168 80 (msg："Telnet Login")

(2) 编辑snort.conf配置文件，使其包含new.rules规则集文件，具体操作如下：使用vim(或vi)编辑器打开snort.conf，切换至编辑模式，在最后添加新行包含规则集文件new.rules。

添加包含new.rules规则集文件语句：

```
include &RULE PATH/new.rules
```

(3) 以入侵检测方式启动Snort，进行监听。

启动Snort的命令：

```
snort -c snort.conf
```

5. 加速含有内容选项的规则

探测引擎运用规则的顺序和它们在规则中的书写顺序无关。内容规则选项总是最后一个被检验。利用这个事实，应该先运用别的快速规则选项，由这些选项决定是否需要检查数据包的内容。例如，在TCP会话建立起来后，从客户端发来的数据包，PSH和ACK这两个TCP标志总是被置位的。如果想检验从客户端到服务器的有效载荷，利用这个事实，就可以先进行一次TCP标志检验，这比模式匹配算法(pattern match algorithm)在计算上节约许多。使用内容选项规则的一个简便方法就是进行一次标志检验。基本思想是，如果PSH和ACK标志没有置位，就不需要对数据包的有效载荷进行检验。如果这些标志置位，再对数据包的有效载荷进行检测，从而提高入侵检测规则的执行效率。

6. 采用Snort检测SQL注入攻击

SQL注入攻击是互联网上典型的Web攻击方法，很多服务器配置了先进的硬件防火墙、多层次的安全体系，最后对80端口的SQL注入和跨站脚本攻击还是难以抵御。下面以使用Snort入侵检测系统为例，编写基于规则的正则表达式来对这类攻击进行监测。例如，在Snort和脚本中都存在的关键字<script>，可以用%3C%73%63%72%69%70%74%3E来代替。如果想对每一种可能的SQL注入进行检测，那么要检查任何SQL元字符的出现，如像单引号(')、分号(;)和双减号(——)。同样，一个检测跨站脚本攻击的方法，就是查看HTML标记的尖括号(<、>)。但是，前述的方法可能会引起大量的误检。为了避免误检，就必须将过滤规则设置得尽可能准确。下面使用Snort对Perl中的字符串进行检测为例做详细介绍。

(1) **针对SQL注入的正则表达式**：在为SQL注入选择正则表达式的时候，需要记住的是：攻击者除了可从Cookie的域中进行攻击之外，还可以通过表单(Form)的Input输入框。所以，在对输入进行逻辑验证的时候，还应该对来自用户的每种输入信息都要考虑检测，像表单域和Cookie信息都应作为检测对象。如果发现许多针对单引号和分号的报警的时候，也可能是由Web应用的Cookie中的信息引起的。因此，必须对特定的Web应用来评估这样的特殊符号。一个用来检测SQL注入攻击的最弱的正则表达式，就是通过检查上面提到的元字符。要检测这样的元字符，或者它们的十六进制的等价表示，可以使用如下的正则表达式：

```
/(%27)|(')|(--)|(%23)|(#)/ix
```

其中，%27是单引号的十六进制值，%23是井号的十六进制值。比如，单引号和短横杠都是MS SQL Server和Oracle中的特殊字符，如果使用的是MySQL，还必须检测井号的出现。这里需要说明的就是"——"，不需要检查它的十六进制值，因为它不是HTML元字符，不会被浏览器编码。同样，如果攻击者试图手动修改"——"为它的十六进制值%2D的话，SQL注入操作会失败。接下来对这个正则表达式简要解释一下：//是Perl中用来引起要进行模式匹配的代码，其完整形式为m//，通常，在使用双斜杠引起模式匹配代码的时候，可以将m省略不写。符号"|"是或的作用，如同在其他语言中or的通常意义。第二个/后面的i表示对要匹配的字母不区分大小写。第二个/后面的x表示忽略模式中的空白。

可以将上面的这个表达式添加到Snort的规则中：

```
alert tcp $ EXTERNAL _NET any - > $ HTTP _ SERVERS $ HTTP _ PORTS (msg:" SQL
Injection-Paranoid"; flow:to_server,established; uricontent:".pl"; pcre:"/
(%27)|(')|(--)|(%23)|(#)/i"; classtype:Web-application-attack; sid:9099;
rev:5;)
```

在这个例子里面，uriconten关键字部分，使用了". pl"，因为在测试环境中，CGI脚本是使用Perl写成的。这部分内容取决于特定应用，可能是". php"". asp"". jsp"等。Perl关键字的内容，就是将要对. pl文件进行检查的模式。

(2) **针对跨站脚本攻击的正则表达式**：在发动一次跨站脚本攻击之前，为了测试网站的漏洞，攻击者通常要做一个简单的HTML测试，这可能要涉及HTML中的标签，像<b>、<i>、<u>等。同样，也可以使用一个简单的脚本如<script>alert("OK")< / script>。这可能是因为大多数的关于CSS的讨论文档，都是使用了这样一个简单的脚本例子来判断一个站点是否可以进行CSS攻击。这类尝试，可以通过Snort进行检测。高级一些的入侵者可能会使用变换的方式进行测试，如将其对应的十六进制值进行等价替换，如< script>可以使用%3C%73%63%72%69%70%74%3E进行替换。

下面的这个正则表达式就可以针对这类攻击进行检测。它将捕获使用<b>、<u>或者<script>的尝试。这个正则表达式也是不区分大小写的。必须对尖括号的符号和它的十六进制值都进行匹配，左尖括号(<)的十六进制值为%3C，右尖括号(>)的十六进制值为%3E。简单CSS攻击的正则表达式：

```
/((%3C)|<)((%2F)|/)*[a-z0-9%]+((%3E)|>)/ix
```

其中，((%3C)|<)是对左尖括号进行检测。((%2F)|/)*对表示标志结束的斜杠或者十六进制值进行匹配。[a-z0-9%]+对一个以上的小写字母或者阿拉伯数字进行匹配。((%3E)|>)对右尖括号或者它的十六进制值进行匹配。再将这个写成Snort规则就成了：

```
alert tcp $ EXTERNAL_NET any ->$ HTTP_SERVERS $ HTTP_PORTS (msg:"NII Cross-
site scripting attempt"; flow: to_server, established; pcre:"/((%3C)|<) ((%
```

```
2F)|/)*[a-z0-9%]+((%3E)|>)/i";classtype:Web-application-attack; sid:9000;
rev:5;)
```

跨站脚本也可以通过使用<img src=>技术来实现，对于这一类攻击，可以这样配置，来使得 CSS 攻击不容易实现。针对<img src>的 CSS 攻击的正则表达式：

```
/((%3C)|<)((%69)|i|(%49))((%6D)|m|(%4D))((%67)|g|(%47))[^n]+((%3E)|>)/i
```

左右尖括号不再解释。(%69)|i|(%49))((%6D)|m|(%4D))((%67)|g|(%47)是针对 img 的匹配。[^n]+在前面也已经说过了。

7. 入侵检测规则测试

可以利用 FragRoute、FragRouter、TCPReplay、Nidsbench、IDStest、Dsniff 等入侵检测系统测试工具对所编写的入侵检测规则进行安全性测试。其中 Fragroute 能够截取、修改和重写向外发送的报文，实现了大部分的 IDS 攻击功能。Fragroute 起重要作用的，是一个简单的规则设置语言，以它去实现延迟、复制、丢弃、碎片、重叠、打印、重排、分割、源路由或其他一些向目标主机发送数据包的攻击。这个工具可以测试入侵检测系统、防火墙、基本的 TCP/IP 栈的行为。

8.8.5 部分命令

部分 Snort 命令行(及参数)说明(注意大小写)：

- -?：显示 Snort 的简要使用说明。
- -A<var>：设置警告模式，var 的取值可以是 full、fast 或 none。full 模式进行典型 Snort 类型的警告；fast 模式只把时间、消息、IP 地址和端口记录到警告文件中；none 模式为关闭警报。
- -a：显示 arp 报文。
- -b：以 tcpdump 格式将报文记录到日志文件中，报文以二进制的形式记录。
- -r<tf>读取 tcpdump 生成的文件<tf>，snort 将读取和处理这个文件。
- -c：使用配置文件。
- -C：只用 ASCII 显示报文负载，不显示十六进制输出。
- -d：显示应用层数据。
- -e：显示和记录数据链路层信息。
- -l <var>：将包信息记录到目录<var>下。
- -L <var>：设置二进制输出的文件名为<var>。
- -n <num>：处理完<num>包后退出。
- -N：关闭日志功能，警告功能依旧可用。
- -p：关闭混杂监听模式。
- -q：在安静模式运行，不显示标题和状态统计。
- -F <bpf>：从文件<bpf>中读取 BPF 过滤信息。
- -h <hn>：设置<hn>(C 类 IP 地址)为内部网。当使用这个开关时，所有从外部的流量将会有一个方向箭头指向右边，所有从内部的流量将会有一个左箭头。

这个选项没有太大的作用，但是可以使显示的包的信息格式比较容易察看。

- -i <if>：使用网络接口<if>。

小　　结

本章介绍了入侵检测系统的相关概念、发展历程、分类方法与关键技术，入侵检测是对入侵行为的发觉。它通过从计算机网络或计算机系统的关键点收集信息并进行分析，从中发现网络或系统中是否有违反安全策略的行为和被攻击的迹象。本章还介绍了蜜罐与蜜网技术以及入侵检测的标准化进展，并以 Snort 为实例分析了检测规则及选项的使用，以及入侵检测规则的测试工具。

习　　题

1. 入侵检测有哪些分类的方法？
2. 入侵检测的关键技术有哪些？
3. 入侵检测与入侵防护的区别与联系是什么？
4. 简述 Snort 的检测规则及编写方法。

第9章 面向内容的网络信息安全

本章要点：

☑网络内容安全的概念与意义
☑网络内容安全监控的功能
☑网络内容监测的关键技术
☑面向内容的网络安全监控模型
☑网络内容安全中的数据挖掘与知识发现
☑论坛类网站内容安全监控模型
☑基于大数据的网络舆情分析技术

9.1 网络内容安全的概念与意义

网络内容安全，主要是针对用户层、内容层及应用层的安全管理，其范围应该包括传统的防病毒、反恶意软件、上网行为管理及消息安全等。网络内容安全开始成为继防火墙、网络防毒、入侵监测系统之后，安全领域的又一个重要组成部分。

9.1.1 网络信息内容安全的发展背景

互联网的开放性、交互性、匿名性特点，使得网络信息复杂多样。网络内容从各种大众资讯到博客、股票、游戏等热门话题，再到反动言论、暴力、色情等不良信息，已经涉及国家利益和社会稳定。境内外敌对势力和其他犯罪分子也在利用互联网进行危害国家安全的违法活动。许多社会学家和教育学者都呼吁控制网络不健康信息的泛滥，对互联网内容进行全面监管。国家管理部门也在研究专用工具对互联网进行必要的监测。网络内容安全是指保障网络上的信息内容不被滥用，包括内容的分级、过滤、智能归类等。网络内容安全通常包括反垃圾邮件、防病毒、内容过滤/网页过滤、内容监控预警、信息隐私保护等功能。

网络内容安全的最初发起是从家庭和国家两极开始，现在正在慢慢渗透到介于这两级之间的校园、企业、网吧、宾馆、小区等中小型网络中。甚至有人认为网络内容安全已经成为第二代网络安全产品，其代表的是使用性安全，与其相对的是防火墙等可用性安全产品。网络内容安全的目的就是建立高效、绿色、安全的互联网世界。高效是指网络使用本身的高效率，让互联网成为生产力发展、提高企业效益的推动力，而不是阻碍力量。绿色是指网络应该充满了健康的内容，而不是色情、反动信息泛滥。内容安全指无论是进入企业、校园的信息还是从中发出的信息，不应该是企业机密、反动宣传等令网络拥有者蒙受损失的“不安全”内容。

9.1.2 网络信息内容安全监控的意义

由于境外敌对势力的渗透活动不断，出于国家安全需要的网络内容安全监控需求一直很迫切。同时，家庭、公司内部局域网的上网行为也存在内容监控的需求，以便滤除色情暴力和与工作无关的不良内容。根据国际数据公司（International Data Corporation，IDC）《中国用户 IT 安全现状与发展趋势》报告显示，网络内容安全问题已经成为企业首要的威胁。其中由于网站访问、邮件收发、P2P 下载、即时通信、论坛、在线视频等正常网络行为导致的企业网络安全风险、员工工作效率低下、敏感信息外泄等网络安全事件呈急剧上升的形势；而且随着互联网应用的深入，越来越多的网络安全事件发生在应用层和内容层。配备传统的网络防护设备，是企业安全上网的前提。传统的网络防护设备（如防火墙、入侵检测系统等）是解决网络安全问题的基础设备，其所具备的访问控制、网络攻击事件检测等功能，能够抵抗大多数来自外部网的攻击，但是不能监控网络内容和已经授权的内部正常网络访问行为。然而，相对于网络层安全，由正常网络应用行为导致的安全事件，更加隐蔽，损失也更加巨大，因此，还需要细粒度的应用层和内容层控制策略。

网络内容安全监控顺应了互联网应用普及时代对网络安全的新要求。通过内容安全监控，企业可以加强员工上网行为管理，保障网络资源合理使用，避免人为的网络安全隐患，提升互联网使用率，拥有更加安全的网络环境，从而利用网络创造更多价值。

9.2 网络信息内容安全监控的功能

从技术角度看，网络信息内容的安全监控与入侵检测、防火墙等都属于数据包分析、安全过滤类技术，因此网络的监控与审计是继防火墙、入侵检测之后的又一种网络安全防护手段。但网络信息内容的安全监控与审计主要针对的是网络的应用层内容分析，因此在功能上具有自己明显的特点。

网络信息内容的安全监控在功能上主要表现在以下方面。

1. 典型应用审计

能够对于 Internet 上最常见的典型应用进行细化，提供符合条件设置的典型应用的详细信息。例如，对于满足审计条件的 HTTP 应用，能够记录 HTTP 连接的信息，包括用户所访问的网站、登录的页面以及输入的口令，并且能够在终端设备设备上将用户访问的信息还原出来。对于 FTP 审计，能够记录 FTP 连接的所有信息，包括输入的命令和传输的文件，并且能够将用户操作的命令还原出来。对于 SMTP 审计，能够记录邮件的所有信息，包括收件地址、收件人、发件地址、发件人以及邮件内容，并且能够将用户操作的过程和内容完全还原出来。

2. 用户自定义数据传输审计

能够对用户特定的应用进行审计。例如，对于某些内部网上运行的某些基于客户端和服务器结构的应用系统，可以在审计系统中配置这些应用中所采用的端口号或者 IP 地址，以实现对此应用的审计。例如，IP-端口组合规则审计，能够让用户自己定义 IP 和端口的组合，满足用户设定条件的数据传输将受到审计系统的审计。又如，支持基于位移-搜索字符串方式的规则制定，可以捕获某些应用中包含某个字符串的传输数据，并进行审计。

3. 面向连接的数据截获

能够根据用户所设定的规则进行面向连接的数据截获，而不仅仅是面向数据包的记录功能。面向连接的数据截获主要针对的是 UDP 和 TCP 上的应用，在进行数据截获时，系统将一条连接中的双向传输数据进行数据包的拼接，并排除了协商、应答、重传、包头等信息，获取的是一整条应用连接传输的信息，而不是零碎的数据包。

4. 面向连接的浏览

系统能够对用户自定义的传输数据审计记录进行浏览，并得到完整连接的内容信息，用户可以不必在原始包的基础上进行拼接和分析。在这些用户自定义的审计记录基础上，用户可以详细分析应用中的数据内容，并可以在此基础上开发深入的分析软件。

5. 文件共享审计

文件共享审计是指对在 Windows 98、Windows NT 中使用的基于 NetBIOS Over TCP/IP 的文件共享应用进行审计。用户可以指定受到审计的机器（通常是重要任务使用的客户机）以及文件名或目录名列表（通常是重要文件）。凡是对指定的机器或文件采用“网上邻居”方式进行文件共享的活动将会被记录和报警。

6. 实时阻断和报警响应

允许用户在设定规则的时候指定所采用的响应措施。报警和阻断是最基本的响应措施。系统可采用旁路阻断的方式，对基于 TCP 连接上的应用出现违规操作和入侵的情况进行连接阻断，使违规操作不能继续下去。旁路式的阻断不同于传统防火墙的过滤措施，对现有网络数据传输不产生影响，不影响正常的应用。

7. 流量监测

系统具有强大的流量监测功能，包括实时流量监测和历史流量记录。

8. 入侵检测

系统能够检测网络上发生的各种入侵行为进行，记录入侵的源 IP、攻击的类型、攻击的目的、攻击的时间信息，并提供有关入侵的帮助信息。

9.3 网络信息内容安全监测的关键技术

9.3.1 数据获取技术

1. 网络环境下的数据获取方法

网络数据采集是指从网络收集数据的过程。它是进行后续信息处理、信息服务的基础。如何快速、准确地获取所需要的信息，是面向内容的网络安全监控系统研究的主要内容之一。数据捕获就是将流经某个网络的数据包进行第三方截获，以便进行进一步分析和还原处理的一种技术。在网络环境中,信息获取分为主动获取和被动获取。主动获取主要是指基于 Web 万维网(World Wide Web)的信息爬取采集 WC(Web Crawling),即根据 Web 协议,直接从 Web 上采集或下载信息。目前,如 Google,Baidu 等自动搜索系统均属于主动获取系统。被动获取通常是将设备介入网络的特定部位进行获取。目前,入侵检测系统(IDS)等基于旁听方式的网络安全系统属于被动获取系统。被动获取需要监控所有流出流入网络的数据流。因此,被动获取时的计算机网卡工作通常在混杂模式(Promiscuous Mode)下。在这种模式下,网卡接收所有的数据包,而不管该数据包的目的物理 MAC 地址是什么。

2. 用户级数据包捕获机制

目前,大多数采集系统,均采取如 Libpcap 或 WinPcap(Libpcap 的 Windows 版本)之类的用户级包捕获库。这些包捕获库工作在网络分析系统模块的最底层,作用是从网卡取得数据包或者根据过滤规则取出数据包,再转交给上层分析模块。从协议上说,这些包捕获库将一个数据包从链路层接收,至少将其还原至传输层以上。包捕获库通常工作在旁听方式。不同的操作系统实现的数据捕获机制可能是不一样的,但从形式上看大同小异。数据包常规的传输路径依次为网卡、设备驱动层、数据链路层、IP 层、传输层、最后到达应用程序。而包捕获机制是在数据链路层增加一个旁路处理,对发送和接收到的数据包做过滤、缓冲等相关处理,最后直接传递到应用程序。对用户程序而言,包捕获机制提供了一个统一的接口,使用户程序只需要简单地调用若干函数就能获得所期望的数据包。这样一来,针对特定操作系统的捕获机制对用户透明,使用户程序有比较好的可移植性。而包过滤机制可以对所捕获到的数据包根据用户的要求进行筛选,最终只把满足过滤条件的数据包传递给用户程序。进行数据捕获的网卡一般都利用了网卡的混杂模式。在 IEEE802.3 以太网中,每个数据包都会经过以太网中的每一个网卡,但是由于网卡的工作模式,它只能接收广播数据包和目的地址是自己的数据包,而把其他的数据包丢弃。而在混杂模式下,网卡会保留所有的数据包,然后交给驱动进行处理。驱动会进一步将这些数据包交给内核,之后转交给数据捕获程序。

Libpcap 是 UNIX/Linux 平台下的网络数据包捕获的函数库,目前很多优秀的网络数据包捕获软件都是以 Libpcap 为基础,如著名的 Tcpdump、Ethereal、Wireshark 等。它是一个独立于系统的用户层数据包捕获 API 接口,为底层网络监听提供了一个可移植的框架,并且支持伯克利封包过滤器(Berkeley Packet Filter,BPF)过滤机制。它的工作原理如图 9-1 所示。

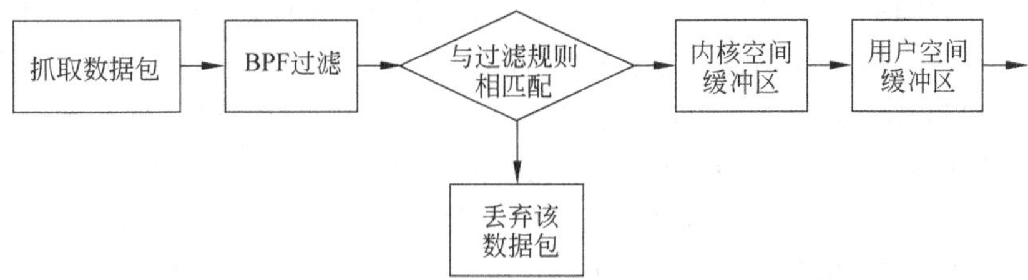

图 9-1　Libpcap 的工作原理

总体上看，Libpcap主要包含三个部分：最底层是针对硬件设备接口的数据包捕获机制，中间是内核级的包过滤机制，第三层是针对用户程序的接口。当一个数据包到达网络接口时，Libpcap首先从链路层驱动程序获得该数据包的副本，再通过Tap函数将数据包发送给BPF过滤器。BPF过滤器收到数据包后，根据用户已经定义好的过滤规则对数据包进行逐一的匹配，符合过滤规则的数据包就是所需要的，将它放入内核缓冲器，并传递给用户层缓冲器，等待应用程序对其进行处理。不符合过滤规则的数据包就被丢弃。如果没有定义过滤规则，所有的数据包都将被放入内核缓冲器。对于采用Libpcap函数库的数据捕获程序，一般情况下，它们会将捕获的数据包保存成一种特定的文件格式，即Libpcap文件格式。

WinPcap捕获机制的实现可分为三部分，一个过滤机，两个缓冲区（内核态缓冲和用户态缓冲），一组用户级的库函数。在WinPcap的三个组成部分中，缓冲区的大小直接影响数据的捕获能力。WinPcap的作者为了优化其性能，采用了不同于Unix环境下的缓冲方式（线性缓冲区），它采用循环缓冲方式作为内核缓冲，这就可以一次复制多个数据包。WinPcap的内核缓冲区比较大，其默认值是1MB。与内核缓冲区相比，用户的缓冲区比较小，它的默认值是256KB。

9.3.2 协议分析技术

1. 协议分析的基本原理

协议分析，就是利用互联网上的协议的高度规范性，将捕获到的网络数据包进行逐层协议解析和分析，并将分析结果保存及显示的技术。最初它只用在入侵检测系统中，用于检测某种协议是否发生了异常，如果发生了，则IDS可以进行进一步的报警处理。但是在网络信息内容监测中，可以利用这种技术对网络中的传递的会话的大概信息得到一个整体的了解，并且能够为下面的应用数据还原打下基础。为了利于不同系统不同硬件的主机在互联网上互联，在互联网上传送的数据包必须符合同一种标准。而目前在互联网上广泛应用的一种标准是TCP/IP协议标准。TCP/IP是一组协议的统称，该组协议整体上分为5层，从上到下依次是应用层、传输层、网络层、数据链路层和物理层。数据链路层和物理层也可以统称为网络接口层。每个应用协议在给对端发送应用数据的时候，都要从上到下依次经过每层的协议处理。

首先是应用协议数据到传输层，例如TCP层，TCP层负责通信双方端到端的可靠性，它会在应用数据前面加上TCP头部，头部中含有的源端口、目的端口信息对于操作系统和应用程序之间的交互很有帮助，另外，如果应用层传递下来的数据太大，在网络中一次传送不了，则进行分段，并加入发送序列号和应答序列号以便对端的TCP层进行重组。一个分段传递到网络层，网络层负责处理数据在网络中传递的细节，例如数据包的选路等，它接收到TCP分段之后，要在分段前加上IP首部，首部中的源和目的IP地址等信息用于数据的路由。如果IP的上层不是TCP，而是不负责分段的UDP协议，则IP层还要根据网络中可以传递的最大报文大小进行分片。上层数据加上IP首部之后称为一个IP数据报，而IP数据报进行了分片之后称为一个分组。每一个分组再交到下层数据链路层，数据链路层与下层物理层一起负责具体的数据报在网络中的传输。数据链路层分为两个子层，逻辑链路子层(Logic Link Control，LLC)和媒体访问控制子层(Media Access Control，MAC)。加入了数据链路层首部和末尾可能的循环冗余校验(Cyclic Redundancy Check，CRC)校验码之后的IP分组数据称为一个帧。每个帧会由操作系统从内核转交给网卡驱动程序，网卡驱动程序控制网卡将该帧发送给通信对端。通信对端收到每一帧后同样要经过类似的逐层处理，不过顺序相反，从数据链路层到传输层，而且如果检测到发生了分片或者分段，还要进行分片或分段的重组，等待所有的分片或分段重组完毕后才交给应用层协议进行处理。观察整个通信过程，每一层协议都具有标准固定的协议格式，这给分析网络上捕获的数据提供了可能。

2. 协议分析的方法

在分析时，可以采用模拟TCP/IP协议栈的方式，逐层分析每个数据包直至应用层。因为捕获的是别人通信的数据，因此协议分析设备始终是处于数据包接受者的位置，所以协议分析时从底层开始向上分析。在分析完成之后，依据协议分析的用途，可以进行协议异常比较或者显示出来以供用户查看。在网络信息内容监测系统中，协议分析是为应用数据还原服务的。在协议分析过程中，每一个数据包的概要信息会被分析出来，这样就能够大概了解网络中的每一个包，并根据这些包进行进一步的数据还原。

3. 常用的数据包分析技术

目前，常用的数据包分析技术包括无状态数据包分析技术和有状态数据包分析技术。无状态数据包分析技术是最早采用的网络数据包分析技术。例如，传统的防火墙就采用无状态技术来过滤数据包。无状态技术不需要保持每个数据包的状态，它只需要系统为分析软件提供规则集。当采集设备接收到数据包时，就根据规则集的规则对该数据包进行检查，如果匹配，表示中标，否则，不中标。无状态数据包分析的优点是不需要消费过多的内存，因为这种技术不需要保存每个包的状态。但缺点主要包括需要消耗大量的CPU计算时间，不能获得数据包的状态信息，规则一旦应用到采集系统后，不能根据数据包的状态改变。

随着Internet的发展，一种比无状态数据包分析技术更先进的技术被引进并在防火墙、入侵检测等领域得到广泛使用，这种技术就是有状态数据包分析技术。在进行数据分析时，独立的包本身不能提供足够的信息，但当把相关的数据包组合在一起时，就可以获得更多的信息。有状态数据包分析技术在进行协议分析时，分析每个数据包所属的协议状态，提取与连接有关的状态信息。每个连接状态可以通过数据包的协议类型号、源IP、源端口、目的IP、目的端口来标识。通过提取连接状态信息，实现与其他数据包的关联，从而提高数据分析的效率和提高系统的性能。与无状态数据包分析技术相比，基于有状态的数据包分析技术具有许多优点：可以大大提高采集效率和速度；可以根据数据包的状态动态修改规则。

9.3.3　应用数据还原技术

1. 应用数据还原的基本概念

数据采集的目的是为了分析还原其内容。对于基于内容的网络安全监控系统来说，仅分析零碎的数据包是没有任何价值的，而必须将一个会话中双向传输的所有数据包进行拼接,并排除协商、应答、重传、包头等网络附加信息,最终实现还原与重放,只有这样才能实现网络内容的监控与审查。应用数据还原技术,也可以称为协议还原技术,则是对协议分析技术的一种升级,它在对底层协议进行解析的基础上,主要对应用层的协议进行分析,并且不只是针对某一个数据包,而主要针对由某些数据包组成的应用层会话,将整个会话过程以一种比较清晰的方式显示出来。这种技术最初也是应用在入侵检测系统中,但是随着对网络信息内容的关注越来越多,可以将协议分析与应用数据还原这两种技术应用在网络信息内容监测中,利用这两种技术进行网络数据的分析与还原,将网络数据中的应用层会话内容以一种人性化的方式显示出来,从而达到对网络信息内容的直观监测。这种技术的主要思想就是在对捕获的每个网络数据包成功地进行了传输层到链路层的协议分析的基础上,对这些数据包根据它们所属的会话进行重组,然后分析每个应用层会话,将会话的交互过程以及其中传递的数据内容部分以一种比较友好直观的方式显示或保存。

2. 会话重聚与还原

协议分析的目的是将整个会话过程及其数据内容显示或者保存,因此它的工作过程主要有两个步骤:会话重聚和会话还原。会话重聚即把会话中包含的数据包提取出来,将其中的分片或者分段进行重组,并且调整会话中的数据包的顺序为正确的顺序(即处理重传、丢包、乱序等情况)的过程。会话重聚依靠协议分析,要建立在我们已经对每一个数据包进行应用层以下的协议充分解析的基础上。在会话重聚中首先需要判断每个数据包的地址与端口,判断它所属的连接,判断它所属的这个连接是否为该会话中的连接。之后还要判断这些数据包有没有发生分段或分片,如果发生了,在应用层处理之前就需要把分段和分片按照它们应有的顺序进行整理,在整理好顺序的过程中还要判断是否发生了丢包。会话还原即将某一个会话的具体内容进行还原和显示。首先要对应用层协议进行模拟,要建立和维护应用层协议的通信状态。如果通信两端的主机使用某个应用,它的应用程序会自己维护本主机的状态,以便使本机的该应用正常进行。

通信状态在某些应用里是非常重要的,有些协议还会由专门的状态机去负责维护控制应用状态的转换。而网络信息内容监测系统处在客户和服务器之间的第三方的位置,它本身没有参与通信,那么如果想要较好地还原出客户和服务器的通信内容,就必须在还原时自己建立和维护客户和服务器双方的状态。在分析应用层协议、建立相应状态之后,还原程序要对通信双方的具体通信内容数据进行提取,然后根据应用协议和通信状态,将这些具体应用的通信内容以一种合理的,易于查看的方式显示,或者保存到文件中以便以后查看。

9.3.4 内容分析与过滤技术

1. 内容分析与过滤技术的基本概念

网络信息内容监测的目的不仅是想要将网络中的信息内容展现给网络管理者,更重要的是要发现其中的非法信息。虽然应用数据还原技术可以给网络管理者提供一个比较直观的网络信息内容展示,但是应用数据还原的结果可能会有大量的结果文件生成,在如此大量的结果文件中查找想要的信息是非常困难的。另外,在网络流量很大时,例如在无线网络中，由于无线网络本身的特性，会存在大量容量较小的包，并且数据重传的可能性比有线网络大很多，因此数据捕获程序的压力必然很大。在这种情况下，很有可能使捕获的数据不完整，此时，应用数据还原技术可能不能完整地展示会话的过程，甚至严重时会生成可读性比较差的结果文件。针对以上这些情况，在网络信息内容监测系统中不仅需要协议分析和还原，还需要内容分析与过滤技术。根据信息内容的类别，内容分析与过滤技术主要有文本内容分析和图像内容分析。因为一般情况下人们在网上的交流都是通过文字的形式来表现，图像视频等只占其中的一小部分，所以，网络信息内容监测中的内容分析和过滤技术的重点是文本内容分析和过滤。

2. 关键词匹配技术

网络信息内容监测中主要是对还原的结果文件的检索过滤，因此在网络信息监测系统中使用最广泛的内容分析与过滤技术就是关键词匹配技术。这种技术一般和特征数据库联合使用，用户在使用精确关键词匹配检索之前，需要先建立用于检索的特征数据库，将某些关心的关键词加到特征数据库中，并对这些关键词设置好关联关系，之后一般情况下还要在数据库中规定当这些特征关键词检索匹配时所采取的操作，即过滤规则。建立特征数据库之后的工作就是采用精确的串匹配算法对欲检索的文本进行检索，如果找到和特征关键词匹配的文本，则根据过滤规则的规定，执行相应的操作。

串匹配是计算机科学理论中的一个经典问题，它是指在一个符号串中寻找具有特定性质的模式，比如在一个字符串中寻找某个子串。然而近年来，随着网络和生物信息学的发展，对于串匹配技术提出了许多新的需求，对于这个经典问题大家又重新产生了浓厚的兴趣。在网络技术中，随着网络信息迅速膨胀，如何能够及时、准确、安全地在庞大的实时网络信息流中获得特定的信息，已经成为网络信息安全领域的热点问题。由于数据量的庞大、检索的实时性以及待检索文本的结构化等需求，因此必须有针对性地改进已有的串匹配技术，才能够解决网络信息过滤问题。

网络信息内容监测基本上都要进行基于规则的匹配，这些匹配可以是数据包的一个位，也可以是一个字符串。因此，字符串/模式匹配算法的效率也是整个系统的关键技术之一。因此，设计一个高效的字符串/模式匹配算法是网络内容监测系统的重要方面。关键词匹配技术可以分为两大种类，模糊关键词匹配和精确关键词匹配。模糊关键词匹配是一种基于语义相似度的技术。它以特征向量为基础将文本内容转换成向量方式，将用户的需求模型也转变成向量方式，然后以用户需求之向量与过滤文本之向量的夹角余弦，来衡量文本同用户需求的相似度，根据事先约定的关键词匹配的“过滤阀值”来确定是否滤除。精确关键词匹配技术是一种基于精确串匹配算法的技术。它将待检索的数据串和关键词组成的模式串进行逐字地比较，只有在数据串中发现与模式串完全一致的部分之后，才算关键词匹配成功。精确串匹配算法分为单模式串匹配算法和多模式串匹配算法。在单模式串匹配算法中，模式串的形式只有一种，而在多模式串匹配算法的模式串中，每一个关键字可以有多种表现形式。在本文的系统设计和实现中使用了单模式串匹配算法，这里简要介绍几种主要的单模式串匹配算法。蛮力法是最简单的单模式串匹配算法，它通过一个二重循环来求解单模式串匹配问题，内层循环检验在当前的与模式串长度相同的窗口内的文本是否与模式串相等，外层循环移动窗口，每次向右移动一个字符，遍历数据串。蛮力法进行匹配不需要任何预处理过程，并且除了模式串和数据串之外不需要额外数据结构。根据具体匹配情况，它的最好时间复杂度为 O(n)，最坏时间复杂度为 O(mn)，其中 m 是模式串的长度，n 是数据串的长度。

3. 串匹配算法

单模式串匹配改进算法是 D. E. Knuth 与 J. H. Morris 和 V. R. Pratt 同时发现的，因此人们称它为克努特-莫里斯-普拉特算法，简称为 KMP 算法，KMP 算法根据模式串预先计算好匹配过程中发生的所有不匹配情况做相应处理步骤，从而避免了像蛮力算法那样机械地移动窗口、重复无意义的匹配。KMP 算法需要进行额外的预处理过程，它的时间和空间复杂度都为 O(m)，m 为模式符号串的长度。

Boyer-Moore 算法是一种基于后缀的匹配算法，它的特点是在窗口内部从右向左逆向匹配，它通过两种启发式方法来决定下一次匹配动作匹配窗口的开始位置：良好后缀转移机制和不良字符转移机制。

BOM(Backward Oracle Matching)算法是基于子串的模式串匹配算法，它与 Boyer-Moore 算法类似，都从右向左逆向检索匹配窗口，但 BOM 算法在窗口文本的所有后缀中寻找能够与模式串的子串相匹配的最长符号串，而不是按固定顺序逆向匹配模式串。如果发现模式串与当前窗口文本相等，则报告成功匹配；否则根据最长匹配的情况移动窗口，在下一个可能匹配的位置进行匹配。该算法主要还是应用在模式串较长、字母表适中的环境。

多模式串匹配则有 Aho Corasick 算法、Wu Manber 算法和 SBOM(Set Backward Oracle Matching)算法等。

9.4 面向内容的网络安全监控模型

本节主要介绍面向内容的网络安全监控的系统结构、数据交换模型及系统管理模型。

9.4.1 系统结构模型

根据网络信息内容安全监控系统的功能和设计要求，在设计系统结构模型时，要从系统化角度出发，使网络信息内容安全监控系统成为一个完整统一的及时发现、准确定位、严密控制、快速反应、妥善处理、联动服务的信息网络安全体系。网络信息内容安全监控系统结构模型如图 9-2 所示。

如图 9-2 所示，在结构上，可以将网络信息内容安全监控系统分为 5 个层次。图中表明了网络信息内容安全监控系统的上述层次结构以及各部件之间的相互关系，其中报警消息管理信息数据库(Alerts Message Management Information Base，AMMIB)是与各层次有关的一个核心部件，也是面向内容的网络安全监控系统的神经中枢。通过利用消息传播机制，对不同的任务和活动过程进行调度、协调、并发控制和信息交流，实现信息采集、存储、管理、维护、加工和利用一体化，以及系统功能、过程和信息的全面无缝集成。

下面对各层次的作用进行说明。

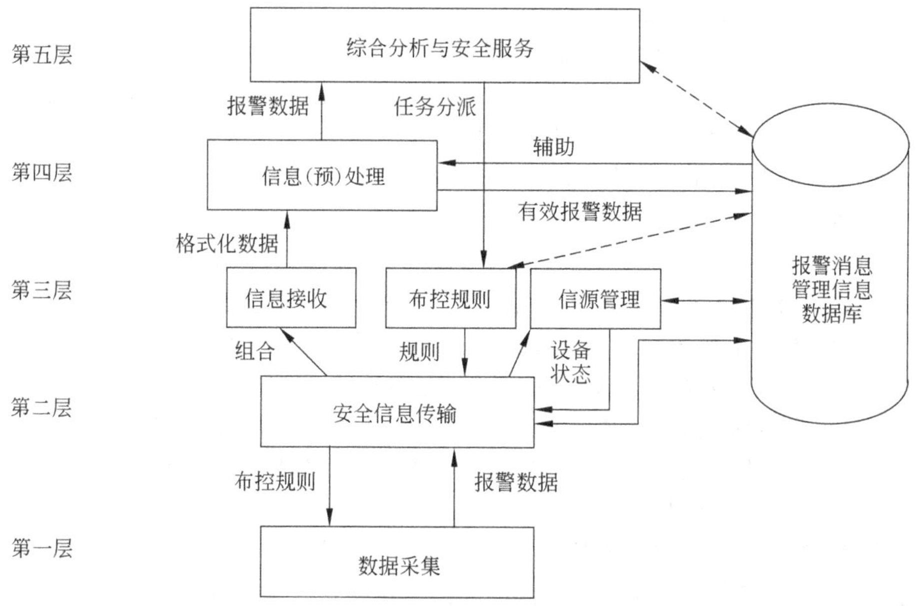

图 9-2 网络信息内容安全监控系统结构模型

1. 第一层：数据采集层

数据采集层实现对网络信息内容安全监控系统的各种数据的采集。数据采集层由各类技术探测器实现。数据采集层采集的数据经过安全信息传输层传递到第三层的信息接收模块，然后经过第四层的信息(预)处理，传递到综合分析与安全服务层和 AMMIB 中。该层是整个模型的基础，其关键技术是数据的高效采集和应用层协议的完整还原分析与重组。

2. 第二层：安全信息传输层

安全信息传输层是网络信息内容安全监控系统内部通信的基础设施和安全传输通道，实现网络信息内容安全监控系统与互联网的广域网络连接。安全信息传输层由各种安全机制和传输模块组成。传输模块实现网络信息内容安全监控系统各模块的可靠、方便通信，主要是数据采集层与系统其他部分的通信。需要进行信息交换的数据包括用于控制的控制流和传递报警信息的数据流两种，其中数据流的通信量占了绝大部分。确保可靠、方便通信的方法是制定统一的通信标准和采取可靠、高效的传输机制。传输模块的通信标准可以采用 XML 格式，采用 XML 标签的形式可以使该通信标准容易扩充。

3. 第三层：信息接收、布控规则与信源管理层

信息接收、布控规划与信源管理层是整个网络信息内容安全监控系统最重要的层次，从软件开发的角度来看，该层属于核心的业务逻辑层。该层应该具备如下功能：一是针对各个不同的采集设备统一接收各类原始报警信息，统一入库；二是针对各类采集设备统一或有选择地发布、下达布控规则；三是集中监控管理各前端信源设备的运行状态等。该层由信息接收模块、布控规则模块与信源管理模块组成。信息接收模块接收采集设备的各种报警/预警信息，根据这些信息的来源、种类和信息的属性，对信息进行粗分类，生成“格式化的信息”，送到信息（预）处理层。布控规则模块根据综合分析模块提出的任务要求和规则，将这些规则发送到各类采集设备中去。在发送时，需要根据不同采集设备定制不同的数据格式。源管理模块对采集设备进行管理，包括设备状态检测、任务规划、负载均衡等。信源管理模块可以管理不同区域的探测器，比如探测器的合法性和安全接入等，同时使系统拓扑结构具有了分布式的优点，布置灵活，管理方便。

4. 第四层：信息（预）处理层

信息（预）处理层对采集的各类信息根据预先设定的规则自动进行预处理，包括数据的甄别、筛选、过滤模块和自动分类模块。信息甄别、筛选与过滤模块对原始数据的分类标志、编号、源地址、目标地址等进行检查，如果不符合要求，则予以丢弃。自动分类模块自动连接 AMMIB 中相关的信息，如 IP 地址、电话号码、时间等相关信息，以及用于辅助决策的信息内容，如地理信息、法律、法规、政策、近期情况分析、统计报表、人员资料等信息。信息经过（预）处理后，形成有效报警数据，该数据一方面发送到综合分析层进行进一步分析，同时存入 AMMIB 永久保存。

5. 第五层：综合分析与安全服务

综合分析与安全服务对数据进行深度分析和知识发现，同时向使用人员提供各种信息内容安全服务。深度分析和知识发现实现对报警信息的深度分析工作，以发现当前网络的安全状态。网络信息内容安全监控系统通过该层提供各种数据挖掘和知识发现算法，实现在各种海量、异构的数据环境中发现有价值的情报。信息内容安全服务提供调用接口或查询界面，使网络管理人员易于对整个系统的操作。

6. 报警消息管理信息数据库

报警消息管理信息数据库（AMMIB）是一个信息库，其中存放着使网络信息内容安全监控系统正常运行所需的一切控制参数和信息，以及由各类采集设备采集的有效报警数据。其他各层所有操作都要通过 AMMIB，并从中获取所需要的参数，所以也可以认为 AMMIB 是分属各层的。AMMIB 逻辑上可以划分为两个层次：基础数据库和应用数据库。基础数据库可分为基础支撑数据、业务支撑数据库；应用数据库类可分为原始信息数据、有效报警信息数据、预处理数据库，业务信息交换数据库、信息处置数据库等。基础支撑数据库主要负责对整体数据进行规则描述，它主要包括元数据库和数据字典两大部分。元数据库对数据库中数据指标的来源及提取标准进行描述。AMMIB 既可以用集中库形式实现，也可以用分布库形式实现。具体如何实现，以安全高效和易于操作维护为原则。

9.4.2 数据交换模型

在设计网络信息内容安全监控系统时，一个较好的方法是将整个系统按数据区域划分。

首先，可以将网络信息内容安全监控系统的内部环境与相应的“外部世界”分离；其次，当数据从“外部世界”进入内部环境时，对数据的操作则可分为两类：一类是数据处理，一类是数据通信。

因此，可以将网络信息内容安全监控系统分为三个域：

(1) 数据源域,位于网络信息内容安全监控系统环境之外。

(2) 数据交换与通信域。

(3) 数据处理与存储域。

按照上述划分,网络信息内容安全监控系统依托数据交换区实现各个设备之间的互联互通和数据交换,因此在数据的安全性和完整性上可以得到充分的保证。数据源域包括各类数据采集系统的数据输入和其他 I/O 操作,数据交换与通信域包括外部数据交换区、数据交换专用数据区和内部交换数据区,数据处理与存储域包括 AMMIB。整个数据模型如图 9-3 所示。

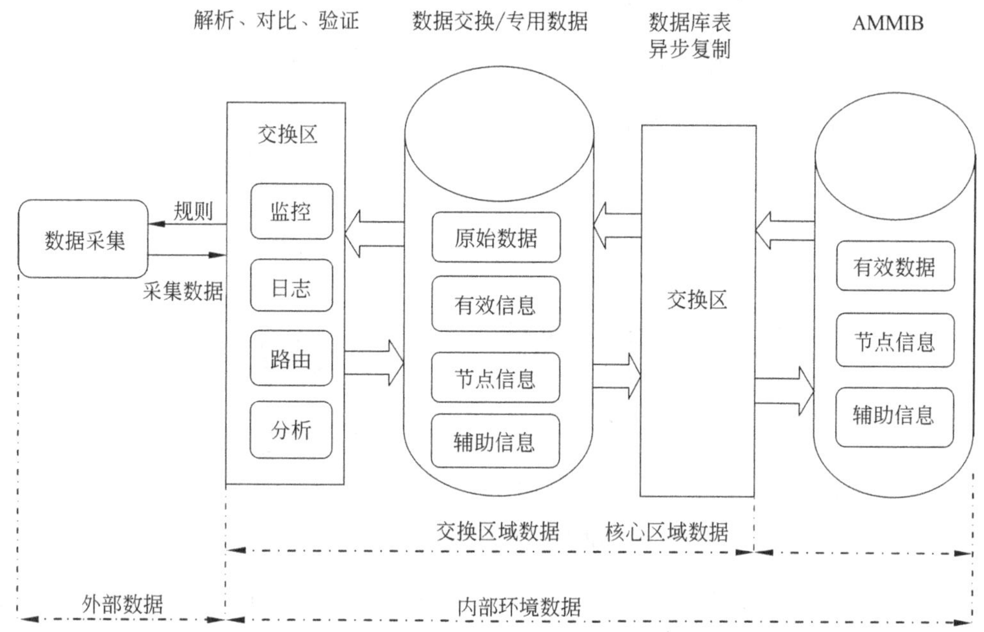

图 9-3　网络信息内容安全监控系统数据模型

共享的 AMMIB 包含了有效报警信息、节点信息、辅助信息等核心数据库,这些数据不能与外部系统进行直接交换,必须通过数据交换区提供的各种服务接口,进行数据的共享和交换。AMMIB 的各项数据,通过数据库、数据表的异步复制技术,转储在数据交换中间的交换区中,以不同形式或格式存储起来,以备随时供外部应用。同时,外部系统所提供的数据,也将通过数据交换平台先行存入数据交换区,经过对这些数据进行验证、比对等处理后,再保存在共享的 AMMIB 中。数据交换区架构在 AMMIB 之上,是系统各部分数据共享和交换的管理层、监督层。数据交换区就像一个虚拟的中心数据库,同时又像一个交换机。整个数据共享和交换的底层实现和存储机制对各应用节点是透明的。该结构属于松耦合,如同星形网络一样,很容易进行层次化的结构扩展,构建出多级的数据交换中心结构,以支持更大范围的广域方案。

9.4.3　系统管理模型

网络信息内容安全监控系统所涉及的部件往往在物理上并不位于一个地点,而是分布于多个地理位置,因此,网络信息内容安全监控系统通常是一个分布式系统。为了操作控制、提高效率和管理方便,做这样的安排是不可避免的。图 9-4 是一个典型的网络信息内容安全监控系统管理模型。

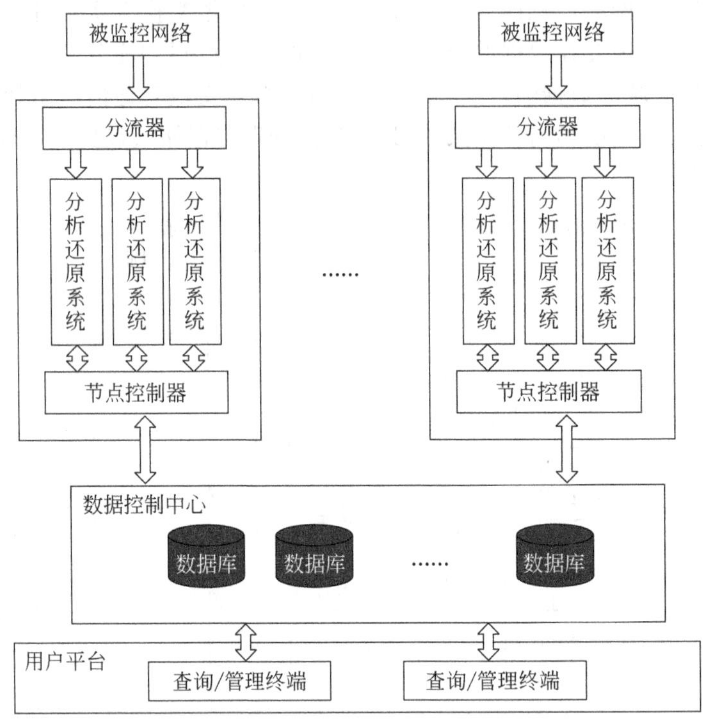

图 9-4　系统管理模型

监控系统由分流器、分析还原系统、节点控制器、数据控制中心、查询/管理终端组成。整个系统采用内部网技术连接。监控系统按地理位置分成三部分,一是探测点,包括分流器、分析还原系统、节点控制器等;二是数据控制中心,包括各类数据库、规则库、用户认证管理服务器等;三是用户平台,主要是各类查询/管理终端。每个探测点的设备组成一个内部网,控制中心和用户平台可以组成一个内部网,也可以单独组网。探测点(又称探测器或采集器)是系统的数据采集部分,在一个分布式信息监控系统中,可以有多个探测点,每个探测点对应一个网络区段。分流器获得的数据通过 100M/1000M 网卡分别传递到分析还原系统。分析还原系统是数据分析系统的统称,它可以是指 Web 分析还原系统、邮件分析还原系统或其他入侵监测系统等。探测点的节点控制器负责本探测点的设备维护,并实现与控制中心的通信。探测器在网络中的放置位置很重要,该位置必须可以接收要监控网络的所有数据包。数据控制中心是整个系统的心脏,其中的 AMMIB 保存需要匹配的条件、最终的会话信息、用户认证数据等。用户平台主要是指查询/管理终端,主要是用友好的界面实现查询数据仓库内容,并实现会话重放,对数据控制中心管理维护,如备份、删除等。

系统按地理位置分成四部分,一是探测器,包括分流器、分析还原系统;二是节点管理器;三是数据控制中心,包括规则库、数据仓库、用户认证管理服务器等;四是用户平台,主要是各类查询/管理终端。每个探测点的设备组成一个内部网，由一个节点管理器管理和控制。控制中心和用户平台分可以组成一个内部网，也可以单独组网。系统运行时，四部分设备保持动态、高速的连接。一方面，探测点从控制中心的规则库获取规则，并将分析还原结果动态保存到数据控制中心的 AMMIB 中；另一方面，用户认证机制接收用户平台各设备的查询/管理的请求，提供数据或修改规则。系统逻辑上表现为一个分布式的结构，每个组成部分都可以分担整个系统的计算和传输任务，这样的结构不但使系统的效率高，而且使系统的可扩展性高。

9.5 网络内容安全中的数据挖掘与知识发现

网络信息内容监控系统的探测设备多种多样，结构各异，而且这些基于各种异构数据源的业务系统和外部系统的数据的背后隐藏了很多具有决策意义的信息。随着信息技术的发展，数据挖掘与知识发现(Data Mining and Knowledge Discovery，DMKD)技术应运而生，并得以蓬勃发展，越来越显示出其强大的生命力。本节首先对网络信息内容监控系统中遇到的异构数据源问题及其需求进行分析，给出多维异构数据源的知识发现模型。然后介绍关联挖掘和面向主题的信息内容分类技术，介绍其在网络信息内容监控系统的应用。

9.5.1 数据挖掘概述

数据挖掘(Data Mining)作为一种决策支持技术，主要基于人工智能、机器学习、统计学等技术，高度自动化地分析企业原有的数据，做出归纳性的推理，从中挖掘出供决策使用的高层次的知识，帮助决策者提高决策质量和效率。

1. 数据挖掘定义

数据挖掘(Data Mining)与知识发现有着密切的关系。数据挖掘就是从大量的、不完全的、有噪声的、模糊的、随机的数据中，提取隐含在其中的、人们事先不知道的、但又是潜在有用的信息和知识的过程。知识发现(Knowledge Discovery in Databases，KDD)是从数据中辨别有效的、新颖的、潜在有用的、最终可理解的模式的过程。数据挖掘是 KDD 最核心的部分，数据挖掘是 KDD 中通过特定的算法在可接受的计算效率限制内生成特定模式的一个步骤。

2. 传统数据挖掘的不足

自从数据挖掘技术产生以来，研究工作主要集中在如何研制新的算法或改善现有算法的运行效率和可伸缩性，以及如何提高挖掘过程的自动化以减少人工干预等方面。随着数据挖掘研究的深入，传统的数据挖掘过程和任务存在以下问题：

(1) 传统的数据挖掘过程通常只能一次对一个数据集进行挖掘，对于多个相关的不同数据源的数据集上模式的比较和趋势分析，目前正处在研究之中，已经取得的研究成果效率不高。目前，基于异构数据源的知识发现和数据挖掘已成为数据挖掘技术研究的热点。

(2) 传统的数据挖掘的研究重点在于单个数据集的查询挖掘效率，挖掘过程过分强调自动化，而忽视了交互性，导致用户对数据挖掘过程的参与非常困难，领域知识无法或很难加入。

(3) 如何有效实现对 Internet 上的语音与图像、Web 上的页面与电子邮件等非结构化数据挖掘的分类挖掘还在进行步探索之中。

目前，针对 Internet 数据的多源性、复杂性，建立统一、面向目标的交互式数据挖掘方法正在逐渐成为一个研究重点。

9.5.2 网络内容安全监控中的知识发现问题

在分布式内容监控系统中，存在各种不同类型的数据，这些数据分别是由不同的探测设备收集到的。一方面，这些数据的结构不尽相同，数据库存在差异，数据文件存放格式更是种类繁多，直接导致的结果是资料分散，多种手段采集的信息不能有效关联。依靠人工分析和查找，一方面使工作成倍的增长，同时也不能保证质量和效率。另一方面，为了获得有价值的情报，需要根据这些数据进行分析，寻找各个线索之间的关联关系，探清中标对象（犯罪嫌疑人）在互联网上以各种虚拟身份所从事的各种网络活动。

1. 异构数据源的集成与整合

在网络内容监控系统的监控中心，需要对不同数据源之间的数据进行整合与集成。图 9-5 是一个典型的由各种探测设备业务系统数据库集成的综合处理系统。

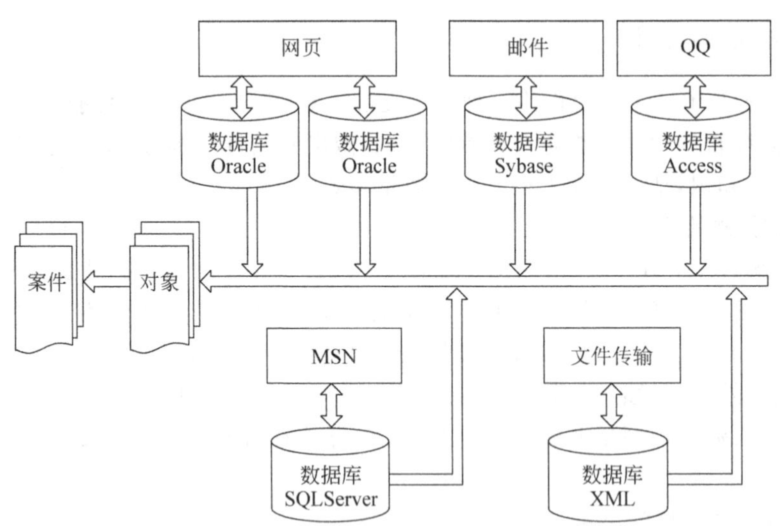

图 9-5 各种异构的数据源

在该系统中，数据源包括网页、邮件（SMTP、POP3）、即时信息（QQ、MSN）等，每种业务系统都包含一个或多个数据库。各业务系统可能是不同公司生产的，也可能属于同一公司不同时间生产的，因此，它们之间很难提供一个统一的数据接口和通用的标准和规范（如使用不同的指标代码体系和编码体系）。为更有效地利用这些信息，有必要实现这些“信息孤岛”之间的集成与交互，同时还需要保持数据在不同系统上的完整性和一致性，隐藏各系统之间的差异，提供给用户一个统一和透明的数据访问接口。

2. 数据分析与知识发现

在网络内容监控系统中，各种报警的数据量非常庞大，要想依靠人工方式完全、充分地利用这些有价值的数据是很困难的，因此，自动化的数据分析和知识发现是网络内容安全监控系统中最为重要的部分之一。这里主要有4个方面的应用，即中标信息的自动分拣、属性关联、用户上网行为分析和面向主题的内容分析。

(1) 中标信息的自动分拣。各种互联网报警、监控系统所采集的数据，经过数据传输平台传递到数据中心后，由自动分拣模块对其自动分类，并保存到数据仓库中，成为系统中的原始数据。这些数据按照协议和应用的不同划分。例如，可以划分为以下分类：

- HTTP上行，包括登录信息、BBS、Web聊天室、WebMail、博客等。
- HTTP下行，包括Web聊天室、浏览网页、浏览WebMail邮件等。
- 发送邮件。
- 接收邮件。
- 聊天信息。
- 手机短信。

自动分拣时可灵活设置每种应用的特征码文本，系统应该能自动将原始数据与特征码进行对比，匹配次数最多的即是所要设置的应用分类。

(2) 属性关联。属性关联是指寻找各个线索之间的关联，探清中标对象(犯罪嫌疑人)在互联网上以各种虚拟身份所从事的各种网络活动。一个对象分别关联电子邮件、QQ号、MSN号等。

在网络内容监控系统中，可能存在以下几种关联情况：

- 以虚拟身份为起始点，利用IP地址的一致性，追踪对象(罪犯)在互联网上的其他活动。其中，虚拟身份包括即时通信账号、游戏账号、电子邮箱、用户名、电话号码等。例如，对于已知罪犯的QQ号码，可查找出含有此号码的所有聊天信息，再提取其中的IP地址，最后追查出此IP下在相同时间范围内所进行的其他网络活动。
- 利用口令的一致性关联不同的虚拟身份。罪犯在互联网的虚拟身份虽然有多种，但为便于记忆，有可能使用同一个口令。利用这种同一性，即可将不同的虚拟身份联系到同一个人身上。
- 利用地理位置的一致性关联不同的IP地址。分析属于同一个地理区域的多个IP及这些IP下的网络活动，有可能追查出同一个罪犯流窜活动的情况。
- 利用内容的一致性关联不同的虚拟身份。分析内容相近的聊天信息、邮件、帖子等，有可能追查出同一个罪犯以不同的虚拟身份活动的情况。
- 线索追踪。网络是一个虚拟的世界，网络上的人也有许多虚拟的身份，如电子邮箱、QQ号码、ICQ号码、MSN账号、上网账号等，利用这些虚拟身份，犯罪分子极有可能与其他隐藏的犯罪分子联系。这种联系方式，秘密程度高，并且不受时间和空间距离的限制，从而为罪犯的相互交流提供了很便利的条件，也给案件的侦破工作带来了一定的难度。

(3) 用户上网行为分析。用户上网行为分析是指通过各种报警事件分析某上网用户的网络行为。随着网络提供的服务越来越多，应用水平不断提高，报警的种类和数量就会越来越多，由于报警的数据量非常庞大，如何借助自动化方法，实现自动、快速、准确地目标定位和报警性质区分就显得十分重要了。

(4) 面向主题的内容分析。用户可自定义分析的主题，系统应该自动对已收集到的信息进行分类，确定网络信息安全态势，同时根据分类结果，确定未来待分页的性质，如“有害”还是“无害”等。

3. 多维异构数据源的规则动态数据提取

安全事件和报警消息的关联是通过对象和规则实现的。对象根据规则从报警消息的源数据库中提取对应的表数据或原文件消息属性，实现安全事件和报警数据的动态关联。规则的动态关联是基于增量备份的基础上的。数据管理模块根据规则的数据提取时间定期从数据源获取数据，将数据存入安全事件数据库中。每个规则都对应一个或多个数据源(原始数据表)。从这些不同原始数据表中提取规则可以使用各种数据挖掘算法。各种数据挖掘算法都有各自的适用范围，即对数据具有一定的敏感性，因此实现数据挖掘算法、分析算法的动态加载可以针对不同的数据使用不同的挖掘算法，有利于提高数据分析的准确性。

4. 异构数据源的整合与集成

异构数据源的数据整合和集成的目的是为安全事件分析系统供集成的、统一的、安全的、快捷的信息查询、数据挖掘和决策支持服务。整合、集成后的数据必须保证一定的集成性、完整性、一致性和访问安全性，形成的最终结果是一个完整的、统一的综合信息仓库。针对异构数据源的整合和集成需求，可以采用多种方法，也可以采用综合利用现有的低成本的数据转换工具，如 Power Builder 的 Data Pipeline、SQL Server 的数据转移服务(Data Transformation Services，DTS)、Oracle 的 SQL Lorder 等来实现各种异构数据库系统和文本、电子表格等文件系统格式的数据的整合和集成，并针对具体的每个分系统编写具体的数据转换代码，来一起完成从原始数据采集、错误数据清理、异构数据整合、数据结构转换、数据转储和数据定期刷新的全部过程。

网络内容监控系统的数据挖掘工作主要集中在多维、多层次、数量关联规则等问题上。在网络内容监控系统中，存在各种不同类型的数据，这些数据分别是由不同的探测设备收集到的。分布式的并行挖掘模型和算法是网络内容监控系统的属性关联挖掘的理想平台，主要体现在以下几点。

(1) 多层次关联规则挖掘。对于网络内容监控系统的数据库来说，一些项所隐含的概念是有层次的，如图 9-6 所示。

针对不同的用户，某些特定层次的关联规则更有意义。同时，由于数据的分布和效率方面的考虑，数据可能在多层次粒度上存储数据，因此，挖掘多层次关联规则就可能得出更普通的知识。根据规则中涉及的层次，多层次关联规则可以分为同层关联规则和层间关联规则。

- 同层关联规则：如果一个关联规则对应的项目是同一个粒度层次，那么它是同层关联规则。例如，“电话号码=>IP 地址”。
- 层间关联规则：如果在不同的粒度层次上考虑问题，那么可能得到的是层间关联

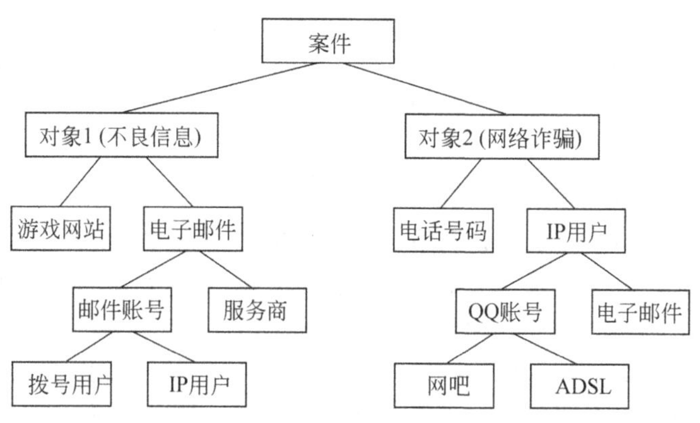

图 9-6　多层次关系图

规则，例如，“QQ=＞游戏网站”。目前，多层次关联规则挖掘的度量方法基本上沿用了“支持度-可信度”的框架。不过，在支持度设置还需要考虑不同层次的度量策略。

对于多层次关联规则挖掘的策略问题，可以根据应用特点，采用灵活的方法来完成。例如：

- 自上而下方法：先找上层的规则，再找它的下一层规则。如此逐层自上而下挖掘。不同层次的支持度可以一样，也可以根据上层的支持度动态生成下层的支持度。
- 自下而上方法：先找低层的规则，再找它的上一层规则。不同层次的支持度也可以动态生成。
- 在一个固定层次上挖掘：用户可以根据情况，在一个固定层次挖掘，如果需要查看其他层次的数据，可以通过上钻和下钻等操作来获得相应的数据。

(2) 数据切割与并行挖掘。事件、对象、规则模型先把数据库从逻辑上分成几个互不相交的块，每次单独考虑一个分块。并行挖掘利用数据分布技术对数据子集进行挖掘，而且各子集间可以并行进行，在每个数据块里讨论频繁项目集的发现问题。这种方法只需要把所处理的分块放入主存，减轻了内存需求，而且为算法的并行处理提供了可能，也使得处理的效率得到提高。

9.5.3　用户上网行为的关联挖掘

在网络内容安全监控的数据挖掘中，关联规则是最常挖掘的知识之一。关联规则可以表达简单的因果关系，与案件经办人员在处理报警事件时对知识采用的表达方式规则非常类似。关联规则挖掘也是数据挖掘中最活跃的研究方法之一。下面首先介绍关联规则挖掘的基本概念和相关知识，然后介绍如何在网络内容安全监控系统中使用这些知识来挖掘用户的上网行为。

1. 关联规则

首先给出关联规则挖掘问题的形式化描述。

定义关联规则。假设 $I=\{i_1,i_2,\cdots,i_m\}$ 是 m 个不同项目的一个集合，$T=\{t_1,t_2,\cdots,t_n\}$

是一个事务数据库，其中每一个事务 t_j 表示 T 的第 j 个事务，即它是 I 中一组项目的集合。每一个事务都与一个唯一的标识符 T_{ID} 关联。如果对于 I 中的一个子集 X，有 $X \in t_j$，我们就说事务 t_j 包含 X。一条关联规则就是一个形如"X→Y"的蕴涵式，其中 $X \in I, Y \in I$，而且 $X \cap Y = \Phi$。

可以采用两个参数来描述一个关联规则的属性。

定义可信度(Confidence)。设 T 中支持项目集 A 的事务中，有 c%的事务同时也支持项目集 B，c%称为关联规则 A→B 的可信度。简单地说，可信度就是指在出现了项目集 A 的事务 T 中，项目集 B 也同时出现的概率，即 $P(B|A)$ 的值。

定义支持度(Support)。设 T 中有 s%的事务同时支持项目集 A 和 B，s%称为关联规则 A→B 的支持度。支持度描述了 A 和 B 这两个项目集的交集 C 在所有事务中出现的概率，即 $P(A \cap B)$ 的值。

可信度是对关联规则的准确度的衡量，支持度是对关联规则重要性的衡量。支持度说明了这条规则在所有事务中有多大的代表性，显然支持度越大，关联规则越重要，应用越广泛。有些关联规则可信度虽然很高，但支持度却很低，说明该关联规则实用的机会很小，因此也不重要。

2. 关联规则的经典挖掘算法

关联规则的挖掘问题就是生成所有满足用户指定的最小支持度(minsup)和最小可信度(minconf)的关联规则，即这些关联规则的支持度和可信度分别不小于最小支持度和最小可信度。一般地，关联规则挖掘问题可以划分成两个子问题：

(1) 找出存在于事务数据库中的所有频繁项目集。通过用户给定的 minsup，寻找所有频繁项目集(Frequent Itemset)，即满足支持度不小于 minsup 的项目集。事实上，这些频繁项目集可能具有包含关系。一般地，我们只关心那些不被其他频繁项目集所包含的所谓频繁大项集(Frequent Large Itemset)的集合。这些频繁大项集是形成关联规则基础。

(2) 利用频繁项目集生成关联规则。通过用户给定的 minconf，在每个最大频繁项目项目集中，寻找可信度不小于 minconf 的关联规则。

经典的关联规则挖掘算法包括 AProiri 算法、抽样算法、DIC 算法等。著名的是 Apriori 算法。1994，Agrawal 等在先前工作的基础上，完善了一个称为 Apriori 的关联规则挖掘算法。这个算法一直作为经典的关联规则挖掘算法被引用。Apriori 算法是通过项目集元素数目不断增长来逐步完成频繁项目集发现的。首先产生 1-频繁项集 L_1，然后是 2-频繁项集 L_2，直到不再能扩展频繁项集的元素数目而算法停止。在第 k 次循环中，过程先产生 k-候选项集的集合 C_k，然后通过扫描数据库生成支持度并测试产生 k-频繁项集 L_k。

3. 用户上网行为分析的关联规则挖掘

用户上网行为的分析实际上是对报警信息的分析。通过分析报警信息，计算关联规则的支持度和可信度，从而确定用户的上网行为。例如，如果某用户频繁访问某不良站点，则可以确定该用户行为"异常"。

(1) 报警信息的描述。在实际的系统中，报警信息的格式各种各样，为了统一分析，需要对报警信进行形式化描述。可以将一条报警信息用一个三元组表示。

AlertMess=(t,s,m)

其中 t 为报警 Alert_Mess 发生的时间，s 为报警的发送者，它负责记录报警 Alert_Mess 发生的时间，m 为报警消息，它包含了有关报警的网络内容的所有信息。很自然地，一个报警序列可以看作由(t_1，s_1，m_1)，(t_2，s_2，m_2)，…组成，报警关联挖掘就是利用已有知识实时地对报警消息序列进行分析，发现关联规则，找出关联规则的支持度和可信度，以便采取相应的措施对报警事件进行处理。

(2) 报警关联规则。报警关联规则描述了数据中各种现象同时发生的情况。报警关联规则是指如果一个报警有某些特性，那么它将会有另外一些给定的特性。更形式化一些，关联规则可以用表达式“X=＞Y”来表示，其中 X 和 Y 是报警消息集合。关联规则描述了报警消息的哪些特性在一定的比例下同时发生。给定一个报警集合，关联规则的支持度是指满足此规则的告警信息在所有报警消息中所占的比例，如果支持度大于给定的阈值，则称此规则是频繁的。此规则的信任度是指数据库中的某一报警消息在满足 X 中情况下，同时也满足 Y 的比例。

(3) 报警信息关联挖掘。在数据挖掘阶段，关联规则需要由用户定义最小支持度和最小信任度，算法将利用这些阈值对数据源进行挖掘，最终得出满足这些阈值的规则。邮件线索分析以某个被控对象的电子邮箱为追踪点，从邮件报警信息数据中查询与此对象有直接或间接通信的其他各个邮箱，然后利用 Apriori 算法进行关联规则的挖掘。通过指定不同的阈值，对多个对象的追踪结果可求交集，所得的结果即为可疑目标。

9.6　论坛类网站内容安全监控模型

在开放的网络环境中，BBS 作为一种网络服务，它具有方便人们对不同事物发表各自看法、讨论问题、交流信息、展示自我风采等许多优点，成为非常受网络用户欢迎的一种信息交流方式，在特定时刻 BBS 在一定程度上会引导大众的舆论倾向。由于 BBS 用户发言的随时性、随地性与随意性，用户极有可能发表一些敏感、非法、不健康的言论和泄露一些保密信息，危害网络环境安全，误导网络用户舆论倾向。为减少有害信息的传播，打造一个干净安全的网络环境，对 BBS 进行内容安全监控势在必行。

9.6.1　BBS 问题和研究现状

基于内容的安全过滤的研究基本上是定位在 Web 文档和电子邮件上的，对 BBS 文档的鉴别与过滤技术还不成熟。针对中文 BBS 文档的过滤效果并不理想，主要原因有以下几点：一是汉语词汇中一词多义和一义多词的现象非常普遍，在 BBS 特定文档中很难将其特定意义辨别出来；二是网络语言盛行，并有不断发展的趋势，新的词汇不断出现，缩写、代词、错词在 BBS 中经常出现，如何辨别和过滤这些词成为难点之一；三是 BBS 文档的结构和一般的 Web 文档有很大的不同，它基本上是由一个主题文档和众多的用户评论构成，主题文档一般都比较长，评论大部分短小精悍。如何在上下文理解评论中的用户想法并确定其倾向性也是一个较大的难点。

目前基于内容的安全过滤核心技术大概可以概括为三类，即基于关键词匹配、基于统计模型、基于语义模型。它们有各自的优缺点。

(1) 基于关键词匹配的过滤技术，对文本内容进行关键词简单匹配或者布尔逻辑运算，对满足匹配条件的网页或者网站进行过滤。这种技术简单易行，速度快，但往往面对关键词的指代词和变形体就会丧失分辨力。

(2) 基于统计模型的过滤技术则主要是基于向量空间模型的文本分类技术，通过对稳定优质的语料库的训练，准确率明显提高，但依然暴露出关键词孤立的缺点。由于这类技术对待审查文本与训练文本一样需要建立特征向量空间，因此不能做到全文实时过滤，只能对关键数据段做到实时处理。

(3) 基于语义模型的过滤技术是目前国内外的研究热点，也是安全过滤的一大发展趋势。它一方面可以有效地控制语言中的大量同义、多义现象，另一方面可以判断作者的褒贬倾向，其准确率平均能够达到90%以上，但是这种技术还处于研究阶段，执行效率较低。

以上三种单一的过滤模式都或多或少地存在着自身的不足，优劣点一目了然，如果将以上三种模式不是简单地单一使用，而是互相结合地使用，就可以达到取彼之长、补彼之短的目的。

9.6.2 BBS内容安全监控原理

BBS板块的系统结构见图9-7。

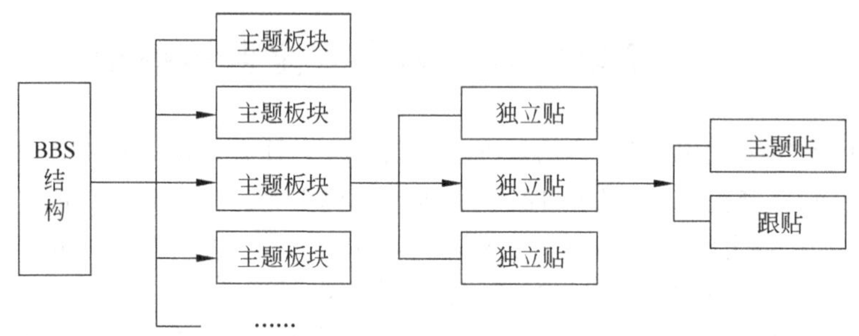

图9-7 BBS系统结构图

由图9-7可知，网络中的BBS一般是由众多的板块组成，一个板块就是一个大的主题，相应主题的帖子将发表在相应的板块中。基于此，这里将BBS看成是由许多主题组成的一个主题系列，每一个主题板块都由众多相对独立的贴组成，BBS上每一个典型的贴，按照其形式和内在联系可以分为两部分：发起的主题贴（主题贴）和针对此主题发表的评论贴（跟贴）。针对BBS的内容安全监控可以看成是由对众多主题板块的内容安全监控的集成和综合，对每一个独立贴的安全监控可以看成是对主题贴的监控和对跟贴监控的集合。我们设想使用神经网络过滤算法对主题贴进行安全监控，采取倾向性过滤算法和模式匹配算法相结合的方式对跟贴进行安全监控，两者互相结合构成一个有机统一的安全监控体系。

1. 神经网络算法

人工神经网络研究的先锋麦卡洛克(McCulloch)和皮茨曾于1943年提出一种称为"似脑机器(mind machine)"的思想,这种机器可由基于生物神经元特性的互联模型来制造,这就是神经学网络的概念。神经网络系统由大量本身是很简单的处理单元(神经元)广泛地互相连接而形成,是一个非常复杂的网络系统。神经网络一般分为输入层、隐含层和输出层三个基本层,隐含层还可细分为若干层。各层神经元间用链连接。每条链都被赋予一定的权值,以表示相应两神经元相互支持、相互关联的程度。神经元一般都有各自的活跃值,以表示它的活跃程度。网络接收输入信息后,输入层各神经元按如下方法分别进行数据处理。输入层神经元的输出值作为下一层(隐含层)相应神经元的输入信息,再各自遵循上述方法进行计算,直至输出层计算完毕。

2. 倾向性文本过滤

倾向性文本过滤系统(Tendency Text Filtering System)实现了对具有关于某个主题的特定倾向的文本进行过滤。该系统充分利用领域知识,采用语义模式分析等技术,在查全率和查准率方面表现不俗,而且速度较快。

3. 模式匹配字典

从BBS文档的结构和功能来看,跟贴部分的发言是以主题贴为中心的,是读者围绕主题内容发表的观点,句子一般都不长,要从这些短小的句子中判定读者的观点和立场,看他们对主题贴是支持或者反对,中立是实现对BBS跟贴部分安全监控的前提。对BBS的监控是分两部分完成的,在通过审查之后的主题贴一般都是比较正面的内容,在跟贴部分需要过滤的是与主题立场不一致的、不文明的发言,所以对跟贴部分主要判定其对题贴的倾向性。原则上,支持贴和中立贴可以通过审查,可以通过建立一个模式匹配字典,然后以模式字典为基础对跟贴进行倾向性分析,从而决定其是否通过审查。褒义词表和贬义词表需要人工来建,褒义词的建设要容易些,在贬义词的建立上,需要添加一些字面上无贬义但实际上是贬义的词汇。

9.6.3 BBS内容安全监控模型

对BBS内容安全进行监控是一个复杂的系统工程,在构想的BBS内容安全监控模型中,根据对信息处理时间先后顺序,把模型分为预处理模块和处理模块。

1. 预处理模块

它的主要功能是为处理模块的功能实现做前期准备,它要实现的目标和包含的主要内容有:

(1) 设置一个主题词典,首先针对所要研究的BBS板块收集与其主题对立的相关词汇,建立一个主题词表;采集足够多的BBS文档以备文本训练之用。

(2) 建立停用词表、转换词表。在BBS文本中存在大量、无实际意义且大量重复出现的词(如介词和连词),运用停用词表可以将一些无用的信息去除,减少冗余信息。对于网络中的流行语言专门词汇,为了能够在对文本的处理过程中正确识别和判断这些词语的意义,必须建立起一个与之对应的词语转换表。

(3) 中文切分词平台,采取一种较为理想的中文分词法。

(4) 建立BBS信息数据库。存放登录在BBS系统的用户信息,包括用户的ID、姓名、E-mail地址、密码等个人信息。将发表不良主题和发表不健康言论的作者列入黑名单,加强跟踪监督;Announce(帖子数据库)用来存放所发送帖子的ID、题目、作者、IP地址、子帖号、父帖号、帖子的内容、长度、所在的层次以及所在版面等信息。

实现的过程:利用网络爬虫Robot在论坛上对某个主题板块进行BBS文档采集,根据停用词表和转换词表剔除其中的冗余信息,进行去噪操作;对文档进行预处理,采用中文分词平台对去噪后的文档进行分词;对照主题词表提取文档中的特征词,并采用向量机模型将其转化为向量空间表示;在此基础上运用神经网络算法进行计算,不断地对文档进行训练,构造一个分类器,为下一步判定主题贴的主题类型做准备。具体实现过程如图9-8所示。

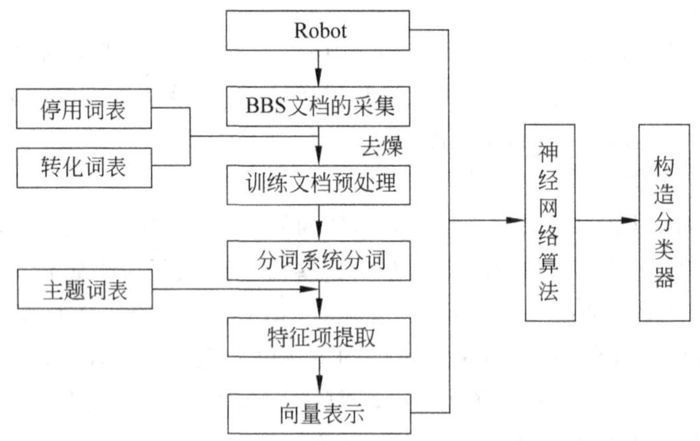

图9-8 BBS内容安全预处理模块图

2. 处理模块

即指通过该模块的工作,能对BBS文本信息的处理并实现对BBS内容安全监控目的的模板。根据BBS文档的结构和功能,以及主题贴上的内容和跟贴内容之间的关系,我们把BBS内容安全监控的处理模块分为对主题的安全监控和对跟贴的安全监控两个组成部分,如图9-9所示。

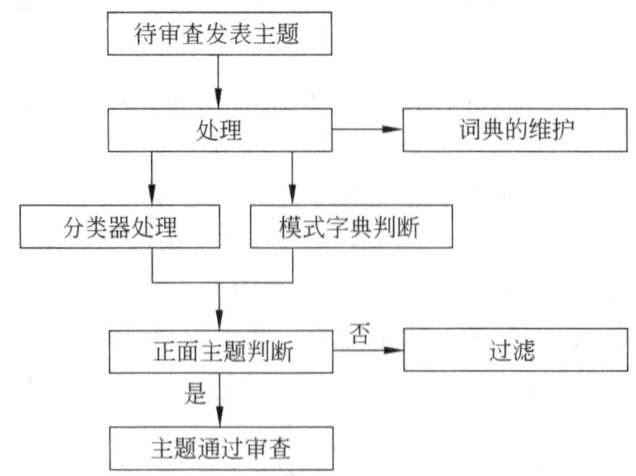

图9-9 BBS内容安全处理模块图

(1) 主题贴的安全监控。用户 BBS 上发起的主题新帖提交到系统后，系统会自动对主题文档进行审查。而在对新提交的主题 BBS 文档进行审查前，系统会对此文本进行预处理，以及去噪、分词、向量空间表示等与文本训练过程相同的工作，提取特征词，并使用在预处理模块中构造的分类器对 BBS 文档进行主题类别判断；模式字典将派上用场，在一个句子中，根据文档中的关键词和部件词的搭配，通过一定的算法进行计算，对主题文档内容是否正面进行判断。在正面主题过滤中，在算法中设置一定的阈值，对超过这个阈值的进行过滤，考虑到过滤的精度，这个值的确定需要不断地调整。

(2)跟贴的安全监控。跟贴的安全监控如图 9-10 所示，跟贴文档的内容本质上是以主题贴部分为中心的，但跟贴部分文档的长度都比较短，在对它的安全监控方法上与主题贴的方法必然不同。

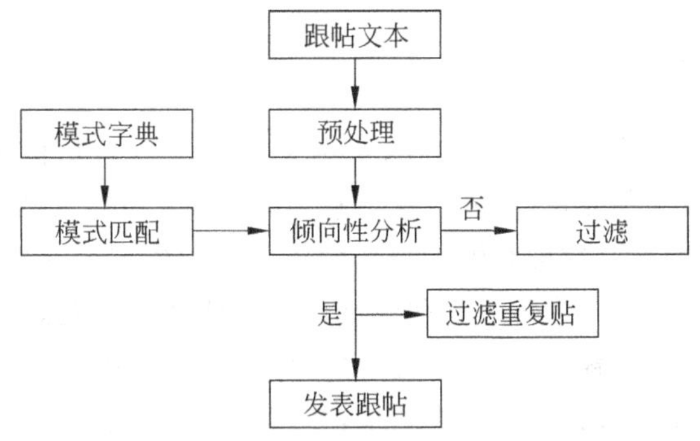

图 9-10　跟贴安全监控图

根据跟贴的自身特点，应设置一些最基本的原则。对跟贴的安全监控主要达到的目的如下。

- 过滤掉内容丝毫与主题贴没有任何关系，肆意在网络上散播危害党和国家声誉的舆论。
- 过滤掉一些用户利用 BBS 论坛宣传产品跟主题毫无相关的跟贴信息，并将发表这些跟贴的用户列入到黑名单中，对其进行跟踪监控，控制其在 BBS 上的发言。
- 对用户的重复发帖予以过滤。
- 设定一个阈值，通过计算，对其倾向性进行分析，在与主题立场不一致的情况下，对超过这个阈值的跟贴信息进行过滤。
- 反馈机制：发现新热点，即使用统计的方法对同一主题在一段时间内的发贴数、点击率、跟贴率进行统计分析，从结果可以得出同一时段内最受关注的帖子，并根据其得分排序，预测未来的 BBS 主题热点。

对跟贴的预处理过程与主题贴的安全监控中的预处理过程一致，在倾向性分析这个环节中，主要是模式字典的运用、关键词和匹配词的搭配使用，并通过设定阈值，判定其倾向性。

9.7 基于大数据的网络舆情分析技术

9.7.1 大数据的概念与平台技术

1. 大数据的基本概念

对于大数据的概念,现阶段各研究机构和大型公司都还没有给出一个统一的定义。研究机构 Gartner 将大数据定义为:需要新处理模式才能具有更强的决策力、洞察发现力和流程优化能力的海量、高增长率和多样化的信息资产。维基百科对大数据的定义是:大数据指的是所涉及的资料量规模巨大到无法通过目前主流软件工具,在合理时间内达到撷取、管理、处理并整理成为帮助企业经营决策目的的资讯。麦肯锡认为大数据是指无法在一定时间内用传统数据库软件工具对其内容进行采集、存储、管理和分析的数据集合。

"大量化(Volume)、多样化(Variety)、快速化(Velocity)、价值密度低(Value)"就是"大数据"的显著特征,或者说,只有具备这些特点的数据,才是大数据。大数据是继云计算、物联网之后 IT 产业又一次颠覆性的技术变革。美国咨询大师托马斯·H·达文波特认为大数据之所以产生,是因为传感器和微型计算机处理器在人们日常生活中无处不在,例如云计算、物联网、博客、微博、以基于位置的服务 LBS 为代表新型信息发布方式等,它们无一不是数据来源或者承载者。所有的机器或电子设备会留下记录它特征、位置或者状态的数据痕迹,这些设备或者使用它的人们在通过网络交流时,就会有一个庞大的数据源形成。物联网主要提供数据源和管道,云计算主要为数据资产提供保管、访问、处理的场所,而数据自身才是真正有价值的资产。如何盘活利用这些数据资产,使其为国家治理、企业决策乃至个人生活服务,是大数据的核心价值。

大数据平台技术主要有如下一些。

(1) Hadoop。Hadoop 是目前最受欢迎的大数据处理平台,由 Apache 软件基金会于 2005 年设计,其设计灵感主要来源于 Doug Cutting 模仿 GFS 和 Map Reduce 实现的一个云计算开源平台。然而,现在 Hadoop 已经发展成为包括分布式文件系统(HDFS)、数据库(HBase、Cassandra)、数据处理(MapReduce)等诸多功能模块的开源软件框架。Hadoop 最早来自于另外两个开源项目 Lucene 和 Nutch。Hadoop 是一个分布式计算基础架构下的相关子项目的集合。这些项目属于 Apache 软件基金会,后者为开源软件项目社区提供支持。虽然 Hadoop 最出名的是 MapReduce 及其分布式文件系统(HDFS),但还有其他子项目提供配套服务,其他子项目提供补充性服务。这些子项目的简要描述如下,其技术栈如图 9-11 所示。

更多关于 Hadoop 的信息访问: http://hadoop.apache.org。

Hadoop 是一个能够对大量数据进行分布式处理的软件框架,如图 9-12 所示。但 Hadoop 是以一种可靠、高效、可伸缩的方式进行处理的。Hadoop 是可靠的,因为它假设计算元素和存储会失败,因此它维护多个工作数据副本,确保能够针对失败的节点重新分布处理。Hadoop 是高效的,因为它以并行的方式工作,通过并行处理加快处理速度。

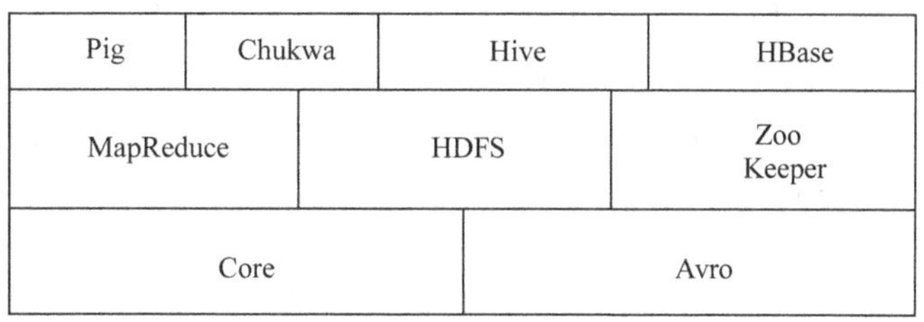

图 9-11　Hadoop 技术栈

Hadoop 还是可伸缩的，能够处理 PB 级数据。此外，Hadoop 依赖于社区服务器，因此它的成本比较低，任何人都可以使用。Hadoop 带有用 Java 语言编写的框架，因此运行在 Linux 生产平台上是非常理想的。Hadoop 上的应用程序也可以使用其他语言编写，比如 C++。

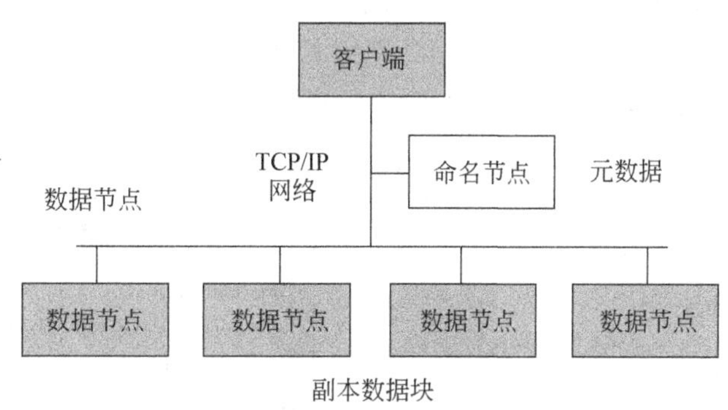

图 9-12　Hadoop 集群

Hadoop 运行在商用独立的服务群集上，用户可以随时添加或删除 Hadoop 群集中的服务器。Hadoop 是自愈系统，在出现系统变化或故障时，它仍可以运行大规模的高性能处理任务，并提供数据。

(2) Spark。Apache Spark 是专为大规模数据处理而设计的快速通用的计算引擎。Spark 是加州大学伯克利分校的 AMP 实验室所开源的类 Hadoop MapReduce 的通用并行框架。Spark 拥有 Hadoop MapReduce 所具有的优点；但不同于 MapReduce 的是——Job 中间输出结果可以保存在内存中，从而不再需要读写 HDFS，因此 Spark 能更好地适用于数据挖掘与机器学习等需要迭代的 MapReduce 算法。Spark 是一种与 Hadoop 相似的开源集群计算环境，但是两者之间还存在一些不同之处，这些不同之处使 Spark 在某些工作负载方面表现得更加优越。Spark 启用了内存分布数据集，除了能够提供交互式查询外，它还可以优化迭代工作负载。Spark 是在 Scala 语言中实现的，它将 Scala 用作其应用程序框架。与 Hadoop 不同，Spark 和 Scala 能够紧密集成，其中的 Scala 可以像操作本地集合对象一样轻松地操作分布式数据集。尽管创建 Spark 是为了支持分布式数据集上的迭代作业，但实际上它是对 Hadoop 的补充，可以在 Hadoop 文件系统中并行运行。

Spark 可以独立安装使用，也可以与 Hadoop 一起安装使用。如果与 Hadoop 一起安装使用，则可以让Spark使用Hadoop的HDFS文件系统存取数据。需要说明的是，当安装好Spark以后，里面就自带了Scala环境，不需要额外安装Scala。在大数据上进行机器学习，需要处理全量数据并进行大量的迭代计算，这要求机器学习平台具备强大的处理能力。Spark立足于内存计算，天然地适应于迭代式计算。

MLlib是Spark的机器学习（Machine Learning）库，旨在简化机器学习的工程实践工作，并方便扩展到更大规模。MLlib由一些通用的学习算法和工具组成，包括分类、回归、聚类、协同过滤、降维等，同时还包括底层的优化原语和高层的管道API。具体来说，其主要包括以下几方面的内容：

- 算法工具：常用的学习算法，如分类、回归、聚类和协同过滤。
- 特征化工具：特征提取、转化、降维和选择工具。
- 管道（Pipeline）：用于构建、评估和调整机器学习管道的工具。
- 持久性：保存和加载算法、模型和管道。
- 实用工具：线性代数、统计、数据处理等工具。

表9-1列出了目前MLlib支持的主要的机器学习算法。

表9-1 MLlib支持的主要的机器学习算法

	离散数据	连续数据
监督学习算法	Classification、LogisticRegression(with Elastic-Net)、SVM、DecisionTree、RandomForest、GBT、NaiveBayes、MultilayerPerceptron、OneVsRest	Regression、LinearRegression(with Elastic-Net)、DecisionTree、RandomFores、GBT、AFTSurvivalRegression、IsotonicRegression
无监督学习算法	Clustering、KMeans、GaussianMixture、LDA、Powerlteration Clustering、BisectingKMeans	Dimensionality Reduction，matrix factorization、PCA、SVD、ALS、WLS

9.7.2 基于Hadoop的网络舆情分析技术

网络舆情是各种社会群体对自己关心或与自身利益相关的热点事件或事物所表现出来的具有一定影响力并带有倾向性的认知、情绪、态度和意见的总和，具有广泛性、突发性、主观性、多元性等4个特征。

网络舆情分析模型主要由信息采集、信息预处理、舆情分析、舆情报告等4个大的模块组成，这4部分构成一个完整的网络舆情分析的生命周期，充分利用大数据平台和技术提高网络舆情处理效率。因此，需要将网络舆情分析系统构建在Hadoop平台上，采用HDFS分布式文件系统和MapReduce编程模型实现系统中数据的存储和处理。同时，实现海量网络舆情数据的自动采集、分析和处理，及时发现舆论热点和各类事件发展趋势。

基于Hadoop的网络舆情分析系统如图9-13所示。

网络舆情分析系统主要可以分为3个步骤进行，分别是网络舆情信息采集、网络舆情

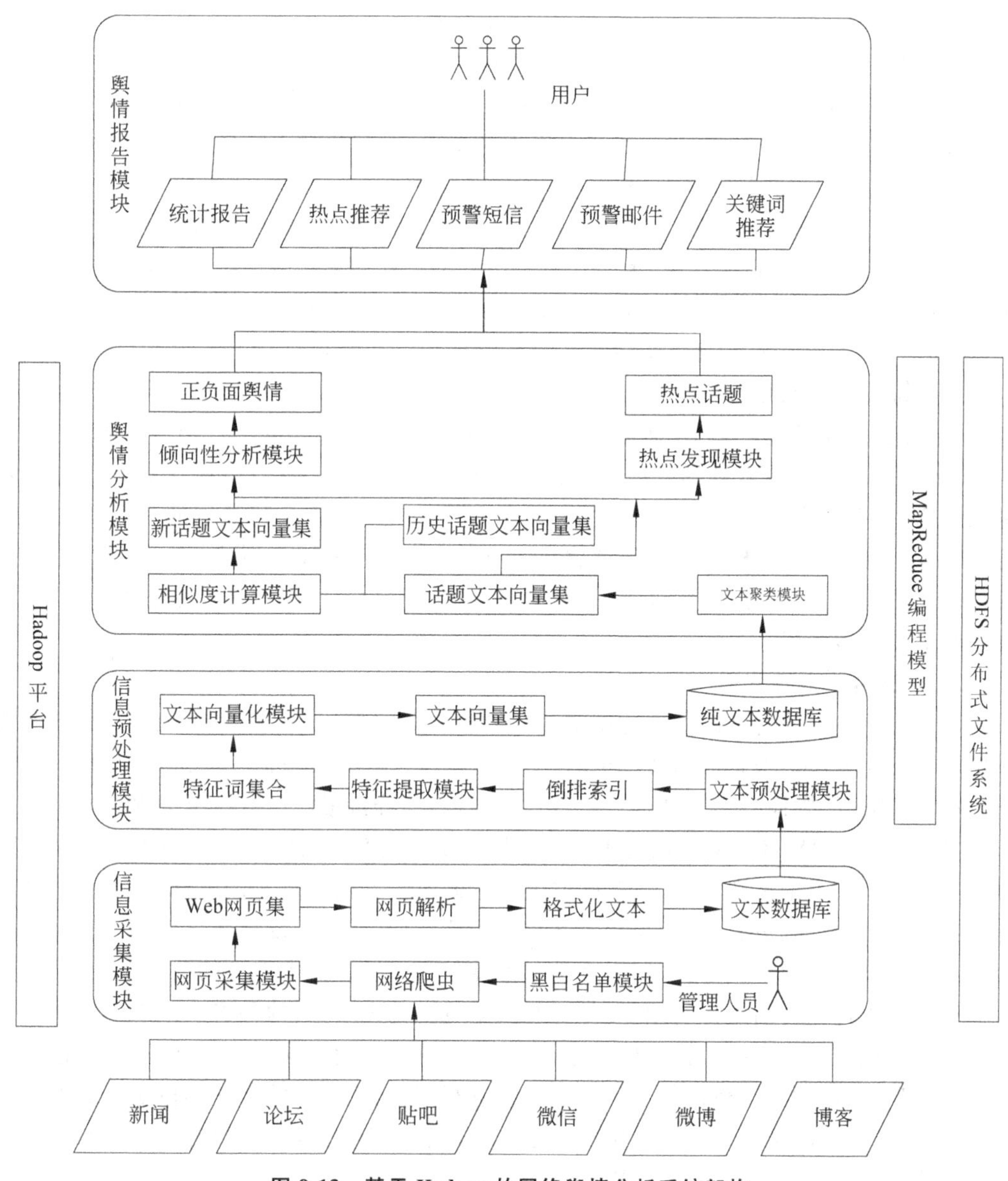

图 9-13 基于 Hadoop 的网络舆情分析系统架构

信息预处理和网络舆情内容分析。

1. 网络舆情信息采集

为实现大规模数据的快速采集，采用基于 Hadoop 的 Nutch 分布式数据采集框架。利用分布式网络爬虫 Nutch 从指定的 URL 入口爬取网络舆情信息，并对这些舆情信息进行数据清洗，去重去噪，最终提取出纯文本数据作为信息预处理的数据来源。用户可以管理设置 URL 入口和爬虫参数，提高网页采集的准确性。

2. 网络舆情信息预处理

信息预处理设计为 3 个阶段进行，分别为文本分布式预处理、特征选择分布式计算、文本向量化。系统采用 HDFS 分布式文件系统实现对大量文本的存储,并利用 MapReduce 并行框架对大规模文本进行分布式并行预处理。

(1) 文本分布式预处理。文本分布式预处理包括中文分词、停用词去除、词频统计、倒排索引生成。利用 MapReduce 框架将文本集的分词、停用词去除以及文本内的词频统计放置在 Map 阶段,将构造倒排索引文件的任务设置在 Reduce 阶段完成。

(2) 特征选择分布式计算。特征选择过程主要是对文本预处理后得到的倒排索引文件进行特征选择,实现特征降维,最终得到文本集的特征词集合。可以将倒排索引文件分块存储在多个节点上,Map 函数完成并行读取文件块、特征值的计算,然后利用 MapReduce 计算框架强大的排序功能实现对特征值的排序,最后利用 Reduce 函数取指定个数的特征词完成特征词选择。

(3) 文本向量化。采用词频-逆文档频率(Term Frequency-Inverse Document Frequency,TF-IDF)权重计算方法计算特征词在各个文本中的权重,从而对文本进行向量化处理。利用 MapReduce 并行计算框架分布式并行计算各个特征词的 TFIDF 权重,可以将各个特征词的文档频数的计算放在 Mapper 中并行执行,大大提高了 TFIDF 计算模型的计算效率。通过向量化过程,文本由字符串转化为 TF-IDF 值所构成的向量形式,便于文本的后续处理。

3. 网络舆情内容分析

通过对采集到的网页信息进行排重、去噪、中文分词等一系列预处理操作,最终得到一组用特征向量模型来表示的文档组后,下一步就可以开始舆情话题的识别和跟踪、敏感话题检测、热点话题检测、文本倾向性分析、自动摘要、分析报警等网络舆情内容分析。

(1) 话题的识别和跟踪。话题识别及话题跟踪是舆情分析中的重要技术。话题识别是指通过机器学习中聚类算法,将互联网上关于同一事件的大量文档进行汇总归类,将内容相似的文档聚合到一起,然后识别出文档的主要话题,是一个发现新事件的无监督聚类过程。同类文档相似度大,而不同类文档相似度较小是进行文本聚类的前提条件。

话题跟踪过程与话题识别相反,是一个文本分类的过程,目的是将后续产生的文档分配到已存在的若干分类中。在具体实施工程中分为两步进行:首先通过机器学习建立一个话题模型,然后对网络舆情的后续报道文档进行跟踪,将读取的新文档按照相似度计算算法计算,计算后的结果与之前设定的用于判断两者是否属于同一类的阈值进行比较,如果超过这一值,则将其归入相关类别。

(2) 敏感话题检测。经过分词模块处理之后得到结构化文档,再与敏感词词库匹配来实现敏感话题检测功能。首先需要用户输入敏感词,或者系统自动总结当前比较敏感的词汇,然后建立一个包含所有要处理的敏感词词库,将分词处理之后的结果与所建立的敏感词词库进行匹配,并且可以利用关键词来进行分析和过滤敏感词汇所在文档,发现并检测目前互联网中的敏感话题。

(3) 热点话题检测。热点话题检测是网络舆情分析的重点,热点话题检测是在话题识别基础上,通过对分类话题、文章点击量、文章评论数、文章参与人数等参数的统计分析,实现热点话题检测。大多数网民在某段时间范围里,反复讨论、提及和关注的话题为热点话题,话题热度大小与参与讨论的网民人数成正比。热点话题总是受各种因素影响而发生变化，具有一定的时效性。

通过统计舆情信息出处权威度、评论数量、转载次数、发言时间、密集程度等参数，利用关键字布控和语义分析技术可以识别出给定时间段内的热门话题。在实践中，Hits 算法被广泛运用于网络舆情热点发现领域，该算法的基础是基于链接分析的网页重要程度排序算法，Hits 算法提出将互联网上的网页进行分类，分为权威性网页和中心性网页，为网页分别设定 authority 值和 hub 值，将 authority 值定义为所有指向它的网页的 hub 值之和，hub 值定义为该网页指向的所有网页的 authority 值之和，通过构造舆情链接关系集合，按照一定的算法计算舆情节点的中心度，将中心度降序排列后发现舆情热点。

(4) 文本倾向性分析。文本倾向性分析简单来说就是试图根据文本的内容提炼出文本的情感方向，通过计算机挖掘网络文本内容蕴含的各种观点、喜好、态度、情感等非内容或非事实信息获取文本语义，根据文本语义倾向性的不同，将文本感情色彩分为正面褒义类、中立类、负面贬义类等 3 种。

(5) 自动摘要。自动摘要即利用计算机自动从原始静态或动态的网络信息中提取能够全面准确地反映某一文献中心内容的短文。常用方法是将文本视为句子的线性序列，句子作为词的线性序列。

(6) 分析报警。舆情分析保健模块主要是为了满足不同用户需求，自动实现为用户推荐近期舆情热点、进行相关内容的汇总统计、推荐搜索的关键词、对超出一定安全基线的话题自动报警、辅助进行内容的采编等功能，并且能够按照用户需求生成统计报表。当热点舆情或负面舆情达到或超过某个热度或报警阈值时，系统可以短信、邮件等形式进行自动报警，提醒相关监测机构及管理员关注该舆情或警情信息，实施相应防范措施，防患于未然。

9.7.3　基于 Spark 的网络舆情分析技术

由以上分析可知，网络舆情内容分析是整个架构的关键。特别是在大数据环境下，高效稳定的信息内容分析技术对于整个网络舆情分析系统至关重要。而由于信息内容分析，如文本聚类、分类检测经常要使用到迭代次数多且复杂的算法，其往往成为舆情分析架构的主要瓶颈。例如，基于 Hadoop 进行文本聚类时，由于在 MapReduce 过程中需要对磁盘进行多次读写，且每次迭代过程都要进行一次类时运算，故当数据量大且迭代次数多时，就会在磁盘文件的 I/O 出现瓶颈，导致文本聚类非常缓慢，影响了整个网络舆情分析的性能。

利用 Spark RDD 模型易于迭代类数据挖掘算法的特性，在其框架上运行 K-means 聚类算法对网络信息内容文本进行聚类运算，并针对微博类短文本造成文本特征少的问题，在数据预处理中可以使用 word2vec 工具进行特征扩展。在进行文本聚类的整个过程中，只有开始读数据和最后保存结果时，才对 Hadoop HDFS 文件系统进行读写操作，其他每次迭代的计算均在 Spark RDD 中进行，由于 RDD 是缓存在内存中的，因此突破了在 Hadoop 中运行文本聚类算法中对磁盘频繁进行读写而引起的性能瓶颈，从而使得在大数据环境下的网络舆情文本聚类性能上有了质的提升。

小　　结

本章介绍了网络内容安全的基本概念与重要意义，网络信息内容监测的目的不仅是将网络中的信息内容展现给网络管理者，更重要的是要发现并处理其中的非法信息，防止其进一步扩散并危害网络社会。本章系统分析了网络内容安全涉及的关键技术，包括数据获取技术、协议分析技术、数据还原技术及内容过滤技术等，给出了面向网络内容安全的监控模型，分析了数据挖掘技术在网络内容安全中的应用，并结合论坛类网站给出了内容安全监控模型。介绍了基于大数据的网络舆情分析技术，阐述了基于 Hadoop 的网络舆情分析技术和基于 Spark 的网络舆情分析技术。

习　　题

1. 为什么要进行面向网络内容的安全监控？
2. 网络内容安全监测的关键技术有哪些？
3. 如何将数据挖掘技术应用于网络内容安全中？
4. 数据挖掘与知识发现的关系是什么？
5. 如何对论坛类网站实施监控？
6. 为什么要采用大数据技术进行网络舆情分析？

第 10 章 电子商务安全

本章要点：

☑ 安全电子商务概述
☑ 电子商务中的安全机制
☑ 电子商务支付系统
☑ 安全电子交易协议 SET
☑ 安全套接层协议 SSL
☑ SET 协议与 SSL 协议的比较

10.1 安全电子商务概述

随着因特网和电子技术的迅速发展，信息技术被用于商务中，产生了电子商务(Electronic Commerce/Electronic Business/E-commerce/E-business)。电子商务是一种新的商贸模式，借助于开放的因特网和现代信息技术。

10.1.1 电子商务简介

电子商务是以因特网为媒介、以商品交易双方为主体、以银行电子支付与结算为手段的全新商务模式。电子商务是运用现代通信技术、计算机和网络技术进行的一种社会经济形态，其目的是通过降低社会经营成本，提高社会生产效率，优化社会资源配置，从而实现社会财富的最大化利用。

一般的电子商务过程，可分为交易准备阶段、贸易磋商阶段、合同签订阶段和合同执行阶段。参与电子商务的主要有客户、商家、认证中心(Certificate Authority，CA)和银行。电子商务按不同的分类方法可分为不同的类。按应用群体的角度分类，可分为如下4类：第一类是企业间的电子商务(B2B)，它是企业与企业间通过网络进行产品或服务的经营活动，如原材料供应等。B2B电子商务应该是电子商务的主要服务内容。第二类是企业与消费者之间的电子商务(Business-to-Consumer，B2C)，它是企业通过网络为消费者提供产品或服务的经营活动，如网上书店等。第三类是政府与企业之间的电子商务(Government to Business，G2B)，它包括企业与政府组织间的各项商务活动，如政府上网采购等。第四类是政府与消费者之间的电子商务(G2C)，它是政府通过因特网进行社会福利金支付、个人所得税征收等。

10.1.2 电子商务系统的结构

通常，电子商务系统的3层结构如图10-1所示。

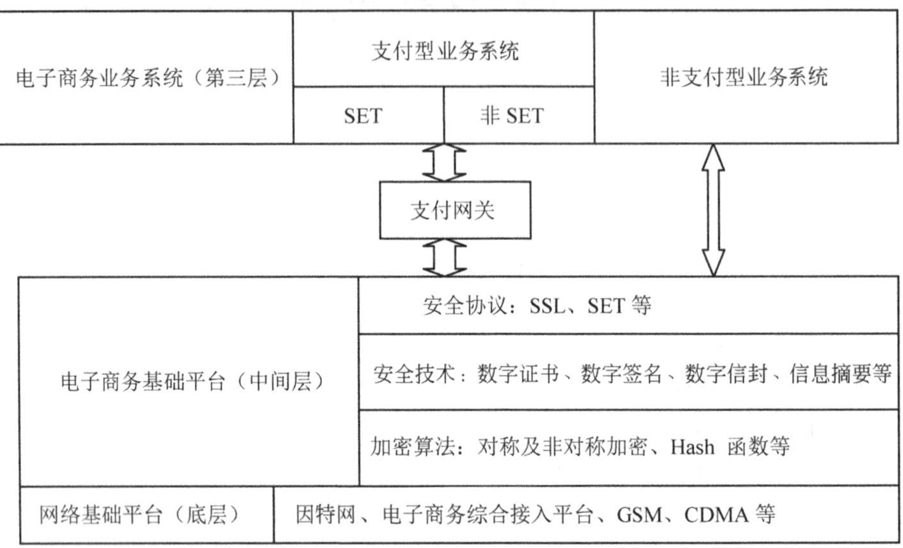

图 10-1 电子商务系统三层框架结构

底层是网络基础平台，它是信息传送的载体和用户接入手段。中间层是电子商务基础平台，它分为三层：加密算法层，包括对称和非对称加密算法、Hash 函数等；安全技术层，包括数字证书、数字签名、数字信封、消息摘要等安全技术；安全协议层，包括安全电子商务（Secure Electronic Transaction，SET）协议和安全套接层协议（Secure Sockets Layer，SSL）等。第三层是电子商务业务系统，它包括支付型业务系统和非支付型业务系统，其中支付型占主流。支付型业务系统又可分为 SET 和非 SET 两类。支付系统通过支付网关架构在电子商务基础平台上，为支付型电子商务业务系统提供各种支付手段。非支付型电子商务系统直接架构在电子商务基础平台上，使用这层的各种技术为用户提供电子商务服务。电子商务系统中的各个组成部分如认证中心、支付网关、业务系统等都连接在因特网上，通过因特网实现电子商务。认证中心通过因特网向终端用户、支付网关和电子商务业务系统提供数字证书发放和授权服务等业务。支付网关通过专线与银行的网络中心实现连接。电子商务业务系统直接建立在因特网上。

10.1.3 电子商务的安全需求

电子商务的安全包括物理安全、信息安全、交易安全和管理安全等4个部分，其中交易安全是电子商务系统所特有的安全要求。

1. 物理安全

计算机系统各种设备的物理安全是整个计算机系统安全的前提。物理安全的作用是保护计算机网络设备、设施和其他数据免遭自然威胁、人员威胁和环境威胁。自然威胁包括洪水、地震、火灾、龙卷风、山崩、雪灾等。人员威胁包括由人产生的威胁，如无意行动

(误操作等)或有意行动(恶意攻击、机密数据的非授权访问等)。环境威胁包括长期电力故障、污染、液体泄漏等。

2. 信息安全

系统可能遭受的攻击包括窃听、伪装、篡改、渗透、流量分析、拒绝服务和传播病毒等。对这些攻击主要采用的技术有加密技术、数字签名技术、访问控制技术、数据完整性技术、认证技术、防火墙技术、虚拟专用网(VPN)技术、入侵检测技术、漏洞检测技术和病毒防护技术。通常使用的防护措施有数据加密、访问控制、数据完整性控制、数字签名、数字证书、认证机制、访问设备(安全认证卡)、网络安全检测设备、防火墙、防入侵措施(如入侵检测系统,分布式入侵检测系统)、端口保护、路由选择机制、通信流控制、木马病毒防范措施。

3. 交易安全

由于电子交易是通过因特网进行的,因此因特网的安全性和交易双方身份的认证很重要。电子交易双方都面临着一些安全威胁,主要有虚假定单、付款后收不到商品、商家发货后,得不到付款、机密性丧失、电子货币丢失、非法存取、监听、欺诈、侵入、中断、篡改、伪造、拒绝服务、抵赖等。通常采取的防护措施有支持 SSL 的浏览器/服务器软件、安全电子交易协议 SET、支持电子支付的商业软件。交易安全是安全电子商务的基础。

4. 管理安全

网络的安全管理需要加强。此外,组织管理也需要考虑。

网上交易面临着很多安全威胁。网上交易与支付的安全需求可归纳为如下:真实性、保密性、完整性、不可否认性、有效性、匿名性和原子性。

(1)真实性。参与网上交易的各方不是面对面的,这与传统交易是不同的。因此有可能出现假冒,必须对交易各方的身份进行认证,以保证他们身份的真实性。

(2) 保密性。电子商务交易必须保证重要信息不被泄露给未经授权的人或实体。电子商务系统必须对传输的信息加密,这样可以保密。

(3) 完整性。交易各方信息的完整性是电子交易的基础。电子商务系统必须防止对信息的篡改如删除、修改等,还要防止数据传输过程中信息的丢失和重复,并保证信息传递次序的统一。

(4) 不可否认性,也称为不可抵赖性。电子商务系统必须保证交易过程中的不可否认性,保证交易各方对已做交易无法否认。电子交易过程的各个环节都必须是不可否认的,交易一旦达成,发送方不能否认发送的信息,接收方不能篡改收到的信息。

(5) 有效性。电子商务系统必须保证交易数据在确定的时间和确定的地点是有效的。必须有效防止拒绝服务等情况的发生。要对故障、错误及病毒等的潜在危害加以控制和预防。

(6) 匿名性。电子商务应保证交易的匿名性,防止交易过程被跟踪,保证交易过程中用户的个人信息不被泄露给未知的或不可信的个体,确保合法用户的隐私不被侵犯。

(7) 原子性。事物的原子性本是数据库领域中的概念。电子商务系统引入原子性的概念,以规范电子商务中资金流、信息流和物流。原子性包括钱原子性(money atomicity)、商品原子性(goods atomicity)、确认发送原子性(certified delivery atomicity)。

10.1.4 电子商务的安全体系结构

电子商务的安全体系结构为交易过程的安全提供了基本保障。电子商务的安全体系结构由网络服务层、加密技术层、安全认证层、交易协议层和电子商务应用系统层等5个层次组成。下层是上层的基础，上层是下层的扩展。各层之间相互依赖。电子商务安全问题可归结为网络安全和交易安全两个方面。电子商务的安全体系结构如图10-2所示。

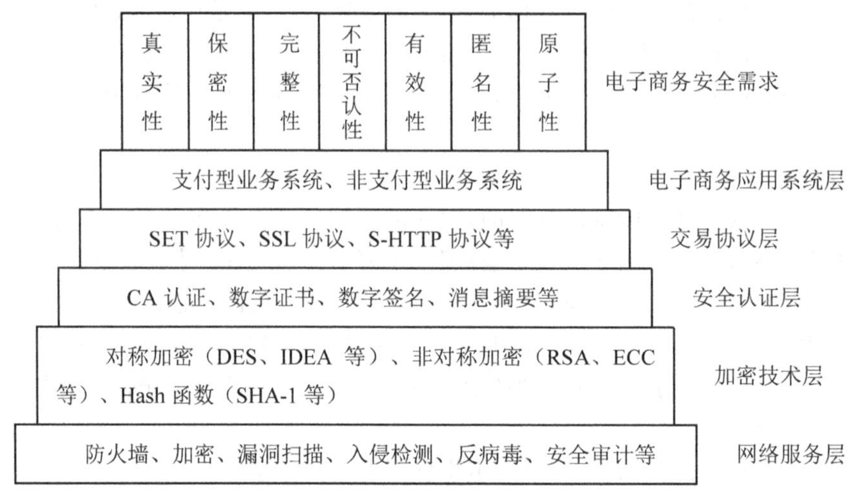

图10-2 电子商务的安全体系结构

网络服务层提供网络安全。计算机网络安全采用的主要安全有防火墙、加密、漏洞扫描、入侵检测、反病毒、安全审计等。加密技术层、安全认证层、交易协议层和电子商务应用系统层提供交易安全。加密技术是电子商务最基本的安全措施。加密技术层有对称加密如DES、AES、IDEA、3DES等算法，非对称加密如RSA和ECC算法等，还有Hash函数如SHA-1等。认证技术是保证电子商务安全的又一重要技术。认证的实现包括CA认证、数字证书、数字签名、消息摘要等技术。电子商务的运行除以上各种技术外，还需要一套完整的安全协议。目前比较成熟的安全协议有安全电子交易协议(Secure Electronic Transactions,SET)、安全套接层协议(Secure Socket Layer,SSL)和Netbill协议等。电子商务应用系统层是各种电子商务业务层，包括支付型和非支付型业务系统。

10.2 电子商务中的安全机制

高安全性是保障电子商务顺利发展的关键和核心。由于电子商务是通过因特网进行交易的，因特网有其自身缺陷和其他因素，因此网上交易会面临很多威胁。安全问题是电子商务系统必须解决的首要问题。为保障电子商务的安全运行，必须采取一些安全技术。

10.2.1 密码技术

电子商务的安全性依赖于密码技术。密码技术是电子商务系统采用的一个基本技术。密码技术是信息安全的核心技术。密码技术的目的是为了防止既定接收方以外的人获得机密信息，是实现保密性的一种重要方法。

10.2.2　认证技术

认证技术是电子商务系统使用的又一重要安全技术。由于电子交易是在网上进行而非面对面的，在交易中就可能会出现欺诈、假冒、抵赖等风险。因此，在网上交易前，双方必须进行身份的认证。只有确认了交易双方的身份是真实可靠之后，才可进行网上交易。认证技术包括数字签名技术、数字证书技术、消息摘要技术和CA认证技术等。

认证技术是信息安全的一个重要技术。认证包括身份认证和消息验证(或报文验证)。身份认证是对通信对象的认证，以确认实体是真实的。消息验证是对通信内容的验证，包括两方面：验证消息来源的真实和验证消息的完整性，防止消息被篡改或交易过程中出现数据差错。

1. 身份认证

身份认证是通过验证被认证对象的属性来判断被认证对象是否真实有效。被认证对象的属性有口令、数字签名和生理特征如指纹、掌纹、声音等。身份认证的参与实体主要有验证者和被验证对象。出示证据的人是被验证对象，也称为声称者，他们要向验证者实体证明自己的身份。验证者负责验证被验证对象的身份，检验声称者证据的正确性和合法性。

2. 消息验证

消息验证分为消息来源真实性验证和消息完整性验证。消息来源真实性和消息完整性验证通常是同时进行。验证技术的共同点通常是检验一些参数是否满足某些预定的关系或特征。消息来源的验证可使用多种不同的系统特征与参数，这些参数可以是通信双方共有的，如共享密钥。有多种方法使用共享密钥来验证报文来源，其中最简单的是采用加密消息的方式，还有计算消息认证码(Message Authenticate Code，MAC)的方式。

消息完整性验证可利用消息摘要。消息摘要(或报文摘要)在验证消息中起着很重要的作用。消息认证码就可通过消息摘要得到。报文摘要是由散列函数完成，此函数的输入与输出能反映消息的特征。经典散列算法有消息摘要算法MD5和安全散列算法SHA-1。在电子商务等安全要求较高的环境，使用的散列算法大多选择SHA-1。利用消息摘要验证消息完整性时，可通过验证消息散列值是否发生变化，来替代对大量输入消息的验证。利用消息摘要验证消息完整性如图10-3所示。

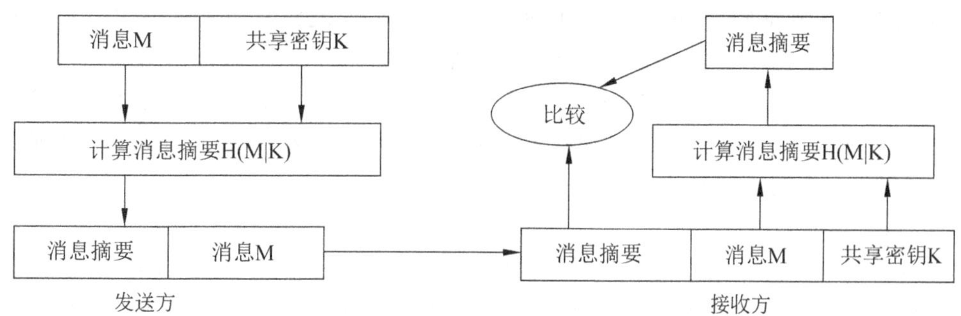

图10-3　利用消息摘要验证消息完整性

在计算消息摘要时，需要附加通信双方所共享的信息如共享密钥，该密钥作为一个附加的信息放在消息的头部或尾部。若不附加共享信息，则攻击者在修改消息后，因散列算法公开，他就能重新计算消息摘要，附加在修改的消息后面，这样接收者验证消息摘要时就无法确定消息是否被篡改，因此直接计算消息摘要是无意义的。因为攻击者不知道共享密钥，所以他不能计算修改后的消息摘要。接收方可根据共享密钥以及收到的消息计算消息摘要，并与收到的消息摘要比较。如果两个摘要值相等，说明消息来源真实且保持了完整性，否则，丢弃消息。

3. 数字签名

数字签名技术是电子商务中采用的一个重要技术。传统商务中，在合同或文件上进行手工签名。电子商务中，为保证交易的安全，也需要签订电子合同或文件。这些电子合同或文件是以网络消息的形式传输的，因此传统的手工签名或盖章是不行的，需要电子签名。电子签名的目的与手工签名相同，都是为了保证交易的安全性、真实性与不可抵赖性。实现电子签名的技术有很多，通常使用的是数字签名。数字签名是现今电子商务中技术最成熟，应用最广的一种电子签名。数字签名与书面文件签名具有同等法律效力。

4. 数字证书

针对公钥密码体制中公钥的分发问题，人们提出了数字证书的革命性思想。数字证书相当于护照、驾驶证之类的证件，起到证明身份的作用。数字证书是标志网络用户身份信息的一系列数据，用来在网络通信中识别通信对象的身份。

基于公钥密码体制的数字证书是电子商务安全体系的核心。以数字证书为核心的加密技术可对网上传输的信息加解密、数字签名和签名验证，确保网上传输信息的机密性、完整性、通信实体身份的真实性和签名的不可否认性，确保网络应用的安全性。数字证书需要有一个信任机构来签发，这个机构就是认证中心CA。

目前，最常用的数字证书是X.509证书。它已用于很多安全应用程序，如IPSec协议、安全套接层SSL协议、安全电子交易SET协议等。数字证书也需要有一套完整的管理机构，这就是公钥基础设施PKI。PKI技术成为因特网上现代安全机制的中心焦点，已初步形成了一套完整的因特网安全解决方案，即目前被广泛采用的PKI体系结构。以CA为核心的PKI安全体系是电子商务的基础设施。PKI与非对称加密密切相关，包括消息摘要、数字签名和加密服务。要支持这些服务，最主要的是数字证书技术。PKI就是利用公钥理论和技术建立的能提供安全服务的基础设施。基础设施就是在某个大环境下普遍适用的系统和准则。PKI体系结构采用数字证书管理公钥，通过认证中心CA，把用户的公钥和其他标识信息（如名称、身份证号等）捆在一起，以便验证网络通信对象的身份。CA是PKI的核心组件，它是证书的签发机构，必须具有权威性和公正性。PKI最主要的作用是颁发证书、撤销证书、创建和发布证书撤销列表CRL、存储和检索证书及CRL、密钥生存周期的管理。

5. 认证中心

认证中心CA主要负责数字证书的发放和管理工作，它的作用主要是证书发放、证书查询、证书更新、证书撤销和证书归档。完整的CA系统是由多个认证中心CA共同组成，各认证中心形成层次关系。最顶层的认证中心是根CA，下面级联多个子CA，各子

CA中心同时又可携带叶子CA，这样形成一个树状CA结构。例如，根CA可以是国家某部门设立的电子商务认证中心，其下一层是各省CA，各省根据具体情况还可以发展市级CA。每一个CA都有属于自己的CA证书，根CA证书是由其自身颁发的。每一层CA只向其下一级CA颁发数字证书，而不能越层颁发证书。最终用户的证书是由底层CA颁发。

电子商务系统必须有完整合理的认证中心系统支撑。据统计，目前我国CA公司大约有80多家，分为行业CA、地方CA、商业CA三类。行业CA是行业主管部门建立的认证中心，如中国金融认证中心CFCA、电信CA、海关CA等。地方CA是地方政府部门建立的认证中心，如上海、北京等各大城市建立的CA。

10.2.3 网络安全技术

由于因特网的开放性等特点，网络面临着很多安全威胁如窃听、假冒、拒绝服务、病毒等。网络安全是信息系统安全的基础，必须采取一些技术来保护网络的安全，保证网络正常运转和网络数据的完整性、保密性和可用性，还需要解决的问题有身份认证、授权控制以及防止否认。

防火墙是一种设备，它用来保护本地系统或网络，以防止网络攻击。防火墙通常位于被保护的网络和外部网的边界，根据防火墙配置的安全策略来监控和过滤内部网和外部网之间的所有通信量。

虚拟专用网(Virtual Private Network，VPN)是在公共网络中建立一个专用网络，数据通过建立的虚拟安全通道在公共网络中传播。虚拟专用网是一个虚拟的网络，在不安全的公共数据网络上向用户提供安全的专用网络，它是一种廉价而又安全可靠的通信方法，可以帮助企业与远程用户、分支机构或商业伙伴建立安全的连接。隧道技术是虚拟专用网的基本技术，此外，还有加密技术。

防火墙虽然能阻止一些已知的入侵发生，但它只是一种被动的防御工具，无法识别并处理一些非预期的攻击，也无法阻止内部人员的攻击。而入侵检测系统(Intrusion Detection System，IDS)可以弥补防火墙的不足，是一种主动保护网络免受攻击的网络安全系统。它可以实时监视、分析用户及系统的活动，并识别出由内部人员或外部攻击者进行的不正常活动，并对此做出反应。

10.2.4 电子商务应用中的安全交易标准

交易的安全性是电子商务发展面临的主要问题之一。交易的安全是电子商务的保障，也是电子商务的难点。网上交易面临很多威胁，必须采取安全措施。电子商务初期使用的是一些简单的安全措施，有部分告知、另行确认和在线服务。但这些方法都有局限性，并且操作复杂，不能实现安全可靠的网上交易。后来信息技术业界和金融行业研究并颁布了一些安全交易标准，主要有安全电子交易协议(Secure Electronic Transaction，SET)、安全套接层协议(Secure Sockets Layer，SSL)、安全交易技术协议(Secure Transaction Technology，STT)、安全超文本传输协议(Secure Hypertext Transfer Protocol，S-HTTP)。安全交易技术协议是微软公司提出，并被用于IE浏览器中，此技术将解密和认证在浏览器中分开,用来提高安全控制能力。安全超文本传输协议依靠密钥对的加密来保证网上站点之间的交易信息传输的安全性。

10.3 电子商务的支付系统

商务活动必然会涉及支付。目前常用的支付手段主要有现金支付、通过银行的支付(如支票支付、邮政汇兑支付、自动清算所支付、电子资金汇兑等)和使用信用卡的支付(如使用贷记卡、借记卡、收费卡、旅行娱乐卡等)。

10.3.1 电子支付系统简介

电子商务已逐渐从非支付型向支付型过渡。目前国内外已产生了很多实用化的电子支付系统,如网上商店、网上银行等系统。电子支付是电子商务的关键,它是指网上交易的参与者(即消费者、商家和银行)使用安全电子支付手段通过网络进行的现金支付或转账。在电子商务中电子支付表现为消费者通过因特网将其存在银行的资金划入到商家账户的一系列资金转移过程。如何安全地实现电子支付并保证交易各方的安全保密是电子商务顺利发展的关键。

与传统支付相比,电子支付具有如下特点:

(1) 运行环境:电子支付运行在一个开放的系统平台上,并以公共网络(如因特网)作为通信媒介、以数字流转技术来完成信息传输。而传统支付运行在较封闭的系统中,这是电子支付与传统支付的最关键区别。

(2) 支付工具:电子支付借助因特网和电子支付工具,以数字化的方式完成支付过程。而传统支付通过现金流转、票据转让和银行的汇兑等物理实体来完成支付。

(3) 对系统的软、硬件设施:电子支付不会产生纸质凭证,对系统的软、硬件设施有很高的要求。而传统支付中,消费者和商家进行面对面的交易,产生传统的纸质凭证。

电子支付系统主要有如下电子支付工具。

(1) 电子现金:它是以数字化形式存在的现金货币,是传统现金的电子表达形式。

(2) 信用卡:它是目前因特网上用得最多的支付工具。信用卡的卡基由磁条卡逐渐发展为能读写大量数据、更安全可靠的智能卡,被称为电子信用卡。

(3) 电子支票:它可将传统支票的全部信息变为带有数字签名的电子消息。

此外,电子支付工具还有电子钱包,它是在小额购物或购买小商品时常用的新式钱包。电子钱包可以装入电子现金、电子信用卡等电子货币,而且也可以把所有者的身份证书、所有者的地址、在电子商务网站收款台上所需的其他信息保存在电子钱包中。

电子商务支付系统是电子商务系统的重要组成部分。电子商务支付系统根据支付工具分为电子信用卡支付模型、电子现金支付模型和电子支票支付系统。电子商务支付系统根据连接方式分为在线支付系统和离线支付系统。电子商务支付系统要使消费者使用方便并保证参与交易各方的安全需求。为防止攻击,电子商务支付系统提出了一些安全需求:匿名性和交易的不可关联性、身份认证、支付授权、支付交易消息的不可否认性、不可伪造性、不可重用性、机密性、消息的完整性鉴别。

10.3.2 电子信用卡

电子信用卡是现今电子支付系统最常见的支付手段，是现实世界信用卡的替代者。电子信用卡支付系统以电子信用卡为支付工具。电子信用卡支付系统主要包括两类支付模型：通过可信第三方(trusted third party)的支付模型和具有简单安全措施的支付模型。

1. 可信第三方支付模型

在可信第三方的支付模型中，消费者和商家都要在第三方支付网关中开设账号，他们都对第三方有较高的信任。可信第三方对商家和消费者的身份进行鉴别，还对订单和支付信息的有效性进行核实。因为可信第三方管理所有消费者和商家的成员资格和他们的支付信息(如消费者和商家的银行账号等)，所以它必须保证信息的保密，这使得它是整个系统的核心，承担了大部分风险。

可信第三方支付模型的整个交易过程可分为两个过程：在线交易和确认过程、离线或安全的支付结算过程。在前一过程中，消费者只需向商家传输其订单信息，如商品名、支付金额等。然后商家将消费者订单提供给可信第三方。第三方对消费者核实订单信息的正确性。只有在消费者确认其订单信息之后，第三方才开始启动离线或安全的支付结算过程。第三方代表消费者和商家处理所有敏感支付信息，并将银行账号等信息传给银行，完成整个支付。在线交易和确认过程没有进行任何资金流转，只有非敏感信息的在线交换。因此该支付模型分离了敏感信息和非敏感信息。

第一虚拟持有(First Virtual Holdings，FV)是典型以因特网为基础的可信第三方系统，支付如图10-4所示。

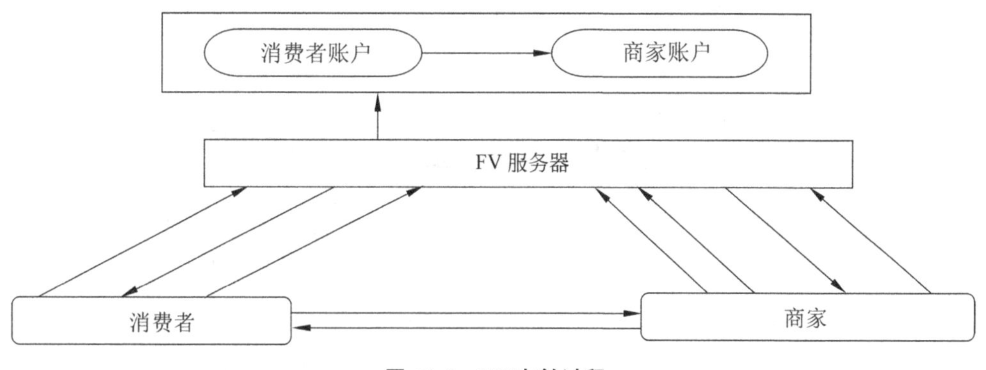

图10-4 FV支付过程

(1) 消费者和商家向FV注册，并请求一个虚拟个人识别码(Virtual PIN，VPIN)，即一串字母和数字的组合，它将用作用户信用卡号的替代名。这是该系统利用假名方式保证客户匿名性。

(2) 消费者向商家发出购买商品请求，并将其VPIN和订单一起发送给商家。

(3) 商家向FV服务器发出VPIN认证的请求，以便核实客户的VPIN。最初的FV支付系统没有使用密码系统，后来在某些情况下提供了加密功能。

(4) FV将认证结果发送给商家。

(5) 若此 VPIN 有效,商家将消费者请求的服务或商品发送给消费者。

(6) 发送商品后,商家将交易信息发送给 FV 服务器,以请求消费者支付。

(7) FV 支付服务器向消费者发送一个请求支付的电子消息(如 E-mail),询问消费者是否同意支付费用。这是为保护消费者免遭不诚实商家的欺骗,但同时也为商家带来了消费者拒绝支付的风险。消费者可对支付请求做出回应:同意支付、不同意支付、伪造交易。

(8) 若消费者不满意接到的商品,他可回复"不同意支付"。若消费者没有预定该商品,则消费者回答"伪造交易"。这表明 VPIN 已被盗,于是 FV 立即中止该交易,并删除被盗的 VPIN。若消费者同意付费,则客户回答"同意支付"。因此 VPIN 只有得到消费者的支付授权后才可使用它。

(9) 若 FV 支付服务器收到"同意支付"的应答,则 FV 将此次交易的金额从消费者账户中取出存入商家账户。

2. 具有简单安全措施的支付模型

可信第三方的支付模型要求消费者必须是该支付系统的成员,它不能提供非成员之间的交易。传统的信用卡支付可以实现与非成员的交易,这是目前较常用的一种支付模式。在信用卡支付模型中,消费者只需在银行开设一个普通信用卡账户。支付时,消费者向商家提供加密的信用卡号码,由商家将这些信息转发给支付网关。支付网关将解密后的支付信息转发给金融机构。

信用卡支付模型的一个典型例子是 CyberCash,它由三个独立软件共同完成:消费者计算机上的 CyberCash 钱包软件、商家服务器软件和 CyberCash 服务器软件。使用 CyberCash 之前,消费者可以从 CyberCash 网站上免费下载钱包软件。利用 CyberCash 的支付过程如图 10-5 所示。

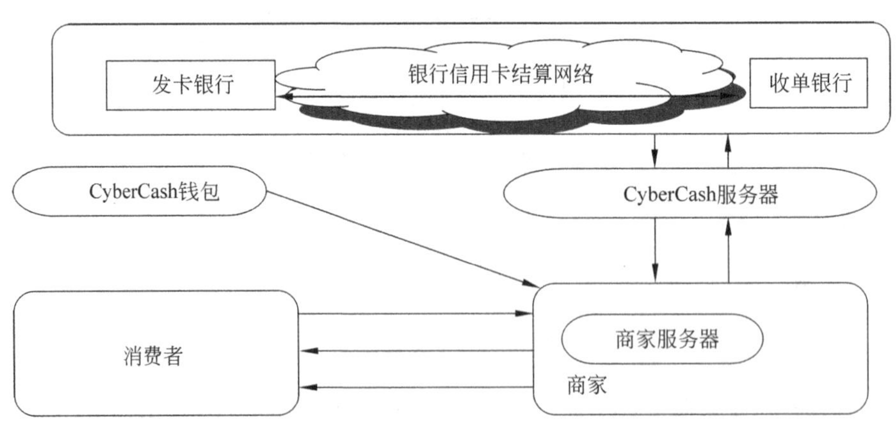

图 10-5 利用 CyberCash 的支付过程

(1) 消费者填写商家订单。

(2) 当消费者选择 CyberCash 付费时,商家服务器向消费者开出一个费用清单请求消费者付费。消费者收到请求后需从钱包中选择付费信用卡。

(3) CyberCash 钱包将信用卡信息加密后发给商家服务器。

(4) 商家服务器验证它接到信息的有效性和完整性，它只需检查接到的信息是否被篡改。若没被篡改，商家服务器再将消息发给 CyberCash 服务器。因为信用卡信息已经过加密处理，因此商家不能发现消费者的敏感数据，这保护了消费者的隐私。

(5) CyberCash 服务器验证商家身份后，将解密后的信用卡信息通过安全专用网传到。

(6) 收单银行。收单银行通过银行间的电子通道与消费者发卡行联系，确认信用卡信息的有效性。

(7) 收单银行在证实消费者信用卡有效后，将结果传给 CyberCash 服务器。

(8) CyberCash 服务器向商家服务器通知交易处理结果。

(9) 商家发送商品给消费者。

CyberCash 服务器是此支付模型的关键，因为只有 CyberCash 服务器可以识别加密信息，而且 CyberCash 服务器提供支付授权。CyberCash 利用公钥加密、对称加密和数字签名。这些加密、授权、认证及相关信息传输使交易成本提高，这种方式不适合于小额交易。

10.3.3 电子现金

电子现金(或数字货币)是一种以数字形式流通的货币，是传统现金的电子表现形式。电子现金将传统现金的价值转换为加密序列数，以数字信息形式存在，并可通过互联网流通，比纸币更加方便、经济，可存、取、转让，非常适于小额支付，也便于在网络上传递。因此电子现金在经济领域起着与普通现金同样的作用。

电子现金的发行方式有存储性质的预付卡和纯电子形式的数据文件。预付卡可以是银行发行的具有数字化现金功能的智能卡、储蓄卡等，它一般用于小额支付，很多商家都可受理。纯电子化现金没有明确的物理形式，它以用户的数字号码形式存在，因此它适合于电子交易。

电子现金也面临着很多问题。首先是经济和法律方面的问题，如税收等，因此要制定严格的经济和金融管理制度。其次是标准化问题。目前电子现金还没有一套国际兼容标准，接受电子现金的商家和银行并不多，因此不利于电子现金的流通。还有交易成本问题。电子现金支付系统对参与者的软硬件设施有较高要求，因此交易成本较高。

电子现金支付模型涉及消费者、商家和银行等三类参与方。电子现金主要经过以下过程：提款、支付和存款三个阶段。消费者要提取电子现金，必须首先要在银行开设一个账户，并提供表明身份的证件。当消费者想用电子现金消费时，他可通过互联网向银行发出提款请求并提供身份证明。由认证中心颁发的数字证书通常可用作数字身份证明。在银行确认了消费者的身份后，银行可以向他提供一定数量的电子现金，并从客户账户上减去相同金额。然后消费者可将电子现金保存到他的电子钱包或智能卡中。最后商家才将电子现金存储到他的收单银行账户中。电子现金支付模型如图 10-6 所示。

10.3.4 电子支票

电子支票是网上银行常用的电子支付工具。电子支票是一个包含传统支票全部信息

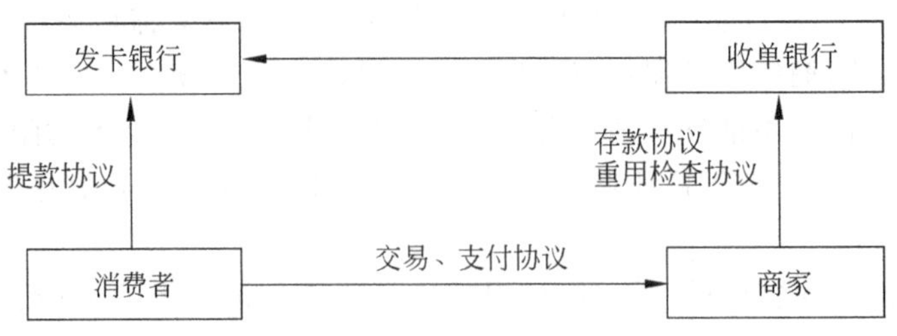

图 10-6 电子现金支付模型

的电子文档，是纸质支票的代替。电子支票利用各种安全技术实现账户间的资金转移，以实现纸质支票的所有功能。它仿真纸质支票，用基于公钥密码体制的数字签名代替手写签名，使支票的支付业务和支付过程电子化。电子支票也有其问题，最大一个问题就是隐私问题：整个交易处理过程都要经过银行系统，而银行系统有义务证明每一笔经过它处理的业务细节。电子支票支付系统主要包括三个参与方：电子支票的支付方（即客户或消费者）、接收方（即商家）和银行系统。电子支票的支付过程包括生成、支付和清算三个过程。电子支票的支付过程如图 10-7 所示。

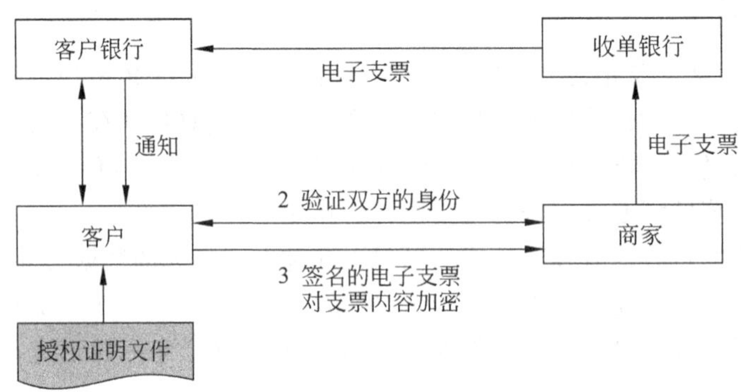

图 10-7 电子支票的支付过程

1. 生成

消费者必须在具备电子支票业务的银行注册，开具电子支票。注册时要输入信用卡或银行账户信息。电子支票上也应有银行的数字签名。

2. 支付

电子支票支付系统首先要验证交易双方的身份（如通过 CA），然后可通过如下步骤实现支付过程：

（1）客户可以使用开户行发放的授权证明文件签发电子支票，然后将签名的支票发送给商家。基于公钥密码体制的数字签名是目前电子支票中普遍采用的技术。在签发电子支票时，客户利用其私钥在电子支票上进行数字签名以保证电子支票内容的真实性。电子支票的内容

包含客户名、金额、日期、收款人和账号等信息，它向商家提供完整的支付信息。

（2）为了保证电子支票的安全，客户可用商家的公钥或双方共享的密钥对支票内容或部分内容加密，然后通过网络将加密过的支票传给商家。

(3) 商家用其私钥解密电子支票，然后用客户公钥验证客户对电子支票的数字签名。

(4) 若电子支票有效，那么商家将给客户发货或向客户提供相应服务。因此电子支票支付系统属于事后付费支付系统。同时，商家需要对电子支票进行电子背书，电子背书是某种形式的电子签名。

3. 清算

商家可自行决定何时将电子支票发送给接收银行以进行存款和结算处理，比如，可定期将背书的电子支票发给接收银行。在清算过程中，发卡银行和接收银行会将支付资金从客户账户转入到商家账户中。为防止重用，银行还要对所有处理过的电子支票加以标识。

电子支票的使用证明是由支付过程中各环节的数字签名序列提供，如

$$签名_{发卡银行}(签名_{接收银行}(签名_{商家}(签名_{客户}(支票内容))))$$

签名序列提供了支票处理者和处理过程的证明，它增加了各环节的安全性。基于数字签名的电子支票支付系统可以自动证实交易各方的数字签名，它满足发送和接收的不可否认性和接收信息内容的真实完整性。

目前基于电子支票的支付系统有很多，如 NetCheque、NetBill。NetCheque 使用 Kerberos 实现身份验证，并且利用 Kerberos 票据产生电子签名，对支票进行背书。

10.4 安全电子交易协议 SET

目前，电子商务中较成熟的安全协议有安全电子交易协议(Secure Electronic Transaction，SET)、安全套接层协议(Secure Sockets Layer，SSL)等。SET 是目前已标准化且被广泛接受的一种网络信用卡付款机制。

10.4.1 安全电子交易协议 SET 简述

SET 是由两大信用卡国际组织 Visa International 和 MasterCard International 共同推出，由多家信息产业公司和网络安全专业团体如 IBM、Microsoft、Netscape、RSA、GTE、Verisign、SAIC 等共同协作发展而成。1997 年 5 月公布了 SET 1.0 版本。SET 协议是基于消息流的协议，是用于因特网环境，基于信用卡的电子支付交易协议，用来实现安全的网上持卡交易。符合 SET 协议的相关软件安装在持卡人的计算机、网上商店与收单银行的网络服务器主机与认证中心服务器中。

SET 协议包含了信用卡在网上交易中的交易协议、信息保密性、信息完整性、身份认证和数字签名等，保证了网上交易的保密性、信息完整性、交易的不可否认性和交易的身份认证。SET 协议主要使用了对称加密 DES、公钥加密 RSA、Hash 函数、数字签名、数字信封、双重签名、数字证书等安全技术。SET 协议利用公钥和对称加密来保证信息的保密性，利用数字签名(结合 Hash 函数)和数字证书来保证交易各方的身份认证、信息完整性和交易的不可否认性。SET 协议要实现的目标是：实现因特网环境下安全的电子交易、保证信息在网上的安全传输、保证网上传输的数据不被窃取、实现订单信息和个人账号信息的分离以及持卡人和商家的身份认证。SET 协议要实现的主要内容有应用的跨

平台性、支付的安全和全球市场的接受性。SET 支付系统主要有 6 个参与方：持卡人、网上商家、发卡银行、收单银行、支付网关和认证中心 CA。

1. 持卡人

持卡人是消费者或客户。持卡人在参与网上交易前，首先要向发卡银行申请获得一张信用卡或借记卡，再从认证中心 CA 处获得一张数字证书。持卡人进行网上交易是由一个嵌入到浏览器的电子钱包来实现。因此，持卡人若要利用 SET 进行网上交易，还需要安装一套符合 SET 协议的电子钱包软件。

2. 网上商家

网上商家是网上商店的经营者。网上商家首先必须在收单银行开设账户。收单银行负责清算。网上商家必须向 CA 申请获得一张数字证书。网上商家进行网上交易必须要有商家软件支持。因此，网上商家要进行网上交易，还必须安装一套经 SET 协议认证过的商家软件，它负责持卡人在网上付款的核查。

3. 发卡银行

发卡银行为持卡人建立一个银行账户，并发放信用卡或借记卡。发卡银行还对持卡人身份进行认证，并进行发放数字证书的各项审核工作。持卡人数字证书的签发既可由发卡银行发放，也可由认证中心 CA 签发。发卡银行是授权与清算的主要参与方。

4. 收单银行

收单银行为商家建立一个银行账户，并处理支付卡的授权和付款。收单银行也是授权与清算的主要参与方。

5. 支付网关

支付网关是由收单银行或收单银行指定的第三方运行的一套设备，用来处理网上商家的付款信息和持卡人的付款指令，将商家传来的 SET 消息转换成原信用卡信息，处理支付卡的授权和支付。支付网关必须从 CA 处获得一张数字证书，也必须安装一套符合 SET 协议标准的网关软件，还要与收单银行交易处理主机建立符合 ISO 8583 消息格式的通信。

6. 认证中心 CA

CA 为交易各方生成一个数字证书作为身份验证工具。在安全电子商务环境中，CA 必须安装一套符合 SET 协议标准的 CA 软件，并且要绝对安全地运行和管理一些设备及软件，包括物理设备、CA 软件的运行、根密钥的保管、证书生成时用硬件加密。

10.4.2 SET 使用的技术

SET 使用了多种技术，其中加密技术和数字证书技术是核心技术。详细地说，主要有对称加密、非对称加密、消息（或报文）摘要、数字签名、双重签名、数字信封、数字证书等。这些技术提供交易参与方的身份认证、交易信息的机密性、交易信息的完整性和交易过程的不可否认性。SET 协议通过使用公钥加密和对称密钥加密来保证数据的机密性，通过使用数字签名和 Hash 算法来保证数据的完整性和不可否认性，通过使用数字证书对交易各方的身份进行认证，以保证数据的真实性，通过使用双重签名来保证消费者的订单信息和账户信息的安全性。第 3 章介绍过对称加密、非对称加密和数字签名。下面介绍双重签名和数字信封。

1. 双重签名

双重签名技术是SET推出的数字签名新应用，它的产生是为了保证持卡人的银行信用卡信息对商家保密和持卡人的订单信息对银行保密。在网上交易中，持卡人、网上商家和银行三者之间，持卡人的订单信息(Order Information，OI)和付款指示(Payment Information，PI)是互相对应，商家只有确认了持卡人的订单信息对应的付款指示是真实有效，才可能按订单信息发货。银行只有确认了持卡人的付款指示对应的订单信息是真实有效，才可能按商家要求给予支付授权。因此，订单信息和付款指示必须捆在一起发给商家和银行。但为了防止商家在验证持卡人付款指示时盗用持卡人的信用卡信息，以及银行在验证持卡人订单信息时跟踪持卡人的交易活动，在SET中使用了双重签名。双重签名的产生过程如图10-8所示。

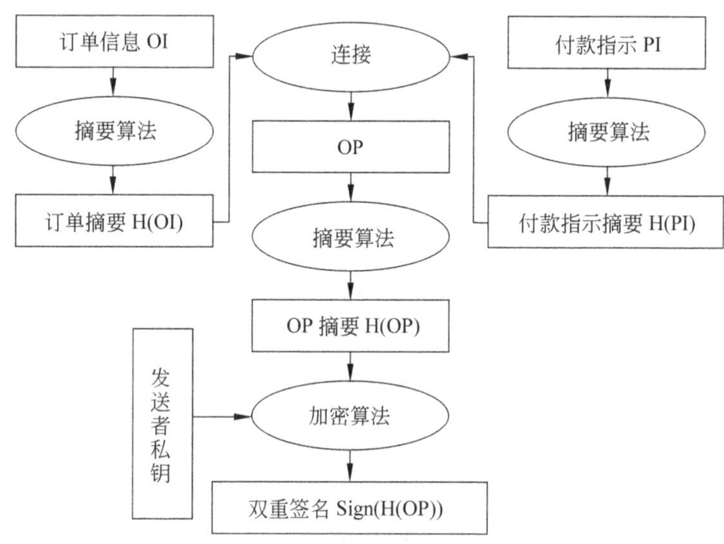

图10-8 双重签名的产生过程

双重签名的产生过程说明如下：

(1) 持卡人利用摘要算法产生订单信息OI和付款指示PI的消息摘要H(OI)和H(PI)。

(2) 连接消息摘要H(OI)和H(PI)得到消息OP。

(3) 产生OP的消息摘要H(OP)。

(4) 用持卡人的私钥加密H(OP)得到双重签名Sign(H(OP))，持卡人将双重签名Sign(H(OP))包含在消息中以便接收者验证。持卡人发给商家的消息为(OI，H(PI)，Sign(H(OP)))。持卡人发给银行的消息为(PI，H(OI)，Sign(H(OP)))。

网上交易中，持卡人只与商家打交道。付款指示由持卡人发给商家，商家再发给支付网关。持卡人用支付网关公钥加密付款指示，只有支付网关才能解密。为了商家能验证持卡人付款指示的真实性，商家能看到消息摘要H(PI)，而不能看到PI。网上商家能看到的信息有：订单信息OI、消息摘要H(PI)、订单信息和付款指示的双重签名Sign(H(OP))。通过这些信息，商家验证订单信息和付款指示的一致性以及订单信息的正确性，并确保对应付款指示的合法性。银行能看到的信息有：付款指示PI、消息摘要H(OI)、订单信息OI和付款指示PI的双重签名Sign(H(OP))。通过这些信息，银行验证订单信息和付款指示的一致性以及付款指示的正确性，并确保对应订单信息的合法性。双重签名的过程分别如图10-9和图10-10所示。

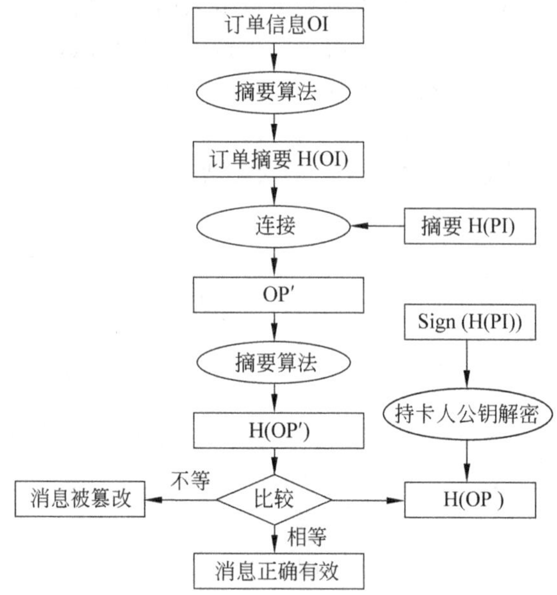

图10-9　商家验证双重签名过程

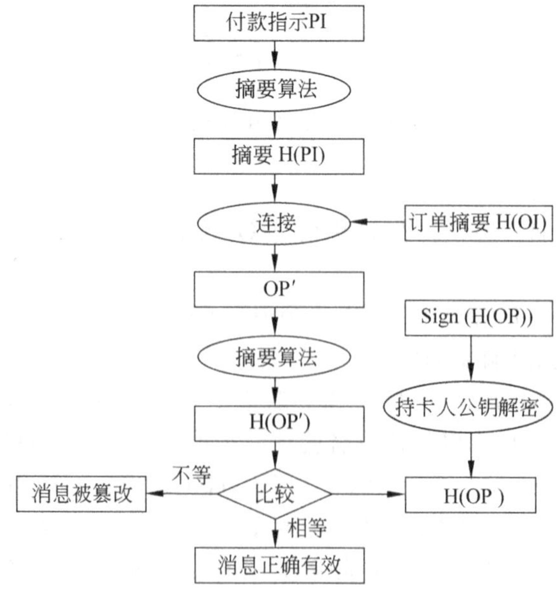

图10-10　银行验证双重签名过程

2. 数字信封

数字信封的主要目的是确保信息的机密性。在SET协议中，当秘密传送数据时，发送者采用随机产生的DES对称密钥来加密要发送的消息。然后，将此DES密钥用接收者的公钥加密，形成消息的数字信封，将此数字信封和采用DES对称密钥加密后的密文一起发给接收者。数字信封将对称密码体制和非对称密码体制很好地融合在一起，充分发挥了DES高效快速和RSA高安全、方便密钥管理的优点。数字信封的生成过程如图10-11所示。

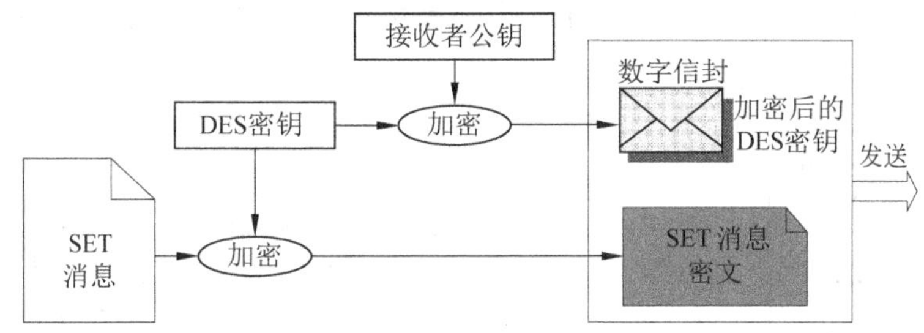

图10-11　数字信封的生成

接收者收到上述带有数字信封的消息时，要拆封才能看到SET消息。拆封时，接收者先用其私钥解密数字信封，得到DES对称密钥，然后使用此密钥解密SET消息密文，得到的就是SET消息。只有接收者才能拆封，因为只有他有解密密钥。利用消息摘要、数字签名、加密及数字信封技术，能安全发送与接收消息。安全发送消息的过程如图10-12所示。

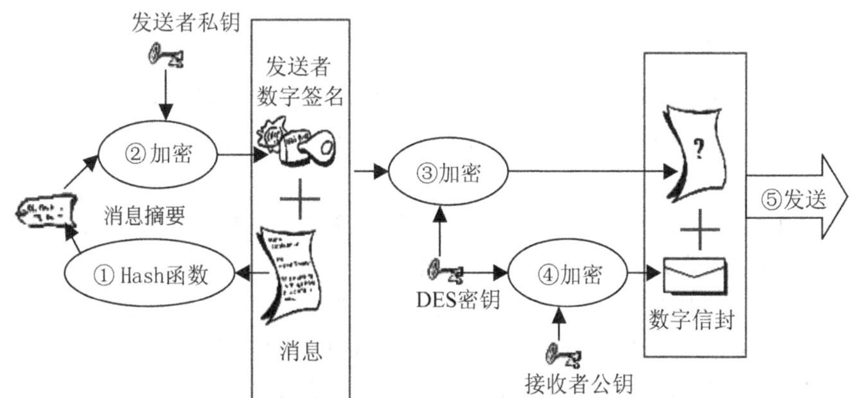

图10-12　利用消息摘要、数字签名、加密和数字信封发送消息过程

上述发送消息过程说明如下：

① 使用Hash函数对要发送的消息生成消息摘要。

② 使用发送者私钥对消息摘要加密生成发送者的数字签名。

③ 用随机产生的DES密钥将上述数字签名和消息一起加密生成密文。

④ 使用接收者公钥对DES密钥加密形成数字信封。

⑤ 将用DES密钥加密后的密文和数字信封一起发送给接收者。

上述发送消息的接收过程如图10-13所示。接收者收到消息后，处理如下：

① 接收数字信封和密文。

② 使用接收者私钥解密数字信封得到DES密钥。

③ 使用DES密钥对密文解密，得到数字签名和消息明文M'。

④ 用发送者公钥对数字签名解密，得到消息摘要H(M)。

⑤ 用Hash函数对消息明文M'生成消息摘要H(M')。

⑥ 比较H(M)和H(M')是否相等。若相等，说明消息确实是由发送者发送，且从签名后未被篡改。若不等，说明消息可能是由假冒者发送或从签名后被篡改，放弃此消息。

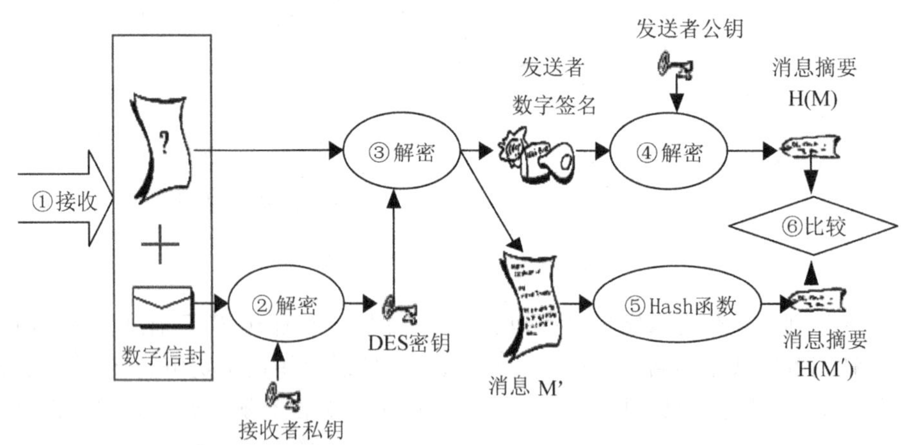

图 10-13 利用消息摘要、数字签名、加密和数字信封接收消息过程

10.4.3 SET证书管理

数字证书是一种因特网上身份验证的手段，起到验证身份的作用。数字证书由权威的、可信的、公正的第三方机构——认证中心CA签发。认证中心颁发的数字证书有3种类型：

(1) 个人证书。它是CA为某用户提供的数字证书。用户可用此证书在网上进行电子交易。个人证书通常是安装在客户端的浏览器内。

(2) 企业(服务器)证书。它是CA为网上某Web服务器提供的数字证书。拥有Web服务器的企业就可用拥有数字证书的因特网来进行电子交易。

(3) 软件(开发者)证书。它是CA为因特网中被下载的软件提供的数字证书。

在向认证中心CA申请数字证书时，可提交证明身份的证件，如身份证、驾驶执照等。验证通过后，CA颁发证书。证书一般包含用户的标识名称、公钥和CA的数字签名，以此来证明自己的身份。SET中最主要的证书是持卡人证书和商家证书。此外，还有支付网关证书、收单银行证书、发卡银行证书等。

认证中心CA是网上交易安全的关键，是电子商务系统的核心。它主要负责产生、分配及管理网上交易所有参与实体的数字证书。CA是网上交易各参与方都信任的机构。各级认证中心CA构成了电子商务的信任链。两个数字证书是否彼此信任是通过向上层层追溯证书颁发者来实现。如果两个数字证书有相同的上层颁发者,则这两个数字证书是彼此信任的。通过信任链最终可能追溯到一个被广泛认为是足以信任的权威机构——根认证中心(RCA)。数字证书的信任关系是树状连接的,如图 10-14 所示。

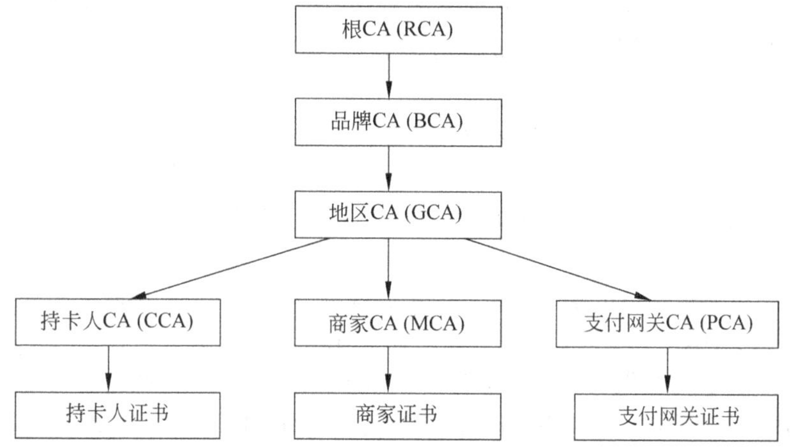

图 10-14　数字证书的信任关系

数字证书的信任关系图是严格的层次结构,共有 5 层。每层使用的数字证书由上层颁发。每份数字证书都与其颁发者的签名证书相关联。顶层是最高权威的根 CA。根 CA 是由自己颁发证书。由于根 CA 的重要地位,它通常是被安置在受严密安全保护的工作区域,一般处于离线状态。只有在需要颁发新品牌 CA 证书、更新根证书和生成证书废弃列表 CRL 时才会在线工作。通常根 CA 不易受外界侵袭。品牌 CA、地区 CA、持卡人 CA、商家 CA 和网关 CA 同样受到相同的安全保护,但它们通常是在线的,用户可通过 Web 或 E-mail 获得证书。品牌 CA 的主要功能是颁发和更新低一级 CA 的证书并生成、维护和发布低一级 CA 证书的证书废弃列表。地区 CA 是可选的,其功能和品牌 CA 差不多。持卡人(或商家)CA 的主要功能是颁发和更新持卡人(或商家)证书,不生成持卡人(或商家)证书的证书废弃列表。支付网关 CA 的主要功能是颁发和更新支付网关证书及生成、维护和发布支付网关证书的证书废弃列表。

电子商务交易的各方都必须检验对方数字证书的有效性。在交易双方的通信中,认证系统会将对方的数字证书沿信任链逐层追溯到根证书,而所有 SET 软件都知道根证书的签名密钥,因此可以验证该数字证书的有效性。

认证中心 CA 的主要功能是发放和管理数字证书,具体如下:

(1) 证书发放:在收到用户证书申请后,CA 审核用户信息。通过验证后,CA 提取用户相关请求信息,然后根据请求信息生成证书,并用其私钥对证书签名,同时发布该证书。

(2) 证书查询:包括两种查询,一种是用户在未获证书前,查看当前申请证书的处理过程;另一种是查询证书本身的信息。

(3) 证书更新:为增强安全性,CA 需要定期更新证书,或在用户的请求下更新证书,即重新生成密钥,并根据用户信息颁发证书。

(4) 证书撤销:当出现以下两种情况时,CA 需要撤销证书。第一种,证书过了有效期，该证书将没有任何意义，必须撤销。第二种，用户私钥或其他关键信息泄漏或丢失等，为了安全，用户需向CA提出作废证书的请求。撤销证书实际是CA将用户证书发布到证书撤销列表中，以供其他用户查询和验证证书有效性。

(5) 证书归档：归档是指虽然证书被撤销了，但有时需要验证以前通信时使用该证书产生的数字签名，此时仍需查询被撤销证书的一些信息，因此CA不能简单地撤销证书，需要作备份措施。

CA主要由以下几个功能模块组成：

(1) 接收用户证书申请及审核的机构——注册中心RA。RA负责在用户申请证书前对用户进行身份认证与登记，通过Web服务器建立的站点，为客户提供每日24小时的服务。

(2) 证书申请受理与审核机构和认证中心服务器。证书的申请和审核由证书申请受理与审核机构完成，它的主要功能是接受客户证书申请并审核。认证中心服务器进行数字证书生成、发放，并提供发放证书的管理、证书废弃列表的生成和处理等服务。

认证中心的主要业务有：用户注册、用户请求审核、证书颁发、证书撤销请求审核、证书撤销、证书及密钥管理、证书及证书废弃列表CRL的公共访问服务等。

证书申请过程如下：

(1) 用户生成密钥对，把私钥保存在本地，生成公钥证书请求，把请求发送到RA。

(2) RA审核用户请求正确无误后，对请求进行数字签名，以安全的手段传递到CA（也可直接为用户签发证书）。如用户不符合条件，通知用户请求失败。

(3) CA验证RA的签名后，为用户签发证书，把证书发给RA，并在公共服务器上公布新证书。

(4) RA收到用户证书后，把证书发给用户。

证书撤销过程如下：

(1) 用户向RA发送证书撤销请求。

(2) RA审核是否符合撤销条件。若符合，对撤销请求签名，以安全手段发到CA。

(3) CA验证RA的签名后，签发新的CRL，并更新公共服务器上的CRL，把处理结果发送到RA。

(4) RA把处理结果返回给用户。

10.4.4 SET交易流程

SET协议较复杂，持卡人、网上商家和银行都要安装相应软件。持卡人通过SET协议网上购物的流程如图10-15所示，其中银行是发卡银行或收单银行。

1. 初始请求

(1) 持卡人在网上商店选购商品。将要买的商品放在购物车中。

(2) 填写订货单（包括商品名及数量等信息）。

(3) 选择SET作为其付款协议，然后点付款按钮。

(4) 激发支付软件，向商家发送初始请求。初始请求包括持卡人使用的语言，持卡人标识号ID，使用的是何种交易卡和数字证书等，以便商家选择合适的支付网关。这一请

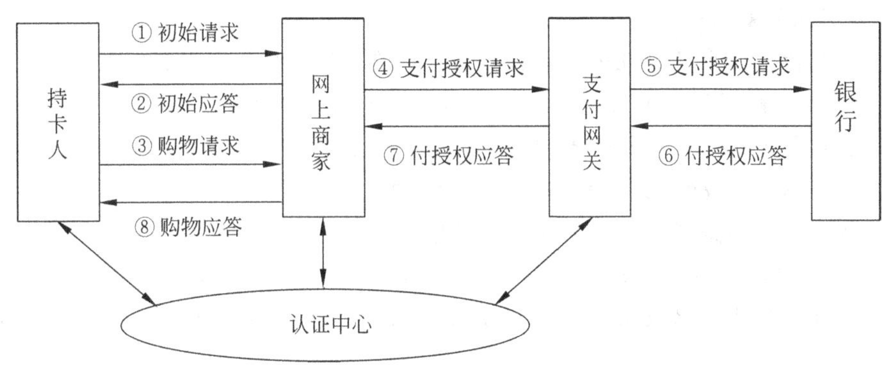

图 10-15　利用 SET 协议网上购物的流程

求的目的是为了获取商家和支付网关证书。

2. 初始应答

（1）商家收到用户的初始请求后，产生初始应答（包括交易标识、商家标识、支付网关标识、购买项目、价钱等）。

（2）用 Hash 函数对初始应答生成消息摘要。

（3）用商家的私钥对初始应答消息摘要进行数字签名。

（4）将商家证书、支付网关证书、初始应答、初始应答消息摘要的数字签名等发给持卡人。因为初始应答不包含任何机密信息，所以初始应答不用加密。

3. 购物请求

（1）持卡人收到初始应答后，验证商家和支付网关的证书，以确保它们是有效的。

（2）用商家公钥解密初始应答消息摘要的数字签名，得到初始应答消息摘要。用 Hash 函数对初始应答产生初始应答消息摘要。比较这两个消息摘要，若相同则表示数据完整，接受；否则丢弃。

（3）检查商家发来的购买项目和价钱无误、确定商家的基本资料没问题后，向商家提出购物请求，它包含了真正的交易行为。

购物请求是协议中最复杂的，它主要包含订单信息 OI 和付款指示 PI。持卡人产生 OI 和 PI，对它们进行双重签名，然后对 PI 进行数字签名，生成支付网关的数字信封，保证商家看不到持卡人的银行信息。将 OI 和加密的 PI 做成数字信封与持卡人证书传给商家。

4. 商家发出支付授权请求

（1）商家收到购物请求后，验证持卡人证书。若不通过，则终止；若通过，则继续。

（2）用商家的私钥解密 OI，并进行双重签名比较，验证数据是否完整。若数据完整，则处理订单信息。

（3）产生支付授权请求，将支付授权请求用 Hash 函数生成消息摘要，并签名，并用一随机对称密钥对支付授权请求加密生成密文，再生成数字信封。

（4）将商家证书、支付授权请求密文、商家数字签名、数字信封及持卡人通过商家转发的双重签名、H(OI)、PI 密文、持卡人数字信封、持卡人证书等发给支付网关。

5. 支付网关发出支付授权请求

(1) 支付网关验证商家证书,验证商家签名,验证商家是否在黑名单内。

(2) 用私钥解开商家数字信封,得到商家对称密钥,解开支付授权请求密文。用Hash函数生成支付授权请求摘要,与商家发来的支付授权请求摘要(解开数字签名所得)比较,如果相同则表示数据完整;否则丢弃数据。

(3) 支付网关验证持卡人证书,再用私钥解开持卡人数字信封,得到持卡人账号和对称密钥。用此对称密钥解密PI密文得到PI。验证双重签名,生成PI摘要,与OI摘要相连接生成摘要,结果与解双重签名所得的H(OP)比较,若相同则数据完整;若不同则丢弃。

(4) 验证来自商家的交易标识和来自持卡人PI的交易标识是否匹配。若匹配,说明是同一交易,就格式化一个支付授权请求。

(5) 再通过银行专用网,向发卡银行发送支付授权请求。

6. 发卡银行的支付授权应答

(1) 发卡银行检查持卡人的信用卡是否有效。若有效,则发卡银行响应请求,批准交易。

(2) 向支付网关发送支付授权应答。

7. 支付网关向商家发送支付授权应答

支付网关产生支付授权应答信息(包括发卡银行的响应信息和支付网关的签名证书等),并将其生成数字信封,发给商家。

8. 向持卡人发送购物应答

(1) 商家验证支付网关证书,解密支付授权应答,验证支付网关的数字签名,用私钥解开数字信封得到网关对称密钥,用此密钥解开支付授权应答,产生支付授权应答消息摘要。

(2) 用网关公钥解密其数字签名,得到原始支付授权应答消息摘要,并与新产生的摘要比较。若相同,则表示数据完整;若不同则丢弃。

(3) 商家产生购物应答,对其产生消息摘要并签名。

(4) 将商家证书、购物应答、数字签名一起发给持卡人。

9. 持卡人接收并处理购物应答

(1) 持卡人收到购物应答后,验证商家证书。

(2) 验证通过后,对购物应答生成消息摘要,用商家公钥解密数字签名,得到原始消息摘要,将这两个摘要比较,若相同则表示数据完整;不同则丢弃。

(3) SET软件记录交易日志,以备查询。

(4) 持卡人等待发货。若在等待期结束后还没收到货物,则可凭交易日志向商家发出询问,商家可根据情况向持卡人做出回答。

10. 发送货物

商家由物流公司发送货物或提供服务,并在适当的时候通知收单银行将钱从持卡人账号转移到商家账号,或通知发卡银行请求支付,即实现支付获取,完成清算。

10.5 安全套接层协议 SSL

安全套接层协议(Secure Sockets Layer,SSL)是应用于会话层的协议,是针对计算机间整个会话进行加密的协议,主要用于提高应用程序间的数据安全。SSL 是网景(Netscape Communications)公司于 1994 年 10 月为其产品设计的数据传输安全标准。该协议只是为网上通信双方提供的安全通信协议,并不是完整的安全交易协议。SSL 协议被广泛用于处理与金融有关的敏感信息。SSL 协议基本解决了 Web 通信协议的安全,目前有 2.0 版和 3.0 版,其中 3.0 版更成熟稳定。

10.5.1 SSL 协议概述

SSL 协议位于传输层与应用层之间,它要求建立在可靠的传输层协议(如 TCP)之上。SSL 为网络通信双方提供安全可靠的传输服务。SSL 协议的优势在于它是与应用层协议独立无关的。高层的应用层协议(如 HTTP、FTP、Telnet)能透明地建立于 SSL 协议之上。

SSL 协议有两层:较低层的记录协议和较高层的协议。按低层的记录协议位于某一可靠的传输协议之上,它用来对其上层的协议进行封装。较高层的协议主要有 SSL 握手协议(SSL Handshake Protocol)、修改加密约定协议(Change Cipher Spec Protocol)、报警协议(Alert Protocol)。SSL 记录协议和 SSL 握手协议是 SSL 协议的主要部分。

10.5.2 SSL 握手协议

SSL 握手协议产生会话状态的加密参数。当客户和服务器首次使用 SSL 开始通信时,它们就协议版本、选择的加密算法、是否验证对方及公钥加密技术的应用进行协商以产生共享秘密,这是由 SSL 握手协议来实现。

10.5.3 SSL 记录协议

SSL 记录协议为 SSL 连接提供两种服务:

- 保密性。SSL 握手协议定义一个共享的保密密钥用于对 SSL 有效负载加密。
- 消息完整性。SSL 握手协议定义一个共享的保密密钥用于形成 MAC。

SSL 记录协议将高层的协议进行数据分段、压缩、附加消息验证码 MAC、加密、附加 SSL 记录头,然后通过低层的传输层协议发送。接收消息的过程正好与此相反,即解密、验证、解压、拼装,然后送给高层协议。SSL 记录协议发送消息过程如图 10-16 所示。

SSL 协议的执行步骤如下。

1. 分段

把上层传来的数据块分割为小于或等于 214 字节的 SSL 明文记录。

2. 压缩

使用当前会话状态中定义的压缩算法对分段后的记录块进行压缩。压缩算法将 SSL 明文记录转化为 SSL 压缩记录。压缩必须是无损压缩,且对原文长度的增加不超过 1024

比特。

3. MAC与加密

所有记录都使用当前加密约定中定义的消息认证算法和加密算法进行保护。当握手结束后,参与双方共享一个用于计算消息验认证码MAC和加密记录的公共密钥。消息认证函数和加密将SSL压缩记录转为SSL密文记录。

4. SSL记录头

它由5个字节组成。第一个字节说明使用SSL记录协议的上层协议类型。第二、三个字节表示版本号。第四、五个字节表示消息长度。

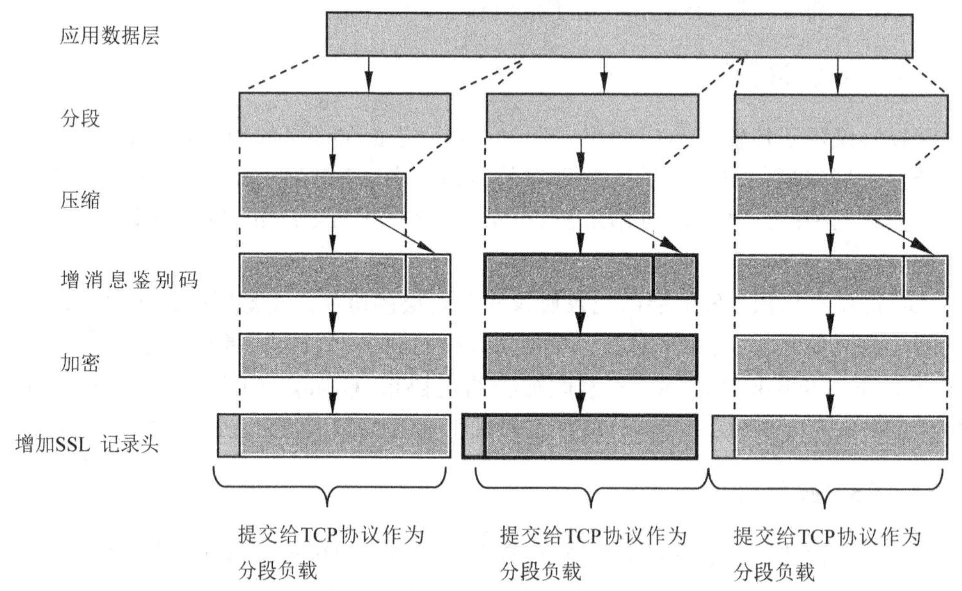

图10-16　SSL记录协议发送消息过程

10.5.4　SSL与SET的比较

SET是用于因特网上以信用卡为基础的安全电子交易协议,而SSL只是确保数据传输安全的通信协议,并不是完整的交易协议。SSL本来是因为Web产生,所以目前在HTTP上的应用最广泛。表10-2中列举了SET与SSL的对比。

表10-2　SET与SSL的比较

类型	SET	SSL
标准	Visa/MasterCard等所制定	原为网景公司所制定的业界标准,1999年1月已正式成为RFC 2246(TLS 1.0)
所处网络层	应用层	介于应用层和传输层之间
资料表示	ASN.1(BER/DER)	特定数据结构
浏览器支持性	须另外安装电子钱包	大部分的浏览器已支持,如Netscape Navigator 4.x或微软IE 4.0以上都已支持到SSL 3.0

续表

类型	SET	SSL
客户端证书需求	可选择有或没有(决定于商家所连接的支付网关),但目前若通过SET,通常都要求客户端有数字证书	可选择有或没有,但目前的一般应用都没有要求客户端应有数字证书进行身份验证
PKI规范	有明确的PKI规范	无特别的PKI规范,只要客户端可以确认服务器端使用证书的正确性,即可建立双方的安全通信
应用方面	目前只应用于银行的信用卡	无应用上的限制(非应用层协议),目前多为以Web为基础通过HTML(或XML)用在HTTP上,可用在如网络银行、网络购物等应用上
身份认证	有(通过交易消息的数字签名来认证)	有(可通过消息数字签名进行身份认证),但需要客户端申请证书,因此大部分未使用此功能,目前的做法通常是在应用程序上通过HTML以ID加上密码来实现,这样虽然方便,但不安全
隐藏保护	有(DES,56位),且可以针对某一特定交易信息进行加密	有(RC2/4/5、IDEA、DES、Triple-DES),建立点对点的秘密信道,且对所有的消息做加密。大部分已安装浏览器,由于美国出口管制的关系,安全性皆不足。不过现在可以从微软或网景公司网站上下载可提供128位加密功能的更新程序
完整性	利用SHA-1单向哈希函数配合数字签名,以确保资料的完整性	消息都有MAC保护
交易信息来源识别	有(通过交易信息的数字签名来验证)	无,虽可通过数字签名进行身份识别,但因非应用层的协议,无法针对某个应用层的交易信息进行数字签名
不可否认性	有(通过数字签名来验证)	无,因所有信息均以交易双方都知道的对称密钥进行加密,无法实现不可否认性

SET和SSL除都使用RSA公钥算法外,在其他技术方面没有任何相似之处。并且,RSA在两者中也被用来实现不同的安全目标。两者的主要区别如下:

(1) SET是一个多方的消息协议,它定义了持卡人、商家、银行间必要的消息规范。SSL只是简单地在交易双方间建立安全连接。

(2) SET允许各方之间的消息交换不是实时的,而SSL是面向连接的。

(3) SET消息能在银行内部网或其他网上传输,而基于SSL的卡支付系统只能与Web浏览器绑在一起。

SET与SSL相比有如下优点:

(1) 认证机制:SET的安全需求较高,所有参与者都必须先申请数字证书来认证身份。而SSL中只有商家的服务器需要认证,客户端的认证是可选的。

(2) 对持卡人来说:SET保证了商家的合法性,而且用户的信用卡号不会被盗取。

SET替持卡人保护了更多隐私。SSL中却缺少对商家的认证。

(3) 安全性和可靠性:一般都认为SET比SSL的安全性高,主要原因是整个交易过程都受到严密的保护。而SSL的安全范围只限于持卡人到商家的信息交流。SET在参与方的身份认证和交易的不可否认性等方面提供了SSL无法实现的特性,SET比SSL具有更高的安全性和可靠性。

(4) SET对于参与交易的各方定义了互操作接口,一个系统可由不同厂商的产品构筑。

(5) SET可用在系统的一部分或全部。

SET的缺陷在于要求在持卡人的个人计算机、商家服务器和银行网络上安装相应软件。这给持卡人、商家和银行增加了很多附件费用,成为SET被广泛接受的障碍。而且,SET还要求必须向各参与方发放数字证书,这也是障碍之一。所有这些造成了使用SET比使用SSL贵得多。

小结

本章介绍了电子商务安全的相关知识。安全是保障电子商务顺利进行和发展的必要条件,也是需要考虑的首要问题。本章主要介绍了电子商务系统的结构、电子商务的安全需求、电子商务的安全体系结构、电子商务中的安全机制、电子商务支付系统、安全电子交易协议SET和安全套接层协议SSL。电子商务使用了加密技术、认证技术、网络安全技术以及安全协议来保证网上交易的安全性和可靠性。

习题

1. 简述电子商务中的安全技术与机制。
2. 简述电子支付系统模型。
3. SET协议的参与方有哪些?各起到什么作用?
4. SSL安全协议与SET安全协议的区别有哪些?

第11章 无线网络安全技术

本章要点：

☑ 无线网络概述

☑ 无线网络安全概述

☑ 无线局域网安全技术

☑ 无线移动网络安全技术

☑ 无线 Ad Hoc 网络的安全

☑ 传感器网络的安全

11.1 无线网络概述

从意大利物理学家 Guglielmo Marconi 发明了无线电至今，已有一百多年的历史了。无线通信的最大特点在于它不需要在通信双方之间铺设通信电缆，这不仅可以节省可观的电缆费用，而且将通信用户从通信电缆的束缚中解脱出来，可以实现移动通信。随着无线通信技术的发展，无线通信已经从最初的军事通信领域发展到民用通信领域，这主要表现在移动通信方面。从 20 世纪 70 年代以来，移动通信经历了以模拟技术为特征的第一代，以数字技术为特征的第二代和以多媒体技术为特征的第三代，正在实现着人们无论在何时何地都可以与任何人进行通信的 3W(Whenever，Wherever，Whoever)梦想。随着无线通信及其相关技术的不断发展，无线通信网络的应用将会日益深入人们生活的方方面面。随着无线网络应用的不断增多，人们也越来越关注无线网络的安全性。

1. 无线数据网络技术

无线数据网络技术正变得越来越常用，可用于接入到有线局域网和骨干网络，还可接入到语音网络中。这里仅介绍如下的数据网络技术：无线局域网(Wireless Local Area Networks，WLAN)、无线个人区域网(Wireless Personal Area Network，WPAN)、全球微波互联接入、窄带广域网、宽带广域网等技术。无线局域网技术由 IEEE 802.11 协议的规范进行定义。目前该协议规范有 4 个版本：IEEE802.11、IEEE802.11a、IEEE802.11b 和 IEEE802.11g。所有这 4 个版本进行路径共享时使用的都是 CSMA/CD(Carrier Sense Multiple Access with Collision Detection)以太网协议和载波侦听多路访问/避免冲突协议。可利用跳频(Frequency-Hopping Spread Spectrum，FHSS)和直接序列扩频(Direct Sequence Spread Spectrum，DSSS)两种技术当中的一种将 IEEE802.11 协议应用于无线局域网中,并提供2.4GHz波段的1Mbps或2Mbps传输带宽。无线个人网络用在小范围、低功率、手机之类的私人设备无线通信(直径范围小于10m),蓝牙技术以及其后的IEEE802.15标准都能够得到应用。IEEE 802.15可作为无线个人区域网的标准,它拥有许多特点:小范围、低功率、低成本、小型网络,及在个人工作空间中的设备通信。

2. 无线通信技术

IEEE 802.15/蓝牙技术、IEEE 802.11/WLAN和IEEE 802.16/WiMAX等技术互为补充,在当今的无线通信的领域中起到独特的作用。表11-1给出了这3种技术的要点。

表11-1 常见无线通信技术要点的比较

参　数	频率波段	范　围	数据传输率
802.16a(WiMAX)	2～11GHz	50km	70 Mbps
802.11(WLAN)	2.4GHz	100m	11 Mbps～ 55 Mbps
802.15(Bluetooth)	可变	10m	20 kbps～ 55 Mbps

无线通信网络的优势来自于它们所采用的无线通信信道,而无线信道是一个开放性的信道,它在赋予无线用户通信自由的同时也给无线通信网络带来一些不安全性因素,如通信内容容易被窃听,通信内容可以被更改,通信双方身份可能被假冒等。当然,无线通信网络也存在着有线通信网络所具有的不安全因素。结合无线公钥基础设施(Wireless Public Key Infrastructure,WPKI)、无线公开密钥体系、VPN等一些技术,在保证服务质量(Quality of Service,QOS)的前提下,根据不同需要可提供不同程度的安全性能。为了更好地研究无线网络的安全技术,本节首先介绍无线网络环境的一些特点,包括无线通信网络的特点和无线通信设备的特点,以及由此而生的无线网络环境中常见的安全威胁。

11.2 无线网络安全概述

11.2.1 无线网络安全的特点

由于无线网络在移动设备和传输媒介方面的特殊性,使得一些攻击更容易实施,对无线网络安全技术的研究比有线网络的限制更多、难度更大。无线网络在信息安全方面有着与有线网络不同的特点同,具体表现在以下几个方面。

1. 无线网络的开放性使得更容易受到恶意攻击

无线链路使得网络更容易受到从被动窃听到主动干扰的各种攻击。有线网络的网络连接是相对固定的,具有确定的边界,攻击者必须物理接入网络或经过几道防线(如防火墙和网关),才能进入有线网络。这样通过对接入端口的管理可以有效地控制非法用户的接入。而无线网络则没有一个明确的防御边界,攻击者可能来自四面八方的任意节点,必须面对攻击者的直接或间接的攻击。

2. 无线网络的移动性使得安全管理难度更大

有线网络的用户终端与接入设备之间通过线缆连接着,终端不能在大范围内移动,对用户的管理比较容易。而无线网络终端不仅可以在较大范围内移动，而且还可以跨区域漫游，这意味着移动节点没有足够的物理防护，从而易被窃听、破坏和劫持。一方面，攻击者可能在任何位置通过移动设备实施攻击，而在全球范围内跟踪一个特定的移动节点是很难做到的；另一方面，通过网络内部已经被入侵的节点实施攻击而造成的破坏更大，更难检测到。

3. 无线网络动态变化的拓扑结构使得安全方案的实施难度更大

有线网络具有固定的拓扑结构，安全技术和方案容易实现。而在无线网络环境中，是动态的、变化的拓扑结构，缺乏集中管理机制，使得安全技术更加复杂。

4. 无线网络传输信号的不稳定性带来无线通信网络的鲁棒性问题

有线网络的传输环境是确定的，信号质量稳定，而无线网络随着用户的移动其信道特性是变化的，会受到干扰、衰减、多径、多普勒频移等多方面的影响，造成信号质量波动较大，甚至无法进行通信。

11.2.2　无线网络的安全隐患及配置要点

1. 无线网络的安全隐患

(1) 无线网络不设防。由于非常多企业对无线网络并不了解，加之网络安全意识的缺乏，在部署无线网络时，非常多网管人员并没有对无线网络设置进行相应的安全设置。

(2) 无线网络设置漏洞。目前，企业无线网络的搭建，都是基于无线接入点(Access Point，AP)、无线路由器及无线网桥等设备，而且其网络覆盖范围有限。正因为无线网络的覆盖范围有限，一些企业的网管人员在搭建无线网络时忽视了无线网络的安全。无线网络接入和有线网络最大的不同是，无线接入无须在企业的交换机或路由器等网络设备上插上网线，只要有无线网络信号，用户就能接入企业的无线网络。无线路由器的口令设置、动态主机配置协议(Dynamic Host Configuration Protocol，DHCP)、无线网络的服务集标识码(Service Set Identifier，SSID)，这些都是无线网络存在的安全漏洞，入侵者通过这一系列的信息能轻松进入企业网络。

2. 无线网络的配置要点

在配置无线网络时应该注意如下要点。

(1) 默认设置不能用。由于无线网络中最重要的设备之一就是无线路由器或中继器。一般来说，同一品牌的无线设备，其访问地址都是相同的，例如 192.168.1.1 等；而其默认的用户名、密码、SSID 标识符也都一样。如果不修改这些默认的设置，那么入侵者则非常容易地通过扫描工具找到这些设备并进入管理界面，获得设备的控制权。因此，修改默认设置是一项最基本的安全措施。

(2) 禁止 SSID 广播。启用 SSID 广播，将有利于无线网络客户端自动接收 SSID 标识符，而不必知道无线路由的 SSID 设置。但是对于家庭用户或有固定用户的朋友来说，完全没有必要启用 SSID 广播，因为这样做很容易给一些来历不明的入侵者建立连接。作为拥有固定用户客户端的环境，完全可以告知用户的 SSID 标识符，让他们自己手工直接输入以建立连接即可。

(3) 过滤设置。一般的无线宽带路由器都会有过滤方面的设置。过滤一般包括 IP

地址过滤和MAC地址过滤两项。其中IP地址过滤设置相对复杂一点,一般都是通过单击“添加新条目”等类型的按钮打开创建过滤规则操作窗口,然后设置操作的IP地址,例如,可以将允许使用的IP地址全部添加进来,同时将其设为“允许通行”,这样没有被添加进来的IP地址则无法连接;同理,如果希望获得更高级的安全,那么可以在MAC地址过滤中将允许访问的无线客户端网卡的MAC地址添加进来,并设为“允许通行”即可。

(4) 手工指定IP。为了方便客户端设置,一般来说无线路由都会带有DHCP功能。其实,对于小规模的无线网络,完全可以直接手工为客户端分配IP地址,而不必使用DHCP。

(5) 设置密钥。针对无线设置,一般来说都会要求进行安全认证设置。虽然设置了密钥,将可能给无线客户端的使用增加操作上的复杂程度,但这与安全相比,还是非常值得的。

(6) 防Ping。有一些做得比较智能的无线路由都带有防Ping的功能。例如TP-Link WR340G,登录管理界面后,打开“安全设置”,然后在“WAN接口Ping”中选中“忽略来自WAN接口的Ping”,这样就可以躲避一些扫描器的搜索。

(7) 主动搜索无线网络。无线网络的安全威胁更多的时候是来自临近用户的侵入。基于这样的道理,可以先关闭自己的无线AP(路由器),然后搜索一下附近是否有发射点,如果确认没有再开启自己的无线路由;如果有,那么则必须更加注意安全方面的防范。

11.2.3 无线网络常见安全技术

目前无线网络中主要采用了如下方法来保证网络的安全。

1. 跳频和扩频技术

扩展频谱技术在50年前第一次被美国军方公开,用来进行保密传输。扩展频谱发送器用一个非常弱的功率,信号在一个很宽的频率范围内发射出去。扩展频谱的实现方式有多种,最常用的两种是直接序列和跳频序列技术。跳频方式扩展信号,在工业、科学和医疗(Industrial,Scientific and Medical,ISM)频带中的2.400~2.483GHZ被分成79个分别不同的频道。传输采用一组随机序列(称为随机序列)的频点来发送。如果不知道在每一个频道上的停留时间和它的跳频图案,对于一个企图非法加入的工作站来说是不可能接收和发送数据的。使用不同的跳频图案、驻留时间和频道数可以允许两个距离很近的局域网同时存在,并且没有相互干扰和窃听数据的可能。跳频和扩频技术也是无线网络抗干扰的主要方法。

2. 扩展服务集标识号

每个无线设备都内置了一个32位的扩展服务集标识号(Extended Service Set ID,ESSID),对于任何一个可能存取接入点的适配器来说,接入点首先要决定这个适配器是否属于该网络。它判断适配器的ESSID是否与它自己的相符,如果不符就拒绝服务。

3. 有线等效保密协议

有线等效保密协议(Wired Equivalent Privacy,WEP)采用对称性加密算法RC4,在加密与解密端,均使用同一个密钥(Secret Key)。这个密钥将会被输入每一个客户端以及存取点之中，而所有资料的传送与接收，不管在客户端或存取端，都使用这个共享密钥(Share Key)来进行加密与解密。WEP还提供客户端使用者的认证功能，当加密机制功能启用，客户端要尝试连接上存取点时，存取点会核发出一个测验挑战值封包(Challenge Packet)给客户端，客户端再利用共享密钥将此值加密后送回存取点以进行认证比对，如果无误，才能获准存取网络的资源。

4. WPKI与无线网络安全

为了适应无线网络认证和加密的需要，无线公钥基础设施(Wireless Public Key Infrastructure，WPKI)也渐渐发展起来。WPKI并不是一个全新的PKI标准，它是传统的PKI技术应用于无线环境的优化扩展。它采用了优化的ECC椭圆曲线加密和压缩的X.509数字证书。它同样采用证书管理公钥，通过第三方的可信任机构——认证中心(WCA)来验证用户的身份，从而实现信息的安全传输。必须明确的是，无线公钥体制是对已有公钥体制标准的优化和再使用，因此在实现无线公钥体制的时候，重点要放在针对无线应用协议环境的开发上，尤其是无线认证中心的建立和无线应用协议识别模块的开发。同时，由于无线网络的带宽窄、时延长，所以保证各项安全操作的速度也是无线公钥体制成功的关键。

5. 其他执行措施

无线局域网还有其他一些安全特性。例如，接入点可以过滤那些对相关无线站点而言毫无用处的网络数据，这就意味着大部分有线网络数据根本不会以电波的形式发射出去。其次，无线网的节点和接入点有个与环境有关的转发范围限制。另外，像有线网一样，无线网也能使用口令控制、数据加密的方法来保证安全性。

11.3　无线局域网安全技术

无线局域网安全技术包括以下几种。

1. 无线网卡物理地址过滤

每个无线工作站网卡都由唯一的物理地址标识，该物理地址编码方式类似于以太网物理地址，是48位的。网络管理员可在无线局域网接入点(AP)中手工维护一组允许访问或不允许访问的MAC地址列表，以实现物理地址的访问过滤。MAC地址控制可以有效地防止未经过授权的用户入侵无线网络。

2. 服务区标识符匹配

无线工作站必须出示正确的SSID，与AP的SSID相同，才能访问AP；如果出示的SSID与AP的SSID不同，那么AP将拒绝它通过本服务区上网。因此可以认为SSID是一个简单的口令，从而提供口令认证机制，实现一定的安全。在无线局域网AP上对此项技术的支持就是可不让AP广播其SSID号，这样无线工作站端就必须主动提供正确的SSID号才能与AP进行关联。

3. 有线等效保密协议

有线等效保密(Wired Equivalent privacy，WEP)协议是由IEEE802.11标准定义的，用于在无线局域网中保护链路层数据。WEP使用40位密钥，采用RSA开发的RC4对称加密算法，在链路层加密数据。WEP加密采用静态的保密密钥，各WLAN终端使用相同的密钥访问无线网络。WEP还提供认证功能，当加密机制功能启用，客户端要尝试连接AP时，AP会发出一个挑战性封包(Challenge Packet)给客户端，客户端再利用共享密钥将此值加密后送回存取点以进行认证比对，如果正确无误，才能获准存取网络的资源。现在的WEP一般支持128位的密钥，提供更高等级的安全加密。整个WEP协议实现的关键就是40位的共享加密密钥的分发、RC4加密算法的实现和CHAP验证算法的实现。

4. Wi-Fi保护接入技术

Wi-Fi保护接入(Wi-Fi Protected Access，WPA)协议在终端接入和数据传输两方面都采取了安全措施，但WEP采用的是静态密钥，而且同一个服务区内使用的是同一个密钥，这样存在着很大的安全隐患，Wi-Fi工作组提出了一种过度的安全解决方法——IEEE 802.11i，它采用动态密钥，当一台接入点设备与无线客户端设备完成第一次会话后，能够自动生成下一次会话所需要使用的新的128位加密密钥。这样就保证了每个网络用户和每次网络会话所使用的密钥都是唯一的，而且是动态分配的。WPA技术是在2003年正式提出并推行的一项无线局域网安全技术。WPA是IEEE802.11i的一个子集，其核心就是IEEE 802.1x和临时密钥完整性协议(Temporal Key Integrity Protocol，TKIP)。WPA是完全基于标准的，并且在现有的大量无线局域网硬件设备上，只需简单地进行软件升级便可完成，并且还能保证兼容将来要推出的IEEE 802.11i安全标准。

5. VPN-Over-Wireless技术

目前已广泛应用于广域网络及远程接入等领域的虚拟专用网(Virtual Private Networking，VPN)安全技术也可用于无线局域网域，与IEEE 802.11b标准所采用的安全技术不同，VPN主要采用DES、3DES以及AES等技术来保障数据传输的安全。对于安全性要求更高的用户，将现有的VPN安全技术与IEEE 802.11b安全技术结合起来，这是目前较为理想的无线局域网络的安全解决方案之一。

6. 无线局域网鉴别与保密基础设施

无线鉴别与保密基础设施(Wireless Authentication Privacy Infrastructure，WAPI)是一种应用于WLAN系统的安全协议。WAPI安全系统采用公钥密码技术，鉴别服务器AS负责证书的颁发、验证与吊销等，无线客户端即移动终端与无线接入点AP上都安装有AS颁发的公钥证书，作为自己的数字身份凭证。当移动终端(Mobile Terminal，MT)登录至无线接入点AP时，在使用或访问网络之前必须通过鉴别服务器AS对双方进行身份验证。根据验证的结果，持有合法证书的移动终端MT才能接入持有合法证书的无线接入点AP，也就是说才能通过AP访问网络。这样不仅可以防止非法移动终端MT接入AP而访问网络并占用网络资源，而且还可以防止移动终端MT登录至非法AP而造成信息泄露，实现“合法终端通过合法接入点访问网络”。

无线局域网鉴别与保密基础设施(WAPI)系统中包含WAI鉴别及密钥管理、WPI数据传输保护。安全机制WAPI(WLAN Authentication and privacy Infrastructure)由WAI(WLAN Authentication Infrastructure)和WPI(WLAN Privacy Infrastructure)两个模块组成，它们分别实现对用户身份的认证和对传输数据加密的功能。WAPI是针对

IEEE802.ll中WEP协议安全问题,在中国无线局域网国家标准GB15629.11中提出的WLAN安全解决方案。同时,本方案已由ISO/IEC授权的机构IEEE注册权威机构(IEEE Registration Authority)审查并获得认可,分配了用于WAPI协议的以太类型字段,这也是我国目前在该领域唯一获得批准的协议。它的主要特点是采用基于公钥密码体系的证书机制,真正实现了移动终端(MT)与无线接入点(AP)间双向鉴别。用户只要安装一张证书就可在覆盖WLAN的不同地区漫游,方便用户使用。与现有计费技术兼容的服务,可实现按时计费、按流量计费、包月等多种计费方式。AP设置好证书后,无须再对后台的AAA服务器进行设置,安装、组网便捷,易于扩展,可满足家庭、企业、运营商等多种应用模式。

WAPI的发展历史如下:

1992年,中国开始无线局域网技术研究;

1994年,中国第一台WLAN样机,通过部级鉴定;

2001年8月,在国家信息产业部科技司的指导下,在北京召开了"中国宽带无线IP标准工作组"成立会议,与会单位有二十多家;

2003年5月,强制性国家标准GB 15629.11/1102-2003批准发布;

2003年12月,国家质检总局、认监委发布公告,宣布对无线局域网产品实施强制性产品认证;

2004年3月,美国国务卿、商务部长和贸易代表联名致信,要求中国放弃WAPI标准;

2004年4月,国家质检总局、国家认监委、国家标准委联合发布公告:2004年6月1日将延期强制实施WAPI标准;

2005年11月,发改委等八部委连续两次召开WAPI部际联席会议;

2005年12月,国家发改委和信息产业部三部委联合下发"关于印发无线局域网产品政府采购实施意见的通知";

2006年1月,GB15629.11-2003第1号修改单和2项WLAN扩展子项国家强制性标准颁布;

2006年6月,国家质检总局、国标委联合发布《关于发布无线局域网国家标准的公告》;

2009年4月,工业和信息化部召集手机厂商开会,宣布今后国内所有2G和3G手机都可以使用WAPI技术。

WEP、WAPI和IEEE 802.11i的对比如表11-2所示。

7. WAPI的应用情况

2008年北京奥运会比赛期间每天有近千名在线用户在场馆、酒店、住所等地通过WAPI网络上网,网络运行稳定。中国移动、中国电信等运营商已将WAPI国家标准的相关要求纳入WLAN企业标准中,并表示将积极采用自主创新技术,全力推动WAPI标准完善、产品成熟及商业应用。在目前的中国三大电信运营商WLAN招标过程中,均明确要求支持WAPI标准。2009年4月17日,中国工信部召集手机厂商开会,宣布以后国内所有2G和3G手机都可以使用WAPI技术。

表 11-2　WEP、WAPI 和 IEEE 802.11i 的对比

WEP、WAPI 和 IEEE 802.11i 的对比

项目		WEP	WAPI	IEEE 802.11i
	鉴别机制	单向鉴别（AP 鉴别 MT）	双向鉴别（AP 和 MT 通过 AS 实现相互的身份鉴别）	单向和双向鉴别（MT 和 Radius 之间），MT 不能够鉴别 AP 的合法性
	鉴别方法	开放式系统鉴别（或共享密钥鉴别）	身份凭证为公钥数字证书；无线用户与无线接入点地位对等，实现无线接入点的接入控制；客户端支持多证书，方便用户多处使用	用户身份通常为用户名和口令；AP 后端的 Radius 服务器对用户进行认证
	鉴别对象	客户机	用户	用户
	密钥管理	无	全集中（局域网内统一由 AS 管理）	AP 和 Radius 服务器之间需手工设置共享密钥；AP 和 MT 之间只定义了认证体系结构，不同厂商的具体设计可能不兼容
	算法	64 位 RC4	192 位椭圆曲线算法（ECC192）	与具体的协议有关
	安全漏洞	鉴别易于伪造	未查明	用户身份凭证简单，被盗取后可任意使用
加密	密钥	静态	动态	动态
	算法	64 位 RC4	128 位 SMS4	128 位 AES 和 128 位 RC4

11.4　无线移动网络安全技术

无线移动网络安全包括 GSM 移动网络及 3G、5G 网络的安全。

11.4.1　GSM 移动网络安全技术

GSM（Global System for Mobile Communications，全球移动通信系统）是目前世界上最广为使用的网络。GSM 中用来保护用户隐私的三个主要安全措施是：用户身份认证、TMSI（Temporary Mobile Subscriber Identity，临时用户识别码）和无线路径加密。在 GSM 系统中，AuC（Authentication Center，用户鉴权中心）为每个用户准备了“鉴权三元组”（RAND，XRES，Kc），存储在归属位置寄存器（Home location Register，HLR）中。当需要鉴权三元组的时候，就向 HLR 提出要求并发出一个消息给 HLR，该消息包括用户的国际移动用户识别码（International Mobile Subscriber Identity，IMSI），HLR 的回答一般包括五个鉴权三元组。任何一个鉴权三元组在使用以后，将被销毁，不会重复使用。

当手机（Mobile Station，MS）第一次到达一个新的移动业务交换中心（Mobile Service switching center，MSC）时，MSC 会向 MS 发出一个随机号码 RAND，MS 使用内置于客户识别模块（Subscriber Identity Module，SIM）卡中 A3、A8 算法加密 RAND，开

始鉴权认证过程。虽然 COMP128 算法也被建议用来加密，但 A3 算法更为实用。GSM 提供强大的设备认证体系来避免非法接入，网络资源在用户认证之前不予分配。这个严格的准则采用应答机制完成。在 ME 和 BTS 之间主要依靠 A5 对称加密算法实现安全保证。64 位的加密密钥 Kc，再和当前帧号 Fn(22 位)作为 A5 算法的输入，计算密钥流。对消息进行逐位异或加密，将密文从移动 MS 到基站。基站接收到加密的信息，用相同的密钥流逐位异或来解密。

11.4.2　3G 移动网络及安全技术

3G 全称为 3rd Generation，中文含义就是指第三代数字通信。1995 年问世的第一代模拟制式手机(1G)只能进行语音通话；1996 到 1997 年出现的第二代 GSM、TDMA 等数字制式手机(2G)增加了接收数据的功能，如接收电子邮件或网页；第三代与前两代的主要区别是在传输声音和数据的速度上的提升，它能够在全球范围内更好地实现无缝漫游，并处理图像、音乐、视频流等多种媒体形式，提供包括网页浏览、电话会议、电子商务等多种信息服务，同时也要考虑与已有第二代系统的良好兼容性。

1. 3G 标准

国际电信联盟(ITU)在 2000 年 5 月确定 W-CDMA、CDMA2000、TD-SCDMA 以及 WiMAX 等 4 大主流无线接口标准，写入 3G 技术指导性文件《2000 年国际移动通信计划》(简称 IMT—2000)。CDMA(Code Division Multiple Access，码分多址)，是第三代移动通信系统的技术基础。CDMA 系统以其频率规划简单、系统容量大、频率复用系数高、抗多径能力强、通信质量好、软容量、软切换等特点显示出巨大的发展潜力。下面分别介绍一下 3G 的几种标准。

(1) W-CDMA。也称为 WCDMA，全称为 Wideband CDMA，又称为 CDMA Direct Spread，意为宽频分码多重存取，这是基于 GSM 网发展出来的 3G 技术规范，是欧洲提出的宽带 CDMA 技术，它与日本提出的宽带 CDMA 技术基本相同。这套系统能够架设在现有的 GSM 网络上，对于系统提供商而言可以较轻易地过渡，因此 W-CDMA 具有先天的市场优势。该标准提出了 GSM(2G)-GPRS-EDGE-WCDMA(3G)的演进策略。GPRS 是 General Packet Radio Service (通用分组无线业务)的简称，EDGE 是 Enhanced Data rate for GSM Evolution (增强数据速率的 GSM 演进)的简称，这两种技术被称为 2.5 代移动通信技术。

(2) CDMA2000。CDMA2000 是由窄带 CDMA(CDMA IS95)技术发展而来的宽带 CDMA 技术，也称为 CDMA Multi-Carrier，由美国高通北美公司为主导提出，摩托罗拉、朗讯和后来加入的韩国三星公司都有参与，韩国现在成为该标准的主导者。这套系统是从窄频 CDMAOne 数字标准衍生出来的，可以从原有的 CDMAOne 结构直接升级到 3G，建设成本低廉。但目前使用 CDMA 的地区只有日、韩和北美，所以 CDMA2000 的支持者不如 W-CDMA 多。不过 CDMA2000 的研发技术却是目前各标准中进度最快的，许多 3G 手机已经率先面世。该标准提出了从 CDMA IS95(2G)-CDMA20001x-CDMA20003x(3G)的演进策略。CDMA20001x 被称为 2.5 代移动通信技术。

(3) TD-SCDMA。全称为 Time Division - Synchronous CDMA(时分同步 CDMA)，

该标准是由中国大陆独自制定的3G标准,1999年6月29日,由中国原邮电部电信科学技术研究院(大唐电信)向ITU提出。该标准将智能无线、同步CDMA和软件无线电等当今国际领先技术融于其中,在频谱利用率、对业务支持具有灵活性、频率灵活性及成本等方面的独特优势。另外,由于中国庞大的市场,该标准受到各大主要电信设备厂商的重视,全球一半以上的设备厂商都宣布可以支持TD-SCDMA标准。该标准提出不经过2.5代的中间环节,直接向3G过渡,非常适用于GSM系统向3G升级。

(4) WiMAX。WiMAX的全名是微波存取全球互通(Worldwide Interoperability for Microwave Access),又称为802.16无线城域网,是又一种为企业和家庭用户提供"最后一英里"的宽带无线连接方案。将此技术与需要授权或免授权的微波设备相结合之后,由于成本较低,将扩大宽带无线市场,改善企业与服务供应商的认知度。2007年10月19日,国际电信联盟在日内瓦举行的无线通信全体会议上,经过多数国家投票通过,WiMAX正式被批准成为继WCDMA、CDMA2000和TD-SCDMA之后的第4个全球3G标准。

2. 3G安全概述

(1) 移动通信发展及其安全形势演进。第一代和第二代移动通信属于传统语音通信,除了用无线空中接口作为"最后一公里"的传输方式外,其安全特性与固定语音通信网络基本相同。从GPRS和CDMA1x开始,移动通信进入了2.5G时代。从2.5G开始,移动通信网络中增加了面向IP网络的控制功能模块和IP接入网关,并将一部分IP网络设备纳入到数据移动通信的体系中来,为用户提供在移动过程中直联IP网络的高速链路。由此开始,IP网络的安全性成为移动通信安全体系中"最短的一块木板"。第三代移动通信,也就是常说的3G。现在人们普遍关心的是WCDMA、CDMA2000和TD-SCDMA三种3G制式,它们的差异更多地体现在空中接口部分。无论哪一种3G制式,它的控制信令和数据传输已经越来越依赖IP网络;3G系统为用户提供的服务,也将全部基于IP技术。因此,3G网络与以前的移动通信网络相比,更具有IP网络的特征。移动通信正在演变为IP网络上的一种特殊的应用。3G面临的最主要的安全威胁,也不再像以前的语音通信系统那样来源于内部;而是像IP网一样,来自外部。

(2) 3G安全目标。如果从协议栈的角度来看3G,那么3G网络仅仅是承载移动通信中信令和数据的平台。3G的安全目标,可以分为针对网络层的安全目标和针对应用层的安全目标。网络层安全是应用层安全的基础。安全的3G网络首先应当保证网络设备正常工作,不被黑客侵入、免受病毒影响;网络层安全的终极目标是保障应用层数据的正常传输,数据流序列不被扰乱或中断。应用层安全建立在网络层安全之上。应用层安全的目标是保证的数据的完整、可信,避免被窃听、截获、篡改和伪装。移动通信用户对网络安全的体验,建立在应用层安全的基础上,并以此为依据衡量运营商提供的通信服务质量。

3. 3GPP的安全机制

3GPP的安全机制分为如下5类。

(1) 增强用户身份保密(Enhance user confidentiality,EUIC):通过HE/AuC(本地环境/认证中心)对USIM(用户业务识别模块)身份信息进行认证。

(2) 用户与服务网间身份认证。

(3) 认证与密钥分配：用于USIM、VLR/SGSN(访问位置寄存器/服务GPRS支持节点)、HLR(归属位置寄存器)间的双向认证及密钥分配。

(4) 数据加密：用户终端与无线网络控制器间信息的加密。

(5) 数据完整性：用于对交互消息的完整性、时效性及源与目的地进行认证。

3GPP定义了11个安全算法：f0、f1*、f1～f9，以实现其安全功能。f8、f9分别实现数据保密性和数据完整性标准算法，f6、f7用于实现EUIC，AKA由f0～f5实现。

3GPP的目标是在ITU的IMT-2000计划范围内制订和实现全球性的(第三代)移动电话系统规范。它致力于从GSM到UMTS(W-CDMA)的演化，虽然从GSM到W-CDMA的接口差别很大，但是其核心网采用了GPRS的框架，因此仍然保持一定的延续性。3GPP主要是制定以GSM核心网为基础，以UTRA(FDD为W-CDMA技术，TDD为TD-CDMA技术)为无线接口的第三代技术规范。

4. 3GPP2的安全机制

3GPP2的认证和密钥协商机制采用3GPP的AKA(Authentication and Key Agreement)，以便在3G的两种体制之间漫游，但对AKA算法进行了扩展，除f0～f5*算法外，增加了f11(UIM认证密钥产生算法)和UMAC (Unlicensed Mobile Access Consortium，非授权移动接入共同体)。增强型用户鉴权不但实现网络对终端的认证，同时也实现了终端对网络的认证，认证机制采用的是ESP，数据加密采用了增强算法AES，而且3GPP2的所有密钥长度增加为128位，完整性算法采用EHMAC，所有算法均实现了标准化。3GPP2致力于以IS-95(在北美和韩国应用广泛的CDMA标准，中国电信CDMA与之兼容)向3G过渡，与高通公司关系更加紧密。中国无线通信标准研究组(CWTS)于1999年6月在韩国正式签字同时加入3GPP和3GPP2，成为这两个当前主要负责第三代项目的组织伙伴。在此之前，我国是以观察员的身份参与这两个伙伴的标准化活动的。

11.4.3 5G移动网络及安全技术

作为新一代移动通信技术，5G不仅将用于人与人之间的通信，还将用于人与物以及物与物之间的通信，实现真正的“万物互联”。国际标准化组织3GPP已经定义了70多种5G的需求，主要可分为3种场景，即增强移动宽带(enhanced Mobile Broadband，eMBB)、海量机器类通信(massive Machine Type Communication，mMTC)和超可靠低时延通信(ultra-Reliable Low Latency Communication，uRLLC)，所需发展的关键技术包括大规模天线阵列、多载波技术、全双工复用、超密集网络、软件定义网络、网络功能虚拟化等。5G新业务、新架构、新技术、新应用场景的不断发展，给5G安全技术研究提出了新的挑战，同时5G新的技术发展又为解决传统安全问题提供了新的机遇。

1. 5G安全需求

5G需要针对eMBB、mMTC和uRLLC等3种应用场景提供不同安全需求的保护机制。eMBB聚焦对带宽和用户体验有极高需求的业务，不同业务的安全保护强度需求是有差异的；mMTC聚焦连接密度较高的场景，终端具有资源能耗受限、网络拓扑动态变化、以数据为中心等特点，因此需要轻量级的安全算法、简单高效的安全协议；uRLLC侧重于低时延高安全性的通信业务,需要既保证高级别的安全保护措施,又不能额外增加通信时延,包括身份认证、数据加解密、安全上下文传输等时延。

5G新的网络架构引入了软件定义网络(Software Defined Network,SDN)、网络功能虚拟化(Network Function Virtualization,NFV)技术,解耦了设备的控制面和数据面,也给安全方面带来很多挑战:首先是业务的开放性、用户的自定义和资源的可视化应用给云平台的安全可信带来前所未有的挑战,在多租户共享计算资源的情况下,用户的隐私数据更容易受到攻击和泄露;其次,计算、存储及网络资源共享化,会引入虚拟机安全、虚拟化软件安全、数据安全等问题;最后,部署集中化,通用硬件会导致病毒在集中部署区域迅速传播,硬件漏洞更容易被攻击者发现和利用。

3GPP工作组SA3负责5G网络安全构架设计,工作组指出了5G安全架构设计需要关注的领域。

2. 5G安全防护技术

(1) 异构网络安全接入:针对异构网络接入,5G网络除了需要研究构建统一的认证框架来融合不同的接入认证机制,满足具有不同安全能力的终端的安全接入需求以外,还需要针对不同的网络接入点实施具体地安全防范措施。以小型基站为例,未来基站将更加小型化,可以安装在各种场景,而5G网络也将会由大小基站协同工作。在基站(BS)和窃听者处考虑多个天线,使得基站(BS)处的天线数量大于窃听者处的天线数量,这确保了安全性。除此之外,还可以在安全架构中引入基于大数据技术的"安全监管云",对5G网络进行安全态势管理、监测预警与安全防护。

(2) 拒绝服务攻击防护:分布式拒绝服务攻击将成为未来5G网络面临的主要威胁之一。目前防范DDoS攻击的措施是,监测并阻止移动终端上的恶意软件向客户云服务直接发送恶意IP数据包,并发送实时告警。SDN控制器动态修改防火墙规则,阻挠攻击。编排器(Orchestrator)实例化新的虚拟机(VM)快速扩展vMME功能,以在对网络攻击进行进一步分析期间扩展更高的信令流量负荷,防止网络瘫痪。

(3) 用户隐私与数据完整性、机密性保护:5G网络会为不同的用户、业务场景提供差异化的隐私和数据保护能力,因此需要采用不同技术措施解决5G网络的隐私和数据保护问题。如新形态数据加密技术:针对5G网络虚拟化和云化的新特点,可以引入一些新的加密技术(同态加密技术:对加密的数据处理得到输出,将这一输出进行解密,其结果与用同一方法处理未加密的原始数据得到的结果相同)来保证数据的隐私安全;访问控制技术:通过策略和技术手段保证隐私数据不被非法使用和窃取,传统的访问控制技术包括用户口令、数字证书、USB KEY、生物识别技术同样可以应用到5G网络之中;虚拟存储和传输保护技术:为保证隐私信息在5G网络虚拟化网络存储过程中的隐私安全,可采用用户数据库的动态迁移和随机化存储技术,保证虚拟机上服务正常运行的同时,将一个虚拟机的数据从一个物理主机迁移到另一个物理主机的过程,这使得攻击者即使成功入侵用户数据库也无法锁定要窃取的用户数据;隐私增强技术:使用非对称密钥加密的方法来加密5G网络的永久标识符(IMSI),或是使用伪IMSI的方法来隐藏用户的永久标识符。

(4) 漏洞利用型攻击防范:对于漏洞攻击的防范主要还是实时监控、定期扫描、勤更新、堵端口等，尤其注意接入控制和 API 接口安装。以 Hypervisor 漏洞为例，Hypervisor 应启用内存安全强化策略，使虚拟化内核、用户模式应用程序及可执行组件位于无法预测的随机内存地址中。除此之外，Hypervisor 开启内核模块完整性检查功能，利用数字签名确保虚拟化层加载模块、驱动程序及用用程序的完整性和真实性。

(5) 网络切片安全：在 5G 切片相关的安全概念中，软件定义安全的控制和灵活性推动了切片防御策略的研究，所以 SDN 是研究切片安全的关键。网络切片中的安全隐患主要存在于网络功能共享和不同切片之间的隔离，因此根据业务场景和业务需求采用不同的安全机制来实现不同的安全等级，实现终端的接入认证和鉴权和切片间的安全隔离。从另外一个角度考虑，由于未来的 5G 网络是分布式的，虚拟机遍布网络，虚拟机的隔离机制也非常重要。

(6) 安全管理：5G 网络的发展，充分融合了一些新兴的信息通信和计算技术，如 SDN\NFV 等。因此，不可避免地使得 5G 网络面临着更加复杂、更加广泛的攻击和边界安全威胁。所以，需要通过安全管理在 5G 网络内实施积极主动的监测预警措施，构建 5G 网络统一的信任管理体系。

11.5　无线 Ad Hoc 网络的安全技术

11.5.1　无线 Ad Hoc 网络简介

传统意义上的无线通信网络仅限于一跳无线网络，例如蜂窝系统和无线局域网，它们都属于有基础设施的移动无线网络。在这些系统中，移动用户(或节点)在有限的区域里(即小区)移动，借助于固定的基站和有线骨干网络系统而与其他用户通信。当移动用户移出个基站的覆盖范围而进入到另一个基站的覆盖范围内时由基站实现越区切换，这样移动用户就可以在整个通信网络中连续、无缝地通信。

进入 20 世纪 90 年代后，没有固定基础设施支撑、由若干移动节点组成的移动自组织网络，简称为移动 Ad Hoc 网络(Mobile Ad Hoc Networks)，逐渐成为分组无线网中的一个研究热点。移动 Ad Hoc 网络独立于任何静态的基础设施，可即时建立。它主要应用在抢险、抗灾、救援、探险、军事行动、应急任务和临时重大活动等，需要快速建立可移动且灵活的通信系统的场合中。它无论是在民用还是在军事上都有着显著的意义，而为了完成连续和无缝的通信要求，移动 Ad Hoc 网络将会起着至关重要的作用，因为仅仅基于现有的任何系统并不能支持更为广泛的、完全意义上的连续、无缝通信。在这一方面，移动 Ad Hoc 网络将是未来通信中关键而又现实的延伸，它可以灵活地扩展到任意的地域。移动 Ad Hoc 网络是由具有无线通信能力移动节点组成的、具有任意和临时性网络拓扑的动态自组织网络系统，其中每个节点既可作为主机，也可作为路由器使用。Ad Hoc 是一种由无线连接的移动节点所构成的网络，通常具有动态形成以及有限带宽等特性，Ad Hoc 网络的成员可以是单一类型的，也可能是混合类型的，包括笔记本电脑、个人数字助理(PDA)、移动电话等。图 11-1 是一个简单的 Ad Hoc 网络例子。

Ad Hoc 网络的运行是完全分布式的，和网络的组织和控制有关的任务被分配到各

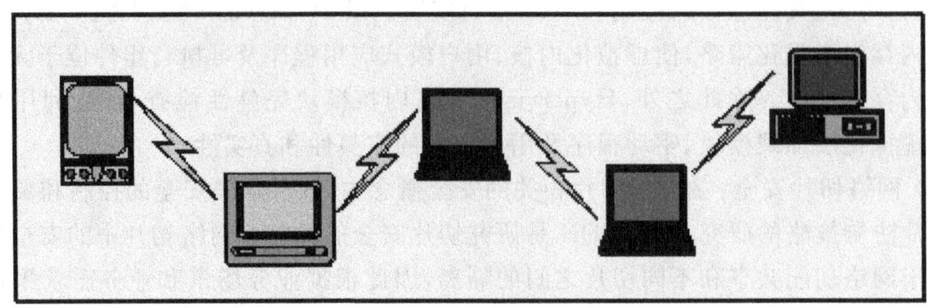

图 11-1　一个简单的 Ad Hoc 网络例子

个节点。Ad Hoc 网络的这些特性使其具有无可替代的优越性和诱人的潜在应用前景,但其自身的特点也同时给这种网络的研究和应用带来了许多困难和挑战,其中包括网络安全问题。

11.5.2　无线 Ad Hoc 网络的安全威胁

由于无线信道的开放性,无线 Ad Hoc 网络面临着一些的安全威胁。这些安全威胁可以分为 3 大类:第一类是针对网络本身的攻击,旨在破坏网络的正常功能,如信道阻塞(Channel Jamming)、非法访问(Unauthorized Access)和流量分析(Traffic Analysis)等;第二类是针对通信链路的攻击,旨在破坏端到端通信的保密性和完整性,如窃听(Eavesdropping)、消息伪造(Message Forgery)、消息重放(Message Reply)、中间人攻击(Man-in-the-middle Attack)和会话劫持(Session Hijacking)等;第三类是针对移动终端的攻击,旨在破坏或者非法使用移动终端,如 Power 攻击、Timing 攻击等。针对以上这些安全威胁,当前的防御技术主要有以下几类:双向认证(Mutual Authentication)、访问控制(Access Control)、数据加密(Data Confidentiality)、数据完整性保护(Data Integrity)、新鲜性校验和不可否认性等。但是,与其他的无线网络(如 WLAN)相比,Ad Hoc 网络由于没有基础设施,所以面临一系列新的安全威胁,特别是在网络层。因为核心的网络部件(如路由器等)是由对等的节点来充当的,攻击者能够轻易地冒充路由器,通过攻击网络的控制层面或者数据层面来破坏网络的运行。这样一来,不仅 Ad Hoc 网络的每个单跳的无线链路存在安全弱点,每条多跳转发路径(Path)中也存在安全隐患。

11.5.3　无线 Ad Hoc 网络的安全机制

为了确保分组能从一个节点安全地传输到另一个节点,Ad Hoc 网络必须保证控制层的路由安全和数据层的转发操作的安全。因此,安全解决方案应该包括 3 个部分:控制层安全、数据层安全、密钥管理安全。

1. 控制层安全

攻击者对 Ad Hoc 网络的控制层进行攻击的主要方式是通过发布错误的路由信息来破坏节点之间的路由,这种攻击方法针对当前网络中正在使用的路由协议。为了确保 Ad Hoc 网络路由的安全,在设计控制层的安全时,需要对路由信息中的关键字段(如跳数、源路由)进行认证。

(1) 对消息进行认证的方法：当前，对消息进行认证的方法主要有3种，即消息认证码(HMAC)、单向密钥链和数字签名。

- HMAC。如果两个节点共享一个密钥，它们就能通过单向的散列函数产生验证任何消息的HMAC。然而，HMAC只能被预定的接收者验证，这样就对认证广播消息没有吸引力。此外，建立整个网络范围内的密钥对也不是一件容易的事，因为对由n个节点组成的网络来说，需要有n×(n-1)/2个密钥需要保存。
- 单向密钥链。通过对初始输入x反复应用单向函数f()，就可以获得一系列的密钥f i(x)。发送者以相反的顺序逐渐公布密钥链，但使用未公开的密钥为其消息产生散列的HMAC。而接收者使用已公布的密钥来验证HMAC。结合了时钟同步和妥善的密钥分发方案之后，单向密钥链可被有效地用作广播消息的认证。
- 数字签名。数字签名基于公钥密码算法如RSA算法等，对发送的消息采用发送者的私钥进行签名，由于发送者的公钥通过网络公开发布，所以任何接收者都可以对接收到的消息进行验证。数字签名可以工作在由大量节点组成的网络之中，扩展性非常好。然而，数字签名也存在一个安全隐患。原因是其工作机理是基于比较的，即比较通过网络发送的消息签名和接收者自己计算出来的哈希值，这有可能会招致拒绝服务(DoS)攻击。

(2) 距离矢量路由的安全。为了确保目的序列距离矢量路由算法(Destination Sequenced Distance Vector，DSDV)和按需距离矢量路由算法(Ad Hoc On-Demand Distance Vector Routing，AODV)等路由协议的安全性，必须使每个节点都正确地发布其路由距离。例如，如果用跳数作为距离的度量，当路由更新消息在网络中传播时，每个中间节点应该将其跳数值增加1。攻击者虽然不可能减少路由更新信息中跳数，但却能发布与其收到的跳数同样大的跳数。针对这个问题，散列树链(Hash Tree Chains)可以确保路由更新消息在网络中传输时，其跳数总是单调地递增。跳数散列链方案能阻止中间节点减少跳数。但是，这种算法也存在一定的局限性，即它只适合离散的路由度量，如果路由度量连续取值时，该算法并不是很有效。

(3) 链路状态路由的安全。为了确保链路状态路由协议如开放最短路径优先(Open Shortest Path First，OSPF)协议的安全，应该能够阻止攻击者伪造不存在链路。Papadimitratos、Panos、Haas、Zygmunt在论文中提出的安全链路状态路由协议(Secure Link State Routing Protocol，SLSP)，采用基于数字签名的认证机制，已经基本解决了这个问题。在SLSP中，每个节点周期性地广播Hello消息，让邻居发现它，并且全网洪泛其链路状态更新分组(Link-State Update，LSU)。Hello分组和LSU分组都使用发送节点的私钥签名。当且仅当链路被其两端的两个节点通过有效的LSU分组广播后，它才被全局网络拓扑接受。这样，攻击者就不能冒充合法节点伪造链路。数字签名的高计算负载可能招致DoS攻击的问题，这可以通过频率控制机制来解决。每个节点测量其邻居发送数据签名控制分组的频率，一旦频率超过了预先设定的门限，就抛弃这些分组，而不做任何审核。

(4) 源路由的安全。为了保证源路由协议如动态源路由协议(Dynamic Source Routing，DSR)的安全，应该能阻止中间节点对源路由(即中间节点的有序列表)的恶意操纵，例如增加新节点、移除存在的节点，或改变中间节点的排列顺序。这通常是通过每跳认证来实现。Ariadne 是对 DSR 的安全扩展。它用单向的 HMAC 链，即 TESLA 来认证源路由。Ariadne 假定时钟同步，以及预分配了每个节点的 TESLA 密钥链中的最后一个密钥。例如，源节点 S 到达目的节点 D 的路由经过三个中间节点 A、B、C，当路由请求(RREQ)分组传输时，每个中间节点将它自己、整个分组的散列值以及由下一个未公布的 TESLA 密钥签名的 HAMC 一起附加在源路由上。当目的节点收到 RREQ，它首先验证内容是否与散列值匹配，如果匹配，将一串 HMAC 值加到路由应答 RREP 分组中，这个分组沿着反向路径回到源节点。中间节点延迟 RREP 分组直到它释放了前一个使用的 TESLA 密钥，这样，下一跳节点就可以检验 TESLA HAMC。每跳散列可以阻止恶意节点修改它收到的 RREP 分组，使得恶意节点所能做的就是将新节点加到路由中。每跳 TESLA HMAC 可以进一步阻止中间节点增加除它自己之外的其他节点，因为中间节点并不知道其他节点未发布的密钥。通过这种方法，由 Ariadne 发现的源路由是安全的。

2. 数据层安全

数据层安全应该能确保每个节点按照自己的路由表转发数据分组。数据层不像控制层那样能简单地通过加密来确保安全，因为针对转发过程的许多攻击根本无法防范：攻击者可以丢弃需经过它转发的任何分组，而不管这些分组被保护得如何的好；攻击者也可以回放先前记录的分组，或者把伪造的分组插入到网络里。所以，数据层的安全方案采纳了响应方案，核心是探测机制和响应机制。

(1) 探测。开放的无线媒体允许在 Ad Hoc 网络中进行局部探测。每个节点都监听信道，同时检测邻居的行为。但是，检测的精确度却由于信道误码、移动性、隐藏终端等因素的影响而受到限制，恶意节点可能滥用探测机制而故意指责合法的节点。为了得到正确的结论，网络中的一组节点应该能将各自的探测结果以分布式的算法进行协商，从而得到一个一致的结论。选择什么样的探测方法依赖于目的节点或者中间节点对源节点返回的显式确认，这样源节点能够判断在何处丢弃分组。

(2) 局部化探测。看门狗技术采用局部化方法检测和 DSR 协议有关的错误行为。假设所讨论的链路是对称链路，即如果节点 A 能听到节点 B，B 也能听到 A。由于整个路径已经确定，当节点 A 转发分组到它的下一跳 B 时，它也知道 B 的下一跳是 C。A 监听信道，确定 B 是否向 C 传输。如果在一个时间段之内仍没有监听到这类传输，与 B 相关的失败标志就会增加。如果该标志超过了预定的门限值，A 向源节点报告 B 的不正常行为。Yang Hao、Meng Xiaoqiao 和 Lu Song 扩展了这个概念，使局部化探测也可以和距离矢量协议(如 AODV)协同工作。通过在 AODV 分组中增加一个下一跳(Next_Hop)字段，这样节点就能知道其正确的下一跳邻居。独立的检测通过认证和进一步合成，最终在局部邻居之间形成一个一致的结果。他们考虑了更多形式的攻击，如分组的篡改、复制和阻塞等。

(3) 基于确认的探测。Zapatam、Awerbuch 和 Holmer 提出了一种基于显式确认信息的检测机制，目的节点对每个接收到的分组都要发送确认分组。根据传递的质量，源节点可能针对一条可疑的路径启动错误检测进程，该进程在源节点和目的节点间执行对半搜索(Binary Search)，并发送附带了一系列中间节点的探测分组。这些中间节点称为探针(Probe),它们必须在收到探测分组之后向源节点发回确认分组。源节点和每个探针共享一个密钥,探针列表采用"洋葱"加密。一旦接收到这个探测分组,每个探针返回一个用共享密钥加密 ACK 分组。源节点通过验证 ACK 分组,将错误定位到与目的节点最近的某个返回了 ACK 分组的节点。

(4) 响应。一旦检测到一个恶意节点,应该启用响应方案进行保护,以阻止网络受到进一步的攻击。例如,收回恶意节点的证书,或者减少其被选作转发路径的机会。根据其工作范围的不同,应对计划可以被分为网络响应方案和终端主机响应方案。

3. 密钥管理安全

Ad Hoc 网络与其他分布式系统一样,其安全性依赖于正确的密钥管理系统。密钥管理包括以下几方面:

(1) 信任模型:信任模型被用来确定网络中相互信任的成员的类型,它依据网络环境和应用的不同而不同,而且不同类型成员间的信任关系将直接影响网络的密钥管理系统。

(2) 密码系统:指密钥管理中使用的加密机制,通常为非对称或对称加密机制。

密钥生成与分发:确定网络中哪些成员能够生成密钥,并指出密钥的所有者。同时,密钥管理服务必须保证生成的密钥被安全的发送到其所有者,保证通信的私密性、完整性和可用性。考虑到 Ad Hoc 网络的拓扑结构可能不断地变化,基于门限加密机制的密钥管理服务因为具有较好的安全性,成为实现分布式信任的有效方法。但是,基于门限加密机制的密钥管理服务仍未能解决服务延迟的问题。

(3) 密钥存储:密钥的存储是指密钥管理服务保存私密密钥的方式和方法。

与其他无线网络不同的是,Ad Hoc 网络没有部署可信赖的网络基础设施,其安全问题主要关注的是如何确保分布式网络协议能安全地操作,以及如何在对等节点之间建立起信任关系。这在很大程度上依赖于路由是否安全及密钥管理机制是否健全。路由安全一般在控制层面利用消息认证技术来解决,而密钥管理机制则相对复杂,其难点在于必须以自组织的方式管理所需的密钥信息,而基于门限加密机制的密钥管理服务可能是一个非常有潜力的解决方案。

4. 入侵检测方法

密钥管理与加密认证和路由安全算法,可以称为入侵阻止技术,所谓入侵阻止就是利用加密、认证、防火墙等技术来防止系统遭受外界的攻击。这些措施用于移动 Ad Hoc 网络之中,能够发挥一定的安全防范作用。但是,由于移动 Ad Hoc 网络中节点可任意移动,当网络处于敌对的环境时,节点可能被截获而泄露密钥,敌方节点可持密钥冒充合法节点加入网络进行攻击。此时,因为攻击者拥有合法的密钥,加密和认证技术都已经失效,只有通过入侵检测才能发现并清除入侵者。Yongguang Zhang 和 Weeke Lee 提出了一个基于代理的分布式协作入侵检测方案。在该方案中 IDS 代理运行于网络中每一个节点上,拥有 6 大功能模块,分为本地数据收集、本地监测、本地入侵响应、全局入侵响应、合作监测、安全通信。图 11-2 为 IDS 代理由六大功能模块组成的示意图。

其过程为首先执行本地数据收集和检测。如果本地节点能够确定入侵已发生,则直接告警。如果只是怀疑有入侵行为,本地节点能够激发多节点的协作检测,进一步是否发

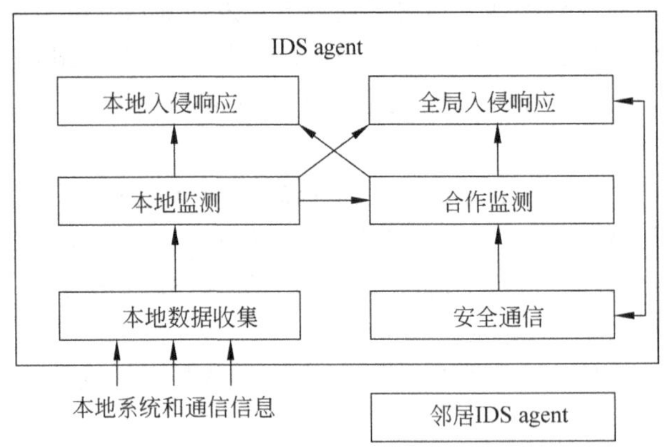

图 11-2 IDS agent 组成

生了入侵。如果确定有入侵，将激发全网的入侵响应。同时提出了一个检测路由进攻的异常检测模型，通过提取正常网络运行时的数据，进行分类训练，实现对路由入侵的检测。为了提高检测效率，入侵检测并不局限于网络层，而是多层综合检测。

11.6 传感器网络的安全

11.6.1 传感器网络简介

随着传感器技术、嵌入式技术、分布式信息处理技术和无线通信技术的发展，以大量的具有微处理能力的微型传感器节点组成的无线传感器网络（WSN）使得我们对天、空、海、陆、地下一体化信息的有效获取成为可能。美国商业周刊和 MIT 技术评论在预测未来技术发展的报告中，分别将无线传感器网络列为 21 世纪最有影响的技术和改变世界的技术之一。与传统的无线通信网络和移动 Ad Hoc 网络相比，无线传感器网络具有自组织性、低成本性、资源受限和以数据为中心等特点，这些特点使得无线传感器网络在森林、沙漠、战场等恶劣地方进行大规模部署信息获取网络成为可能。WSN 的基本思想起源于 20 世纪 70 年代。1978 年，DARPA 在卡内基-梅隆大学成立了分布式传感器网络工作组；1980 年，DARPA 的分布式传感器网络项目（DSN）开启了传感器网络研究的先河；20 世纪 80～90 年代，研究主要在军事领域，成为网络中心战的关键技术，拉开了无线传感器网络研究的序幕；20 世纪 90 年代中后期，WSN 引起了学术界、军界和工业界的广泛关注，发展了现代意义的无线传感器网络技术。无线传感器作为特殊的 Ad Hoc 网络，具有其自身的特点，同时对安全也提出了新要求，安全是一个好的传感网络设计中的关键问题。随着 WSN 应用的普遍化，安全问题也将越来越突出，如何保证传感网络以及所采集数据的机密性、真实性、可靠性，将是 WSN 研究的一个重要课题。

11.6.2 传感器网络的安全威胁

任何安全协议的设计都是基于对网络可能的安全威胁充分分析基础上的，本节将根据 WSN 的特点，对 WSN 所面临的潜在安全威胁进行分类与描述。由于传感器网络自身的一些特性，使其在各个协议层都容易遭受到各种形式的攻击。

1. 物理层的攻击和防御

物理层中安全的主要问题就是如何建立有效的数据加密机制，由于传感器节点的限制，其有限计算能力和存储空间，使得基于公钥的密码体制难以应用于无线传感器网络中。为了节省传感器网络的能量开销和提供整体性能，也尽量要采用轻量级的对称加密算法。

2. 链路层的攻击和防御

链路层为邻居节点提供可靠的通信通道，在 MAC 协议中，节点通过监测邻居节点是否发送数据来确定自身是否能访问通信信道。这种载波监听方式特别容易遭到拒绝服务攻击。在某些 MAC 层协议中使用载波监听的方法来与相邻节点协调使用信道。当发生信道冲突时，节点使用二进制值指数倒退算法来确定重新发送数据的时机，攻击者只需要产生一个字节的冲突就可以破坏整个数据包的发送。因为只要部分数据的冲突就会导致接收者对数据包的校验和不匹配。导致接收者会发送数据冲突的应答控制信息 ACK，使发送节点根据二进制指数倒退算法重新选择发送时机。这样经过反复冲突，使节点不断倒退，从而导致信道阻塞。恶意节点有计划地重复占用信道比长期阻塞信道要花更少的能量，而且相对于节点载波监听的开销，攻击者所消耗的能量非常小，对于能量有限的节点，这种攻击能很快耗尽节点有限的能量。所以，载波冲突是一种有效的 DoS 攻击方法。虽然纠错码提供了消息容错的机制，但是纠错码只能处理信道偶然错误，而一个恶意节点可以破坏比纠错码所能恢复的错误更多的信息。纠错码本身也导致了额外的处理和通信开销。目前来看，这种利用载波冲突对 DoS 的攻击还没有有效的防范方法。解决的方法就是对 MAC 的准入控制进行限速，网络自动忽略过多的请求，从而不必对于每个请求都应答，节省了通信的开销。但是采用时分多路算法的 MAC 协议通常系统开销比较大，不利于传感器节点节省能量。

3. 网络层的攻击和防御

通常，在无线传感器网络中，大量的传感器节点密集地分布在一个区域里，消息可能需要经过若干节点才能到达目的地，而且由于传感器网络的动态性，因此没有固定的基础结构，所以每个节点都需要具有路由的功能。由于每个节点都是潜在的路由节点，因此更易于受到攻击。针对无线传感器网络的主要攻击方式较多，简单介绍如下。

(1) 虚假路由信息。通过欺骗，更改和重发路由信息，攻击者可以创建路由环，吸引或者拒绝网络信息流通量，延长或者缩短路由路径，形成虚假的错误消息，分割网络，增加端到端的时延。

(2) 选择性的转发。节点收到数据包后，有选择地转发或者根本不转发收到的数据包，导致数据包不能到达目的地。

(3) 污水池(sinkhole)攻击。攻击者通过声称自己电源充足、性能可靠而且高效，通过使泄密节点在路由算法上对周围节点具有特别的吸引力，来吸引周围的节点选择它作为路由路径中的点。引诱该区域的几乎所有的数据流通过该泄密节点。

(4) Sybil 攻击。在这种攻击中，单个节点以多个身份出现在网络中的其他节点面前，使之具有更高概率被其他节点选作路由路径中的节点，然后和其他攻击方法结合使用，达到攻击的目的。它降低具有容错功能的路由方案的容错效果，并对地理路由协议产生重大威胁。

（5）蠕虫洞（wormholes）攻击。攻击者通过低延时链路将某个网络分区中的消息发往网络的另一分区重放。常见的形式是两个恶意节点相互串通，合谋进行攻击。

（6）Hello洪泛攻击。很多路由协议需要传感器节点定时地发送Hello包，以声明自己是其他节点的邻居节点。而收到该Hello报文的节点则会假定自身处于发送者正常无线传输范围内。而事实上，该节点离恶意节点较远，以普通发射功率传输的数据包根本到不了目的地。网络层路由协议为整个无线传感器网络提供了关键的路由服务，如受到攻击，后果非常严重。

11.6.3 传感器网络的安全机制

1. 传感器网络的两种安全思想

目前主要存在的两种安全思想简介如下。

一种思想是从维护路由安全的角度出发，寻找尽可能安全的路由以保证网络的安全。如果路由协议被破坏导致传送的消息被篡改，那么对于应用层上的数据包来说没有任何的安全性可言。一种方法是“有安全意识的路由”，其思想是找出真实值和节点之间的关系，然后利用这些真实值去生成安全的路由。该方法解决了两个问题，即如何保证数据在安全路径中传送和路由协议中的信息安全性。在这种模型中，当节点的安全等级达不到要求时，就会自动从路由选择中退出以保证整个网络的路由安全。可以通过多径路由算法来改善系统的稳健性（robustness），数据包通过路由选择算法在多径路径中向前传送，在接收端内通过前向纠错技术得到重建。

另一种思想是把着重点放在安全协议方面，在此领域也出现了大量的研究成果。假定传感器网络的任务是为高级政要人员提供安全保护的，提供一个安全解决方案将为解决这类安全问题带来一个合适的模型。在具体的技术实现上，先假定基站总是正常工作的，并且总是安全的，满足必要的计算速度、存储器容量，基站功率满足加密和路由的要求；通信模式是点到点，通过端到端的加密保证了数据传输的安全性；射频层总是正常工作。此方案是不采用任何的路由机制。在此方案中，每个节点和基站分享一个唯一的64位密匙Key_j和一个公共的密匙Key_{BS}，发送端会对数据进行加密，接收端接收到数据后根据数据中的地址选择相应的密匙对数据进行解密。

2. 无线传感器网络中的安全协议

无线传感器网络中的安全协议主要包括传感器网络加密协议（Sensor Network Encryption Protocol，SNEP）和基于时间的高效容忍丢包流认证协议（μTESLA）。SNEP的功能是提供节点到接收机之间数据的鉴权、加密、刷新，μTESLA的功能是对广播数据的鉴权。因为无线传感器网络可能是布置在敌对环境中，为了防止供给者向网络注入伪造的信息，需要在无线传感器网络中实现基于源端认证的安全组播。但由于在无线传感器网络中，不能使用公钥密码体制，因此源端认证的组播并不容易实现。基于源端认证的组播机制uTESLA协议是对TESLA协议的改进，使之适用于传感器网络环境。其基本思想是采用Hash链的方法在基站生成密钥链，每个节点预先保存密钥链最后一个密钥作为认证信息，整个网络需要保持松散同步，基站按时段依次使用密钥链上的密钥加密消息认证码，并在下一时段公布该密钥。

传感器网络安全框架协议(Security Protocols for Sensor Networks，SPINS)提出用于优选的两个传感器网络安全协议框架，即 SNEP 和 μTESLA。SNEP 通过一个链接加密功能实现加密作用。这个技术在发送者和接收者之间使用一个共有的计数器，建立一个一次性密钥的接收器防止重放攻击并且保证数据新鲜。SNEP 也使用一个信息验证代码保证两方认证和数据完整性。μTESLA 是 TESLA 的优化形式，是为严格地提供被证实的广播环境的一个新的协议。μTESLA 需要在广播节点和接收器之间实现宽松同步。

INSENS 是在传感器网络中通过修造传感器节点和接收节点之间多个重复道路以绕过中间恶意节点提供闯入宽容的路由协议。另外，INSENS 也限制了 DoS 类型泛洪攻击，同时防止错误路由信息或其他控制信息克服 sinkholes 攻击。然而，INSENS 存在几个缺点，最重要的是接收节点应该容错，并且它不应该在休息时被攻击者与网络的其余节点隔离分开。

3. 传感器网络的密钥管理

在传感器网络中密钥管理领域，包括在这样环境里允许对公共密钥加密法用途的新技术。Guabtz 等提出对被使用的加密算法和关联参量的正确选择，仔细优化，以及低功率设计技术，使不对称的加密在传感器网络中可行。虽然这项研究显示，公共密钥加密法可以达到与使用 NtruEncrypt 密码系统平均功率消耗量少 20 W，但应该注意到，这种算法还没有证明它对密码分析学的抵抗。另外，考虑运算法则的安全级别，不能反映使用不对称的密码学在传感器网络中的现实情景，因为在无线传感器网络中对公共密钥机制的使用由一个更高的安全级别的保证，比那些以更低的消息交换的对称关键技术更复杂。

4. 数据聚合的安全性

数据聚合(或数据融合)的安全性是在无线传感器网络的设计和发展中涌现的一个关键主题。在这个过程中，称为会聚点(aggregators)的中介节点收集未加工的感知信息形式传感器节点，在本地处理它，并且迅速将结果发送给终端用户。这种重要操作根本上减少相当数量在网络上传送的数据，因而延长节点的工作周期，是无线传感器网络最重要的设计因素。然而，这种功能由于攻击环境的存在而受到挑战。对于数据融合有效性的断言提出了对重复数据融合节点的用途。这些节点进行数据融合操作和会聚点一样，但激发的结果作为信息验证代码(MAC)送到会聚点而不是送它到基地。为了证明融合结果的有效性，会聚点必须与它所证明节点接收到的结果一起沿着计划的路线送到基地。如果一衰竭的会聚点想要发送无效融合数据，它必须给无效结果伪造证明。当 n 从 m 证人处证明与会聚点结果一致时，融合结果被证实，否则后者放弃并且基地发送它合法的融合结果。我们认为当证人被足够信任时，这种解答是高效率的，否则它要求使用投票计划以获得可接受的融合结果。基于融合集体证明方法的安全框架核实会聚点给的值是真实值的接近值。在这种方法中会聚点通过修建 Merkle 杂乱信息树来收集数据。会聚点承诺保证使用传感器提供的数据，并且核实关于融合结果的正确性。

小　　结

本章针对无线通信网络的特点以及由此而产生的安全威胁介绍了相关的网络安全技术，针对无线局域网和无线移动网介绍了其安全技术与安全标准，重点掌握 WEP、WPA、WAPI 安全协议，了解 3GPP 以及 3GPP2 的安全机制，针对移动 Ad Hoc 网络及传感器网络介绍了其安全威胁及安全机制。

习　　题

1. 简述无线网络安全的特点。
2. 简述无线局域网安全技术的特点。
3. 简述无线移动网安全技术的特点。
4. 简述无线 Ad Hoc 网络安全技术的特点。
5. 简述无线传感器网络安全技术的特点。
6. 简述 5G 网络安全防护技术。

第12章 网络安全渗透测试技术与平台

本章要点：

☑ 网络安全渗透测试概述
☑ 网络安全渗透测试模型及步骤
☑ 网络安全渗透测试标准与规范
☑ 网络安全渗透测试关键技术
☑ 网络安全渗透测试工具
☑ 网络安全渗透测试靶机技术

12.1 网络安全渗透测试概述

网络安全渗透测试是指信息安全工程师通过模拟恶意攻击者的技术方法，对目标网络、系统、主机及其信息安全防护系统进行深入测试，从而发现安全漏洞和隐患的一种信息安全评估技术。进行渗透测试时，信息安全工程师将利用多种安全审计和评估工具，检测目标系统中是否包含已知或未知的各类安全漏洞。使用专业的渗透测试和漏洞扫描工具，可以帮助系统管理员寻找可能被攻击者利用的攻击点。渗透测试完成后，信息安全工程师会以报告形式列出系统中存在的各类信息安全问题，并对这些安全问题进行风险评估，最后向用户提供解决这些安全问题的综合技术方案。通过网络安全渗透测试可以提前发现网络系统安全漏洞，进行早期防护，防患于未然。

渗透测试与入侵的最大区别：渗透测试是出于保护系统的目的，更全面地找出测试对象的安全隐患。而入侵是不择手段的(甚至是具有破坏性的)拿到系统权限。

12.2 网络安全渗透测试模型及流程

12.2.1 网络安全渗透测试模型

网络安全渗透测试模型的定义为：以发现网络信息系统安全漏洞及评估相关安全风险为目标，对网络信息系统安全性测试中涉及的所有因素，依据相关标准及规范进行抽象建模，确定各因素间的相互关系，并对其进行科学描述，形成技术体系规范，从而指导用户开展安全性测试并进行修复的过程。

依据美国海军实验室的缺陷假设模型(Flaw Hypothesis Methodology,FHM)、KSAJ公司的攻击操作模型(Offensive Operations Model,OOM)、ISECOM的OSSTMM模型、最小化攻击图模型等4个参考模型,提出网络安全渗透测试模型,具体包括:渗透测试对象、渗透测试方法、渗透测试工具、渗透测试流程、渗透测试结果评估等几个关键因素,并确定了各因素间的相互关系。该模型如图12-1所示。

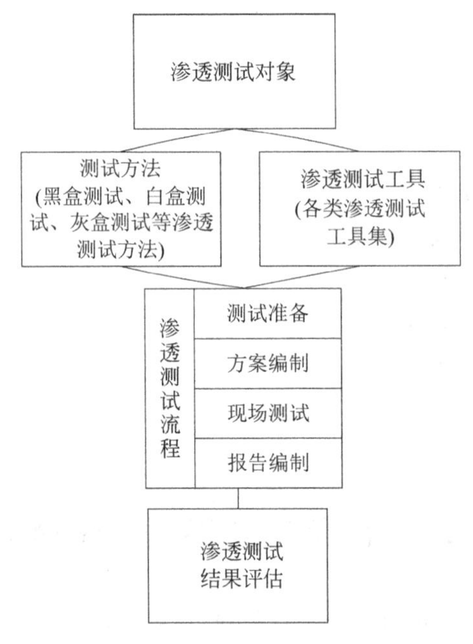

图12-1 网络安全渗透测试模型

整个渗透测试模型由渗透测试对象、渗透测试方法、渗透测试工具、渗透测试流程和渗透测试结果评估等5个大的模块组成。在渗透测试过程中应首先明确渗透测试对象,根据渗透测试对象特点进一步确定渗透测试方法和渗透测试工具,按照渗透测试流程开展测试,并将渗透测试结果进行定量评估。

12.2.2 网络安全渗透测试流程

根据渗透测试方法论以及实践经验,总结出具有代表性的渗透测试基本流程,主要包括以下几个阶段。

1. 信息收集、威胁建模

渗透测试者在完成一次渗透测试的初期,要尽最大可能确定测试目标的范围、限制条件、运行机制及服务特性等重要信息,因此对目标的信息侦测对测试者来说是一项重要的能力技能。在信息搜集阶段,测试者需要采取尽可能多的方法来搜集将要攻击的目标客户端的所有信息,以便为渗透测试的顺利进行提供决策。威胁建模是一种结构化标识、定量、定位安全威胁的方法,是网络信息系统开发和渗透测试过程的一部分。基本信息收集完成之后,测试者要标识出目标系统上可能存在的安全漏洞与弱点,根据获取到的信息进行漏洞汇总、分析研讨、威胁建模与渗透规划,从大量的信息中找到突破口,确定最有效可行的渗透测试路径。

2. 漏洞分析与测试

在这一阶段,测试者要汇总前面获取到的所有有价值信息,特别是目标的端口和漏洞扫描结果,分析目标系统的基本信息,找到目标系统的安全缺陷,并通过各种有效手段和途径搜取可利用得渗透代码资源,确定取得目标系统访问权的突破点。在漏洞测试过程中,测试者要根据已经获取的代码资源和分析得到的突破点,对其可行性,要在实验环境中进行测试和验证,并对分析阶段所确定的重点系统和服务进行安全漏洞深入挖掘探测,力争找到可以利用的未知安全漏洞,进而设计并开发出渗透测试代码,以提高渗透测试的成功概率。

3. 渗透攻击,权限提升

渗透攻击是在渗透测试整个实施过程中最重要也是最具挑战的一步,在具体实施过程中,渗透攻击的目标和途径不尽相同,使得渗透攻击的过程往往不会和预计设想的情况那样顺利,尽量在进行充分的分析和验证之后,在能够确保所实施的渗透攻击成功率非常大的基础之上,再对目标系统实施渗透攻击。在渗透攻击阶段,测试者要充分利用前期准备工作时所获取的目标系统安全漏洞,通过正确有效的途径侵入到目标系统中,真正取得对目标系统的控制访问权限。在渗透攻击的实际实施过程中要利用各种渠道获取渗透攻击代码,针对 0day 漏洞需要设计实现相应的渗透测试代码程序,测试者要充分考虑目标系统的技术缺陷和弱点特性来实施有针对性的渗透攻击,进而突破目标系统中采取的安全防护措施,最终达到渗透攻击的目的。

通过大量工作努力之后,测试者侵入到目标系统中,成功获取到目标系统的 Shell,这个时候测试者要将重点放到控制权限的提升上面来了。在权限提升阶段,通常需要测试者站在黑客的角度去思考问题,寻找对策,根据目标的运行模式、保护措施和完全防御计划的不同特点,通过大量的实践和尝试,识别出关键信息存放的设备和位置,寻找目标系统中加强安全防范去保护的最有价值的信息和资产,最终找到对目标系统造成重要影响的途径。

4. 完成测试报告

渗透测试的最终目的是完成渗透测试报告。渗透测试报告是使用报告文档的形式,记录渗透测试过程中所做的工作和具体实施的过程,最终向客户组织全面描述渗透测试的结果,包括渗透测试前期所搜集到的关键信息,以及在渗透测试过程中探测和发掘出来的安全漏洞、弱点以及如何修复和防护的合理化建议。在渗透测试实施过程中,测试者是站在攻击者的角度,而在测试者编写渗透测试报告时,则要站在用户的角度上,通过渗透测试的技术手段,帮助他们分析目标系统存在的问题以及安全防御体系中存在的薄弱环节,总结出提升用户安全意识的方法和完善安全防御措施的计划,提高测试对象系统的整体安全水平。渗透测试者根据渗透测试实施过程和结果所的得到的测试报告应该包含摘要、过程展示和技术发现这几个部分,其中技术发现部分就是用来修补安全漏洞的,这正是渗透测试实施的真正价值所在。整个渗透测试流程可以总结为如图 12-2 所示。

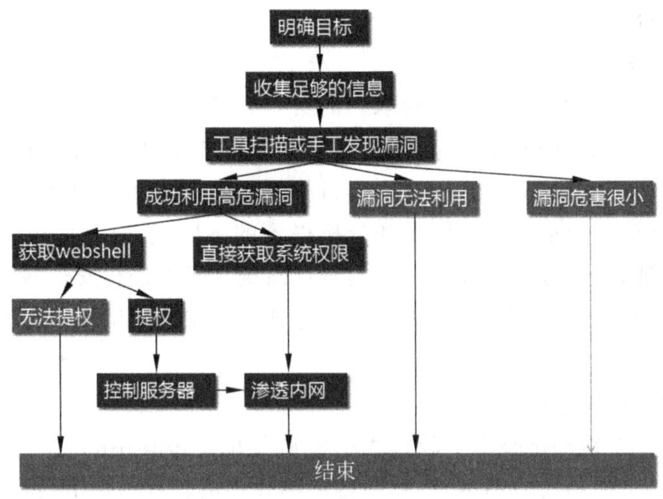

图 12-2　网络安全渗透测试流程

12.3　网络安全渗透测试标准与规范

渗透测试的规范是指在信息安全评估过程中，应当遵照执行的、具有可行性的、已被证明过的规则、流程和方法。渗透测试规范可以方便快捷地确定测试的方法。目前公认的渗透测试规范主要有 PTES、OSSTMM、ISSAF、OWASP 测试框架规范等。

12.3.1　渗透测试执行标准

渗透测试执行标准（Penetration Testing Execution Standard，PTES）是安全业界在渗透测试技术领域中正开发的一个新标准，进一步规范了渗透测试的执行准则，并以此为基础重新定义了渗透测试的概念。新标准的核心理念是通过建立起进行渗透测试所要求的基本准则基线，来定义一次真正的渗透测试过程，并得到安全业界的广泛认同。PTES 渗透测试执行标准是由安全业界多家领军企业技术专家所共同发起的，期望为企业组织与安全服务提供商设计并制定用来实施渗透测试的通用描述准则。PTES 标准项目网站为 http：//www. pentest-standard. org/。

该标准及成熟度模型是在 2010 年的 ShmooCon 黑客大会上发起的渗透测试过程规范标准项目。从 2010 年 11 月开始（尚处于开发阶段），大约有 6000 人参与到 PTES 的制定中，公司可以利用该标准提出特定的要求，来评估渗透测试人员。PTES 标准中定义的渗透测试过程环节基本上反映了安全业界的普遍认同，具体包括以下 7 个阶段：前期交互阶段（Pre-Engagement Interaction）、情报搜集阶段（Information Gathering）、威胁建模阶段（Threat Modeling）、漏洞分析阶段（Vulnerability Analysis）、渗透模拟攻击阶段（Exploitation）、后渗透模拟攻击阶段（Post Exploitation）、报告阶段（Reporting）。

12.3.2　开源安全测试方法

开源安全测试方法（Open Source Security Testing Methodology Manual，OSSTMM）

是一个开源的渗透测试方法指南，规范了进行渗透测试的流程及所需进行的步骤。OSSTMM 并不专注于渗透测试的结果，而旨在开发一种通用渗透测试方案。OSSTMM 为 Internet 安全测试创建了一个基本标准，用以保证执行彻底和全面的渗透测试，这也是其主要目标之一。通过执行这种标准的渗透测试，能够使客户确定与其他组织问题无关的技术评估级别。

早在 2001 年 1 月，由 Pete Herzog 创建，继而由 ISECOM(the Institute for Security and Open Methodologies)组织发展的测试方法论 OSSTMM 1.0 版就成功向所有人公开，最初只有 12 页。

2003 年 8 月 23 日 ISECOM 组织公布了 OSSTMM 2.1 版，共包含物理安全、无线安全、通信安全、信息安全、互联网技术安全和过程安全等 6 个方法，共 127 页。

2006 年 ISECOM 组织公布了 OSSTMM 2.2 版，在原来的 2.1 版上进行了部分扩充。

2010 年 ISECOM 组织公布了 OSSTMM 3.0 版，已经由原来的 12 页，变成了 5 种组件、17 种模块共 213 页的标准，也是这里使用的版本。

OSSTMM 的组成是对渗透测试做出人员安全、物理安全、无线安全、电信安全、数据网络安全这 5 个测试领域范围的区分。而且对于每一部分，都有专门的模块用来处理相关测试领域的任务。每个模块都有一个说明文档，介绍了模块的使用说明，使用规范以及使用后预期能够达到的效果。

纵观整个测试过程，OSSTMM 的每个模块都有共 17 个测试步骤模块，图 12-3 所示为 OSSTMM 测试步骤。

分析人员要选择合适的测试类型，最好先了解各个测试步骤模块是如何设计工作的。根据缜密性、业务、时间分配和审计的不同要求，分析人员可以通过调度审核的细节进行选择。在整个方法的执行过程中可分为 4 个大的阶段。

(1) 归纳阶段：态势评估报告、组织工作、主动探测验证。

(2) 相互作用阶段：能见度审计、访问验证、信任验证、控制验证。

(3) 审计阶段 ：过程验证、配置验证/训练验证、属性验证、分离审查、曝光验证、侦察情报竞争。

(4) 介入阶段：隔离验证、权限审核、生存性验证/服务连续性、查看警报和日志/结束调查。

OSSTMM 引入了风险评估值 RAV(Risk Assessment Value)的概念，RAV 的基本功能是分析渗透测试结果，进而基于三个因素(运营安全、损耗控制、局限程度)的标称值来计算安全的标称值，最后求得的这个标称值称为 RAV 得分。OSSTMM 的风险评估值 RAV 的计算方法综合衡量了运营安全、损耗控制、局限程度的情况。它的计算结果(即 RAV 得分)可代表目标系统当前的安全状况；这种方法的评估报告均采用安全测试审计报告(Security Test Audit Report，STAR)模板。以这种格式书写的报告同时适合被测单位的管理层和技术层阅读，有助于共同理解测试目标、风险评估值(RAV)和每个阶段的测试结果；OSSTMM 会符合安全测试、法规和法规问题的新变化；OSSTMM 与行业法规、企业政策，以及政府法规兼容。此外，官方认可的审计员都是直接从 ISECOM(安全

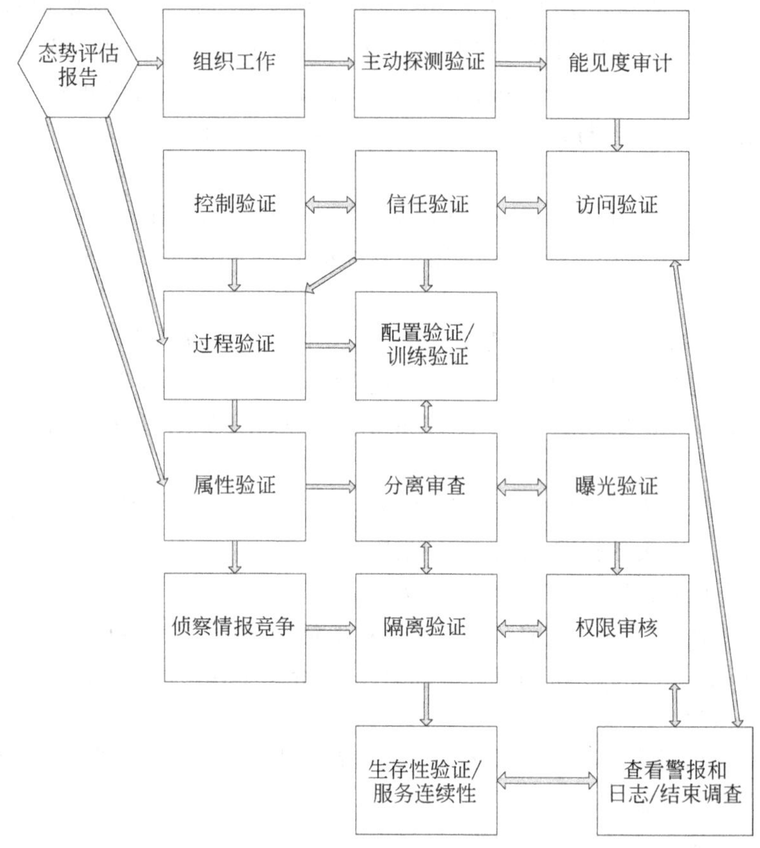

图 12-3 OSSTMM 测试步骤

与开放式方法论研究协会)获取的资格认证。

12.3.3 信息系统安全评估框架

信息系统安全评估框架(Information Systems Security Assessment Framework, ISSAF)是一个开源的安全测试框架。该框架分为多个不同的域,按照逻辑顺序进行安全评估,通常包含计划、评估、修复、评审、维护这几个阶段。每个域都会对目标系统的不同部分进行测试和评估从而得到多个评估结果,最后将评估结果综合起来形成整体的安全评估。ISSAF 评估程序可以对测试目标中的漏洞进行分析,然后根据分析结果选择一条最优路径完成测试。

ISSAF 主要关注安全测试的两个领域:技术和管理。在技术方面,ISSAF 建立了一系列需要遵循的核心规则和流程,以及一个完备的安全评估程序。在管理方面,ISSAF 定义了约束管理和测试过程中应该遵守的最佳实践。需要记住的是,ISSAF 把安全评估看作是一个过程,而不是一次审计。安全审计行为需要有一个更为成熟的机构来宣布必要的标准,ISSAF 的评估框架包含了计划、评估、修复、评审以及维护等几个阶段。每个阶段都包含了适用于任何组织架构的灵活有效的通用指南。最后输出中包含了相关的业务活动、安全举措以及目标环境中可能存在的漏洞的完整列表。评估程序通过分析测试目标环境中可以被轻易利用的严重漏洞，来选择完成测试的最短路径。ISSAF 渗透测试流程如图 12-4 所示。

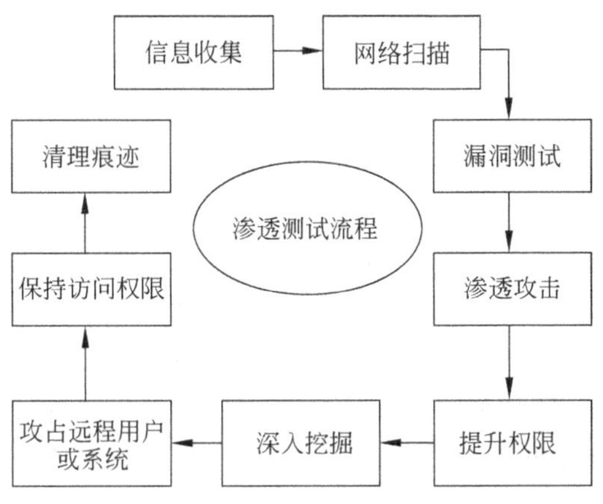

图 12-4　ISSAF 渗透测试流程

ISSAF 框架的渗透测试流程共分为 9 个阶段：信息收集（Information Gathering）、网络扫描（Network Mapping）、漏洞测试（Vulnerability Identification）、渗透攻击（Penetration）、提升权限（Gaining Access Privilege Escalation）、深入挖掘（Enumerating Further）、攻占远程用户或系统（Compromising Remote Users/Sites）、保持访问权限（Maintaining）、清理痕迹（Covering Tracks）。

12.3.4　基于 OWASP 十大安全风险测试 Web 应用

开放 Web 应用安全工程（The Open Web Application Security Project，OWASP）是一个致力于 Web 应用安全的国际组织，OWASP 分析实际应用中经常出现的安全漏洞，并对各类漏洞进行总结描述，发布每年度的最危险的十大漏洞。但它并没有形成一个明确的漏洞分类标准。OWASP 通过评估那些排名靠前的攻击向量和安全隐患，结合它们对技术和商业上的影响，对应用安全风险进行了归类，提出了十大应用安全风险。在进行应用安全评估时，每一类都代表了一个通用的攻击方法，它和目标所使用的平台和技术无关。同时，它还提供了如何测试、验证和修复每一类漏洞的特殊指导。OWASP 并不会试图解决所有和 Web 应用安全相关的问题，它主要关注那些高风险的安全问题。但是，OWASP 社区中还是有一些很重要的指南，可帮助开发者和安全审计人员有效地管理 Web 应用安全：

（1）开发者指南：www. owasp. org/index. php/Guide。

（2）测试指南：www. owasp. org/index. php/Category：OWASP_Testing_ Project。

（3）代码审计指南：www. owasp. org/index. php/Category：OWASP _ Code _ Review_Project。

为了验证 OWASP 提出的十大 Web 应用安全风险，下面将逐一对它们进行介绍，包括它们的简短定义、典型范例和预防手段。

- A1，注入（Injection）：是指攻击者通过输入恶意数据，从而达到在 Web 服务器环境下运行任意指令的目的。比较有名的是 SQL、XML 和 LDAP 注入。在应用程序中，通过对用户输入的特定字符进行转义，可以预防恶意数据的注入。

- A2，跨站脚本（Cross-Site Scripting，XSS）：是指应用程序在没有对用户输入进行正确验证的情况下，将这些输入直接输出到了 Web 浏览器中，而这些输入一旦被浏览器执行，将有可能导致会话劫持、Cookie 窃取或者 Web 站点数据被污染。在应用程序中，通过对 HTML、JavaScript 或者 CSS 输出中不受信任的元字符进行转义，可以预防跨站脚本。
- A3，无效的验证和会话管理（Broken Authentication and Session Management）：使用不安全的验证和会话管理程序，可能会导致用户账户被劫持，或者导致会话令牌可预测。开发一个健壮的验证和会话管理程序可以预防此类攻击。我们强烈建议使用加密、散列和基于 SSL 或者 TLS 的安全数据连接。
- A4，不安全的直接对象引用：如果应用程序提供其内部对象的直接引用，并且没有进行正确验证，那么可能会导致攻击者操纵这些引用并访问未经授权的数据。这个内部对象可能是用户账户的参数值、文件名或者目录。在访问控制检查（access control check）完成之前，限制所有用户可访问的内部对象，可以确保对相关对象的每一次访问都是经过验证的。
- A5，跨站请求伪造（Cross-Site Request Forgery，CSRF）：是指在存在漏洞的 Web 应用中，强迫经过验证的用户去运行伪造的 HTTP 请求。这些恶意请求都是在合法的用户会话中被执行的，因此无法检测到。通过在每一个用户会话中都生成一个不可预测的令牌，然后每次发送 HTTP 请求时都绑定这个令牌，可以减轻 CSRF 攻击的危害。
- A6，错误的安全配置（Security Misconfiguration）：有时候，使用默认的安全配置可能会导致应用程序容易遭受多种攻击。在已经部署的应用、Web 服务器、数据库服务器、操作系统、代码库以及所有和应用程序相关的组件中，都应该使用现有的最佳安全配置，这一点至关重要。通过不断地进行软件更新、打补丁、从严制定应用环境中的安全规则，可以实现安全的应用程序配置。
- A7，不安全的密码存储（Insecure Cryptographic Storage）：那些没有对敏感数据（例如医保信息、信用卡交易、个人信息、认证细节等）使用密码保护机制的应用程序，都可以归到这类中。通过使用健壮的标准加密算法或散列算法，可以保障数据的安全性。
- A8，失败的 URL 访问权限限制（Failure to Restrict URL Access）：如果 Web 应用程序没有对 URL 的访问进行权限检查，那么攻击者可能可以访问未经授权的网页。为了解决这个问题，需要运用合适的身份证明和授权控制机制来限制对私有 URL 的访问，同时需要为那些可以访问高敏感性数据的特殊用户和角色开发一套合适的权限控制策略。
- A9，薄弱的传输层保护（Insufficient Transport Layer Protection）：使用低强度的加密算法、无效的安全证书以及不恰当的身份证明控制机制，会破坏数据的机密性和完整性。这些应用数据将有可能遭到流量窃听和篡改攻击。通过在传输所有敏感网页时使用SSL协议，并使用权威认证机构颁布的合法数字证书，可以解决这类安全问题。

- A10，未验证的重定向和转发（Unvalidated Redirects and Forwards）：很多Web应用程序使用动态参数将用户重定向或者转到某个特定的URL上。攻击者可以通过相同的方法伪造一个恶意的URL，将用户重定向到钓鱼网站或者恶意站点上。这种攻击方式还可以用于将请求转发到本地未经授权的网页上。要想避免非法重定向和转发，只需要简单地验证请求中的参数和发出请求的用户的访问权限。

按照OWASP十大安全风险来测试Web应用程序，可以避免那些最常见的攻击和缺陷，从而可以保障Web应用的机密性、完整性和可用性。OWASP社区还开发了一系列的安全工具，主要用于自动和手动的Web应用测试。其中包括WebScarab、Wapiti、JBroFuzz和SQLiX等工具。OWASP提倡将安全测试集成到软件开发的每一个阶段中，从而使得开发人员能够编写出安全的代码。这种做法可以保证最终产品是健壮的、没有错误的以及安全的。

12.4 网络安全渗透测试关键技术

12.4.1 渗透测试目标的主动被动信息收集技术

渗透测试第一步是最大限度地收集目标系统的信息，这同样也是渗透测试的关键性步骤。实现信息收集有很多种方法，可以使用搜索引擎、网络扫描器或发送特殊构造的HTTP请求等，这些手段都可以使服务器端的应用程序返回一些错误信息或系统运行环境的信息，通过分析这些信息，可以为后期的渗透测试工作提供很大帮助。渗透测试前期的信息收集技术包括主动收集和被动收集两种。具体可以分为目标获取、主机探测、主机扫描、指纹识别、协议分析等几个小的方面。主动信息收集，一是使用爬虫获取网站目录结构，通过网络爬虫功能获取网站目录结构，通过Web扫描发现目标开放的网络端口及服务类型。二是使用目录猜解工具进行暴力猜解。被动信息收集，如使用Burp代理，在网站中进行正常的功能的使用，获取网站的目录以及隐藏的接口。嗅探是用来捕捉网络中传输的数据的技术。嗅探是一个重要的信息收集技术，它能够捕获特定的信息，如密码；如果需要的话，它也能够捕获特定计算机之间的完整会话。要执行嗅探，计算机的网卡需要设置为混合模式，这样它才能够捕获网络中发送的所有数据。通过信息收集可以获取应用信息。对于使用开源建站系统搭建的网站，获取使用的程序以及版本信息。通过代理监听并记录请求数据的方式来收集测试数据，此种方式的优点在于可以全面地收集测试数据（包括可以实施恶意攻击的Cookie字段以及其他头部字段信息），发现注入点及交互点。

12.4.2 渗透测试用例的高效生成技术

基于现有渗透测试工具的测试用例模块大都是采用随机枚举的方式生成，缺乏统一的标准和规律描述,无法保证用例集合的有效和充分。采用随机枚举方式的最大弊端在于可能造成系统评测过程中的漏测现象。大多数的自动分析程序或软件仅仅关注如何将渗透测试的用例集合有效地提供给可攻击的输入参数字段,而不对输入的测试集合本身的充分性和有效性进行任何探讨,忽略了测试用例对渗透测试结果的影响。

为了保证测试用例的充分性并尽量避免测试用例的重复生成,以免造成用例集合过于庞大(会造成对系统进行许多重复测试),在渗透测试模型的实例化过程中,这里提出了以下几条基本准则对测试用例生成加以约束和指导。用例实例化过程完成之后,生成的用例集合应满足以下基本准则。

(1) 渗透测试用例最简准则。此准则主要用来对重复的渗透测试用例进行约简去除,保证最终测试用例集合的简洁。

(2) 渗透测试用例变形绕过准则。测试用例的混淆绕过技术不只有编码一种方式,还包括许多其他针对特殊用例的等价变形方法。所以每一类的测试用例集合,都应对该集合中的部分或全部测试用例采用不同的方法或技术进行等价变形,以绕过不同的防御策略。

(3) 渗透测试用例全面覆盖准则。应针对渗透测试目标系统的全部可能存在漏洞的位置和脆弱点设计相应的渗透测试用例,并进行全面覆盖。

(4) 渗透测试用例高效执行准则。应通过选用合适的渗透测试框架和执行环境运行生成的渗透测试用例,使得测试用例集能高效执行并返回有意义的结果。

12.4.3 安全漏洞的自动化测试技术

1. 渗透测试的自动化技术

渗透测试包括渗透前期准备、信息收集、威胁建模、漏洞分析、漏洞利用、模拟攻击、风险评估、测试结果综合分析等多个阶段,如果每个阶段都依靠人工完成,则对整个信息系统安全性测试是件庞大的工作。可以通过渗透测试的自动化技术,将其中几个阶段的内容联系起来,通过自动化渗透测试工具来提高渗透测试的智能化程度,降低渗透测试的复杂度。尤其是通过前面几个阶段的工作,对被测系统的相关信息得到了比较透彻的了解,特别是通过漏洞评估,获得了被测系统中具体存在的漏洞,就可以通过调用相应的渗透测试工具来进行实际的安全性测试。基于安全漏洞评估结果,依据渗透测试策略库、调用相应的渗透测试工具集,执行相应的渗透测试动作,根据渗透测试的结果自动生成测试结果分析报告,从而极大地简化渗透测试工作人员的工作量和复杂度,提高渗透测试的效率。自动化渗透测试工具提供了对信息系统安全性测试的快速全面的安全评估,是对手动测试技术的很好补充。

2. 智能模糊测试技术

模糊测试技术常被用于对应用软件进行漏洞检测分析,模糊(Fuzzing)的概念同样适用于对 Web 应用程序进行漏洞检测。模糊测试是一种特殊的黑盒测试,它使用大量的具有攻击和破坏性的恶意数据作为程序输入。如果程序在处理这些畸形输入的过程中抛出异常,则说明程序中存在潜在的安全缺陷。然后测试人员结合工具记录的异常信息来对被测程序进行反复调试,从而判断该安全缺陷是否为可利用漏洞。

为提高模糊测试的效率，可将程序分析技术与模糊测试技术相结合。一方面，通过模糊测试能够生成具体的输入确定漏洞的存在，从而降低漏洞检测方法的误报率；另一方面，利用程序分析技术来指导测试输入的生成，增加代码覆盖率，提高漏洞检测方法的漏洞检测效率。黑盒模糊测试方法通过检查表单处理方法来发现逻辑漏洞。这一类型的漏洞是由于客户端和服务器端对表单参数验证方法的不一致造成的。该方法从客户端代码中提出表单参数的约束条件产生良性的输入，并通过解析相反的约束条件产生恶意的输入。将这两种输入数据送至 Web 应用程序运行，当运行结果相同，则表示有漏洞存在。利用白盒分析法提高黑盒测试的精确度，并且能自动构建具体的漏洞测试。

12.4.4 渗透测试结果的分析评估技术

选择安全评估方法的关键在于根据自身的实际情况和要实现的安全目标来决定。安全评估方法的选择和组织的规模、信息系统的复杂程度、系统要达到的安全级别程度紧密相关。安全评估方法可分为 4 大类：定性评估方法、定量评估方法、综合评估方法、基于模型的评估方法。

1. 定性评估方法

定性评估方法是根据研究者的知识、经验、历史教训、政策走向和特殊案例等非量化资料对系统的安全状况做出判断的过程。它以调查对象的深入访谈作备案记录为基本资料，通过一个理论推导演绎的分析框架，对资料进行编码整理，在此基础上做出调查结论。常见的定性评估方法有因素分析法、逻辑分析法、德菲尔法、历史比较法等。定性方法带有很强的主观性，往往需要凭借分析者的直觉和经验，或者业界的标准和惯例，为风险管理诸要素（包括资源价值、威胁的可能性、弱点被利用的容易度、现有控制措施的效力等）的大小或高低程度定性分级。

2. 定量评估方法

定量评估方法运用数量指标对安全风险进行评估。它分析风险发生的概率、风险危害程度所形成的量化值。典型的定量分析方法有因子分析法、聚类分析法、时序模型、回归模型等风险图法、决策树法、熵权系数法等。定量评估方法优点是用直观的数据来表述评估的结果，看起来一目了然，而且比较客观。定量分析方法的采用，可以使研究结果更科学、更严密、更深刻。有时一个数据所能够说明的问题，可能是用一大段文字也不能够阐述清楚。理论上讲，通过定量分析可以对安全风险进行准确的分级，但这有个前提，那就是可供参考的数据指标是准确的。

3. 综合评估方法

对一个复杂网络系统进行安全评估，单纯地采用定性评估方法或单纯地采用定量评估方法都不可能全面。准确地对网络系统进行安全评估，需要将定性和定量两种评估方法结合起来，采用综合评估方法，如模糊数学方法。

4. 基于模型的评估方法

要对整个计算机网络系统有效的安全评估，采用基于模型的安全评估技术也是一个有效的方法。基于模型的安全评估方法有信息流模型、访问控制模型、基于角色的访问控制模型、Deswarte 特权图模型和故障树模型等。定性评估方法全面深刻，定量评估方法直观简单,定性和定量相结合的综合评估方法集中了定性和定量评估方法的优点,而基于模型的评估方法虽然能够对整个计算机网络系统进行有效的安全评估,但是在该方法中,规则的提取比较复杂。

12.5 网络安全渗透测试工具

工欲善其事,必先利其器。在实际的网络安全渗透测试工作中,要达到渗透测试目标,还需要熟练掌握一套渗透测试工具集,当部分渗透测试任务比较特殊时,还需由渗透测试人员自己开发相应的功能模块,完成渗透测试任务。这里从网络安全渗透测试操作系统和渗透测试工具软件两个方面对相关工具及功能进行介绍,使得网络安全渗透测试领域工程技术人员对该领域工具有整体性理解及认识。在此应提前声明,随意使用渗透测试工具去渗透分析扫描那些未经授权的网络主机,是属于违法的行为。任何渗透测试都应得到被渗透系统管理员的授权许可,在法律允许的范围内执行。对此,本书给出渗透测试的9条原则:

(1) 进行渗透测试前要取得客户授权。

(2) 在客户授权的时间和测试范围内进行测试。

(3) 发现漏洞尽快通知用户,不公布和传播漏洞。

(4) 不窃取、出售、篡改用户数据。

(5) 不恶意攻击他人服务器。

(6) 不在他人服务器留后门。

(7) 不去入侵或干扰国家关键信息基础设施的系统。

(8) 不协助他人攻击别人服务器。

(9) 不传播恶意攻击程序。

12.5.1 网络安全渗透测试操作系统

1. Kali Linux 系统

Kali Linux 发行版是目前最流行的网络安全渗透测试操作系统,它基于 Debian 操作系统,附带了600多个预安装的渗透测试工具。这些工具的功能定期更新,可用于不同平台,如 ARM 和 VMware。作为顶级渗透测试操作系统提供了一个实时引导功能,为网络安全漏洞检测提供了一个完美环境。

下载 Kali Linux 的网址为:

https://www.kali.org/downloads/

2. Parrot 安全操作系统

基于 Debian 的 Parrot 安全操作系统是由 Frozenbox 团队开发的。它专为白帽子、测试、计算机取证、加密等而设计。Parrot 安全操作系统是一个高效的轻量级操作系统,拥有强大的社区支持,它是 Frozenbox 操作系统和 Kali Linux 的混合体,操作系统使用 Kali repo 更新其工具,但它有自己的专用 repo 来存储自定义数据包。它配备了 MATE 桌面环境,界面是从著名的 Gnome 2 派生的。

下载 Parrot 安全操作系统的网址为：

https：//www.parrotsec.org/download

3. BackBox Linux

BackBox Linux 是一个基于 Ubuntu 的操作系统，专注于安全评估和渗透测试。BackBox Linux 提供了广泛的安全分析工具，可以帮助进行 Web 应用程序分析、网络分析等。这个快速、易于使用的 Linux 发行版提供了一个完整的桌面环境，会定期更新最稳定的版本。

下载 BackBox Linux 的网址为：

https：//backbox.org/download

4. Samurai Web 测试框架

Samurai Web 测试框架基本上是一个动态的 Linux 环境，预先配置为一个网络测试平台。该框架包含多个免费和开源的黑客工具，用于检测网站中的漏洞。它通常被称为 Web 渗透测试的最佳操作系统。

下载 Samurai Web 测试框架的网址为：

http：//sourceforge.net/projects/samurai/files

5. Pentoo Linux

基于 Gentoo Linux，Pentoo Linux 是一个测试操作系统，支持 32 位和 64 位，可安装 Live CD。也可以在现有的 Gentoo Linux 安装之上使用 Pentoo Linux。这种基于 XFCE 的发行版带有持久性支持，允许在 USB 保存运行之前所做的所有更改。它附带了各种各样的工具，如 Exploit、Cracker、数据库、扫描仪等。Gentoo 衍生继承 Gentoo 功能集，带来额外的控制和配置。

下载 Pentoo Linux 的网址为：

http：//www.pentoo.ch/download

6. DEFT Linux

开源 Linux 分发版 DEFT 代表数字证据和取证工具包。它基于 Ubuntu 并围绕 DART(数字高级响应工具包)软件构建。它附带许多流行的工具和文档，可以由白帽子、渗透测试人员、IT 安全专家等使用。

下载 DEFT Linux 的网址为：

http：//www.deftlinux.net/download

7. BlackArch Linux

BlackArch Linux 可用作安全研究人员和白帽子的完整 Linux 发行版。它源自 Arch Linux，还可以在其上安装 BlackArch Linux 组件，有超过 1400 个工具。

下载 BlackArch Linux 的网址为：

http：//blackarch.org/downloads.html

8. 网络安全工具包(NST)

NST 是一个基于 Fedora 的 Linux 发行版，可在 32 位和 64 位平台上运行。这个可启动的 Live CD 是包括大量开源网络安全应用程序，以便进行测试。这个易于使用的发行版有助于入侵检测、网络流量嗅探、网络数据包生成、网络/主机扫描等。

下载 NST 的网址为：

http：//sourceforge.net/projects/nst/files

12.5.2 网络安全渗透测试工具软件

下面介绍8款常见的网络安全渗透测试工具，主要包括 Nmap、Wireshark、Burp Suite、Metasploit、Nessus、OWASP ZAP、SQLmap 和 Aircrack-ng。这些工具为网络安全渗透测试过程起到了关键作用，但是，应在国家法律法规允许授权的范围内合理实施，并且只能用于维护网络空间安全目的。

1. Nmap

Nmap 可以用来搜索网络主机、开放端口、软件版本、操作系统类型、硬件版本及安全漏洞，通常标绘网络攻击面。它在渗透测试的信息收集阶段很有用，只要有一组新的网络主机、端口及其他资源需要识别，就可以尝试使用该工具。

用法：

nmap 目标 ip 或网络 -选项

2. Wireshark

Wireshark(前称为 Ethereal)是一个网络封包分析软件。网络封包分析软件的功能是撷取网络封包，并尽可能显示出最为详细的网络封包资料。Wireshark 是免费的网络协议分析检测程序，支持 UNIX、Windows 系统，可以抓取分析流经本机网卡的每一封包的包头信息、包的流向及其内容，方便查看、监控 TCP 会话动态等。Wireshark 能够将 TCP 流重组，重组后的数据格式更容易阅读理解。这在查看 HTTP、FTP 等应用层协议时非常有用。

使用 Wireshark 时最常见的问题是当使用默认设置时，会得到大量冗余信息，以至于很难找到自己需要分析的部分。这使得过滤器的设置非常重要，它可以帮助我们在庞杂的结果中迅速找到我们所需的信息。Wireshark 过滤器包括捕捉过滤器和显示过滤器两大类。

(1) 捕捉过滤器：用于决定将什么样的信息记录在捕捉结果中。需要在开始捕捉前设置。在菜单 Capture→Capture Filters 中设置。

(2) 显示过滤器：在捕捉结果中进行详细查找，可以在得到捕捉结果后根据实际分析需求修改。

过滤表达式可根据用户的分析过滤需求设置，逻辑运算符为 AND/ OR。

(1) 协议过滤：在过滤框中输入 TCP，则只显示 TCP 协议数据包。

(2) IP 过滤：例如 ip.src ==192.168.1.102，只显示源地址为 192.168.1.102 的数据包；ip.dst==192.168.1.102，只显示目标地址为 192.168.1.102 的数据包。

(3) 端口过滤：例如 tcp.port ==80，只显示端口为 80 的数据包；tcp.srcport==80，只显示 TCP 协议的源端口为 80 的数据包。

(4) Http 模式过滤：例如 http.request.method=="GET"，只显示 HTTP GET 方法的数据包。

利用 Wireshark 可以统计聚合分析这些网络数据实体，并通过可视化方式直观展现网络数据包、网络连接、网页访问的全过程。

3. Burp Suite

Burp Suite是Web应用程序渗透测试集成平台。从应用程序攻击表面的最初映射和分析，到寻找和利用安全漏洞等过程，所有工具为支持整体测试而无缝地在一起工作，以便统一处理HTTP请求、持久性、认证、上游代理、日志记录、报警和可扩展性。Burp Suite允许攻击者结合手工和自动技术去枚举、分析、攻击Web应用程序。Burp Suite与Web浏览器配合使用，可发现给定网络应用的功能和安全问题。目前，免费版本功能有限，付费版本提供全面的网络爬取和扫描功能(支持超过100个漏洞，包括OWASP十大安全漏洞)。

如果使用Burp Suite进行渗透测试，首先要修改一下本机浏览器的代理设置，再通过Burp Suite中的Proxy模块进行代理设置。需要将本机浏览器(如火狐)的代理设置配置为与Burp Suite软件的Proxy模块中一样的IP地址和端口号，才能通过该软件获取到本地上网的Http流量。Proxy模块的intercept模块的作用是截断HTTP/HTTPS之间的请求流量，如果第三个按钮显示"intercept is off"，则表示未开启流量拦截，如果开启了流量拦截，则会变为"intercept is on"。当拦截功能开启的时候，整个网页是无法完成请求的，因为发送的所有请求都被拦截下来了，如果想访问该网页，需要选择模块里的第一个按钮Forward，这个按钮意味着放行，通过请求并发送此数据包。在Intruder模块下的Position下可以对HTTP请求进行操作，把HTTP请求里的某个单独的参数设置为变量，进行替换、发送并测试。在Intruder模块下的Payload的作用是导入字典。Repeater是用于手动操作和发送个别HTTP请求，并分析应用程序的响应一个简单的工具。用户可以发送一个内部请求从Burp任何地方到Repeater，修改请求并且发送。

4. Metasploit

Metasploit一直是众多网络安全渗透测试员的主要工具。即便在被Rapid 7收购之后，也依然像开源项目一样受到全面支持，整个网络安全漏洞利用程序开发者社区都在不断发展该工具。Metasploit是一个免费的、可下载的框架(注意不是软件，框架具有可扩展性)，是近年来最强大、最流行和最有发展前途的开源渗透测试平台软件之一。通过它可以很容易地获取、开发并对计算机软件漏洞实施攻击。它本身附带数百个已知软件漏洞的专业级漏洞检测和攻击工具，可用于开发、测试和使用恶意代码，为渗透测试、Shellcode编写和漏洞研究提供了一个可靠的平台。当H. D. Moore在2003年发布Metasploit时，计算机安全状况也被永久性地改变了。仿佛一夜之间，每个人都可以使用它作为攻击工具来攻击那些未打过补丁或者刚刚打过补丁的漏洞。软件厂商再也不能推迟发布针对已公布漏洞的补丁了，这是因为Metasploit团队一直都在努力开发各种攻击工具，并将它们贡献给所有Metasploit用户。

Metasploit的设计初衷是打造成一个攻击工具开发平台，然而在目前情况下，安全专家以及业余安全爱好者更多地将其当作一种模拟攻击的环境。这种可以扩展的模型将负载控制、编码器、无操作生成器和漏洞利用代码整合在一起，使Metasploit成为一种研究高危漏洞的途径。它集成了各平台上常见的溢出漏洞和流行的Shellcode，并且不断更新。这使得Metasploit框架成为尖端渗透研究的一个重要途径。它同时附带了数以百计的EXP利用代码,能够从模块列表中找到它们。这样一来编写EXP利用代码将变得更加轻松。此外还有Metasploitable,一个免费的虚拟系统,专为测试Metasploit以及其他EXP工具而开发的包含大量漏洞的Linux操作系统。用户可以从https://www.rapid7.com/db/modules或者https://www.exploit-db.com/exploits查询所需的安全漏洞和利用模块的信息。用户可以通过Metasploit的serach命令查询所需的安全漏洞信息,可以通过使用use命令调用相应模块,如永恒之蓝漏洞利用就在其modules/exploit/windows/smb/ms17_010_eternalblue中,可以使用use modules/exploit/windows/smb/ms17_010_eternalblue调用该模块,并使用info或options查看模块的参数信息,通过show payloads、set payloads等显示、设置漏洞利用模块所需的载荷。

下载网址为:

https://github.com/rapid7/metasploit-framework

5. Nessus

1998年,Nessus的创办人Renaud Deraison开了一项名为Nessus的计划,目的是希望能为互联网社区提供一个免费、威力强大、更新频繁并简易使用的网络系统安全扫描程序。经过了数年的发展,包括CERT与SANS等著名的网络安全相关机构皆认同此工具软件的功能与可用性。2002年,Renaud与Ron Gula、Jack Huffard创办了一个名为Tenable Network Security的机构。在第三版的Nessus发布之展时,该机构收回了Nessus的版权与程序源代码(原本为开放源代码)。目前此机构位于美国马里兰州的哥伦比亚。

Nessus据称是目前全世界最多人使用的系统漏洞扫描与分析软件,总共有超过75 000个机构使用Nessus作为扫描该机构网络系统的软件。在安装Nessus工具之前,首先要获取该工具的安装包。而且,Nessus工具安装后,必须要激活才可使用。所以,下面将分别介绍获取Nessus安装包和激活码的方法。

(1) 获取Nessus安装包。Nessus的官方下载地址是:

http://www.tenable.com/products/nessus/select-your-operating-system

(2) 安装Nessus软件包。从该界面可以看到Nessus有两个版本,分别是Home(家庭版)和Professional(专业版)。家庭版是免费的,主要是供非商业性或个人使用。该版本比较适合个人使用,并且可以用于非专业的环境。专业版是需要付费的,但是,可以免费使用七天。该版本主要是供商业人士使用,它包括技术支持或附加功能,如无线并发连接等。

(3) 获取激活码。在使用Nessus之前,必须先激活该服务才可使用。如果要激活Nessus服务,则需要到官网获取一个激活码。当成功安装Nessus工具后,就可以使用获取到的激活码来激活该服务。

(4) 启动服务。在Linux下安装成功后,执行/etc/init.d/nessusd start

打开网页:https://127.0.0.1:8834/,进入Nessus操作界面。输入刚添加的账号和口令即可登录并使用扫描服务。

(5) 扫描漏洞。要进行安全漏洞扫描和评估,首先要制定扫描策略,添加所需的插件,然后添加扫描目标范围,才能进行扫描,扫描完毕可以查看报表。

(6) 导入分析。完成漏洞扫描后，将扫描结果保存为 nbe 格式，然后通过 msfconsole 启动 Metasploit。通过 db_import 命令将扫描结果导入到 Metasploit 框架中。在 msfconsole 中通过 vulns 命令列出 Nessus 找到的所有漏洞；在 msfconsole 中使用 search 命令，后跟 CVE 号搜索 Metasploit 中有关这个漏洞的工作模块；然后使用模块，设置相应的选项，并执行漏洞利用测试。

6. OWASP ZAP

OWASP ZAP 是一个开源的、免费的、简单易用的跨平台的 Web 应用，集成了渗透测试和漏洞挖掘工具，可执行众多扫描和测试，包括端口扫描、蛮力扫描和模糊测试，主动扫描是 OWASP ZAP 最强大的功能之一，可以自动对目标网站发起渗透测试，可以检测的缺陷包括 SQL 注入、跨站脚本、跨站请求伪造以及路径遍历等问题。ZAP 像 Burp Suite 一样使用代理的方式来截取用户浏览网站所产生的各种流量，因此，OWASP ZAP 的代理需要与用户浏览器的代理设置保持一致。当被设置成代理服务器后，OWASP ZAP 可控制并处理代理通过的网络流量。当用户通过浏览器浏览目标网站后，在 OWASP ZAP 中会出现浏览过的网站信息；右击选择 Attack→Spider site，可爬取目标站点相关内容；通过 Brute Force 暴力破解可选择字典对目标进行口令爆破测试；通过 Active Scan 主动扫描可以探测目标站点的潜在漏洞。扫描完后自动转到警告模块可以查看扫描报告，也支持导出 HTML、XML 格式的报告。

它最具特色的地方是其插件的管理和开发，全世界各地的使用者都可以基于它进行二次开发，具有相对稳定的社区进行讨论和交流，其插件市场中有丰富的、功能各异的安全插件供使用者和开发者免费下载，是 Web 安全和渗透测试的利器。

7. SQLmap

SQLmap 是一种开源的渗透测试工具，可以自动检测和利用 SQL 注入漏洞以及接入该数据库的服务器。它拥有非常强大的检测引擎、具有多种特性的渗透测试器、通过数据库指纹提取访问底层文件系统并通过外带连接执行命令。它支持的数据库有 MySQL、Oracle、PostgreSQL、Microsoft SQL Server、Microsoft Access、IBM DB2、SQLite、Firebird、Sybase、SAP MaxDB、HSQLDB。

SQL 注入参数包括 boolean-based blind、time-based blind、error-based、UNION query-based、stacked queries 和 out-of-band。枚举数据：users、password hashes、privileges、roles、databases、tables 和 columns。

基本使用方法：

```
$ python sqlmap.py -u "http://127.0.0.1/index.php? id=1"
//测试该注入点能否进行注入
$ python sqlmap.py -u "http://127.0.0.1/index.php? id=1" --dbs
//对注入点进行注入，并导出数据库名
$ python sqlmap.py -u "http://127.0.0.1/index.php? id=1" -D database --tables
// 对 database 这个数据库进行表的猜测
$ python sqlmap.py -u "http://127.0.0.1/index.php? id=1" -D database -T admin
--columns
// 对 database 下的 admin 表中字段进行猜测
```

```
$ python sqlmap.py -u "http://127.0.0.1/index.php? id=1" -D database -T admin
-C user,password --dump
// 对 database 下的 admin 表中 user 和 password 字段进行猜测并 dump
http://sqlmap.org/
```

8. Aircrack-ng

Aircrack-ng 是无线评估工具套装,包括数据包捕捉和攻击(包含破解 WAP 和 WEP)。

Aircrack-ng 是一个包含了多款工具的无线攻击审计套装,表 12-1 为 Aircrack-ng 包含的组件具体列表。

表 12-1 Aircrack-ng 组件列表

组件名称	描 述
aircrack-ng	主要用于 WEP 及 WPA-PSK 密码的恢复,只要 airodump-ng 收集到足够数量的数据包,Aircrack-ng 就可以自动检测数据包并判断是否可以破解
airmon-ng	用于改变无线网卡工作模式,以便其他工具的顺利使用
airodump-ng	用于捕获 IEEE 802.11 数据报文,以便于 Aircrack-ng 破解
aireplay-ng	在进行 WEP 及 WPA-PSK 密码恢复时,可以根据需要创建特殊的无线网络数据报文及流量
airserv-ng	可以将无线网卡连接至某一特定端口,为攻击时灵活调用做准备
airolib-ng	进行 WPA Rainbow Table 攻击时使用,用于建立特定数据库文件
airdecap-ng	用于解开处于加密状态的数据包
tools	其他用于辅助的工具,如 airdriver-ng、packetforge-ng 等

使用 Aircrack-ng 爆破 Wi-Fi 密码命令清单如下:

```
~#airmon-ng start [网卡]        //开启 monitor 模式
~#airodump-ng [网卡]            //捕获附件的 wifi 信息
~#airodump-ng -c [信道] --bssid [路由器 MAC] -w [handshake-path] [网卡]
~#aireplay-ng -0 [death 次数] -c [某连接设备 MAC] -a [路由器 MAC] [网卡]
~#aircrack-ng -w [字典-path/wordlist.txt] [handshake-path/-02.cap]
~#airmon-ng stop [网卡]         //退出 monitor 模式
```

该软件的下载地址为:

http://www.aircrack-ng.org

12.6 网络安全渗透测试靶机技术

1. DVWA

DVWA(Damn Vulnerable Web Application)是用 PHP+MySQL 编写的一套用于常规 Web 漏洞教学和检测的 Web 脆弱性测试程序,包含了 SQL 注入、XSS、盲注等常见的一些安全漏洞。首先,下载 XAMPP,开启 Apache 和 MySQL 服务,从 http://www.dvwa.co.uk/ 下载 DVWA,配置后可通过本地浏览器访问 http://127.0.0.1/DVWA/

login.php，输入默认的登录凭证，一般是“admin/password”，即可登录应用程序。可借助 Burp Suite 或者 WebCruiser 对相关安全漏洞进行分析测试。DVWA 共有 10 个模块，分别是 Brute Force（暴力破解）、Command Injection（命令行注入）、CSRF（跨站请求伪造）、File Inclusion（文件包含）、File Upload（文件上传）、Insecure CAPTCHA（不安全的验证码）、SQL Injection（SQL 注入）、SQL Injection(Blind)（SQL 盲注）、XSS(Reflected)（反射型跨站脚本）、XSS(Stored)（存储型跨站脚本）。需要注意的是，DVWA 1.9 的代码分为 4 种安全级别：Low、Medium、High、Impossible。初学者可以通过比较 4 种级别的源代码，掌握 PHP 代码审计的内容。

2. Metasploitable

Metasploitable 专为 Metasploit 渗透工具打造的靶机环境。Metasploitable 是一个刻意制作出来包含漏洞的 Linux 虚拟机系统。它可以用来做安全训练，测试安全工具和练习渗透测试技术。系统的默认账户是，账号为 msfadmin，口令为 msfadmin。Metasploitable 是一个虚拟机文件，从网上下载解压之后就可以直接使用，无须安装。Metasploitable 基于 Ubuntu Linux，由于基于 Ubuntu，用起来十分得心应手。Metasploitbale 建立的初衷，其实就是为了测试一下本家的 MSF 漏洞框架集工具，所以，它的内核是 2.6.24。版本 2 添加了更多的漏洞，搭载了 DVWA、Mutillidae 等 Web 漏洞演练平台。首先通过 Nmap 扫描过后，可以发现 Metasploitable 开放着众多的网络端口，再借助 Metasploit、exploit-db 等工具进行漏洞复现及测试验证。

3. OWASP WebGoat

WebGoat 是国际开放 Web 应用安全工程组织（Open Web Application Security Project，OWASP）研制的用于 Web 漏洞安全实验的教学科研靶场程序平台，WebGoat 运行在 Java 运用环境，提供的实验课程有 30 多个，主要包括跨站脚本攻击（XSS）、访问控制缺陷、操作隐藏字段、操纵参数、弱会话 Cookie、SQL 盲注、数字型 SQL 命令注入、字符串型 SQL 命令注入、开放认证失效、危险的 HTML 注释等。WebGoat 提供了一系列 Web 安全学习的教程，某些课程也给出了视频演示，指导用户利用这些漏洞进行攻击。

在实验过程中，一般会使用 Chrome 浏览器、Burp Suite、Webscarab 漏洞分析工具，需要将浏览器的代理与 Burp Suite 的代理设置为同样的端口和地址。WebGoat 7.0 分为简单版和开发版，简单版是个 Java 的 Jar 包，只需要有 Java 环境，然后在命令行里执行：

```
java -jar webgoat-container-7.0.1-war-exec.jar
```

待启动完成后，使用浏览器访问 http：//127.0.0.1：8080/WebGoat 即可访问实验内容。

下载网址：

https：//github.com/WebGoat/WebGoat/releases

小　　结

本章介绍了网络安全渗透测试的基本概念、模型、步骤与规范，归纳梳理了网络安全渗透测试关键技术，重点介绍了用于网络安全渗透测试的 8 个操作系统及 8 个典型工具，并对它们的主要功能进行了比较，本章还介绍了网络安全渗透测试靶机技术，从而形成了完整的网络安全渗透测试生态环境，并再次强调网络安全渗透测试要依法依规、按需合理地执行。

习　　题

1. 网络安全渗透测试的模型包括哪些因素？
2. 网络安全渗透测试有哪些关键技术？
3. 分析比较常见的网络安全渗透测试工具。
4. 为什么网络安全渗透测试要依法依规、在一定范围内合理执行？

第 13 章 网络管理原理与技术

本章要点：

☑ 网络管理原理及技术概论

☑ SNMP 网络管理框架

☑ OSI 网络管理框架

☑ 电信管理网

☑ 新型网络管理模型

☑ CMIP、SNMP 和 CORBA 的安全性

☑ 网络管理功能

☑ 网络管理技术发展

13.1 网络管理技术概论

网络管理系统的重要任务是收集网络中各种设备和设施的工作参数、工作状态信息，显示给管理操作人员并接受对它们的处理，根据操作员的指令或根据对上述数据的处理结果向网络中的设备、设施发出控制指令(改变工作状态或工作参数)，监视指令的执行结果，保证网络设备、设施按照网络管理系统的要求进行工作。

13.1.1 网络管理的目标和内容

最初的网络管理往往指实时网络监控(Surveillance and Control)，以便在不利的条件(如过载、故障时)使网络仍能运行在最佳或接近最佳状态。简单说来，网络管理的目的就是提高通信网络的运行效率和可靠性。或者说，网络管理就是对网络资源(不论是硬件还是软件)进行合理分配和控制以满足业务提供者的要求和网络用户的需要，使网络资源可以得到最有效的利用，使整个网络更加经济地运行，并能提供连续、可靠和稳定的服务。通信网管理的最终目标是在合理的成本下以最佳容量为信息系统的用户提供足够的高质量服务。现代网络管理的内容通常可以用运行、控制、维护和提供来概括，具体如下。

(1) 运行(Operation)：针对向用户提供的服务而进行的、面向网络整体进行的管理，如用户流量管理、对用户的计费等。

(2) 控制(Administration)：针对向用户提供有效的服务、为满足服务质量要求而进行的管理活动，如对整个网络的管理和网络流量的管理。

(3) 维护(Maintenance):针对保障网络及其设备的正常、可靠、连续运行而进行的管理活动,如故障的检测、定位和恢复,对设备单元的测试。又分为预防性维护和修正性维护。

(4) 提供(Provision):针对电信资源的服务准备而进行的管理活动,如安装软件、配置参数等。为实现某个服务 而提供资源、向用户提供某个服务等都属于这个范畴。

网络管理目标的实现需要网络管理的各个方面来支持。随着网络规模和复杂性的增大,使得我们不可能在没有有效工具的情况下来实现上述目标。因此可以说,网络管理技术的进步与发展正是这种对有效工具要求的反映。

13.1.2 网络管理的服务层次

网络管理的服务是指网络管理系统为管理人员提供的管理功能支持,服务层次即是从管理系统的使用者角度进行描述,对被管网络进行操作、组织、维护和提供(OAM&P)等管理活动的内容划分。管理服务层次体现管理需求,各个管理功能是分布在多个管理层次。

网络管理通常可以分为4个层次。

1. 网元管理层

网元管理层提供的管理功能服务实现对一个或多个网元的操作,如交换机、传输设备等的远程操作,设备的软件、硬件管理。该层管理功能通常就是对网络设备的远程操作维护功能。

2. 网络管理层

网络管理层提供的管理功能服务实现对网络的操作控制,主要考虑网络中各设备之间的关系、网络的性能、网络的调整和控制、涉及整个网络的事件和日志,如对传输和交换的综合操作控制、网络话务的监视与控制和不同网元告警的综合分析等。通常是网络组织和运行管理人员使用该层功能服务。

3. 服务管理层

服务管理层提供的管理功能服务主要针对网络所提供的服务进行监视和操作控制,管理网络服务的质量和相互关系。如智能网业务、专线租用业务等的管理。通常是运行管理部门使用该层功能服务。

4. 商务管理层

商务管理层提供的服务为网络运行的决策管理提供支持,如网络运行总体目标的确定、网络运行质量的分析报告、网络运行的财务预算和报告、网络运行的生产性计划和预测等。

13.1.3 网络管理的功能

在各种网络管理的标准和框架中都将网络管理的主要功能划分成5个功能域(功能类),这5大功能域分别执行不同的网络管理任务。注意,这5大功能域只是网络管理系统的最基本功能,这些功能都是需要管理系统与被管系统或被管设备交换管理信息来实现的,因此也需要标准化的。而其他一些管理功能,如网络规划、网络操作人员的管理等都是“本地”的，可以不需要标准化，因此不在这 5 个功能域之内。

5 个功能域网络管理的是故障管理、配置管理、性能管理、账务管理、安全管理。每个功能域都给出了一系列功能定义、与每个功能相关的一系列过程的定义、支持这些过程的服务、所需要的下层服务支持、管理操作的作用对象，如图 13-1 所示。

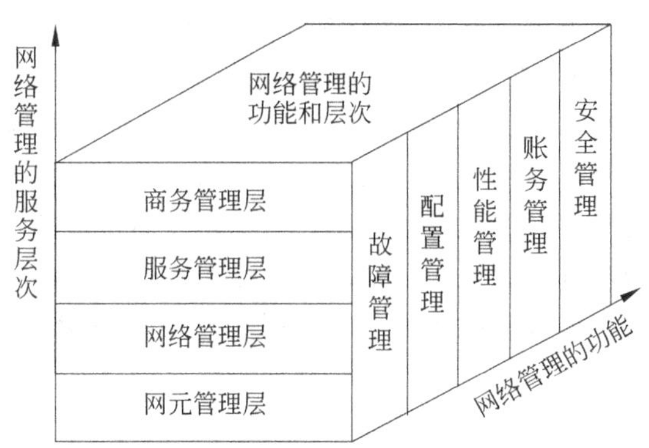

图 13-1　管理功能与管理层次间的关系

13.1.4　网络管理的组织模型

在一个网络的运行管理中，网络管理人员通过网络管理系统对整个网络进行管理，包括查阅网络中设备或设施的当前工作状态和工作参数、对设备或设施的工作状态进行控制（如启动、关闭）、对工作参数进行修改等。网络管理系统则通过特定的传输线路和控制协议对远程的网络设备或设施进行具体的操作。其中，设备或设施中设置有记录工作参数的变量（参数值），网络管理系统可以不记录这些参数，而在需要时对这些设备或设施进行查询。网络管理系统中还需要有反映设备工作状态的参数，但这些参数不是每个设备或设施内部都能够记录的，比如一个交换机是处于正常工作还是故障（掉电等）就需要在设备外部进行记录。所以，网络管理系统中还必须存放像设备状态这样的参数。为了实现上述目标，各种网络管理系统的普遍、通用、标准的组织模型如图 13-2 所示。这样，一个网络管理系统从逻辑上可认为是由以下 4 个要素组成的：管理进程、管理协议、管理代理、管理信息库（MIB）。

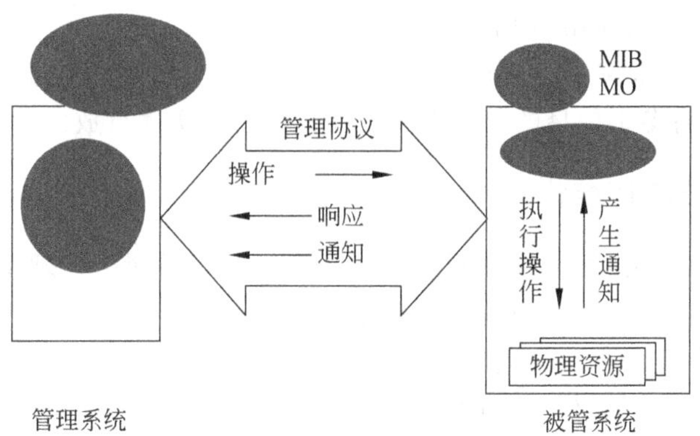

图 13-2　网络管理系统的组成

其中管理信息库是管理对象管理信息库的概念集合。管理对象(MO)是经过抽象的网络元素，对应于网络中具体可以操作的数据或数据加方法(面向对象概念中的对象)，如记录设备或设施工作状态的状态变量，设备内部的工作参数，设备内部用来表示性能的统计参数等。有的管理对象是外部可以对其进行控制的，如一些工作状态和工作参数；另有一些管理对象则是只读但不可修改的，像计数器类参数。还有一类工作参数是因为有了管理系统而设置的，为管理系统本身服务，这些统称为管理对象。管理代理操作一个实例，其中的管理对象实例就是具有特定含义并预先定义的本地数据。管理代理的实例可以被管理进程读、写。管理代理相对被动，将从管理进程来的操作请求进行转换，证实该操作是允许的并且是可能实现的，然后执行该操作，再发出合适的响应。管理代理最重要的功能之一是将来自管理进程的格式化请求转换成对本地数据结构的等效操作。这个功能是由管理代理的操作支持程序完成的，它将操作命令映射为本地操作，这种映射在各个管理代理上的实现并不相同。

13.1.5 网络管理的安全问题

与网络中存储和传输的数据一样，网络管理信息在传输过程中也有可能被盗用、泄露或篡改，如果使用错误的管理信息，对网络进行管理操作网将会对网络的运行产生不可预计的影响。为此人们一直希望设计出安全的管理操作协议。络管理系统中的安全问题可以归结为：对网络管理数据的安全威胁、对网络管理操作的安全威胁。

1. 对网络管理数据的安全威胁

对网络管理数据的安全威胁主要包括数据的非法获取和伪造破坏。网管数据的泄露会造成网络及其用户信息泄密还有可能造成网络运行的混乱(当根据错误的网络运行信息对网络进行控制时)。这类安全威胁与通常信息安全中所说的安全威胁一样。

2. 对网络管理操作的安全威胁

网络管理操作就是管理进程向被管对象在网络管理系统中发出读、写或复位等命令、得到相应结果的过程。由于网络管理操作要在网络上传输，其容易受到以下几种类型的攻击。

- 冒充：冒充就是一个主体伪装成另外一个主体。在网络管理中，常表现为非法的管理进程冒充合法的管理进程对代理设备进行非法操作。冒充常与某些别的主动攻击形式一起使用，特别是报文的重放与篡改。
- 重放：当一个报文，或部分报文为了产生非授权效果而被重复时出现重放。例如，一个含有鉴别信息的有效报文可能为另一个实体重放。

13.1.6 网络管理的标准化

网络管理系统之间遵循一个共同的标准是网络互连对网络管理系统提出的挑战，网络管理系统的标准化是不同网络管理系统之间可以互操作的前提。为了支持各种网络的互连及其管理，网络管理系统需要有一个国际性的标准。国际上有许多机构和团体在为制定网络管理国际标准而努力。有的代表官方国际组织，在全力制定网络管理标准文本，有的则只是企业的甚至是民间团体，旨在研究如何实现网络管理的国际性标准化或标准化应该具备哪些内容等。

在众多的标准化组织中，目前国际上公认最著名、最具权威的是国际标准化组织 ISO 和国际电信联盟的电信标准化部门 ITU-T，而计算机网络中，IETF 的因特网技术标准则已经成为事实上的国际标准。

13.2 SNMP 网络管理框架

随着网络管理的重要性越来越得到人们理解，各种网络几乎都制定了适用于自身网络的管理方案，以适应该种网络。Internet 组织也不例外，制定了基于 TCP/IP 的 Internet 网络管理方案(Simple Network Management Protocol，SNMP)，使其成为管理互联网的标准。

13.2.1 SNMP 的由来与演变

早在 1988 年，人们在讨论 Internet 网络管理协议的规范化途径时，认为简单网关监控协议(Simple Gateway Monitoring Protocol，SGMP)由 4 个工程师开发而成，实现了对 Internet 路由器和通信线路的管理，只需对其做小小的改进就可以通用，因此最终选择了 SGMP 作为 Internet 网管的短期解决方案，后来对进行了扩充并重新命名为 SNMP。SNMP 的开发工作是在美国几个大学的实验室中首先进行的，最早的 SNMP 产品在 1988 年出台以后，几乎所有的 Internet 网络设备和设施的厂家都在开发与 SNMP 有关的产品并投放市场。到 1990 年 5 月，SNMP 的 3 个主要部分已经被 IAB 提升为正式标准。这就为一般厂商接受、广泛使用和实现 SNMP 扫清了道路。

SNMP 开发于 20 世纪 90 年代早期，其目的是简化大型网络中设备的管理和数据的获取。许多与网络有关的软件包，如 HP 公司的 OpenView 和 Nortel Networks 公司的 Optivity Network Management System，还有 MRTG(Multi Router Traffic Grapher)之类的免费软件，都用 SNMP 服务来简化网络的管理和维护。由于 SNMP 的效果实在太好了，所以网络硬件厂商开始把 SNMP 加入到它们制造的每一台设备。各种网络设备上都可以看到默认启用的 SNMP 服务，从交换机到路由器，从防火墙到网络打印机，无一例外。仅仅是分布广泛还不足以造成威胁，问题是许多厂商安装的 SNMP 都采用了默认的通信字符串(例如密码)，这些通信字符串是程序获取设备信息和修改配置必不可少的。采用默认通信字符串的好处是网络上的软件可以直接访问设备，无须经过复杂的配置。

随着第 1 版 SNMP 的完成及其地位的巩固，有人建议对 SNMP 框架进行改善和增强。SNMPv2 增强了在原始版中没有或需改进的几个关键地方，并且仍然保持了 SNMP 的精神，尽量降低管理代理的复杂性，并且在网络管理站及其应用程序的集中控制下实现新的管理功能。由于 SNMP 和 SNMPv2 的安全性都未能达到令人满意的结果，TCP/IP 团体开始致力于 SNMPv3 的研究，以期增加 SNMP 的安全操作能力。SNMPv3 在保持 SNMPv2 基本管理功能的基础上，增加了安全性和管理性描述。提供的安全服务有数据完整性、数据源端鉴别、数据可用性、消息时效性和限制重播性防护；其安全协议由鉴别、时效性、加密等三个模块组成，具有开放和支持第三方的管理结构。

SNMP 分为网络管理站(Network Management Station,NMS)和代理(Agent)两部分,NMS 是运行客户端程序的工作站,目前常用的网管平台有 Sun NetManager 和 IBM NetView;代理是运行在网络设备上的服务器端软件。NMS 可以向代理发出 GetRequest、GetNextRequest 和 SetRequest 报文,代理接收到 NMS 的请求报文后,根据报文类型进行 Read 或 Write 操作,生成 Response 报文,并将报文返回给 NMS。代理在设备发现重新启动等异常情况时,也会主动向 NMS 发送 Trap 报文,向 NMS 汇报所发生的事件。

13.2.2 SNMP 体系框架

组成 SNMP 框架的三个主要部分是 SMI、MIB 和 SNMP 协议。

1. 管理信息结构

管理信息结构(Structure of Management Information,SMI)是管理信息库中对象定义和编码的基础。SMI 是在 1988 年 8 月首次定义的,接着很快就达到了正式标准状态,在 RFC 1155 中发布。1991 年发布的 RFC 1212 和 RFC 1215 则用更加精确的宏格式来增强对象定义手段、增强陷阱机制的形式化。

SMI 用于描述 MIB 中的对象,是对管理对象类型的公共结构和一般类型的描述,加上对象标识方法,在实现中非常重要。SMI 中最关键的原则是用抽象语法记法来形式化定义管理对象。

2. 管理信息库

管理信息库(MIB)中定义了可以通过网络管理协议进行访问的管理对象的集合,给出了管理对象的具体定义,其中用于描述这些对象的语言就是 SMI 中规定的。RFC 定义的第一版 MIB 称为 MIB-I。接下来又添加了许多对象,这个新的对象集称为 MIB-II。

3. SNMP 协议

SNMP 是为网络管理服务而定义的应用协议。利用 SNMP 协议,可以查询管理代理实现的 MIB 中相应对象的值以监视网络设备的状态。管理代理也会通过 SNMP 协议发出一些 trap。SNMP 通过交换 SNMP 协议报文来互通管理信息。每个报文都是完整的和独立的,用传输服务的单个数据报传送。每个报文都含有版本标志、SNMP 共同体名和协议数据单元(Protocol Data Unit,PDU)。版本标志和 NMS 代理都是知道的常量,实现版本控制。在 SNMP 中,没有版本仲裁。如果 NMS 或代理接收到含有非法的或不支持的版本号的报文,则该报文被丢弃。在第 1 版里,版本字段的值总是 0,而在 SNMPv2 中,该值必须是 1。SNMP 共同体名是一个字符串,代表由特定 NMS 和代理组成的管理组。

SNMP 定义了管理进程与管理代理之间的关系,这个关系称为共同体。描述共同体的语义是非常复杂的,但其句法则很简单。位于网络管理工作站(运行管理进程)上和各网络元素上利用 SNMP 互相通信对网络进行管理的软件(代理)统统称为应用实体。若干个应用实体和 SNMP 组合起来形成一个共同体,不同的共同体之间用名字来区分。共同体的名字则必须符合 Internet 的层次结构命名法,由无保留意义的字符串组成。尽管大多数共同体由有意义的 ASCII 码字符命名,但每个字节允许使用 0～255 的任意字符。

另外，一个应用实体可以加入多个共同体。

共同体就是用来实现管理应用实体之间身份鉴别的，共同体的成员之间采用一种很简单的口令方案来鉴别身份。通信中的 NMS 和代理采用的这种未加密的、平常文字构成的共同体名来实现的简单的安全措施，接收方仅凭共同体名来判定收发双方是否在同一个共同体中，是则收下报文。前面讲到的附加信息尚未有应用。共同体名是一个八字节串，“public”通常是配置时默认的共同体名。

13.2.3　管理信息结构

管理信息结构(SMI)是 SNMP 网络管理框架三要素之首，它定义了 SNMP 框架所用信息的组织、组成和标识，它还为描述管理信息库(Management Information Base，MIB)对象和描述协议怎样交换信息奠定了基础。SMI 规定了管理对象及其操作的定义，并提供了定义模板。对象类型有三个用来描述其特性的最基本属性。这三个属性可以看作是对象类型的外在表现，在各种实现中都是必不可少的。SNMP 对象类型的上述三个可定义属性是：名、语法、编码。其中对象类型名唯一代表一个对象类，是对象的标识手段，它也称为对象标识符。它是用一串有序整数表示的，该整数串是遍历由所有已知 SNMP 对象构成的全局树得到的。

语法是用抽象语法记法对对象类结构的形式化定义，定义了对应于具体对象的抽象数据结构。一旦某对象类型的实例定义并说明了以后，它们的值就可以在代理和 NMS 之间传送，传送时要用 ASN. 1 编码规则对对象类型的语法进行编解码。传送时采用的传输语法记法是基本编码规则(Basic Encoding Rules，BER)。在对象语法中，每个对象有 4 个标准属性是必须定义的，这样才能正确说明 MIB 中的对象。这 4 个属性是语法类型、访问模式、状态、名值。其中语法类型必须在预定义的 ASN. 1 ObjectSyntax 集合中选择。访问模式是管理代理对每个对象的每一次操作的允许程度。目前定义了 4 个访问等级：只读、读写、只写和不可访问。只读对象只能读出但不能写入，读写对象既可读出又可写入，只写对象不可读出但可以写入，不可访问对象既不能读也不能写。对象的状态定义了被管结点是否要实现该对象。目前定义了三种状态：必备状态、任选状态和废止状态。处于必备状态的对象是必须实现的，处于任选状态的对象可以实现，也可以不实现。处于废止状态的对象已经不再需要实现。名值是一段简短文字，按照 SNMP 的术语称为对象描述符，等同于相应的对象标识符。

13.2.4　SNMP 的 MIB

最初的 MIB 即 MIB-I 是为 SNMP 的最小实现来设计的。所定义的大多数对象是为了实现配置管理和故障管理，特别是针对路由器和网关。MIB-I 中只有 8 个组共 114 个对象，后来 IETF 对 MIB-I 进行了修订和补充，修订后的 MIB 就是 MIB-II。MIB-II 添加了 57 个新的对象和两个新的对象组，从而拓宽了 SNMP 的管理范围。它是向后兼容的，基本上反映了被管结点复杂性对管理的新需求。比如多协议设备、管理介质类型的对象、管理 SNMP 自身的对象等。

1. MIB-I

MIB-I 中总共只定义了 114 种管理对象，主要是由于实现条件的限制，一小部分原因则是技术性条件的限制。凡是要接受 Internet 网络管理站管理的结点都必须支 Internet 的标准管理信息库 MIB，但不是所有的结点都需要支持已经定义的全部管理对象。为此，MIB-I 中把管理对象分成 8 个组，每一组对象是一个整体。如果支持某组管理对象，则必须支持该组内的全部管理对象。

SYSTEM 组的对象描述包括，硬件的编号、名字和版本，以及运行的操作系统和网络协议软件；该组的层次结构名；网络协议软件；系统的管理功能在何时曾重新初始化。

INTERFACE 组的对象描述包括，可以支持的网络接口数目；接口上 IP 协议以下层的接口类型（低层协议类型，如、以太网等）；该接口可以接受的最大数据报长度；接口的信息速率（接口地址；接口的运行状态；各种业务流统计量，如接收的流量、发送的点到点或广播）流量；丢弃的流量及其原因等。

AT 组的对象描述各种地址变换表，包括网络地址与物理地址的双向变换。

IP 组的对象记录包括，该机器是否转发数据报；本地发出（源）数据报的寿命（生存周期）；收到、发送和丢弃的流量以及丢弃的原因；分段操作的有关信息；地址表，包括子网屏蔽信息；路由表，包括目的地址、路程（距离）矩阵、路由的年龄、下一站（结点、活跃路由、转发路由）的协议等。

ICMP 组的对象记录包括，收到和发送的各种 ICMP 报文的统计数量；各种差错、故障等事件的统计量。

TCP 组的对象记录包括，重传算法和最大、最小重发次数；该实体支持的 TCP 连接数；有关状态转移操作的信息；有关收发流量的信息；每个连接的端口和 IP 地址。

UDP 组的对象描述包括，有关收发业务量的信息；遇到过的差错问题等信息。

EGP 组的对象记录包括，有关收发业务量的信息和有关差错等问题的信息；EGP 的相邻子网表；到相邻子网的地址。

2. MIB-II

MIB-II 的目标是在保持与 MIB-I 兼容的前提下添加新的管理对象。MIB-II 与 MIB-I 相比有三个较大的变化。

(1) 地址翻译 AT 组的变化。MIB-I 提供的是协议地址到物理地址的单向变换，但有的网络层协议需要反向映射。但每用一个的协议都引入表作索引来提供双向映射是很困难的，所以 Internet 的每套协议都引入了 1～2 个表作为每个方向的映射。从 MIB 的角度看，这些表都是虚拟表格，有些结点设备在实现时也选择同一个数据结构来表示多个虚拟表格。

(2) 增设了传输组。这是新增的一个对象组，所包含的对象对应于特定的接口资源，如令牌环、传输环路等，提供的信息包括传输方案（方式）和接口等信息。

(3) 增设了 SNMP 组。这也是新增的一个对象组，所包含的对象反映 SNMP 的资源，管理系统据此管理 SNMP 协议。它包含了 30 个用在 SNMP 中的对象，其中大多数对象是用来报告差错和统计 SNMP 业务量的。其中包括 SNMP 收发的各种服务原语、各种协议数据单元、各种差错指示等的统计量，凡 SNMP 中可操作的数据结构或变量都包括在内。

13.2.5 SNMP 协议的功能与发展

SNMP 是一个异步的请求/响应协议。请求/响应是指，SNMP 的管理操作总是由管理进程发出管理操作请求，然后由管理代理执行请求并发回响应。异步是指，响应返回的顺序与请求发出的顺序并不一定要相同，甚至不要求响应一定能够返回。这样，SNMP 实体不需要在发出请求后等待响应的到来。请求或响应的丢失要由发送方的 SNMP 应用程序负责纠正或克服。SNMP 只提供两种管理功能：管理进程从管理代理获取管理对象(变量)的信息；管理进程对管理代理的管理对象变量进行设置和修改。

尽管 SNMP 的管理功能受到很大限制，但这也极大地限制了 SNMP 的复杂性。前面第二条功能当然需要管理进程首先发送操作命令以进行设置，第一条功能则有管理进程查询和管理代理主动报告两种方式，分别称为查询驱动和事件驱动方式。

查询驱动和事件驱动这两种方式都是必不可少、互相补充的。SNMP 中设计了 4 种基本协议交互过程。

(1) 管理进程从管理代理处读取管理信息。

(2) 管理进程在管理代理的可见范围内遍历一部分管理对象实例。

(3) 管理进程在管理代理中存储信息。

(4) 管理代理主动向管理进程报告事件。

SNMP 在 20 世纪 90 年代初得到了迅猛发展，同时也暴露出了明显的不足，如，难以实现大量的数据传输，缺少身份验证(Authentication)和加密(Privacy)机制。因此，1993 年发布了 SNMPv2，具有以下特点：

- 支持分布式网络管理；
- 扩展了数据类型；
- 可以实现大量数据的同时传输，提高了效率和性能；
- 丰富了故障处理能力；
- 增加了集合处理功能；
- 加强了数据定义语言。

SNMPv2 是建立在第 1 版基础上的。与第 1 版一样，SNMPv2 管理协议在管理进程和管理代理间用 SNMP 报文传送管理信息。SNMPv2 中除了对报文的格式进行了改进以外，还新增加了一种新的管理信息报文，该报文在各管理进程之间传送信息。

近几年才出现的 SNMPv3 解决了一部分问题。为保护通信字符串，SNMPv3 使用数据加密标准(Data Encryption Standard，DES)算法加密数据通信；另外，SNMPv3 还能够用 MD5 和安全散列算法(Secure Hash Algorithm，SHA)技术验证节点的标识符，从而防止攻击者冒充管理节点的身份操作网络。虽然 SNMPv3 出现已经有一段时间了，但目前还没有广泛应用。

在 SNMPv1 和 SNMPv2 中，实现 SNMP 协议功能的进程称为协议引擎或协议机。而在 SNMPv3 中，实现 SNMP 协议功能的整个软件称为协议实体，SNMP 只是协议实体的一部分。SNMP 引擎提供报文的发送、接收、鉴别、加密和管理对象的访问控制等服务。SNMPv3 协议实体的组成如图 13-3 所示。

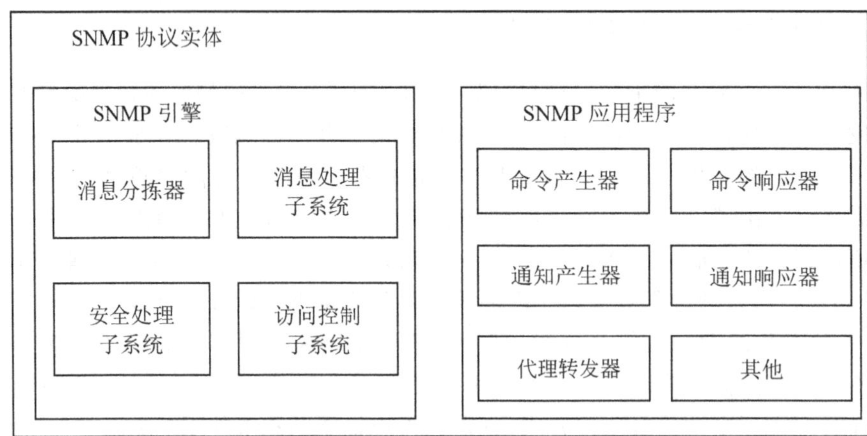

图 13-3 SNMP 的协议实体

为了保持各个子系统之间的独立性,SNMPv3 协议实体的各子系统之间还定义了抽象服务接口。这些抽象服务接口定义为一系列原语,各子系统间的交互采用这些原语进行。这样就只要求子系统的接口必须符合原语定义,子系统的内部实现可以更新替换(如采用新的安全协议等),具有更大的灵活性。

13.2.6 SNMP 的运行过程

驻留在被管设备上的代理从 UDP 端口 161 接受来自网管站的串行化报文,经解码、团体名验证、分析得到管理变量在 MIB 树中对应的节点,从相应的模块中得到管理变量的值,再形成响应报文,编码发送回网管站。网管站得到响应报文后,再经同样的处理,最终显示结果。

下面根据 RFC 1157 详细介绍代理接收到报文后采取的动作:

(1) 解码生成用内部数据结构表示的报文,解码依据 ASN.1 的基本编码规则,如果在此过程中出现错误导致解码失败则丢弃该报文,不做进一步处理。

(2) 将报文中的版本号取出,如果与本代理支持的 SNMP 版本不一致,则丢弃该报文,不做进一步处理。

(3) 将报文中的团体名取出,此团体名由发出请求的网管站填写。如与本设备认可的团体名不符,则丢弃该报文,不做进一步处理,同时产生一个陷阱报文。SNMPv1 只提供了较弱的安全措施,在版本 3 中这一功能将大大加强。

(4) 从通过验证的 ASN.1 对象中提出协议数据单元 PDU,如果失败,丢弃报文,不做进一步处理。否则处理 PDU,结果将产生一个报文,该报文的发送目的地址应同收到报文的源地址一致。

13.3 OSI 网络管理框架

OSI 网络管理框架是 ISO 在 1979 年开始制订的,也是国际上最早制订的网络管理标准。ISO 制订的 OSI 网络管理标准中,管理协议是公共管理信息协议(Common

Management Information Protocol，CMIP），所提供的管理服务是公共管理信息服务（Common Management Information Service，CMIS）。尽管由于种种原因CMIP的应用部署远没有达到1988年开始制订的SNMP那样成功，但它是大多数通信服务提供商和政府机构主要采纳和参考的网络管理框架。

13.3.1　OSI网络管理体系结构

传统的网络管理是本地性和物理性的，即复用设备、交换机、路由器等资源要通过物理作业进行本地管理。技术人员在现场连接仪器，操作按钮、监视和改变网络资源的状态。在新的管理框架中，将网络资源的状态和活动用数据加以定义以后，远程监控系统中需要的功能就成为一组简单的数据库的操作功能（即建立、提取、更新、删除功能）。远程监控管理框架已经成为处理网络不断增加的复杂件的主要工具。在基于远程监控的管理框架下，OSI开放系统管理体系结构，作为建立网络管理系统的基本指南，图13-4显示了这个体系结构。

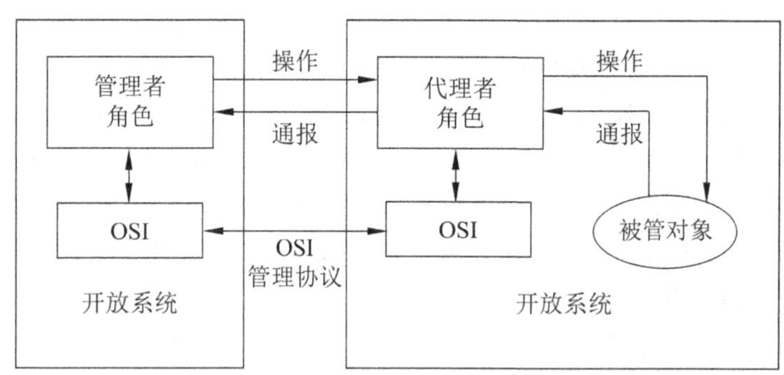

图13-4　OSI网络管理体系结构

系统管理体系结构的核心是一对相互通信的系统管理实体。它采取一个独特的方式使两个管理进程之间相互作用。即管理进程与一个远程系统相互作用，去实现对远程资源的控制。在这种简单的体系结构中，一个系统中的管理进程担当管理者角色，而另一个系统的对等实体（进程）担当代理者角色，代理者负责提供对被管资源的信息进行访问。前者被称为管理系统，后者被称为被管系统。

在OSI网络管理模型中，对网络资源的信息描述是非常重要的，在系统管理层面上，物理资源本身只被作为信息源来对待，在通过通信接口交换信息时，必须对所交换的信息有相同的理解。因此，提供公共信息模型是实现系统管理模型的关键。公共信息模型采用面向对象技术，提出了被管对象的概念来描述被管资源。被管对象对外提供一个管理接口，通过这个接口，可以对被管对象执行操作，或将被管对象内部发生的随机事件用通报的形式向外发出。在网络管理体系结构中，管理者角色与代理各角色不是固定的，而是每次通信的过程所决定的。担当管理者角色的进程向担当代理者角色的进程发出操作请求，担当代理者角色的进程对被管对象进行操作和将被管对象发送的通报传向管理者，即管理者和代理者之间的信道支持两类数据传送服务：管理操作（由管理者发向代理者）和通报（由代理者发向管理者）。因此，两个管理应用实体

(进程)间角色的划分完全依赖于传送的管理数据类别和传送方向。网络管理体系结构还确定了管理者和代理者建立联系以后可以交换的两类信息。第一类用于建立管理环境,标识实体在联系期间是只能以一种角色(管理者或者代理者)操作,还是可以以两种角色操作;第二类标识系统管理功能单元,用来指出与数据交换有关的功能,限定两个实体间数据交换的范围。

代理者除提供被管对象接口与开放式通信接口之间的映射外,还提供管理支持服务。特别是,为了操作的同步和为了控制对被管对象的访问,它支持对系统中的被管对象组的寻址。它还能选择性地过滤要执行的操作或者控制通报所产生的数据流。代理者提供的这些支持特性本身也能得到管理,这种管理能力通过对被管对象的操作来实现。1991年,ISO批准了两个支持功能作为国际标准,即事件报告功能和日志控制功能的管理。随后,访问控制和时间表功能也被标准化。

13.3.2 公共管理信息协议

要实现对远程管理信息的访问,需要有通信协议,这种协议被称为管理信息通信协议。对此,OSI提出了公共管理信息协议CMIP。在CMIP中.应用层中与系统管理应用有关的实体被称为系统管理应用实体(System Management Application Entity,SMAE)。SMAE有3个元素:关联控制服务元素(Association Control Service Element,ACSE)、远程操作服务元素(Remote Operation Service Element,ROSE),以及公共管理信息服务元素(Common Management Information Service Element,CMISE)。

1. 公共管理信息服务

OSI管理信息采用连接型协议传送,管理者和代理者是一对对等实体,通过调用CMISE来交换管理信息。CMISE提供的服务访问点支持管理者和代理者之间的联系。CMISE利用ACSE和ROSE来实现管理信息服务。CMISE与管理者、代理者以及与OSI应用层的其他协议之间的关系如图13-5所示。

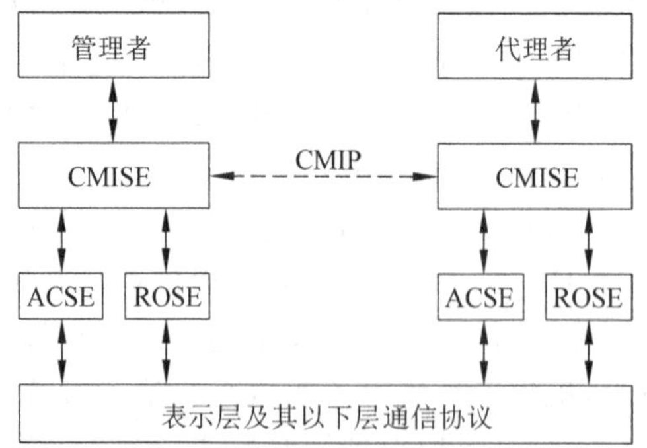

图13-5 CMISE与OSI应用层的其他协议之间的关系

CMISE提供的公共管理信息服务完成管理者与代理者之间的通信,这是实现所有管理功能的前提。通过CMISE可以完成获取数据、设置和复位数据、增加数据、减少数据在对象上进行动作、建立对象和删除对象等操作。通过CMISE还可以传送事件通报。

CMISE为管理者和代理者提供的CMISE服务有以下7种:

(1) 用于向对等实体报告发生或发现的有关被管对象的事件。

(2) 用于通过对等实体提取被管对象的信息。

(3) 用于通知对等实体取消前面发出的请求。

(4) 用于通过对等实体修改被管对象的属性值。

(5) 用于通过对等实体对被管对象执行指定的操作。

(6) 用于通过对等实体创建新的被管对象实例。

(7) 用于通过对等实体删除被管对象的实例。

为了建立、释放和中止实体之间联系,CMISE 还提供直接调用 ACSE 服务的服务:用于与对等实体建立联系,调用者可以是管理者,也可以是代理者;用于释放与对等实体的联系;用于中断撤销与对等实体的联系。

2. 公共管理信息协议

OSI 通信协议分两部分定义。一部分是对上层用户提供的服务,另一部分是对等实体之间信息传输协议。在管理通信协议中,CMIS 是向上提供的服务、CMIP 是 CMIS 实体之间的信息传输协议。在 CMIS 的元素和协议数据单元(PDU)之间存在一个简单的关系,即用 PDU 传送服务请求、请求地点和它们的响应。CMIP 的所有功能都要映射到应用层的其他协议上实现。管理联系的建立、释放和撤销通过联系控制协议实现。操作和事件报告通过远程操作协议实现。上述关系使得系统管理可以由不同的协议体系来支持;它们的主要差别在于网络及其以下层属于不同的协议族。图 13-6 是 OSI 网络管理论坛提出的协议剖面图,它显示了表示层之上的联系控制协议和远程操作协议的作用。也可以看出,不是所有的管理通信都需要使用 CMIP。一些数据传送,例如,有关软件更新的数据就可以通过文件传送访问及管理(Remote Terminal Access Method,RTAM)标准中的文件传送协议(FTP)来传送。

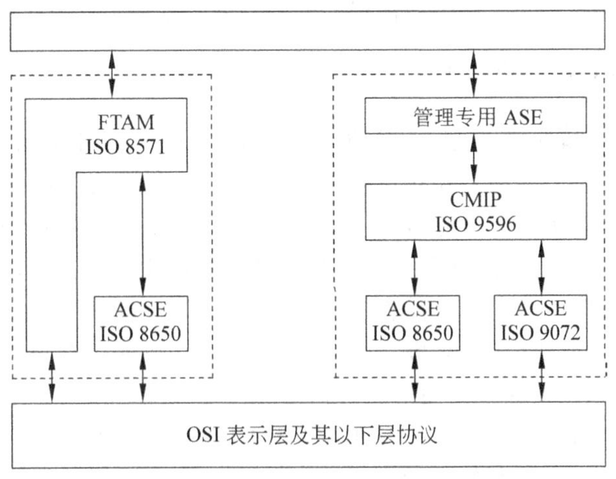

图 13-6 OSI 网络管理论坛提出的协议剖面图

CMIP 所支持的服务是 7 种 CMIS 服务。与其他通信协议一样,CMIP 定义了一套规则,CMIP 实体之间按照这种规则交换各种协议数据单元。

13.3.3 公共管理信息协议的安全性

在OSI系统管理标准中，应用层中与系统管理应用有关的实体被称为系统管理应用实体SAME。SMAE包括3个元素：联系控制元素ACSE、远程操作服务元素ROSE以及公共管理信息服务元素CMISE。OSI管理信息采用面向连接的协议传送，管理进程和管理代理是一对对等实体，通过调用CMISE来交换管理信息，CMISE则利用ACSE和ROSE实现管理信息服务。

一次操作可以分为建立联系、传送数据和撤销联系3个过程。要保证CMIP操作的安全，就要在上述3个过程中实现必要的安全服务，即，由ACSE在建立联系时实现鉴别服务(包括对用户鉴别和实体鉴别)、ROSE在传送过程中保护所传送的数据。CMIP协议的所有功能都要映射到应用层的ACSE协议和ROSE协议上实现。ACSE协议负责管理联系的建立、释放和撤销，而ROSE协议负责传送应用实体的操作和事件通知。因此CMIP协议的安全是由ACSE和ROSE两个实体保证的，由ACSE实现用户鉴别和访问控制，再对ROSE PDU加密来实现操作报文的内容保密。

13.4 电信管理网

电信网从产生以来就是向公众提供服务业务的。为了保证业务质量，电信网的管理一直是非常重要的。随着网络技术的发展，电信网的设备越来越多样化和复杂化，在规模上也仍然是最大的一种网络。这些因素决定了现代电信网络的管理必须是有效的、可靠的、安全的和经济的。为此，国际电信联盟电信标准化部门(ITU-T)根据OSI系统管理框架提出了具有标准协议、接口和体系结构的管理网络——电信管理网(Telecom Management Network，TMN)，作为管理现代电信网的基础。

13.4.1 TMN与电信网的关系

TMN为电信网和业务提供管理功能并提供与电信网和业务进行通信的能力。TMN的基本思想是提供一个有组织的体系结构，实现各种运营系统(OS)以及电信设备之间的互联，利用标准接口所支持的体系结构交换管理信息。从而为管理部门和厂商在开发设备以及设计管理电信网络和业务的基础结构时提供参考。TMN的复杂度是可变的，从一个运营系统与一个电信设备的简单连接，到多种运营系统和电信设备互联的复杂网络。在TMN中，“管理”是指交换和处理管理信息以帮助管理部门有效地指挥生产。“管理部门”包括公用网络和专用网络的管理部门以及其他运营或应用TMN的组织。管理部门和TMN之间的关系是：一个管理部门可以建设多个TMN，一个TMN也可以跨越多个管理部门。TMN与被管理的电信网之间的一般关系如图13-7所示。TMN在概念上是一个单独的网络，它在几个不同的点上与电信网接口来发送或收信息，控制它的运营。TMN可以利用电信网的一部分来提供它所需要的通信。

TMN标准的目标是提供一个电信管理框架。在通用网络管理模型的概念下，采用标准信息模型和标准接口完成不同设备的一般管理。开发TMN标准的目的是管理异构

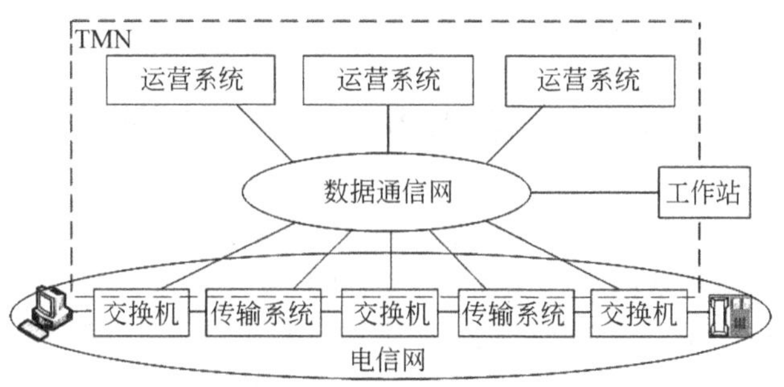

图 13-7　TMN 与被管理的电信网之间的一般关系

网络、业务和设备。TMN 通过丰富的管理功能跨越多厂商和多技术进行操作。它能够在多个网络管理系统和运营系统之间互通，并且能够在相互独立的被管网络之间实现管理互通，因而互联的和跨网的业务可以得到端到端的管理。TMN 逻辑上区别于被管理的网络和业务，这一原则使 TMN 的功能可以分散实现。这意味着通过多个管理系统，运营者可以对广泛分布的设备、网络和业务实现管理。

13.4.2　TMN 的应用

TMN 支持多个管理领域，包括电信网及其业务的规划、安装、开通、运营、管理、维护和配备。以下是 TMN 可以管理的主要网络、电信业务和设备：

- 公众网及专用网，包括窄带及宽带 ISDN、移动网、专用语音网、虚拟专用网和智能网。
- TMN 自身。
- 传输终端（复用设备、交叉连接设备、信道传输设备，SDH 等）。
- 数字及模拟传输系统（电缆、光纤、天线、卫星等）。
- 恢复系统。
- 运营系统及其辅助设备。
- 主机、前端处理器、集群控制器、文件服务器等。
- 数字及模拟交换机。
- 区域网络。
- 电路及分组交换网。
- 信令终端和系统（包括信令传输点和实时数据库）。
- 程控电话交换机（Private Branch Exchange，PBX）接入和用户终端。
- ISDN 用户终端。
- 与电信业务有关的软件，如交换软件、名录、消息数据库等。
- 主机上运行的软件应用（包括支持 1MN 的应用程序）。
- 相关的支持系统（如测试模块、动力系统、空调、大楼告警系统等）。

ISO 和 ITU-T 将管理划分为性能管理、故障管理、配置管理、计费管理以及安全管理 5 个大的管理功能领域。这些领域提供了一个框架，在这个框架下，可以确定适当的应用来支持管理部门的商务需求。为了高效地提供管理功能，TMN 采用自底向上的方法，即从有限的管理服务出发确定管理服务功能成分,进而构成管理服务功能的方法。

13.5 新型网络管理模型

如前所述,目前的主流网络管理模型有两种,即基于 OSI 的 CMIP 模型和基于 TCP/IP 的 SNMP 模型。基于这两种模型所建立的网络管理系统通常采用集中式管理,即管理者—代理者的一对多的集中式管理。在 SNMP 中,管理者利用时间驱动机制对被管对象进行管理。管理者负责发布管理信息获取命令,对获取的信息进行分析和判断,根据分析和判断结果发布控制命令(设置管理信息的命令)。这种模式易造成管理者负担过重的问题;另外,由于大量的管理信息要在网络上传递,这一方面增加了网络的负荷,同时也限制了网络管理的实时性,因为管理信息的上下传递需要时间。在这种背景下,提出了一些新的网络管理模型,如基于 Web 的网络管理、基于公共对象请求代理体系结构(Common Object Request Broker Architecture,CORBA)的网络管理、基于移动代理的网络管理、基于主动网概念的网络管理等。这些新型网络管理模型的主要特点就是分布式和实时性。

13.5.1 基于 CORBA 的网络管理

开放式系统的发展使用户能够透明地应用由不同厂商制造的不同机型不同平台所组成的异构型计算资源,因此,分布式处理和应用集成自然地成为人们的共同要求,简单地讲,分布式处理和应用集成就是指在异构的、网络的、物理性能差别很大的、不同厂商的、不同语言的信息资源的基础上构建信息共享的分布式系统,并且能够有效地进行应用系统和分布式处理的集成。分布式处理的关键在于定义可管理的软件构件,即面向对象技术中的“对象”。应用集成的关键在于为跨平台、跨机种、跨编程语言的产品提供统一的应用接口。对象管理组织(Object Management Group,OMG)针对当今信息产业的要求,公布了 CORBA 标准,这是一个具有互操作性和可移植性的分布式面向对象的应用标准。

1. CORBA 的基本概念

CORBA(Common Object Request Broker Architecture)的中文意思是公共对象请求代理体系结构,是 OMG(Object Management Group)为解决分布式处理环境下硬件和软件系统的互联互通而提出的一种解决方案。CORBA 的核心是对象请求代理(Object Request Broker,ORB)。在分布式处理中,它接收客户发出的处理请求,并为客户在分布环境中找到实施对象,令实施对象接收请求,向实施对象传送请求的数据,通过实施对象的实现方法进行处理,并将处理结果返回给客户。通过 ORB,客户不需要知道实施对象的位置、编程语言、远程主机的操作系统等信息,即可实现对实施对象的处理。CORBA 的体系结构结构如图 13-8 所示。

其中,接口描述语言(Interface Description Language,IDL)为接口定义语言,是实现与现存的协议和系统互通的通用语言。IDL 定义的接口不依赖于任何编程语言,它为传递的传输和结果提供了一套完整的数据类型,并允许用户定义自己需要的新类型。CORBA 支持各种各样的数据对象,如服务器、库函数、方法实现程序、数据库等。不同的数据对象包含不同的操作和参数,因而具有不同的接口。IDL 根据对象接口的不同而定

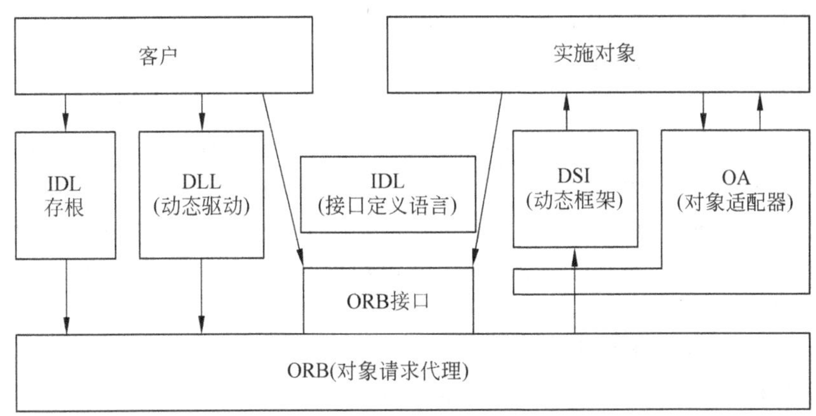

图 13-8 CORBA 的体系结构结构

义不同的对象类。通过 IDL 的描述，一个实施对象可以由客户进行什么操作，以及如何驱动得到了确定。OA(Object Adapter)是对象适配器。由于 CORBA 支持各种各样的实施对象。每个实施对象只有不同的对象语义，即不同的实例数据和操作数的代码。OA 的作用是使实施对象的实施与 ORB 和客户的如何驱动无关。客户仅需要知道实施对象的逻辑结构以及外在的行为。Dll 是动态驱动接口，用于客户向 ORB 发送请求。

2. 基于 CORBA 的网络管理

CORBA 提供了统一的资源命名、事件处理和服务交换等机制。虽然它最初的提出是针对分布式对象计算，并非针对网络管理的，但是在很多方面它都适合于管理本地以及广域网络。因此，基于 CORBA 进行网络管理是一种可行的和先进的网络管理模型。它完全符合现代网络管理远程监控、逻辑管理的基本框架，具有的面向对象的技术特征。除此之外，这种模型还具有以下优点：

- 可以实现高度的分布式处理。
- 不依赖被管对象实现、主机操作系统和编程语言的通用管理操作接口。
- 提供的功能比别 SNMP 强大，比 CMIP 简单。
- 支持 C++ 、Java 等多种被广泛应用的编程语言，易于被开发人员接受。

在小型的客户端/服务器模式的应用系统中使用 CORBA，能给系统提供可靠的、标准的底层结构。可以使用 CORBA 来构建、运行在不同平台上的、用不同编程语言实现的客户端及服务器端的应用程序。利用 CORBA 进行网络管理，既可以用 CORBA 客户实现管理系统，也可以利用 CORBA 来定义被管对象，还可以单独利用 CORBA 实现一个完整的网络管理系统。但是为了发挥现有网络管理模型在管理信息定义以及管理信息通信协议方面的优势，一般是利用 CORBA 实现管理系统，使其获得分布式和编程简单的特性.而被管系统仍采用现有的模型实现。因此，目前讨论基于 CORBA 的网络管理，主要是解决如何利用 CORBA 客户来实现管理应用程序，以及如何访问被管资源，而不是如何利用 CORBA 描述被管资源。目前的热点是研究 SNMP/CORBA 网关和 CMIP/CORBA 网关，以支持 CORBA 客户对 SNMP 或 CMIP 的被管对象进行管理操作。

3. 基于 SNMP/CORBA 网关的模型

在基于 SNMP/CORBA 网关的模型中，CORBA 的客户是网络管理者，客户对被管对象的描述以IDL的形式给出，按SNMP语法返回给客户的操作结果被转换为CORBA IDL的形式。代管(proxy)通过SNMP交换管理信息，因此在CORBA管理者与SNMP代管之间的信息交换必须通过一个SNMP/CORBA网关，由它对管理信息的交换进行翻译。CORBA管理者接收并处理SNMP的管理信息、Trap通报，通过IDL实现对MIB的访问。为了使SNMP/CORBA网关支持一个现有的MIB，必须装载一个可以访问该MIB的CORBA服务程序。管理者需要使用一个翻译器将SNMP的MIB描述翻译为IDL形式，提供给CORBA客户程序。使用SNMP/CORBA网关的最大优势在于，用户可以不熟悉SNMP协议。

4. 基于CMIP/CORBA网关的模型

基于CMIP/CORBA网关的模型与基于SNMP/CORBA网关的模型具有类似的结构。CMIP/CORBA网关实现了一个CORBA的客户/服务器过程，它使得基于CORBA的管理应用程序可以访问的CMIP被管对象，并可以接收被管对象发出的事件通报。CMIP/CORBA网关允许动态更新字典信息来包括新的对象类和CMIP代理者。这是通过把字典信息作为本地MIB来实现的。这些信息可以通过Q3接口、CORBA接口或本地网关的管理接口来访问。CMIP/CORBA网关还实现了性能与CMIP代管的数量和大小无关。CMIP/CORBA提供了一个CMIP/CMIS与CORBA之间的桥梁，使得基于CORBA的管理应用程序可以访问CMIP代管。它提供了标准的管理API，用于通过CMIP代管实现对被管对象的管理。

5. CORBA应用前景

成上千万的站点依赖于CORBA搭建企业应用、Internet应用及其他应用，有许多成功使用CORBA的案例。波音公司把接收订单、制造、交货和维修4个最重要的制造系统方面的应用集成在一个综合的CORBA底层结构上，这些系统担负着飞机生产的整个过程。Charles Schwab公司构建了一个基于CORBA的商业应用，利用该系统来与5000个客户保持联系，处理的业务额高达数亿美元。对象中间件技术发展迅速，各大软硬件厂商都在积极参与有关标准的制定和产品开发工作，像IBM、HP、DEC、AT&T、ICL、Microsoft等都制定了相应的战略。

13.5.2 基于Web的网络管理

基于Web的网络管理(Web-Based Management，WBM)模型是在内部网不断普及的背景下产生的。内部网实际上就是专用的3W(World Wide Web)，主要用于一个组织内部的信息共享.且主要以Web服务器组建而成。内部网用户通过简单、通用的操作界面Web浏览器可以在任何地点的任何网络平台上与服务器进行通信。WBM模型就是将Intranet技术与现有的网络管理技术相融合，为网络管理人员提供更有分布性和实时性，操作更方便、能力更强的网络管理方法。

1. WBM网络管理的主要优点

(1) 地理上和系统上的可移动性。在传统的网络管理系统上，管理员要察看网络设备的信息，必须在网管中心进行操作。而WBM可以使管理员使用一个Web浏览器从内部网的任何一台工作站上进行操作。对于网络管理系统的提供者来说，他们在一个平台广实现的管理系统可以从任何一台装有 Web 浏览器的工作站上访问，工作站的硬件系统可以是工作站，也可以是 PC，操作系统的类型也不受限制。

(2) 统一的管理程序界面。管理员不必像以往那样学习运用不同厂商的操作界面，而是通过简单而通用的 Web 浏览器进行操作，完成管理任务。

(3) 平台的独立性。WMB 的应用程序可以在各种环境下使用，包括不同的操作系统，体系结构和网络协议，无须进行系统移植。

(4) 互操作性。管理员可以通过浏览器在不同的管理系统之间切换，比如在厂商 A 开发的网络性能管理系统和厂商 B 开发的网络故障管理系统之间切换，使得两个系统能够平滑地相互配合。

2. WBM 的两种实现方案

(1) 基于代理的方案。基于代理的 WBM 方案是在网络管理平台之上叠加一个 Web 服务器，使其成为浏览器用户的网络管理的代理者。其中，网络管理平台通过 SNMP 或 CMIP 与被管设备通信，收集、过滤、处理各种管理情息，维护网络管理平台数据库。WBM 应用通过网络管理平台提供的接口获取网络管理信息，维护 WBM 专用数据库。管理人员通过浏览器向 Web 服务器发送 HTTP 请求来实现对网络的监视、调整和控制，Web 服务器通过 CGI 调用相应的 WBM 应用，WBM 应用把管理信息转换为 XML 形式返还给 Web 服务器，Web 服务器响应浏览器的 HTTP 请求。

(2) 嵌入式方案。嵌入式 WBM 方案是将 Web 能力嵌入到被管设备之中，每个设备都有自己的 Web 地址，使得管理人员可以通过浏览器和 HTTP 协议直接进行访问和管理。嵌入式方案给各个被管设备带来了图形化的管理，提供了简单的管理接口。网络管理系统完全采用 Web 技术.如通信协议采用 HTTP 协议，管理信息库利用 HTML 语言描述，网络的拓扑算法采用高效的 Web 搜索、查询点索引技术，网络管理层次和域的组织采用灵活的虚拟形式，不再受限于地理位置等因素。

WBM 的安全问题非常重要。一个内部网通常需要用防火墙隔离 Internet，以防止外部用户对内部资源的非法访问：由于 WBM 控制着网络中的关键资源，因此不能容许非法用户对它的访问。幸运的是，这一点可以通过 Web 设备访问控制能力得到保证，管理人员可以设置 Web 服务器使用户必须通过口令登录。网络管理人员对操作数据是非常敏感的，如果在浏览器到服务器之间的传输过程中被侦听或篡改，会造成严重的安全问题。因此这些数据在传输过程中通常需要加密。这个需求利用现有的技术是可以满足的，因为基于 Web 的电子商务同样需要数据传输的安全，这种技术已经得到了大力开发，并取得了成功。

13.5.3　基于主动网的网络管理

1. 主动网的基本概念

传统的网络的主要作用是在终端系统之间进行信息的传递，而对信息的内容并不关心。为了完成信息传递任务，需要进行一些处理。但这些处理仅限于对“分组头信息”进行解释，或执行电路的信令协议，这些处理的主要目的是选择路由、控制拥塞和保证服务质量。由于这些处理是在用户提出通信请求之后进行的，因此网络是“被动”发挥作用的。

在现有的网络管理模型(如CMIP、SNMP)中,采用管理者-代理者模式,代理者也是根据管理者的操作命令被动地工作。这使得管理者必须采用轮询的方式不断地访问代理者。一方面增加了网络的业务量负荷,另一方面也限制了网络管理的实时性。主动网技术就是让网络的功能成分更加主动地发挥作用。为此,它允许用户和各交换节点将自己订制的程序注入网络,在网络小主动寻找发挥作用的场所。为了能够执行用户注入的程序,要求交换节点具有对流经的数据内容进行检查和执行其中所包含的代码的能力。在网络管理中应用主动网技术对解决现行网络管理模型中的问题很有帮助。应用主动网技术进行网络管理已经引起了人们的重视。现在已经提出了几种基于主动网技术的分布式网络管理模型,其中,比较有代表性的是委派管理(Management by Delegation,MbD)模型和移动代理(Mobile Agent,MA)模型。

2. 委派管理模型

委派管理MbD模型是一种分布式、自我管理的模型。它将管理功能动态地分配到各被管设备,并在本地执行。与将被管设备的数据收集到管理中心的方式相反,这种方式将管理代码发送到被管节点。MbD模型要求被管设备有一个可灵活扩展的MbD多线程服务支持环境,它提供与委派代理(Delegation Agent)的实时链接和信息交换。它还提供与被管设备交互的接口,允许通过委派代理访问被管设备,接受中心网络管理系统的远程控制。在这里,委派代理的作用非常独特,它是一段允许从网络管理中心实时发送给远程MbD多线程环境的网络管理程序代码。这些程序代码可以用可编程或可解释的任何高级语言编写。当这段代码被MbD多线程环境接受为一个线程时、它可以具备一个计算机线程的任何特性,即具有程序代码和过程允许实时动态地修改和补充的特性。委派代理可以独立于网络管理中心完成本地监视、分析与控制的管理任务。这里,需要委派协议(Delegation Protocol)来支持委派代理向MbD多线程实时环境提交程序代码,支持委派代理线程在MbD多线程环境中动态执行、修改和扩展过程。

3. 移动代理模型

实际上,MbD模型已经包含了移动代理(Mobile Agent)的思想,即在网络中将具有管理功能的代理者程序移动到需要它的地方发挥作用。而移动代理模型是一个比MbD模型更有一般性且功能更强的模型。所谓移动代理是指能够自行决定并能在网络的各个节点之间移动,代表其他实体进行工作的一种软件实体。移动代理是一种网络计算,它能够自行选择运行地点和时机,根据具体情况中断自身的执行,移动到另一设备上恢复运行,并及时将有关结果返回。移动的目的是使程序的执行尽可能靠近数据源,降低网络的通信开销,平衡负载,提高完成任务的时效。基于移动代理的系统具有生存、计算、安全、通信和迁移机制。生存机制是指移动代理的产生、销毁、启动、挂起、停止等方式和方法;计算机制是指移动代理及其运行环境所具备的计算推理能力,包括数据操作和线程控制原语;安全机制模式移动代理访问网络资源的方式;通信机制定义移动代理与其他实体,以及移动代理之间的通信方式;迁移机制负责组成移动代理的代码及其执行期间状态在不同地点间的移动。

13.6　CMIP、SNMP 和 CORBA 的安全性比较

SNMPv1、SNMPv2 的安全性低是人所共知的，SNMPv3 提高了安全性。CMIP 是早就被公认为安全性比较强的网络管理协议。CORBA 技术也在对象操作的安全性方面做了很多努力。CORBA、采用 STASE-ROSE 的 CMIP 以及 SNMPv3 都能满足管理操作的安全需求，但由于它们提供安全服务的方式是不同的，对系统负荷和管理效率的影响也不尽相同。表 12-1 是和对 CMIP、SNMPv3 和 CORBA 各自安全机制的特点的比较总结。

表 13-1　CMIP、SNMPv3 和 CORBA 安全机制的特点

	CMIP(STASE-ROSE)	SNMPv3(USM)	CORBA
安全性	强	兼容	兼容
可选择的加密手段	多	较多	多
对效率的影响	较大	大	大
对非安全系统的兼容性	不兼容	兼容	兼容
占用的系统资源	多	较多	多

小　　结

本章介绍网络管理的基本功能与技术原理，以及网络管理的安全性问题，重点介绍 SNMP 网络管理协议以及 CMIP 管理协议，并对其安全性进行比较。本章还介绍电信管理网模型以及新型网络管理模型，最后对 CMIP、SNMP 和 CORBA 的安全性进行分析与比较。

习　　题

1. 网络管理的目标有哪些？
2. 网络管理的功能有哪些？
3. 简述网络管理协议 SNMP 的运行过程。
4. 简述网络管理中的安全机制。

第 14 章 网络安全竞技演练技术

本章要点：

☑ 网络安全竞技比赛简介

☑ 网络安全夺旗赛概述

☑ 网络攻防大赛考查知识点

☑ 网络安全夺旗赛 CTF 竞技演练平台

14.1 网络安全竞技比赛简介

14.1.1 网络安全竞技比赛意义

国际网络空间安全竞争的根本是人才的竞争。中共中央总书记习近平在中央网络安全和信息化领导小组第一次会议上强调，建设网络强国，要把人才资源汇聚起来，建设一支政治强、业务精、作风好的强大队伍。“千军易得，一将难求”，要培养造就世界水平的科学家、网络科技领军人才、卓越工程师、高水平创新团队。

网络空间安全竞赛是发现网络空间安全人才的最有效手段之一。竞赛为网络空间安全人才提供了尽情展示自身技能和才华的平台。竞赛选拔出的人才极有希望成为网络空间安全领域中的佼佼者，甚至将来成为国家网络空间安全领域的中坚力量。利用竞赛尽早地发现网络空间安全人才，并尽早地加以引导，可以使其成为我国网络空间安全储备人才，在建设国家网络空间安全中发挥更大作用。

14.1.2 网络安全竞技比赛类型

当前国内外部网空间安全竞赛主要包括以下类型。

1. 夺旗(CTF)竞赛

夺旗(Capture the flag，CTF)竞赛是一种基于命题的公平的信息安全技术竞赛，是网络空间安全技术综合运用的技术竞赛典范。CTF 竞赛主要包括三种竞赛模式：

① 解题模式：参赛者可以线上或线下参与，该模式以解决挑战题目的分值和时间排名，通常用于在线选拔赛，题目主要包含逆向、漏洞挖掘与利用、Web 安全渗透、密码、取证、隐写、安全编程等类别。

② 攻防模式(attack-defense)：参赛者在网络空间进行攻防，通过挖掘漏洞、攻击对手服务得分，通过修补自身漏洞避免丢分，是一种竞争激烈且具有强观赏性和高度透明性的网络空间安全赛制。

③ 混合模式(mix)：该模式同时结合了解题模式与攻防模式，例如，参赛者通过解题获取一些初始分数，通过攻防对抗进行得分增减，最终以得分高低分出胜负。

目前，著名的国际 CTF 赛事主要包括：

① DEFCON CTF：依托于 DEFCON 黑客大会，是 CTF 赛事中的“世界杯”。

② UCSB iCTF：由加州大学圣塔芭芭拉分校(UCSB)举办的面向世界高校的 CTF。

③ Plaid CTF：包揽多项赛事冠军的卡内基梅隆大学(CMU)的 PPP 团队举办的在线解题赛。

④ Boston Key Party：波士顿近年来崛起的在线解题赛。

⑤ XXC3 CTF：欧洲历史最悠久 CCC 黑客大会举办的 CTF。

⑥ RuCTF：由俄罗斯 Hackerdom 组织的面向俄罗斯队伍的国家级竞赛。

⑦ RuCTFe：由俄罗斯 Hackerdom 组织的面向全球参赛队伍的在线攻防竞赛。

⑧ Codegate CTF：韩国首尔“大奖赛”，冠军奖金为 3000 万韩元。

国内的 CTF 赛事则有 XCTF 全国联赛、百度杯 CTF、全国大学生信息安全竞赛创新实践能力赛、腾讯 CTF(TCTF)、360 CTF 等。

2. 破解竞赛

该类赛事主要由企业赞助，通过提供已经或即将商用化的产品给参赛选手，鼓励选手挖掘产品中的漏洞并攻破该产品。著名的破解竞赛主要包括：

① Pwn2Own：全世界最著名、奖金最丰厚的黑客大赛，由美国五角大楼网络安全服务商、惠普旗下 Tipping Point 的项目组 ZDI 主办，谷歌、微软、苹果、Adobe 等互联网和软件巨头都对比赛提供支持，通过黑客攻击挑战来完善自身产品。

② GeekPwn：国际性的智能生活安全社区，其在吸收国内外各安全赛事优点的基础上，创新地设计出了全球第一个基于智能硬件设备与软件相结合的安全极客嘉年华的赛事平台，GeekPwn 每年举办安全极客嘉年华及极棒安全峰会活动。

③ Black Hat：具有很强技术性的信息安全会议，参会人员包括各个企业和政府的研究人员，也包括一些民间团队。议程上包含了各类专业人士的发言，内容涵盖保障全球信息安全等主题。此外，还会展示大量已发现的数码产品安全漏洞，并演示黑客会如何进行攻击。该会议可能会引领安全思想和技术的走向。

3. 青少年网络空间安全竞赛

美国国家安全局与卡内基梅隆大学联合举办了“高中黑客大赛”，旨在发掘和培养懂得网络空间安全的下一代“网络战士”。初中生和高中生都可以以个人或团体的名义参赛。主办方声明参赛者可以不必是一个黑客。通过赛事学生可以学习如何识别安全漏洞，并进行现实世界的攻击。

14.2 网络安全夺旗赛概述

14.2.1 网络安全夺旗赛简介

夺旗赛指的是通过竞赛的方式教授网络安全技术人员关于真实世界黑客攻击的方法,以代替之前黑客们通过互相发起真实攻击进行技术比拼的方式。CTF 起源于 1996 年在拉斯维加斯举办的 DEFCON 全球黑客大会,最早是交流安全技术的重要途径,发展至今已有 20 多年的历史,是目前全球最高技术水平和影响力的 CTF 竞赛。CTF 在网络安全领域中指的是网络安全技术人员之间进行技术竞技的一种比赛形式。CTF 夺旗赛大致流程是,参赛团队之间通过进行攻防对抗、程序分析等形式,率先从主办方给出的比赛环境中得到一串具有一定格式的字符串或其他内容,并将其提交给主办方,从而夺得分数。为了方便称呼,我们把这样的内容称之为"Flag"。CTF 已经逐渐发展成为流行全球的网络安全竞赛形式,并且已经遍布世界大多数城市以及众多在线比赛网站,甚至还有专门为高中学生设计的 CTF。近年来,许多企业 IT 部门也开始组织自己的 CTF 活动。随着网络安全攻防技术的发展,CTF 竞赛也逐渐演变成为网络信息安全技术竞赛的一种形式,发展成为全球网络安全圈最流行的一种竞赛模式,其比赛形式与内容拥有浓厚的黑客精神和黑客文化。

14.2.2 网络安全夺旗赛基础知识

不同的网络安全夺旗赛涉及内容略有差异。腾讯 TCTF 的比赛模式主要采取"解题模式",赛题有以下几类:二进制漏洞利用 Pwnable、逆向工程和逆向分析 Reversing、Web 安全、密码学 Crypto、移动安全 Mobile、专业程序编码 PPC(Professionally Program Coder)、安全夺旗 MISC。

360 CTF 网络安全夺旗赛预赛首日比赛内容涉及"逆向分析、加密解密、数字取证、网络协议、Web 安全"5 个方向。

北京西普科技的实验吧 CTF 题库则包括 Web 安全、密码学、安全杂项、逆向工程、隐写术、编程类、溢出类。其中,Web 安全是 CTF 夺旗竞赛中的主要题型,题目涉及常见的 Web 漏洞,诸如注入、XSS、文件包含、代码执行、上传等漏洞。

Crypto 即密码学,题目考察各种加解密技术,包括古典加密技术、现代加密技术甚至是出题者自创加密技术,主要考查参赛选手密码学相关知识点。MISC 即安全杂项,题目涉及流量分析、电子取证、人肉搜索、数据分析、大数据统计等,覆盖面比较广,主要考查参赛选手的各种基础综合知识。Reversing 即逆向工程,题目涉及软件逆向、破解技术等,要求有较强的反汇编、反编译扎实功底,主要考查参赛选手的逆向分析能力。STEGA 即隐写术,题目的 Flag 会隐藏到图片、音频、视频等各类数据载体中供参赛选手获取,主要考查参赛选手的对各种隐写工具、隐写算法的熟悉程度。PPC 即编程类题目,题目涉及程序编写、编程算法实现,当然 PPC 相比 ACM 来说,还是较为容易的。至于编程语言,推荐使用 Python 或 Ruby。PWN 在黑客俚语中代表着攻破,取得权限,在 CTF 比赛中它代表着溢出类的题目，其中常见类型溢出漏洞有栈溢出、堆溢出，主要考察参数选手对漏洞的利用能力。

计算机编程语言运用：计算机语言可以大致分为机器语言、汇编语言、高级语言，计算机每进行的一次动作、一个步骤，都是按照计算机语言编好的程序来执行。而在CTF比赛中，对计算机语言的了解与掌握会有事半功倍的效果，进程的动态调试、防护脚本的编写、源代码审计等工作都是建立在对计算机语言有所掌握的基础上进行的。

Web安全：目前国内大多数CTF比赛都以Web安全为主，但是Web安全涉及的内容非常广泛，就典型的Web服务来说，其安全问题可能来自于Web服务器、数据库、Web程序本身与开发语言等。了解一个Web应用的组成架构、装载与配置、指令操作及组件缺陷，是参赛者知识储备环节中不可或缺的部分。

安全加固：安全领域的精髓在于攻防，在CTF比赛也是同样的道理，比赛成绩不仅取决于在有效的时间内拿下多少Flag，还取决于能抵御多少次外来攻击。有一些比赛队伍不注重或者不善于漏洞加固，即使得到很多分数，但是优势还是会被慢慢地蚕食掉。所以，了解漏洞的产生原因、减小漏洞的影响范围以及行之有效的安全加固也是一个成功队伍的重要能力。

密码算法：参赛者需要了解主流的密码算法，如对称密码、公钥密码、流密码、哈希密码算法等。在不断的攻防对抗中，一些关键信息或者突破口，往往会通过算法的加解密将它们“隐藏”起来增加解题难度。此外还会伴随着弱口令尝试，密码字典的暴力猜解等。

网络取证：对于网络攻击行为的溯源分析、漏洞挖掘过程中的抓包分析往往是很多参赛队伍在攻防对抗中忽略的问题，能够在最短的时间内抓到线索并做出行之有效的响应，这方面的能力也就成为高手和顶尖高手之间的分水岭。古人常说：“天下大事，必作于细；天下难事，必成于易”。

14.2.3　CTF网络安全夺旗赛解题模式

解题模式：大多数为线上比赛，选手自由组队（人数不受限制），出题者把一些信息安全实战中可能遇到的问题抽象成一个题目，比如一个存在漏洞的网站让选手入侵，一个有漏洞的程序让选手分析来写出漏洞利用程序，一段密文让选手解密，一个图片选手你从里面找出隐藏的线索等。在完成这些出题的题目后，可以获得一串奇怪的字符串，也就是所谓的Flag，提交它，就能获得这道题目的分数。

(1) 攻防模式：大多数为线下比赛，参赛队伍人数有限制（通常为3～5人不等），参赛队伍保护自己的服务器，攻击其他队伍的服务器，每个队伍的服务器开始拥有相同的配置和缺陷，比如几个有漏洞的二进制程序、有漏洞的Web应用、某些权限账户弱口令等，然后队员需要找出这些漏洞并进行加固，同时利用这些漏洞来攻击别人的服务器，拿到其他队伍的权限后，会获取到相应Flag后提交，从对方身上赚取相应的分数，每隔一段时间后，可以再次攻击并利用未加固的漏洞获取Flag并赚取分数。

(2) 混合模式：解题模式和攻防模式同时进行，解题模式可能会根据比赛的时间、进度等因素来释放需解答的题目，题目的难度越大，解答完成后获取的分数越高；攻防模式会贯穿整个CTF比赛的始终，参赛队伍需不断积累分数，最终参数队伍的名次由两种模式累积的分数总和决定。有些有趣的 CTF 比赛，还会引入一些情景剧情和现场观众的互动，来增加比赛的趣味性。

14.2.4 CTF 网络安全夺旗赛经验分析

交流聆听：CTF 比赛通常强度都很大，少则几小时多则好几天，即使是特别要好的队友，也难免会有意见与思路不统一的时候，这个时候与队友的交流和聆听则显得尤为重要。一句温馨的关怀，一个会心的微笑甚至一个肯定的眼神都会让你的队友倍感温暖，正面的交流与聆听会鼓励大家共同前进，克服困难。

学习能力：CTF 比赛中的题目与攻防手段往往没有特定的规律，因此更看重人临场的快速学习以及把理论付诸实践的能力，而并非大量的知识储备。一定的知识量储备肯定是必要的，但并不能期望完全依靠知识储备来获得胜利。

合作分工：CTF 的成绩主要还是看团队的综合实习。就如学生时代的中考和高考一样，考核的总分成绩，往往各个科目都比较好的人才能获得比较高的成绩。如果队伍成员都是只擅长 Web 安全，其他领域涉及很少，就算研究 Web 安全研究的再精通也取得不了好名次，一个团队中既要有攻城拔寨的急先锋，也同样需要留守加固的中流砥柱，需要尽可能的面面俱到。

总结分享：通常专业的 CTF 队伍人员会比较稳定，如果想通过比赛的历练成为顶尖队伍，除了上述几点外，比赛过后以及日常的分享总结也是非常重要的。无论取得怎样的成绩，相信每一个队员心里都会有困惑或者看法，那么赛后队员坐在一起进行讨论、分析、总结不仅可以拉近队员间的感情，提升团队凝聚力，还可以收获更多的经验与心得。

14.3 网络攻防大赛考查知识点

根据以往比赛内容，网络安全攻防比赛题目大致分为以下几类：密码分析类、Web 安全类、二进制程序逆向破解类、数字取证类、漏洞挖掘及漏洞利用类。

14.3.1 Web 安全

Web 安全涉及的内容非常丰富，就典型的 Web 服务来说，其安全问题可能来自于 Web 服务器、数据库服务器，以及 Web 程序本身等。所以，学习和了解 Web 安全的内容也需要循序渐进。

(1) 首先学习 Web 服务器的配置。了解典型的 Web 服务器如何构建的，典型的 Web 服务器包括 IIS、Apache、Tomcat 等。

(2) Web 程序的开发离不开脚本语言。如何构建一个静态的 Web 网站？HTML 的开发规则是什么？如何利用 HTML 设计简单网页？

在建设完成静态 Web 网站之后，感兴趣的同学可以重点学习动态 Web 程序的开发，典型的开发语言包括 ASP、ASP.NET、JSP，PHP 等。

(3) 典型的 Web 服务离不开数据库的支持，那么典型的数据库有哪些？如何应用？Access、MySQL、SQLServer、Oracle 等典型数据库的安装与配置等是怎么样的？如何安全运用 SQL？典型的新闻发布网站是如何设计的？

(4) 在了解了上述 Web 知识之后，就可以进入 Web 安全的世界，比如，SQL 注入、XSS 注入、CSRF，这些攻击能够发生的原因是什么？如何防范？能否自己独立发现一个上述漏洞？（注意，我们要遵循黑客原则，以发现漏洞并增强安全防护为目的，坚决遏制非法的网络攻击）

(5) 此外，Web 安全还有 Web 服务器、数据库服务器等本身的漏洞，比如，什么是弱口令？服务器为了方便管理会经常开启 3389 端口，这个端口有什么用？如何能够猜解出管理员的弱口令？服务器开放了 3389 端口，会产生什么样的后果？

(6) 典型的数据库，如 MS SQLServer 有哪些经常被利用的漏洞？其默认登录账户是什么？MySQL 的默认开放端口是什么？HTTP 协议的默认开放端口是什么？

14.3.2　扫描器及协议分析

(1) 怎么样获取服务器的开放端口？怎么样扫描目标主机中存在的漏洞？NMAP 有哪些功能？如何使用？

(2) 在协议分析方面，WireShark 有什么用？能够用来发起什么攻击？举例而言，常规的 Web 程序中，用户名和密码等这些敏感信息一般会通过 POST 数据包发送给 Web 服务器，在这样的过程中，能否用 WireShark 进行拦截并窃取敏感信息？

(3) 在协议分析这一块，如果不了解协议格式，也是很难进行的。这个时候需要去了解常用的协议格式，比如 HTTP 协议、TCP 协议、UDP 协议等。HTTP 协议中的 POST 方式和 GET 方式有什么区别？TCP 和 UDP 有什么区别？大家常用的腾讯 QQ 通信使用的是哪种协议？

14.3.3　二进制程序的逆向分析

(1) 二进制程序的逆向分析，一个重要的应用方向是软件破解，在这个方向上，一个重要的网站是看雪：http://www.pediy.com，这是一个大批破解高手和爱好者云集的地方。

(2) 在逆向分析方面，典型的工具有 IDA Pro 和 OllyDbg。OllyDbg 是一款使用起来比较简单的调试工具。当然还有很多其他优秀的调试工具，可见 http://www.pediy.com/tools.htm。

(3) 看雪上面有很多 CrackMe，如果掌握了 OllyDbg 的使用，可以尝试去看雪找一些简单的 CrackMe 来实际破解。

14.3.4　漏洞挖掘

漏洞挖掘和利用一直以来都是信息安全的焦点和热点。想要入门，首先要了解缓冲区溢出漏洞的发生原理。在学习并掌握了 C 语言之后，了解缓冲区溢出的发生原理并不困难，什么是整形溢出、堆溢出、栈溢出？什么是格式化字符串溢出？C 语言中的哪些函数或者操作容易导致缓冲区溢出？在了解了缓冲区溢出原理之后，需要再进一步了解缓冲区溢出的防护方法，比如，如何在使用高级语言的时候进行边界检查？在漏洞挖掘方面，给定一段源代码，能够通过审计该段高级语言，检查出是否有安全漏洞？如果没有源代码，只有二进制程序，如何发现其中的安全漏洞？这个时候 IDA Pro 和 OllyDbg 又一次登场了。使用 IDA Pro 的 hex-ray 插件，可以把二进制程序反汇编成类 C 语言，在反汇编得到的类 C 语言上，可以看到那些容易导致缓冲区溢出的脆弱性函数，随后可通过设置断点等方式，通过动态调试的方法来检查程序是否含有漏洞，更详细的内容请见代码分析文档。

14.3.5 漏洞利用

在已获得漏洞之后，使用该漏洞能够发起哪些攻击？这时候推荐大家看王清编写的《Oday 安全：软件漏洞分析技术（第 2 版）》一书。当然，所谓道高一尺魔高一丈，攻击者也设计出了新的漏洞利用攻击方法以绕过操作系统或编译器的保护。高级漏洞利用技巧都有哪些？结构化异常处理（Structured Exception Handling，SEH）劫持的原理是什么？Windows 最新版的操作系统中又采用了哪些措施来防止 SHE 劫持？什么是面向返回的编程攻击（Return Oriented Programming，ROP），相似的攻击还有 Ret2libc、JOP、COP 等？在漏洞利用的防护方面，防火墙和 IDS 等也是隔离并检查 Shellcode 的关键利器，其作用是通过过滤网络报文，分析 Shellcode 的哈希值或者其他关键字等，判断网络报文中是否疑似含有 Shellcode，并把疑似报文丢弃等。在这种情况下，攻击需要解决的问题就是 Shellcode 的免杀，如何对 Shellcode 进行变形，如何给 Shellcode 加壳？

14.3.6 密码分析

在密码分析这一方面，需要了解主流的密码算法，如对称密码、公钥密码、流密码、哈希密码算法等。在攻击方面，要了解什么是弱口令攻击？密码字典有什么用？典型的密码破解工具有哪些？当前的 Web 应用主要采取了哪些加密和编码算法？

CTF 中密码题（非现代加密方式）一般都是各种古典密码的变形，一般出题者会对密文进行一些处理，但是会给留一些线索。常见编码有 ASCII 编码、Base64/32/16 编码、Shellcode 编码、Quoted-printable 编码、XXencode 编码、UUencode 编码、URL 编码、Unicode 编码、Escape/Unescape 编码、HTML 实体编码、敲击码（Tap code）、莫尔斯电码（Morse Code）。换位加密有栅栏密码（Rail-fence Cipher）、曲路密码（Curve Cipher）、列移位密码（Columnar Transposition Cipher）。替换加密有埃特巴什码（Atbash Cipher）、凯撒密码（Caesar Cipher）、ROT5/13/18/47、简单换位密码（Simple Substitution Cipher）、希尔密码（Hill Cipher）、猪圈密码（Pigpen Cipher）、波利比奥斯方阵密码（Polybius Square Cipher）、夏多密码（曲折加密）、普莱菲尔密码（Playfair Cipher）、维吉尼亚密码（Vigenère Cipher）、自动密钥密码（Autokey Cipher）、博福特密码（Beaufort Cipher）、滚动密钥密码（Running Key Cipher）、Porta 密码（Porta Cipher）、同音替换密码（Homophonic Substitution Cipher）、仿射密码（Affine Cipher）、培根密码（Baconian Cipher）、ADFGX 和 ADFGVX 密码（ADFG/VX Cipher）、双密码（Bifid Cipher）、三分密码（Trifid Cipher）、四方密码（Four-Square Cipher）、棋盘密码（Checkerboard Cipher）、跨棋盘密码（Straddle Checkerboard Cipher）、分组摩尔斯替换密码（Fractionated Morse

Cipher)、Bazeries 密码(Bazeries Cipher)、Digrafid 密码(Digrafid Cipher)、格朗普雷密码(Grandpré Cipher)、比尔密码(Beale ciphers)、键盘密码(Keyboard Cipher)。机械密码有恩尼格玛密码。

14.4　CTF 网络安全竞技演练平台

14.4.1　Facebook CTF 平台

Facebook 的 CTF 平台是一套开源比赛平台,包括游戏地图、团队登记和评分系统,还可以按需提供逆向工程逆向工程、Web 应用安全、取证、二进制开发和加密等挑战。用户还可以使用 Facebook CTF 平台定制或自定义挑战项目。挑战分为以下两类:计算机安全方面的小问题,以及漏洞利用和黑客方面的标记问题。标记挑战要求参与者完成一项诸如转储数据库、获取系统外壳或操纵应用程序等任务。可以使用 Facebook CTF 组织一场比赛,最少 2 个人,最多数百人。参赛者可以在本地或者在线,或者两种形式均可。按照安装说明来设置平台基础架构,输入 challenges 进入管理界面。参赛者可以注册为战队,如果是一场封闭的比赛,那么在管理页面,生成并导出令牌,然后分享给核准的团队,然后引导参赛者到注册页。如果是一场开放的比赛,那么直接引导参赛者到注册页面即可。

Facebook CTF 平台的源码可以下载,Facebook CTF 平台可以搭建在运行 Ubuntu 操作系统的系统(物理机或虚拟机)上。Facebook 已提供了关于如何安装和使用平台的说明。下载地址为:https://github.com/facebook/fbctf/。

14.4.2　其他 CTF 攻防演练平台

(1) 网络信息安全攻防学习平台:http://hackinglab.cn。

(2) 实验吧:http://www.shiyanbar.com/ctf。

(3) XCTF_OJ 练习平台:http://oj.xctf.org.cn。

(4) 南邮网络攻防练习平台:http://ctf.nuptzj.cn/。

(5) CTF 社区:http://www.bugku.com/。

(6) Game-of-Thrones-CTF-1.0 靶机演练平台:https://www.vulnhub.com/entry/game-of-thrones-ctf-1,201。

(7) 历届 CTF 开源 Web 题源码及搭建:https://github.com/inory009/CTF-Web-Challenges。

(8) 火种 CTF-http://www.huozhongctf.com。

(9) Vulhub 是一个面向大众的开源漏洞靶场环境:https://github.com/phith0n/vulhub。

(10) VulApps 收集各种漏洞环境,统一采用 Dockerfile 形式:http://vulapps.evalbug.com/。

小　结

本章介绍了网络安全竞技比赛的意义和类型，针对网络安全夺旗赛 CTF，重点介绍了 CTF 竞赛的相关基础知识、解题模式、经验分析，并对 CTF 比赛考查的知识点进行了深入分析，给出解题思路和提示。本章还介绍了开源的 CTF 攻防竞赛平台，以及典型的几个 CTF 练习平台，可供相关学员进行实际操作练习，通过 CTF 竞技演练平台提高其实操技能。

习　题

1. 网络安全夺旗赛题包括哪些比赛内容？
2. 网络攻防比赛的知识点包括哪些？
3. 如何在网络安全竞技 CTF 比赛中取得良好成绩？

参 考 文 献

[1] 胡道元,闵京华. 网络安全,2 版. 北京：清华大学出版社,2008.

[2] 刘建伟,王育民. 网络安全——技术与实践. 北京：清华大学出版社,2005.

[3] 陈红松. 网络安全与管理. 北京：北京交通大学出版社,2010.

[4] 陈红松. 云计算与物联网信息融合. 北京：清华大学出版社,2017.

[5] 王小妹,陈红松. 网络安全与管理实验教程. 北京：清华大学出版社,2015.

[6] 麦克克鲁尔,斯坎布雷 . 黑客大曝光：网络安全机密与解决方案. 赵军,陈红松,等译. 7 版. 北京：清华大学出版社,2013.

[7] 杨义先,钮心忻. 网络安全理论与技术. 北京：人民邮电出版社,2003.

[8] 徐国爱,张淼,彭俊好. 网络安全,2 版. 北京：北京邮电大学出版社,2011.

[9] 卿斯汉. 安全协议. 北京：清华大学出版社,2005.

[10] 石磊,赵慧然. 网络安全与管理. 北京：清华大学出版社,2009.

[11] 肖军模. 网络信息对抗. 北京：机械工业出版社,2007.

[12] 蒋天发. 网络信息安全. 北京：电子工业出版社,2009.

[13] William Stallings. 密码编码学与网络安全：原理与实践，孟庆树,王丽娜,傅建明，等译. 4 版. 北京：电子工业出版社,2006.

[14] 石志国,薛为民,尹浩. 计算机网络安全教程(修订本). 北京：北京交通大学出版社,2007.

[15] 张敏波. 网络安全实战详解. 北京：电子工业出版社：2008.

[16] Bruce Chneier. 应用密码学(协议算法与 C 源程序). 吴世忠,等译. 北京：机械工业出版社,2000.

[17] Farooq Anjum. 无线 Ad Hoc 网络安全. 钱权,译. 北京：清华大学出版社,2009.

[18] 归奕红,刘宁. 网络安全技术案例教程. 北京：清华大学出版社,2010.

[19] Charlie Kaufman，Radia Perlman，Mike Speciner. 网络安全——公众世界中的秘密通信. 许剑卓,左英男，译. 北京：电子工业出版社,2004.

[20] Markus Jakobsson，Zulfikar Ramzan. 黑客新型攻击防范. 石华耀,译. 北京：人民邮电出版社,2009.

图书资源支持

感谢您一直以来对清华版图书的支持和爱护。为了配合本书的使用，本书提供配套的资源，有需求的读者请扫描下方的“书圈”微信公众号二维码，在图书专区下载，也可以拨打电话或发送电子邮件咨询。

如果您在使用本书的过程中遇到了什么问题，或者有相关图书出版计划，也请您发邮件告诉我们，以便我们更好地为您服务。

书圈

我们的联系方式：

地　　址：北京市海淀区双清路学研大厦 A 座 701

邮　　编：100084

电　　话：010-83470236　010-83470237

资源下载：http://www.tup.com.cn

客服邮箱：tupjsj@vip.163.com

QQ：2301891038（请写明您的单位和姓名）

扫一扫，获取最新目录

课 程 直 播

用微信扫一扫右边的二维码，即可关注清华大学出版社公众号“书圈”。